QGISで様々な地理情報を表示する

市区町村ポリゴンデータの属性値を利用した塗り分け（第１部第５章参照）

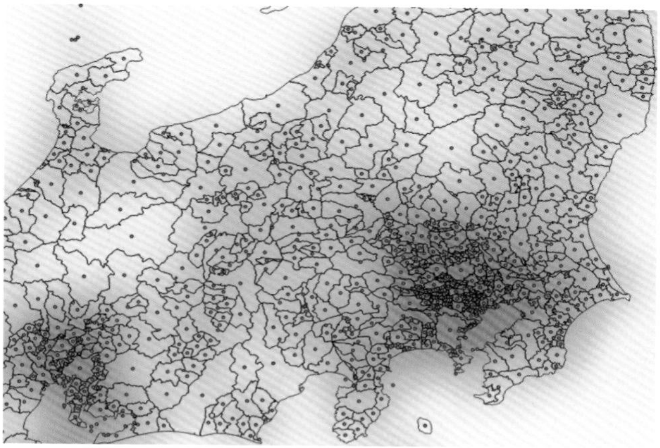

地図ビューの点の密度に基づきヒートマップを作成（第１部第５章参照）

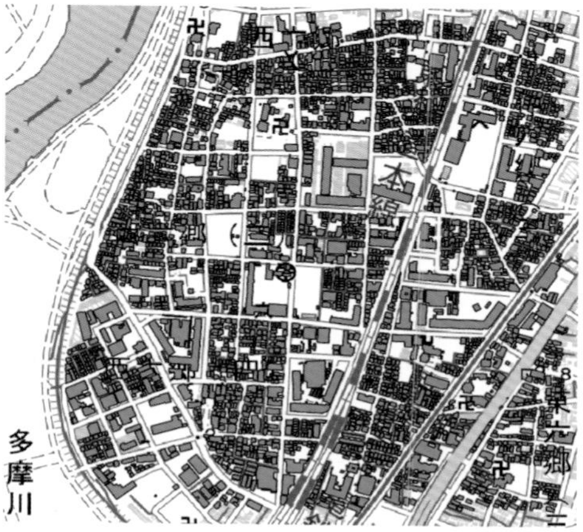

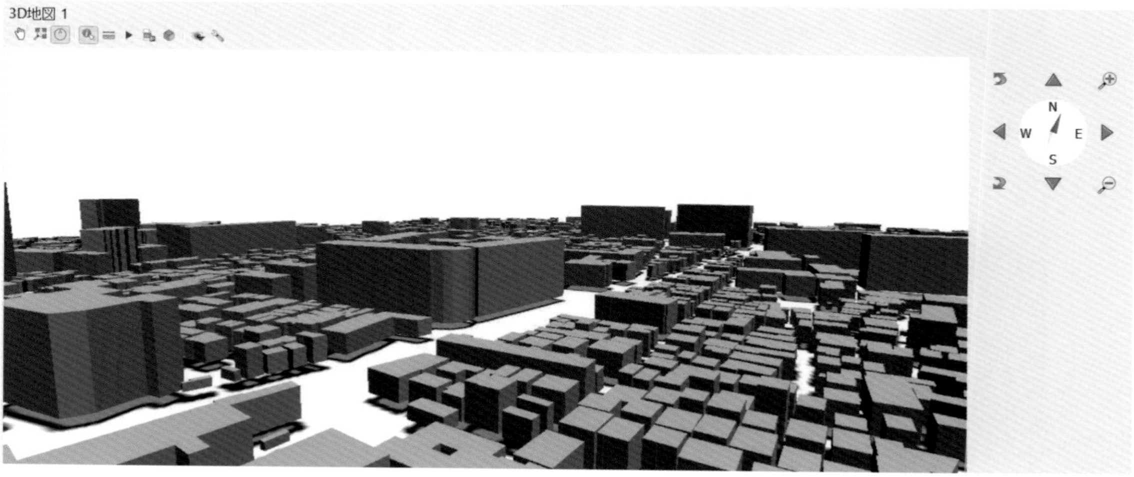

QGISに読み込んだ3D都市モデルデータを３次元表示（第１部第７章参照）
右上図：XYZ タイルサービスである地理院地図の標準地図上に3D都市モデルデータを２次元表示

QGISで行う空間情報解析事例①

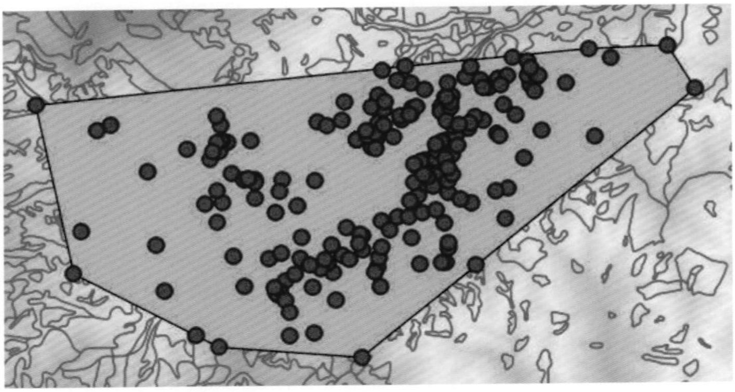

ニホンザルの位置データ（点）をもとに推定した行動圏（第３部第２章参照）

ニホンザルの行動圏ポリゴンで切り抜いた植生図とニホンザルの位置（第３部第２章参照）

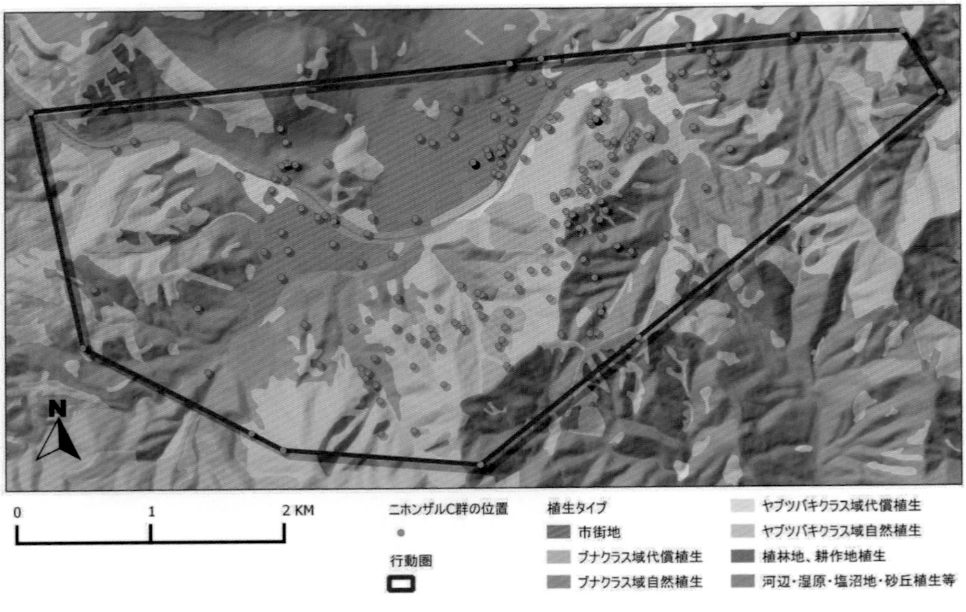

ニホンザルの行動圏と生息環境との関係（第３部第２章参照）

QGISで行う空間情報解析事例②

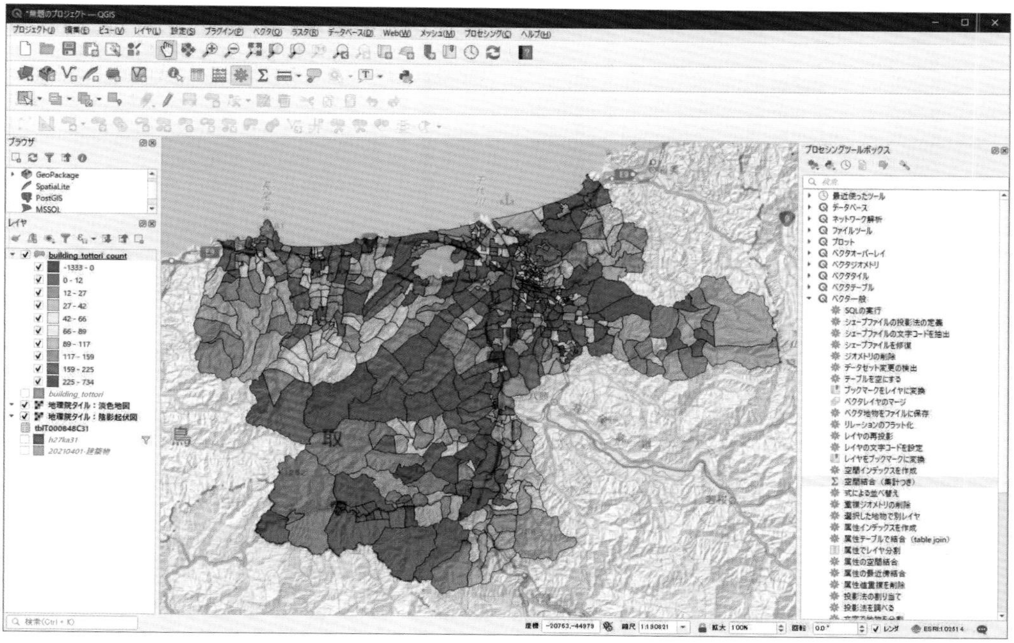

オープンデータを用いた潜在的に空き家の多い地域の推定（第 3 部第 1 章参照）

QGISで行う空間情報解析事例③

新型コロナウイルス感染者数の変化を時系列アニメーションとして視覚化（第 3 部第 3 章参照）

自分で収集したデータをQGISで活用

iOS デバイスでの地図ファイルの受信と地図アプリ（Avenza Maps）へのインポート（第 3 部第 4 章参照）

地図アプリ（Avenza Maps）にマンホールの位置情報（地図マーカー）を追加（第 3 部第 4 章参照）

マンホールの位置情報を QGIS に表示（第 3 部第 4 章参照）

QGIS入門

【第3版】

今木洋大・伊勢　紀 編著

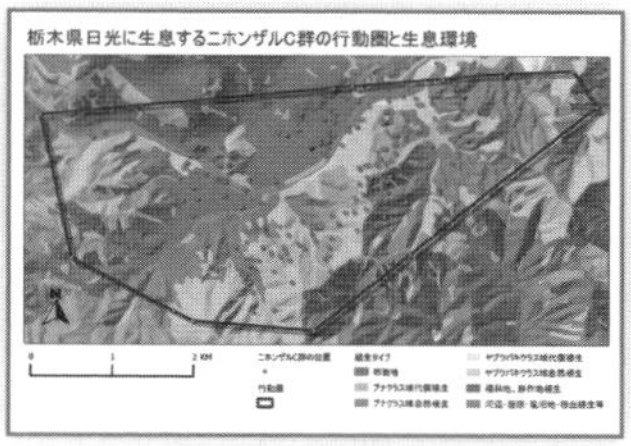

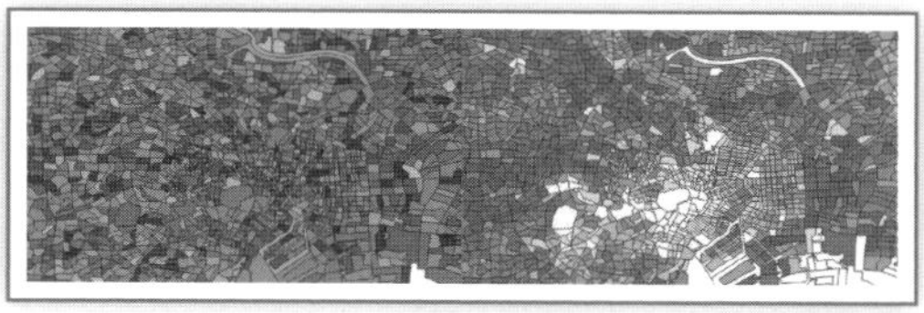

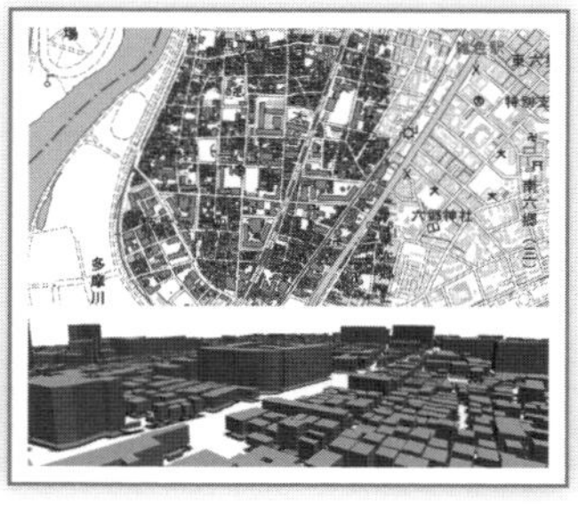

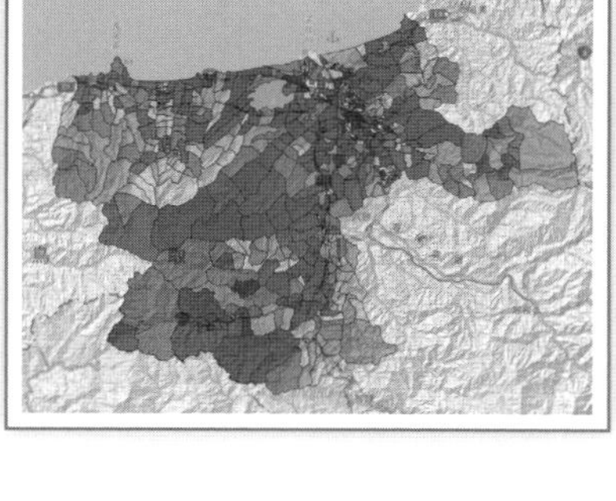

古今書院

An Introduction to QGIS (3rd edition)

Edited by
IMAKI Hiroo, ISE Hajime

ISBN978-4-7722-3197-8

Kokon Shoin Publishers Ltd., Tokyo, 2022

まえがき

日本に1人でも多く地理空間情報技術を取り扱える人を増やしたい、というのがこの本を書き続ける動機です。『QGIS 入門 第2版』を出版してから6年がたち、QGIS もバージョン3になり、大きな進化を遂げました。QGIS は OSGeo 財団日本支部を中心とする皆さんの努力で日本全国に普及し、数多くの QGIS の普及書も出版されるようになりました。その中で『QGIS 入門』を再び出版するのは、地理空間情報技術をさらに普及し、日本の社会や自然をより良いものにしていくために地理空間情報を活用できる人材を増やしたいという思いからです。

周りを見渡せば、地理空間情報技術はまさに花盛りです。3D データを使ったデジタルツイン、屋内測位、IoT センサーを多用したスマートシティ、自動運転、ドローン、拡張現実（AR）など、位置情報を利活用する場面が日に日に増えています。5G による高速通信は、地理空間情報技術の普及をさらに加速させていくことでしょう。そのため今後さらに地理空間情報を取り扱うためのしっかりとした基礎を持つ人材が必要となります。地理空間技術が発展し、蓄積されるデータ量が爆発的に増えれば増えるほど、基本的な位置情報の取り扱い技術が大切になります。QGIS の使い方を学ぶことは、地理空間情報の取り扱いを学ぶための一番良い方法だと思います。オープンソースコミュニティが生み出した QGIS は、誰でもすぐに使い始めることができ、インターネットからはやる気さえあればあらゆる情報が入手でき、質問があれば多くの方が答えてくれます。英語でのコミュニケーションに躊躇がなければ、世界中の人たちを味方につけて地理空間情報技術を学ぶことができるのです。その一方で、日本語を読みながらコツコツ地理空間情報技術を学びたい方もいるのではないかと思います。本書がそのような方のお役に少しでも役立てば幸いです。

本書は最新安定版である、QGIS 3.16 の使い方と GIS の基本について解説しています。成熟したソフトウェアの宿命として、機能は多くなり、分かりにくくなる部分もあるため、今回もできる限り作業画面をスクリーンキャプチャして QGIS の使い方をわかりやすく解説しました。操作方法については、できる限りわかりやすく説明しました。その一方で、ここまで多機能になった QGIS のすべての機能を網羅的に解説することは困難です。本書は基礎的な部分に的を絞って機能とその使い方を解説しています。いったん基礎を学んでしまえば応用的な使い方については、インターネットを検索することで最新の情報が手に入ると思います。また、特定の分野での QGIS の使い方については、日本語でも多くの本が出版されていますので是非参考にしてください。

『QGIS 入門』を改訂するにあたり、内容を大きく見直しました。特に第1部のベクタデータ、ラスタデータの章については全面的に書き直し、それぞれ個別の章としました。また、その他のデータソースでは、最近注目を浴びている 3D データの取り扱いについても触れました。3D データの取り扱いは初めての方には難しいかもしれませんが、オープンデータとして 3D データが急速に整備されている状況で QGIS が 3D データを取り扱えることを示すことも重要と考え加えました。第2部の解析ツールやプラグインについては、できる限り多くの機能を解説しようと心掛けましたが、プラグインの数は公式のものだけでも 800 近くになってしまうため、筆者らが使ってみて便利だと思うものを紹介しました。第3部の実習もすべて改訂し、オープンデータをダウンロードしてどなたでも自習できるように心がけました。また、QGISで作成した地図を野外に持ち出して利用する方法についても触れました。

本書を出版するにあたり多くの方々の協力を得ました。ここでそれらの方々にお礼を申し上げます。私が日本でオープンソースGISの仕事を始めるきっかけをくださったNPO法人地域自然情報ネットワークの井本郁子さん、梶並純一郎さん、OSGeo財団日本支部の岩崎亘典さん、嘉山陽一さん、森 亮さん、これまでこの本の共著者として協力してくださった岡安利治さんには特にお礼を申し上げたいと思います。私の働くPacific Spatial Solutions株式会社の皆さんには、地理空間情報の実社会での活用について多くを教えていただきました。古今書院の原光一さんと福地慶大さんには、三度この本を出版する機会を与えていただき、特に福地さんには遅々として進まぬ状況に耐えていただき、心から感謝申し上げます。そして最後に、いつも働いてばかりであまり遊んであげることもできないうちに高校生になった2人の娘、千春と文香、日本への出張や夜中までの仕事で家のことをほったらかしにすることが多い私に耐えて家を支えてくれている妻ケイトリンに心から感謝したいと思います。

2022年3月

筆者代表　今木洋大

本書の使い方

この本で解説したQGISのバージョンは、3.16.1です。2021年12月時点では、最新版が3.22、長期安定版が3.16となっており、本書で解説した内容と大きく変わることはありません。

本書はGISを学び始める方を主な読者として想定しています。そのため本書の内容は、QGISの機能すべてを網羅的に解説するのではなく、GISの基礎から始め、QGISの基礎的な機能を学び、初歩的な地理空間情報解析や地図の作成が独自にできるようになることを目指しています。3Dデータなど、一部初めての方には難しく感じる内容も含まれますが、今後重要となる内容としてあえて説明しました。その一方で、QGIS自体の環境設定や、Pythonを使ったスクリプティング、プラグインの開発方法など専門的な内容には触れませんでした。

本書が想定するパソコン環境は、Microsoft社の64ビット版Windows10です。QGISには、iOS版やLinux版などもありますが、解説を簡素にするためWindows10の利用者を想定しています。ただし、iOS版やLinux版のQGISとWindows版には機能的に大きな違いはないため、それらのOSを利用している方でも本書をお使いいただけます。QGISの各機能を解説する際は、文章だけの説明ではわかりにくいと考え、できる限り多くのスクリーンキャプチャを使いました。

この本は4部構成としました。第1部ではQGISの基本操作、第2部では各種解析機能とプラグインを解説し、第3部では4つの実習を用意し、第4部ではQGISのインストール方法を解説しました。すでにQGISを利用している方、他のGISソフトウェアを利用し、基礎を理解されている方は、第1部第5章のベクタデータ以降から読んでいただけばよいと思います。GISの勉強をこれから始めようという方は、本書の最初から順番に読んでみてください。そして特に、第3部の実習は実際に手を動かしながらやってみてください。実習に利用するデータの一部は、https://github.com/imakihi/qgis_book からダウンロードできるようにしました。

目　次

第2部　解析ツールと外部連携

第 3 部　QGIS による空間情報解析事例

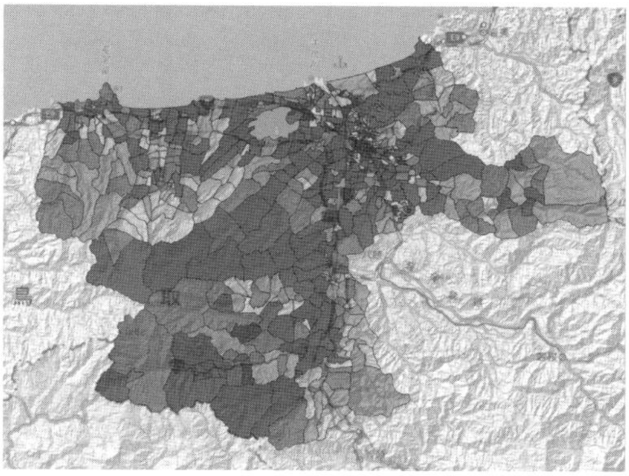

第 3 部第 1 章で作成した図

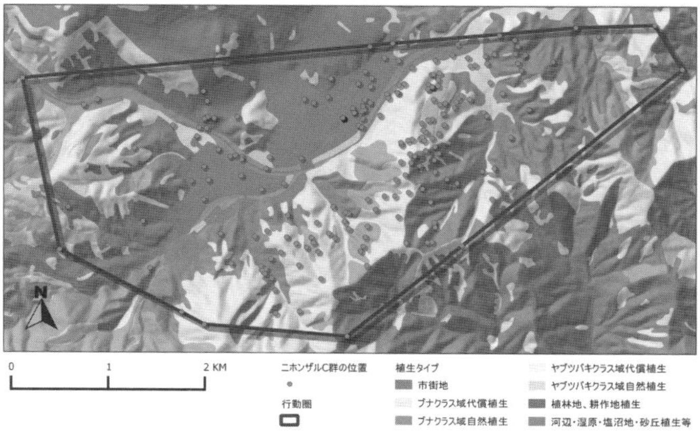

第 3 部第 2 章で作成した図

第 3 部第 3 章で作成した図

第 3 部第 4 章で作成した図

第 4 部　付録

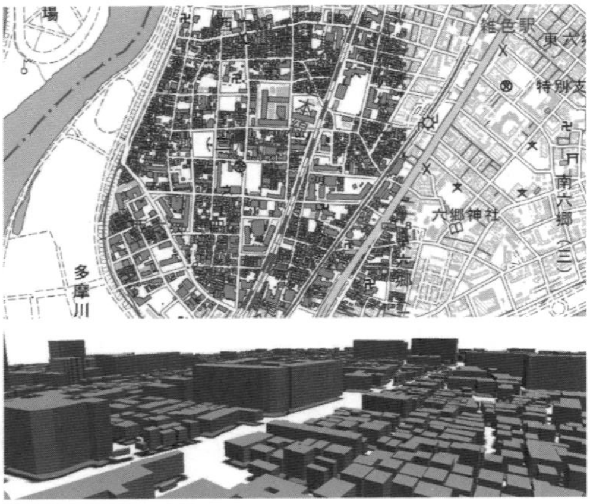

第 1 部第 7 章で作成した図

※本書で紹介するサイトのリンク一覧は、
以下の URL からご覧いただけます。
http://www.kokon.co.jp/news/n45891.html

第1部

QGIS の基本操作

まずは簡単に入手できるデータを使い、実際に手を動かして QGIS（キュージズ）を使ってみましょう。ここではじめて QGIS を触る方を想定して、GIS（Geographic Information Systems：地理情報システム）データを QGIS で表示して、表示内容を変更したり、データを調べる手順を解説します。難しいことを考える前に QGIS に馴染むことが目的です。肩の力を抜いてまずはいろいろ試してみましょう。

第 1 章 QGISを使ってみよう

QGIS を使うには、皆さんのパソコンに QGIS がインストールされている必要があります。QGIS のインストールは難しくありません。本章では、Windows 版 QGIS のインストール方法について解説します。

◆ QGIS のインストール

ここでは QGIS3.16.1 スタンドアローン版を Microsoft 社 Windows10 にインストールする方法を説明します。Windows 版の QGIS は、スタンドアローンによるインストーラーを使ったインストール方法と、ネットワークを利用したインストール方法がありますが、はじめて QGIS を使う方は、スタンドアローンで QGIS をインストールしてください。64 ビット版と 32 ビット版がありますが、現在多くの方は 64 ビット版のパソコンをお使いだと思うので、64 ビット版を選んでください。まずはじめに、パソコンがインターネットに接続されていることと、ハードディスクにソフトウェアと実習用のデータをインストールする十分な容量（3GB 程度）があることを確認してください。

インストーラーのダウンロード

QGIS のホームページ http://www.qgis.org/ja/site へアクセスし、「ダウンロードする」ボタンをクリックし、インストーラーのダウンロードサイトへ移動する。

1. Windows 版ダウンロードリストの「最新リリース（機能が最も豊富）」直下にある「QGIS スタンドアロンインストーラーバージョン 3.16（64 ビット）」をクリックしてインストーラーをダウンロードする。32 ビットのパソコンを使っている方は、32 ビット版のインストーラーをダウンロードする。
2. インストーラーのダウンロードが自動的に始まる。
3. ダウンロードした QGIS-OSGeo4W-3.16.1-1-Setup-x86_64.exe（2020 年 11 月時点）をダブルクリックし、インストールを開始する（図 1-1-3）。
4. ライセンス契約書に同意し、すべて初期設定のままインストール作業を進める。
5. 実際にインストールが始まり、しばらくするとインストールが終了する。

以上で Windows 版 QGIS のインストールは完了です。インストールが上手くいくと、デスクトップに QGIS3.16 というフォルダが作成され、GRASS GIS 7.8.4、OSGeo4W Shell、QGIS Desktop 3.16.2 with GRASS 7.8.4、QGIS Desktop 3.16.1、Qt Designer with QGIS 3.16.1 custom widgets、SAGA GIS (2.3.2) のアイコンが作られます（図 1-1-4）。

◆ QGIS のアンインストール

違うバージョンの QGIS をインストールしたい場合や、前のバージョンの QGIS をインストールしたい時など、何らかの理由で QGIS をアンインストールしたい場合があるかもしれ

▲図 1-1-1　QGIS ダウンロード画面

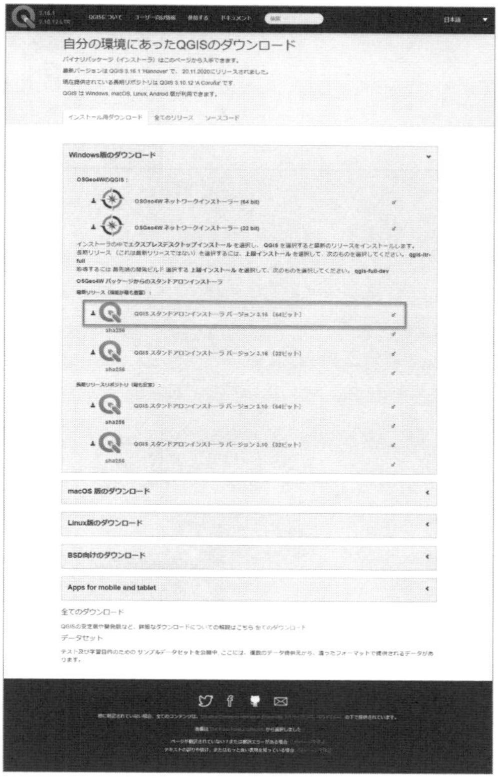

▶図 1-1-2　QGIS インストーラー選択画面

図 1-1-3　QGIS2.8 のインストール開始画面

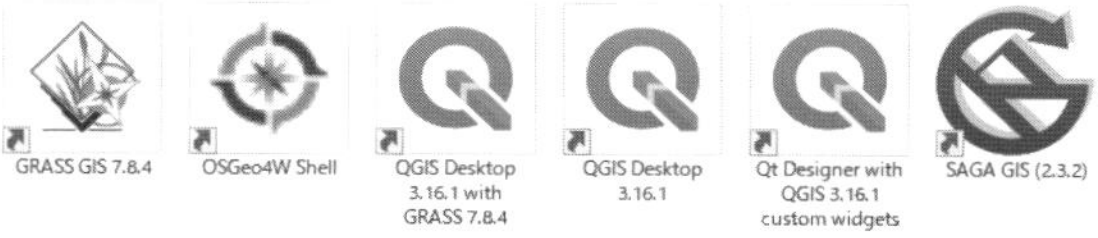

図 1-1-4　インストール後作成されるデスクトップアイコン群

ません。同じメジャーバージョン内（例えば、3.16.0 から 3.16.1）のアップグレードでは、新しいバージョンのインストールを進めると、前のバージョンをアンインストールするか聞かれるので、アンインストールしたうえで新しいバージョンをインストールしてください。古いバージョン（例えば QGIS3.14）をアンインストールしてから新しい QGIS3.16.1 をインストールしたい場合は、コントロールパネルにある「プログラムと機能」を表示させ、対象となる旧バージョンを探し出し、選択した後「削除」をクリックして古いバージョンを削除します。

◆ QGIS の起動とユーザーインターフェース

QGIS を起動するにはいくつかの方法がありますが、一番簡単な方法はデスクトップに作られたショートカット「QGIS Desktop 3.16.1」をダブルクリックすることです。その他の方法としては、他のアプリケーションと同様にスタートメニューから行う、もしくは Windows のタスクバーの検索ボックスに「qgis」と入力するとあらわれる QGIS ショートカットをクリックするなどがあります。

QGIS が上手く立ち上がれば、図 1-1-6 のように QGIS のグラフィカルユーザーインター

QGIS 3.16
Hannover

図 1-1-5　QGIS の起動タイトル画面

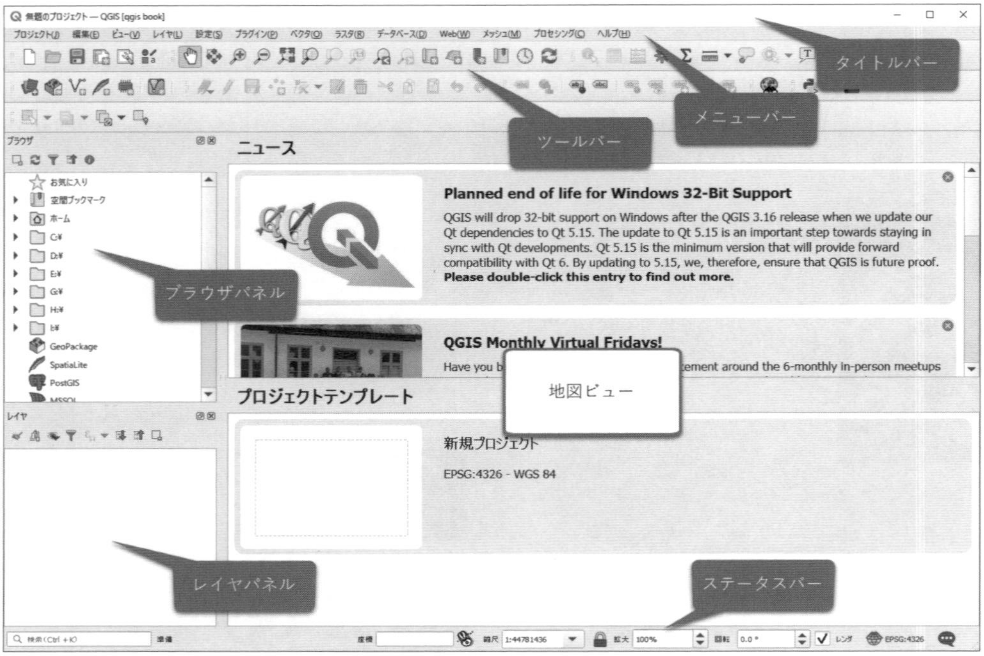
タイトルバー
メニューバー
ツールバー
ブラウザパネル
地図ビュー
レイヤパネル
ステータスバー
ニュース
Planned end of life for Windows 32-Bit Support
QGIS will drop 32-bit support on Windows after the QGIS 3.16 release when we update our Qt dependencies to Qt 5.15. The update to Qt 5.15 is an important step towards staying in sync with Qt developments. Qt 5.15 is the minimum version that will provide forward compatibility with Qt 6. By updating to 5.15, we, therefore, ensure that QGIS is future proof.
Please double-click this entry to find out more.
QGIS Monthly Virtual Fridays!
プロジェクトテンプレート
新規プロジェクト
EPSG:4326 - WGS 84

図 1-1-6　GIS 3.16.1 起動直後の画面とユーザーインターフェースの要素

フェース（GUI）があらわれます。QGIS の GUI は各人でその構成やツールバーの位置などを自由に変えることができるので、自分の画面が図 1-1-6 と違う場合でも気にしないでください。QGIS の GUI のカスタマイズの方法は第 1 部第 2 章の「ツールバーとパネル」で解説します。

まず最初に GUI の構成要素について説明します。GUI の一番上の部分は「タイトルバー」で、起ち上げた QGIS プロジェクトを示すテキストと、右端にあるウィンドウの最小化、最大化、そしてウィンドウを閉じるためのボタンから構成されています。その下には、「メニューバー」と呼ばれる文字で表現されたドロップダウン式の QGIS の各機能にアクセスするための項目が横並びになっています。図 1-1-6 では、プロジェクト、編集、ビュー、レイヤ、設定、プラグイン、ベクタ、ラスタ、データベース、Web、メッシュ、プロセッシング、ヘルプ、というメニュー項目が表示されていますが、これらも各自の設定やインストールしたプラグインと呼ばれる追加機能により表示される内容が変化します。

メニューの下に表示されている様々なアイコンの集まりは「ツールバー」です。ツールバーは、メニューにある様々な機能に素早くアクセスするために使います。ツールバーも各自でカスタマイズ可能です。

ツールバーの下には 3 つのエリアありますが、左側に GIS データを探して QGIS に読み込むための「ブラウザパネル」と、読み込んだレイヤとその凡例をリストとして表示する「レイヤパネル」が配置されます。ブラウザとレイヤはいわゆる「パネル」と呼ばれるタイプのGUI 構成要素で、これらの他に「全体図」を示すパネルなど、必要に応じてパネルを追加・削除できます。「レイヤ」という言葉を本書では多く使いますが、レイヤとは、QGIS に読み込んだデータのことです。

レイヤパネルの右側は「地図ビュー」と呼ばれ、実際に GIS のレイヤを表示する場所です。QGIS を立ち上げた直後は、QGIS に関する最新のニュースとプロジェクトテンプレートが表示されます。

そして GUI の一番下は「ステータスバー」と呼ばれ、QGIS の各種機能にテキスト検索でアクセスするための「クイック検索」や、縮尺やポインターの位置など地図ビューに関する様々な情報の表示、地図の拡大、回転の設定を行うためのツールが配置されています。

◆ QGIS へのデータの読み込み

QGIS が立ち上がったら、次にデータを読み込んでみましょう。ここでは無料で提供されている「国土数値情報」の行政区域ポリゴンデータを使って手順を解説します。

データのダウンロードは、「国土数値情報ダウンロード」(https://nlftp.mlit.go.jp/ksj/index.html)から行います。図 1-1-7 に表示したように、「2. 政策区域」の「行政地域」から「行政区域(ポリゴン)」をクリックして次のデータ選択のページへ移動し、リストの一番上にある「全国」をクリックしてください。

次に、全国の行政区域のデータのリストが様々な年代で表示されるので、令和 2 年版のデータ、「N03-20200101_GML.zip」のダウンロードボタンをクリックして、データをダウンロードしてください(図 1-1-8)。より新しいバージョンのデータがある場合は、そちらをダウンロードしても構いません。データサイズが 380MB 程度あるので、ダウンロードに少し時間がかかります。

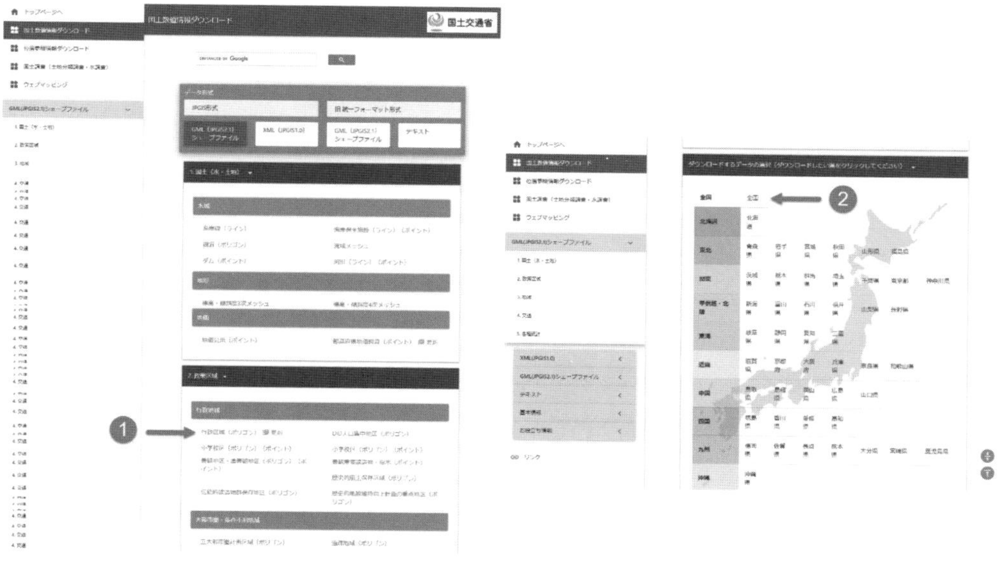

図 1-1-7 国土数値情報ダウンロードサイト

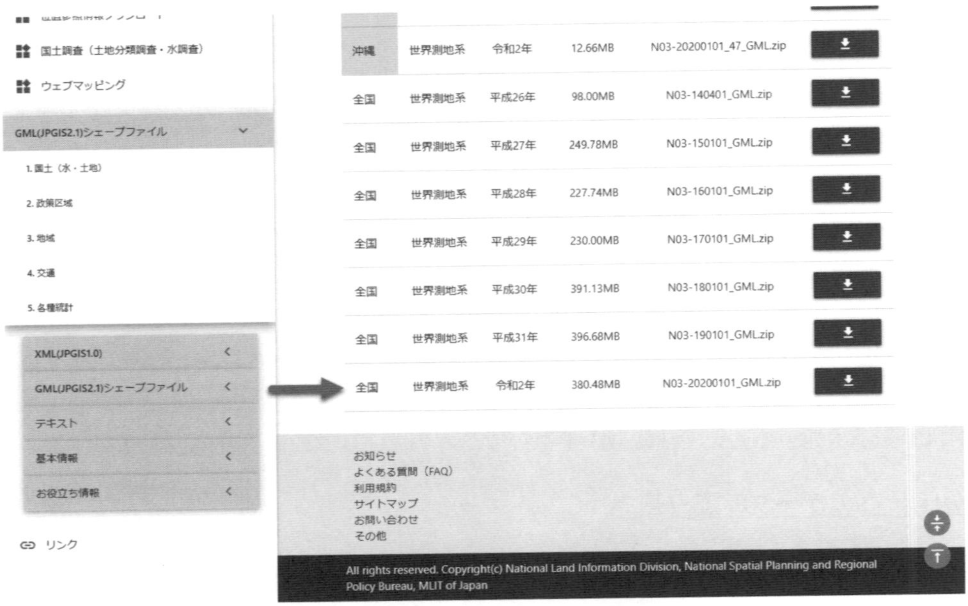

図 1-1-8　国土数値情報行行政区域データのダウンロード

ダウンロードした「N03-20200101_GML.zip」は ZIP 形式で圧縮されているので、各自適当な場所に中身を解凍してください。ZIP 形式の解凍方法がわからない場合は、ダウンロードしたファイルをダブルクリックして開き、中にある「N03-20200101_GML」というフォルダをコピーして、適当なフォルダにペーストしてください。

ダウンロードして解凍したフォルダ内には、複数のファイルが含まれています。シェープファイル（Shapefile）と呼ばれる ESRI 社が開発したベクタ形式のデータを保存するためのファイルフォーマットや拡張子が .geojson である GeoJSON ファイル、メタデータを保存した XML ファイルが見られます。ファイルの拡張子を見ると、拡張子が shp であるシェープファイル本体の N03-20_200101.shp に加え、dbf や prj、shx などの関連する拡張子のついた同名のファイル群が確認できます。ファイル形式などに関することは後の章で詳しく説明しますが、行政区域のデータ N03-20_200101.shp は、拡張子が shp のファイルとそれに関連する dbf、shx を始めとする同名で拡張子だけが異なる複数のファイル群で構成される「シェープファイル」と呼ばれる形式で提供されています。

次に、ブラウザパネルで先ほどデータを解凍した先のフォルダをブラウザパネルで見つけ出し開きます。あとからデータにアクセスしやすいように、データを格納したフォルダをブラウザパネルで見つけたら、右クリックして、「お気に入りとして追加」を選択します（図 1-1-9）。すると、ブラウザパネルの一番上にある、「お気に入り」にフォルダが追加されるため、次回からデータにアクセスするのが楽になります。

そのうえで、「N03-20_200101.shp」を QGIS に読み込みます。QGIS にデータを読み込むにはいくつかの方法がありますが、今回はブラウザパネルで「N03-20_200101.shp」を見つけ、地図ビューにドラッグ&ドロップしてください（図 1-1-10）。

すると図 1-1-11 のように、2 つの座標系の変換のためのダイアログが表示されますが、今

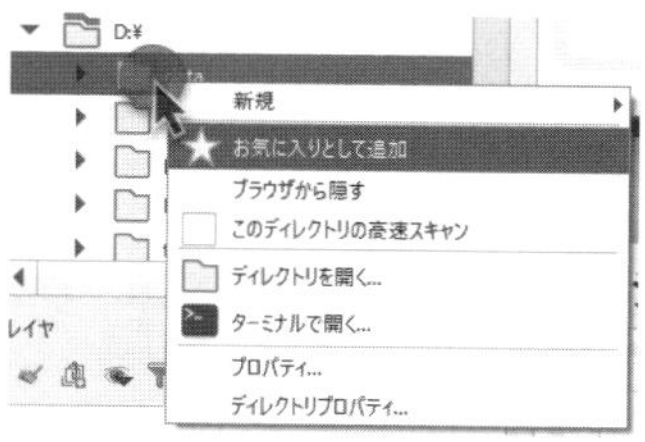

図 1-1-9 データを格納したフォルダを「お気に入り」に追加

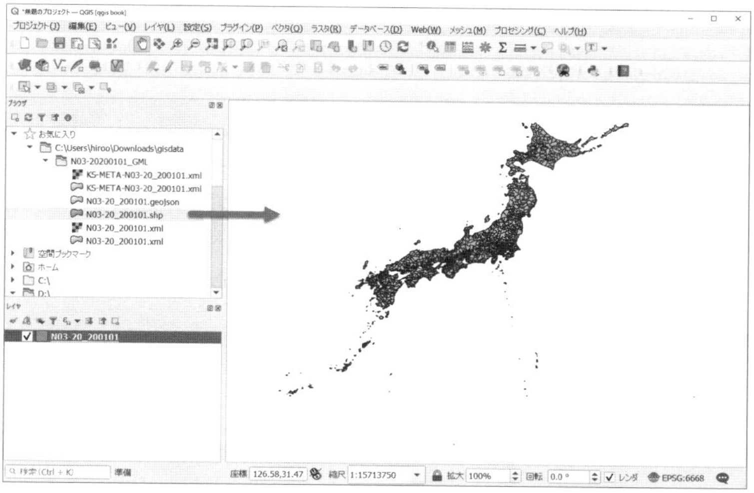

図 1-1-10 データフォルダのお気に入りへの追加と地図ビューへのデータの読み込み

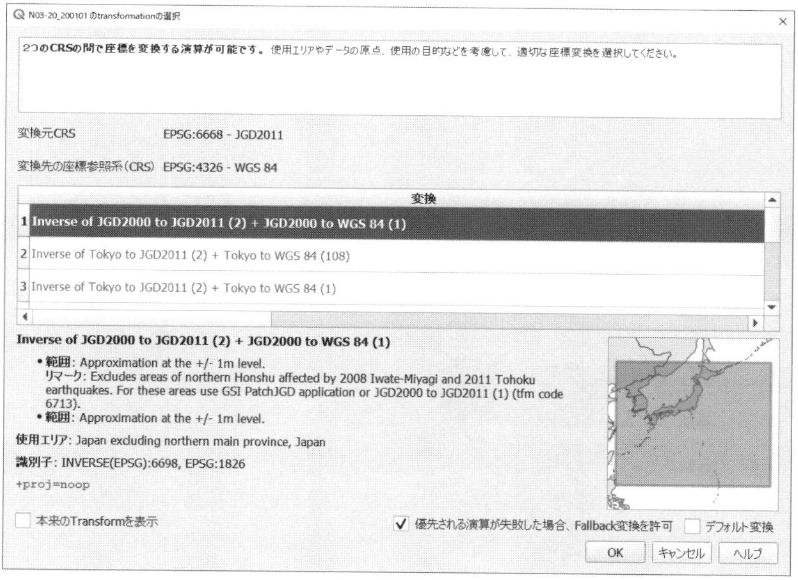

図 1-1-11 座標系の自動変換ダイアログ

は気にせず、一番上にある「Inverse of JGD2000 to JGD2011 (2) + JGD2000 to WGS 84 (1)」を選んだ状態で、「OK」をクリックしてください。地図ビューに日本の行政区域データが表示されます。座標系の変換については、第 1 部第 4 章で説明します。

◆読み込んだデータを調べる

QGIS に日本の行政区域データを読み込むことができましたが、次は実際に表示されたデータを調べてみます。そのために主に使うことになるのが、地図ナビゲーションツールバー（図 1-1-12）と属性ツールバー（図 1-1-13）です。

地図ナビゲーションツールバーには、地図ビューに表示されたレイヤ（地図）の移動、拡大、縮小、全域表示、選択レイヤの領域にズーム、直前の表示領域にズームなど、地図の見たい部分を表示させるための機能が揃っています。

一旦見たい部分が画面上に表示されたら、属性ツールバーを使って表示されている地図の属性値を表示させることができます。例えば「地物情報表示」ツール（図 1-1-14：①）を使って宮城県仙台市のポリゴン（多角形で表現された地物）をクリックした場合（②）、地物情報パネルがあらわれ（③）、ポリゴンの属性値一覧が表示されます。ここで「地物」という言葉を使いましたが、地物は GIS データで表現される対象物のことで、この例では、宮城県仙台市若林区のポリゴン 1 つが、若林区をあらわす地物になります。

図 1-1-12　地図ナビゲーションツールバー

図 1-1-13　属性ツールバー

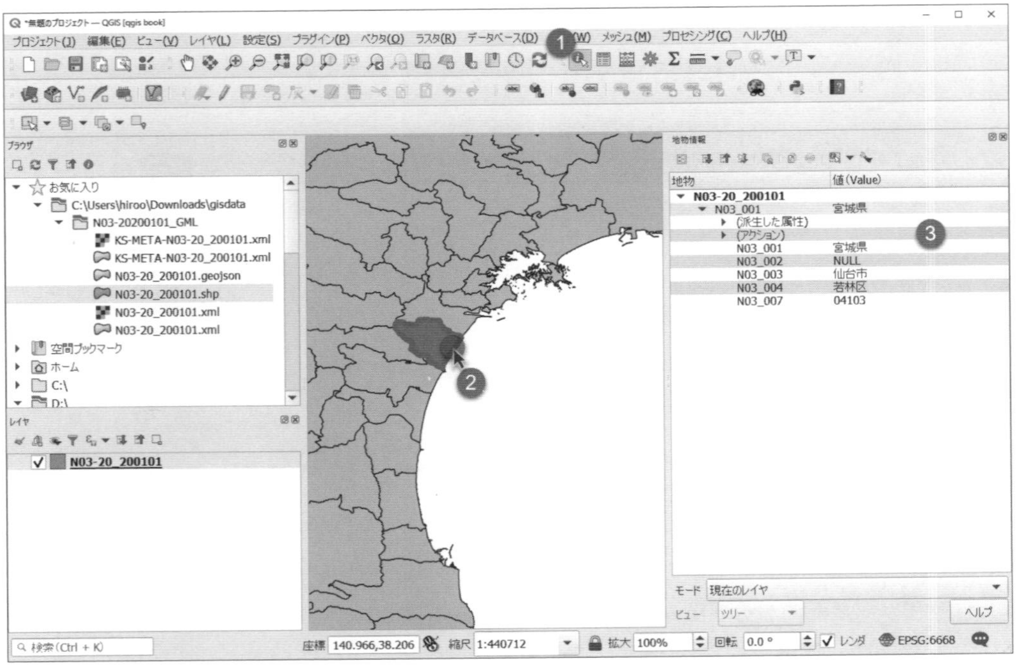

図 1-1-14　地物情報の取得

地物は様々な属性値を持つことができ、属性値により地物の中身を示します。今の例では、都道府県名や市町村名などが地物の属性情報として含まれます。現在は、1 種類のデータしか読み込んでいませんが、複数のデータを読み込んだ場合、地物情報の検索対象レイヤの指定方法は複数あるので、第 1 部第 5 章で詳しく解説します。

◆レイヤ（データ）の塗り分け

次に、読み込んだ行政区域を都道府県ごとに塗り分けてみます。そのために利用するのが各ポリゴン（多角形で表現された地物）が持つ属性値です。現在取り扱っているベクタ形式の属性値の一覧として見るには、レイヤパネルで対象のレイヤ名を右クリックして、「属性テーブルを開く」を選択します（図 1-1-15：①）。行政区域ポリゴンの属性テーブルでは、都道府県の情報がローマ字で「N03_001」という列に保存されているので（②）、この列の情報を使って次にポリゴンを塗り分けます。ちなみに属性テーブルの各行は、1 つのポリゴン（行政区域）に対応しており、列を使って多くの属性値を 1 つのポリゴンが持てることがわかります。属性テーブルについては、第 1 部第 5 章で詳しく説明します。

ポリゴンを都道府県で塗り分けるには、対象とするレイヤの「プロパティ」（属性）を設定します。プロパティとは、レイヤがあらかじめ持っている、またはユーザーが指定できる属性値のことです。レイヤのプロパティを設定するには、対象とするレイヤをレイヤパネルで右クリックして「プロパティ」を選択します（図 1-1-16：①）。レイヤプロパティの設定ダイアログボックスには数多くの設定項目があり、それぞれタブにより設定項目または表示項目がまとめられています。レイヤプロパティダイアログボックスについては後ほど詳しく説明しますが、今は上から 3 番目の「シンボロジ」タブを選択して、ポリゴンを塗り分けする設定を行います（②）。

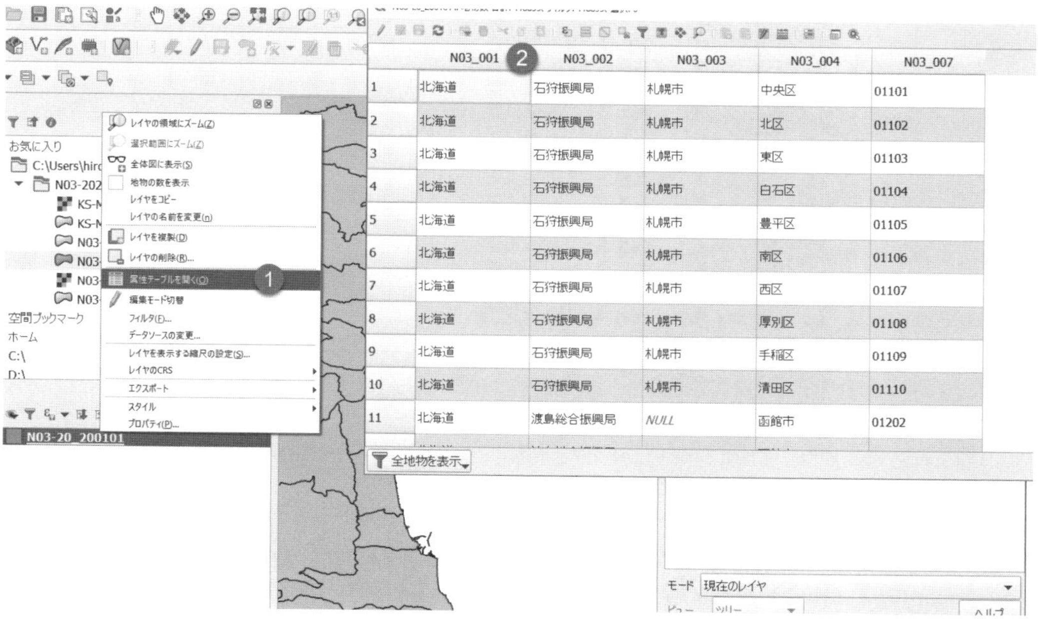

図 1-1-15 行政界レイヤの属性テーブルの表示方法

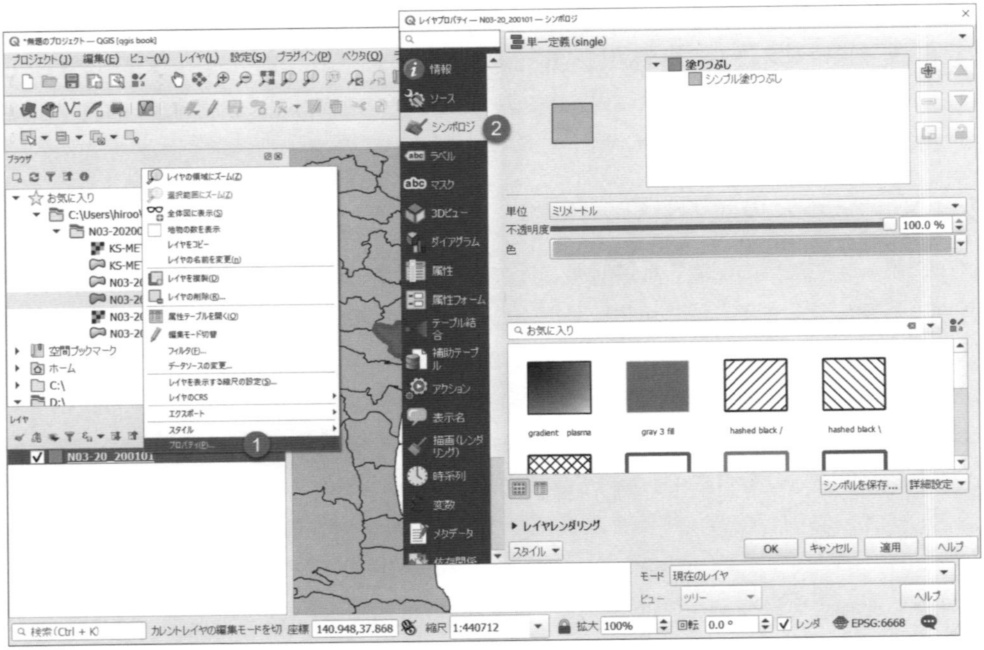

図 1-1-16 レイヤプロパティダイアログボックスの表示方法

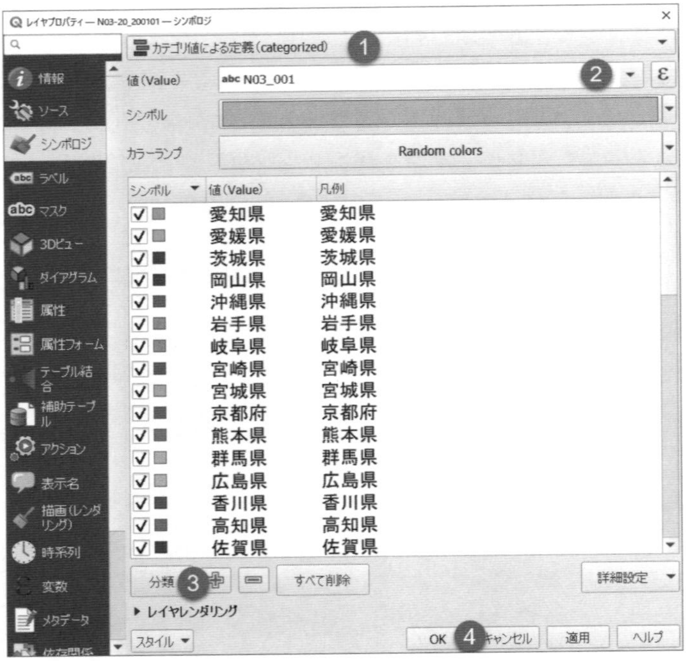

図 1-1-17 レイヤプロパティのスタイル設定による都道府県による地図の塗り分け

行政界のようなポリゴンのレイヤを読み込んだ際の初期のスタイル設定は「単一定義(single)」が設定され、ポリゴンが一色で表示されます。ポリゴンの塗り分けの方法には、この他、植生タイプのようなカテゴリカルな情報に基づいて塗り分けを行う「カテゴリ値による定義（categorized)」、人口や気温のように定量的データに基づき塗り分けをする「連続値に

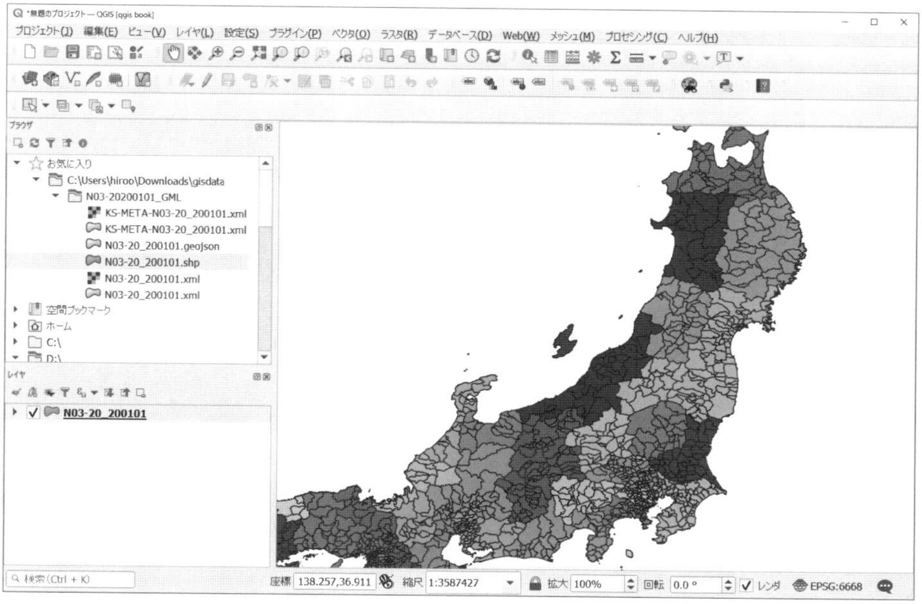

図 1-1-18　都道府県による行政界レイヤの塗り分け

よる定義（graduated）」、より高度なユーザーが独自に塗り分けの範囲を指定する「ルールによる定義（rule-based）」、「反転ポリゴン」、「2.5D」などが用意されています。ベクタデータのスタイルの詳しい設定方法は、第 1 部第 5 章で解説します。

今回は都道府県ごとに塗り分けを行うので、レイヤプロパティダイアログボックスで「カテゴリ値による定義（categorized）」をドロップダウンリストで選択し（図 1-1-17:①）、属性テーブルの列名を指定する「値（Value）」の指定で、「N03_001」を選択し（②）、ウィンドウの左下側にある「分類」ボタンをクリックして（③）分類を実行し、最後に「OK」ボタンをクリックします（④）。

今回はカラーランプ（色のセット）としてデフォルトで用意されている色階調「Random colors」を利用しましたが、QGIS では事前に用意された、または自作した様々な色階調でより効果的な塗り分けを行うことが簡単にできます。色階調の作成については第 1 部第 5 章で解説します。

◆作成したプロジェクトの保存

QGIS は、時間をかけて作業した内容を「プロジェクト」として保存することができます。作業をはじめるにあたりあらかじめプロジェクトファイルを作成し、作業が進むにつれ頻繁にその作業内容を保存することをおすすめします。

プロジェクトファイル（拡張子 .qgz または .qgs）は、QGIS に表示されているレイヤの元となるデータファイルの保存先、レイヤの読み込み順序、シンボル（ポリゴンの色やアウトライン、点や線）の色や太さなどのプロパティ設定、地図の表示範囲など、多くの情報を保存します。QGIS3.2 以降、プロジェクトファイル形式のデフォルトとなった .qgz 形式は、シンボルやアイコン、画像などのデータも持つことができる一方、従来の .qgs 形式は、ファイル自

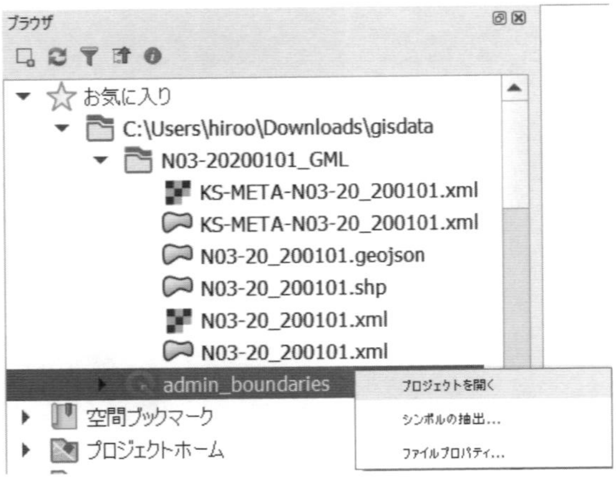

図 1-1-19 ブラウザパネルからプロジェクトを選択し、開くことができる

体には参照情報以外は含みません。プロジェクトファイルは QGIS 独自の情報が保存されているため、他の GIS ソフトで利用することはできません。

プロジェクトを保存するには、プロジェクトメニューから「保存」を選び、名前をつけて保存します。保存したプロジェクトファイルを読み込むには、プロジェクトメニューから「開く」または「最近使用したプロジェクト」を選択するか、プロジェクトファイル自体をダブルクリックしてプロジェクトを立ち上げます。ブラウザパネルのリストから、プロジェクトを選んで立ち上げることもできます（図 1-1-19）。

ここでは簡単に QGIS を立ち上げるところからベクタデータを表示させ、ポリゴン属性情報の表示、属性によるポリゴンの塗り分けまでの手順を解説しました。QGIS は非常に洗練されたユーザーインターフェースで GIS のデータ閲覧・検索を直感的にできるようにデザインされています。また、日本のオープンソース GIS コミュニティの活躍により、日本語対応が進んだアプリケーションです。直感的にわかりやすいデザインですので、できるだけ多くの機能を試してみてください。「習うより慣れろ」が QGIS を習得するための一番の近道だと思います。それではこれから QGIS と GIS についてより詳しく説明していきたいと思います。

第 2 章 QGIS の各種機能

本章ではまず、QGIS がバージョン 2 からバージョン 3 に上がってからの大きな変更点、新機能を紹介します。そのうえで QGIS の各機能を概観し、QGIS をより使いやすくするための GUI のカスタマイズ方法を解説します。QGIS は、オープンソースコミュニティと呼ばれる世界中に広がるソフトウェアのディベロッパーとユーザーによって支えられるプロジェクトです。4 カ月おきの大幅なアップグレードに加え、日々様々な改良やプラグインの開発が続けられています（https://qgis.org/ja/site/getinvolved/development/roadmap.html#release）。QGIS はバージョンが 2 に上がってから、ユーザーインターフェースのデザインが変更されたり、プロセッシングメニューがデフォルトで加えられたり、地図作成機能が大幅に強化されたりと単独の GIS ソフトとして大きく成長しました。バージョン 3 では、GeoPackage がデフォルトのデータフォーマットとなり、3D データやメッシュデータ、その他多様なデータソースに対応できるようになりました。世界的に広がる QGIS コミュニティから新しいアドインが供給され続けており、アドインで自由に QGIS の機能を拡張できます。進化し続ける QGIS で何ができるのか、本章を通して解説したいと思います。

◆バージョン 3 の新機能と変更

筆者は QGIS がバージョン 0 の時代から QGIS を利用してきましたが、バージョンが 3 になり、QGIS は GIS ソフトウェアとして成熟期を迎えたように感じています。UI（ユーザーインターフェース）や基本的な機能は大きな変更がなく、安定性が増してきた一方、それぞれの機能により細かい機能が追加されたり、QGIS というプラットフォーム上で、より多くのデータソースを取り扱えるようにしたり、プログラミング環境を充実させたりと、デスクトップオープンソース GIS の中心ソフトウェアとして、GIS の世界を切り開き続けています。その一方で機能や設定が複雑になり、なかなか直感的に操作できなくなってきていることも事実です。そこでまず筆者らが注目するバージョン 3 での変更点と、新たに加えられた、または強化機能について紹介します。バージョンごとの変更点を詳しく知りたい方は、https://qgis.org/ja/site/forusers/visualchangelogs.html を参考にしてください。

まず、バージョン 2 からバージョン 3.16.1 までの間に削除された機能を紹介します。

- 単独のデータブラウザ
- TauDEM、Orfeo、R、など外部ソフトウェアのデフォルトでの統合
- 異なる座標参照系のオンザフライ表示の無効化
- ゾーン統計プラグインの削除
- Dxf2shp コンバーターの削除

バージョン 2 では、データのブラウザが単独のソフトウェアとして付属しましたが、使い勝手があまり良くないという理由で廃止されました。その代わりに、ブラウザパネル、データ

ソースマネージャの機能が充実しています。TauDEM を始めとする様々なオープンソースソフトウェアとの連携が強化されましたが、外部ソフトウェアの QGIS とのインターフェースの開発が追いつかない、プラグインとして連携の仕組みが用意されたなどの理由で、デフォルトでの外部ソフトウェアとの連携数が大きく減りました。ただし、マニュアルで設定したり、プラグインを利用することでほとんどのソフトウェアはバージョン 3 でも利用できます。また、異なる座標参照系のレイヤを表示する際、QGIS 上でその違いに自動的に対処し、レイヤを重ね合わせる、いわゆるオンザフライ機能が常時オンとなっています。その他の削除された機能は、別の機能としてバージョン 3 でも提供されています。

次に、主要な変更点です。

- 解析のための QGIS のネイティブ機能の増加
- データソースマネージャの採用
- データ作成のためのエディティング機能の強化
- データファイルフォーマットとして GeoPackage がデフォルト
- プロジェクトファイルフォーマットとして .qgz がデフォルト
- 異なる座標参照系のオンザフライ表示が常時オン（削除された機能で説明）
- プリントコンポーザーからレイアウトへの名称変更

これまで QGIS は、ベクタファイルフォーマットとしてシェープファイル（Shapefile）、ラスタフォーマットとして GeoTIFF をデフォルトのフォーマットとしてきました。3.16.1 では、ベクタもラスタも取り扱える、GeoPackage 形式が、デフォルトとなりました。GeoPackage は、SQLite というファイルのように取り扱える軽量のデータベースがもとになっています。そのため 1 つの GeoPackage 内に、ベクタ、ラスタ、属性（非空間データ）、その他のリソースをまとめて保存することができるとても便利なデータの入れ物となっています（https://www.geopackage.org/）。

新しくプロジェクトファイルのデフォルトとなった .qgz 形式は、従来の .qgs ファイルとプロジェクトに関連するリソース、例えばアイコンに使った SVG ファイル、GeoPackage ファイル、などをまとめて ZIP 形式で圧縮したものです。今後はプロジェクトと関連リソースを共有する場合、1 つのプロジェクトファイルで行うことができるようになります。

最後に新規に追加・強化された機能です。あまりに多いため、ここでは筆者が特に注目する機能を紹介します。詳しい追加機能の説明は、https://qgis.org/ja/site/forusers/visualchangelogs.html を参照してください。

- サポートファイル及びデータソース形式の追加
- メタデータ機能の強化
- ユーザープロファイルの導入
- ブラウザ、データソースマネージャの機能強化
- パネル配置など UI カスタマイズの機能の強化
- レイヤ、解析ツールなど検索機能の強化
- XYZ タイル、ベクタタイル対応
- メッシュデータサポート
- 3D データサポート

・ベクタデータ編集機能の強化
・解析機能のネイティブ化と追加
・OpenCL による並列処理対応
・レポート機能の追加（旧アトラス機能の強化）

ここで取り上げた追加・強化された機能の多くは本書で解説しますが、Python を利用したプログラミング関連、並列処理対応については取り上げないので、https://www.itopen.it/opencl-acceleration-now-available-in-qgis/ を参照してください。

◆ GUI の構成と各種機能

すでに前章で簡単に触れましたが、ここでは基本的な GUI の構成要素について詳しく説明します。ユーザーが実際に触れ合う GUI を調べることによって QGIS にどのような機能が備わっているか理解できます。

メニューバーとショートカット

まず GUI の一番上段に並ぶ文字列は、QGIS の様々な機能へアクセスするためのメニューであり、メニューバーと呼ばれています（図 1-2-1）。メニューの数は、プラグインをインストールしたり削除することで変わることがあります。

図 1-2-1　メニューバー

各メニューからはドロップダウンリストにより、QGIS のほぼすべての機能へアクセス可能です。QGIS の機能はバージョンアップごとに強化されているので、今後のバージョンアップでもメニュー項目やドロップダウンリストの表示項目が増加していくと思います。バージョン 3.16.1 では、バージョン 2 では見られなかった「メッシュ」メニューが加わっています。

メニューバーからアクセスできる各種機能には、キーボードショートカットがある場合、そのキーがカッコ内に明記されています。例えばプロジェクトメニューならば、(J) となっていますが（図 1-2-1）、これは OS が Windows であれば、まず「Alt」キーを押してメニューバーをアクティブにし、その後「J」でプロジェクトメニューのドロップダウンリストを展開できます。メニュー展開後は上で上下の移動キーを使うか、リストの機能名の直後にある、括弧内のアルファベットキーをタイプして各種機能にアクセスできます。

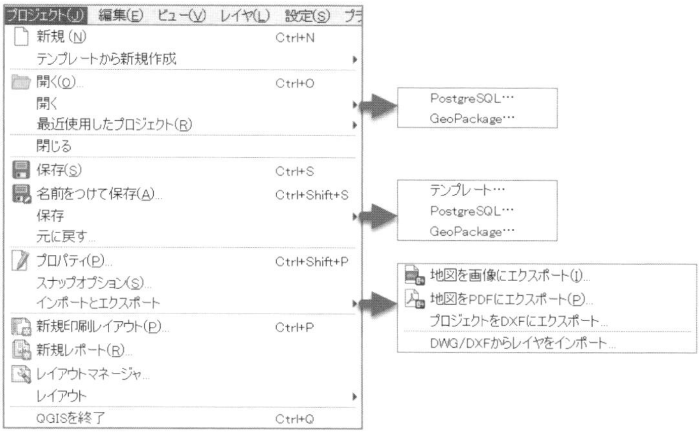

図 1-2-2　プロジェクトメニュー

もう 1 つのショートカットの方法は、ドロップダウンリストの各機能の右側に記載されているキーの組み合わせです。例えば、図 1-2-2 の新規プロジェクトであれば「Ctrl+N」の組み合わせで、直接機能にアクセスできます。ショートカットの構成については、「設定」メニューの「ショートカットの構成」で設定を確認したり、設定することができます。

プロジェクトメニュー

プロジェクトメニューには、作業状態を保存するためのプロジェクトの新規作成、読み込みと保存、プロジェクトのプロパティ設定、地図ビューを画像として保存するスナップショット、プロジェクトのプロパティ設定、デジタイジングのスナップオプション、地図画像のインポートとエクスポート、地図出力作成のためのレポートおよびレイアウトの作成と管理の機能、そして QGIS を終了する機能などが含まれます（図 1-2-2）。「開く」メニューは 2 つありますが、2 つ目の「開く」は、データベース系の PostgreSQL と GeoPackage に保存したプロジェクトを開くためです。同様に「保存」メニューも 2 つありますが、2 つ目は、テンプレートとして、または PostgreSQL や GeoPackage にプロジェクトを保存するための機能です。「インポートとエクスポートメニュー」からは、キャンバス上の地図を画像、または PDF として出力する

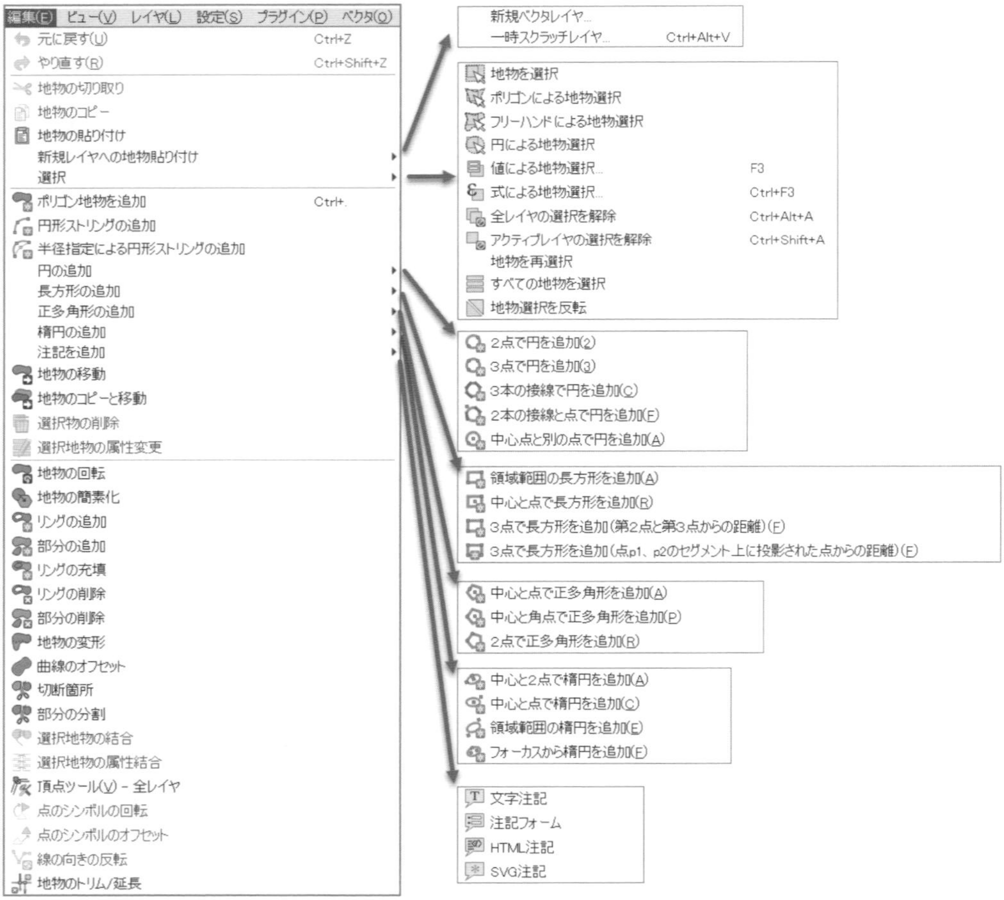

図 1-2-3　編集メニュー

機能と、CAD 系のデータである DWG、DXF データのインポートエクスポートの機能が提供されています。

編集メニュー

編集メニューは、ベクタデータを編集するための各種機能を提供します（図 1-2-3）。新しくベクタデータを作ったり、既存のものを編集したりする時に使う機能群で、通常多くの機能がグレーアウト（選択できない状態）しており、レイヤを編集モードに切り替えると多くの機能が利用できるようになります。バージョン 3 になってからベクタデータの編集機能が充実したので、第 1 部第 5 章でデータの編集方法について取り上げます。「新規レイヤへの地物貼り付け」は、新しく追加された機能ですが、あらかじめ選択した地物を「地物のコピー」した後、新規ベクタレイヤとしてファイル出力するか、新しくレイヤとしてレイヤパネルに追加できます。後者の方法では、新規追加されたレイヤはファイルとしては保存されません。地物の選択方法は、地図ビュー上でインタラクティブに選択する方法と、値や式で地物を選択する方法が提供されています。

ビューメニュー

ビューメニューは、地図ビューに表示されたデータの見たいところを見たい大きさで表示す

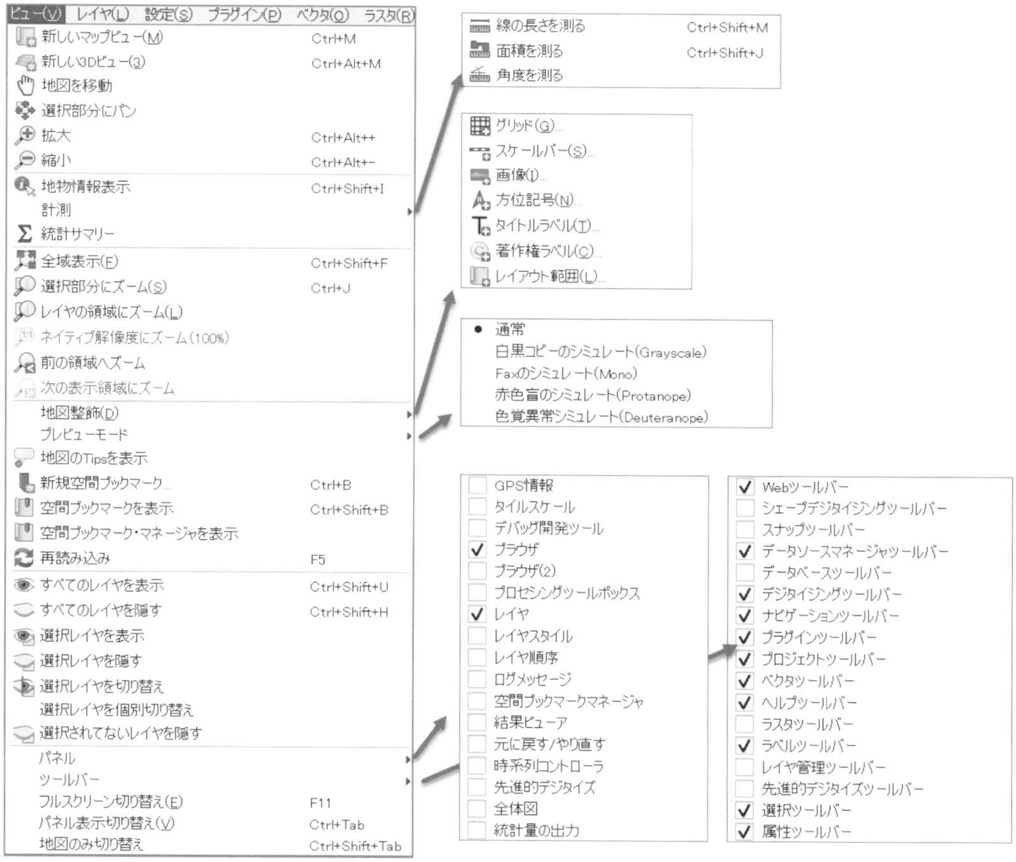

図 1-2-4 ビューメニュー

るための機能が中心です（図 1-2-4）。追加のマップビューを作成する「新しいマップビュー」、3D データを表示する「新しい 3D ビュー」、レイヤの属性値の統計を表示する「統計サマリー」、地図ビュー上に縮尺や方位記号、注記を加える「地図整飾」、地図ビューの表示範囲を名前をつけて記録しておくブックマーク関連機能などもあります。さらに、パネルやツールバーアイテムの追加・削除、地図ビューを全体表示に切り替える機能もあります。ビューメニューにある機能は QGIS を使ううえで最も頻繁に使う機能が揃っているため、実際はツールバーかショートカットを通してそれらの機能を利用することが多くなります。

レイヤメニュー

レイヤメニューには、各種データの読み込み、レイヤの作成・追加・複製・削除、レイヤスタイルのコピーと貼り付け、編集モードの変更、属性テーブルへのアクセス、属性（プロパティ）の設定、レイヤ及び地図ビューの座標参照系の設定、ラベルの表示、全体図の作成と管理、レイヤの表示・非表示の切り替えなどの機能群がまとめられています（図 1-2-5）。QGIS はバージョンアップごとに読み込みのできるデータソースが増加しており、バージョン 3.16.1 では、17 種類ものデータソースを利用できます。各種ウェブサービスの利用については、第 1 部第 7 章で解説します。

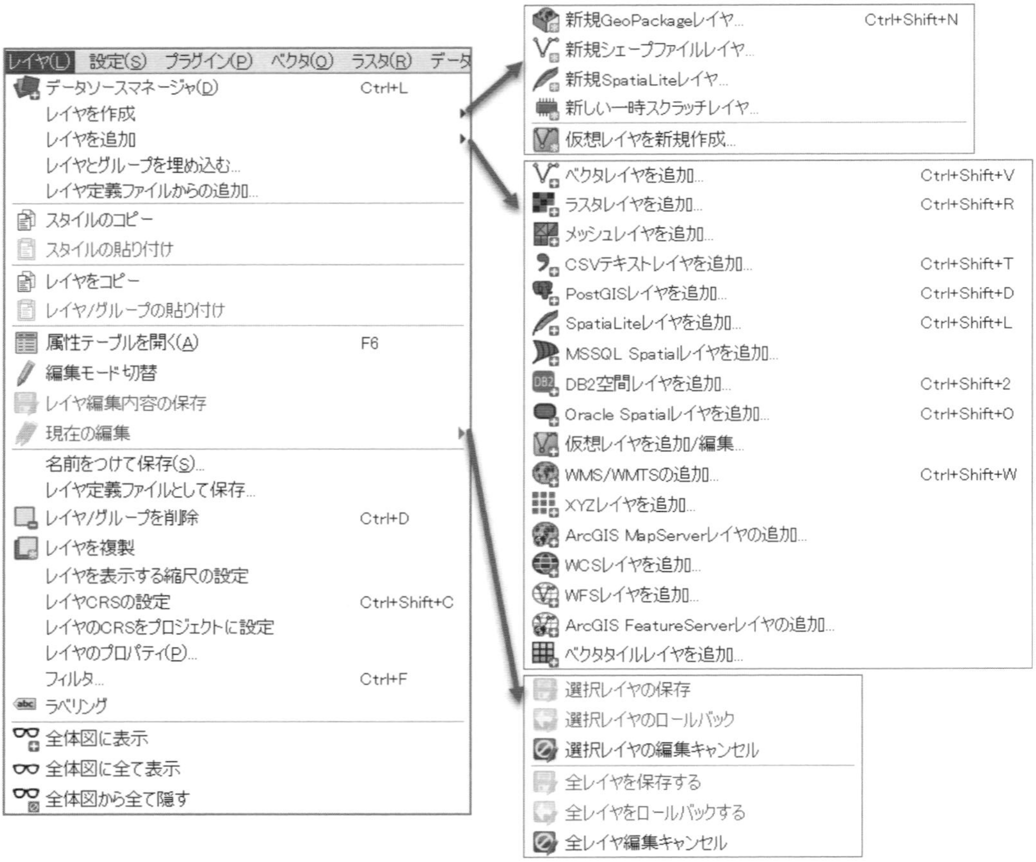

図 1-2-5　レイヤメニュー

設定メニュー

設定メニューからは、QGIS の各種環境設定を行うことができます（図 1-2-6）。QGIS の操作にある程度慣れてきたら、QGIS をより効率的に使うためこのメニューを利用することになります。非常に多くの項目が設定できるため、ここでは簡単にどのようなことができるのかだけまとめました。

- ユーザープロファイル：QGIS の利用環境をプロファイルとして保存
- スタイルマネージャ：地図シンボルや色のセットなどを管理
- カスタム投影法：デフォルトではカバーされない投影法を定義
- キーボードショートカット：キーボードショートカットの管理
- インタフェースのカスタマイズ：QGIS の UI をカスタマイズ
- オプション：オプションダイアログで QGIS の利用環境を詳細設定（図 1-2-7）。

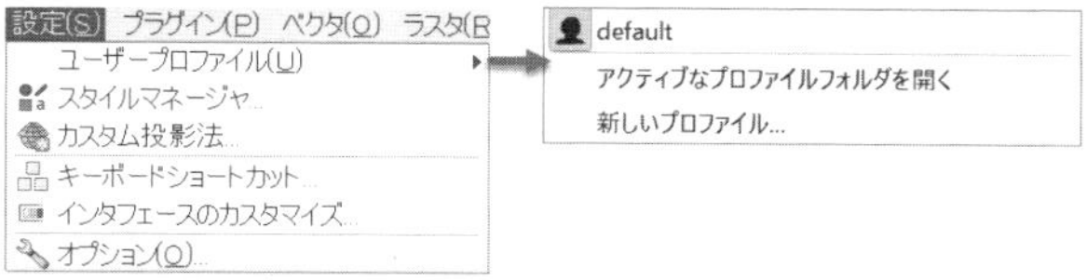

図 1-2-6　設定メニュー

図 1-2-7　オプション設定ダイアログ

プラグインメニュー

プラグインメニューは、QGIS の魅力的な機能の 1 つで、プラグインの管理を行うプラグインの管理とインストール、インストール済み各種プラグインへのアクセスがまとめられています。インストールされているプラグインによってメニューの内容は変化します。以前のバージョンでは、このメニューから多くのプラグインへアクセスしたのですが、最近の傾向としてはプラグインをそれぞれ「ベクタ」、「ラスタ」、「データベース」、「Web」、「プロセッシング」メニューに振り分けてアクセスしやすくしています。オープンソースのプログラム言語である Python を利用する環境もこのメニューの Python コンソールから提供されています。図 1-2-8 は筆者のプラグインメニューのスクリーンキャプチャーなので、皆さんのプラグインメニューとは違うかもしれません。プラグインのインストール、管理については第 2 部第 2 章で詳しく解説します。

図 1-2-8 プラグインメニュー

ベクタメニュー

ベクタメニューは、ベクタデータの解析、検索、管理をする空間演算ツール、ジオメトリツール、解析ツール、調査ツール、データ管理ツールなど各種機能が揃っており、ラスタメニュー

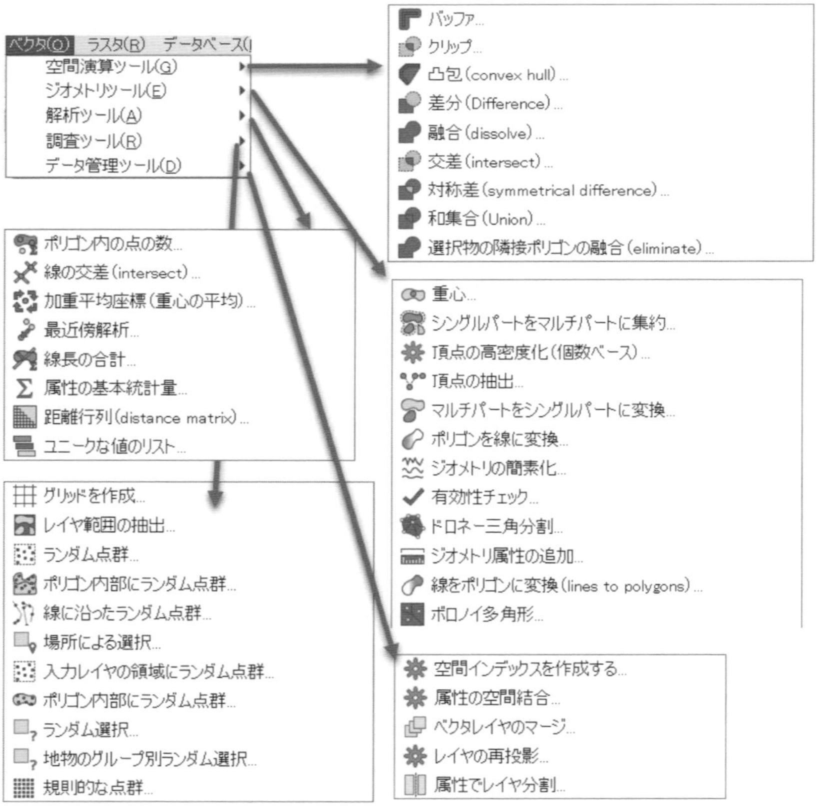

図 1-2-9 ベクタメニュー

と並んでQGISを単なるデータビュアーから解析の道具へと格上げします(図1-2-9)。メニューの内容は、インストールしたプラグインの種類によって変化することがあります。詳しい機能は第1部第5章のベクタデータで解説します。

ラスタメニュー

ラスタメニューは、ラスタ形式のデータの管理、分析をするためのツールが揃っています(図1-2-10)。オープンソースのラスタを取り扱うライブラリ（プログラムの集まり）であるGDAL（http://www.gdal.org/）を利用したラスタデータの座標参照系の変換、ファイルフォーマットの変更、陰影図をはじめとした地形解析、データの切り出し、複数のラスタを仮想的にモザイクする仮想ラスタなど、様々な機能が用意されています。ラスタに関する詳しい機能は第1部第6章のラスタデータで解説します。

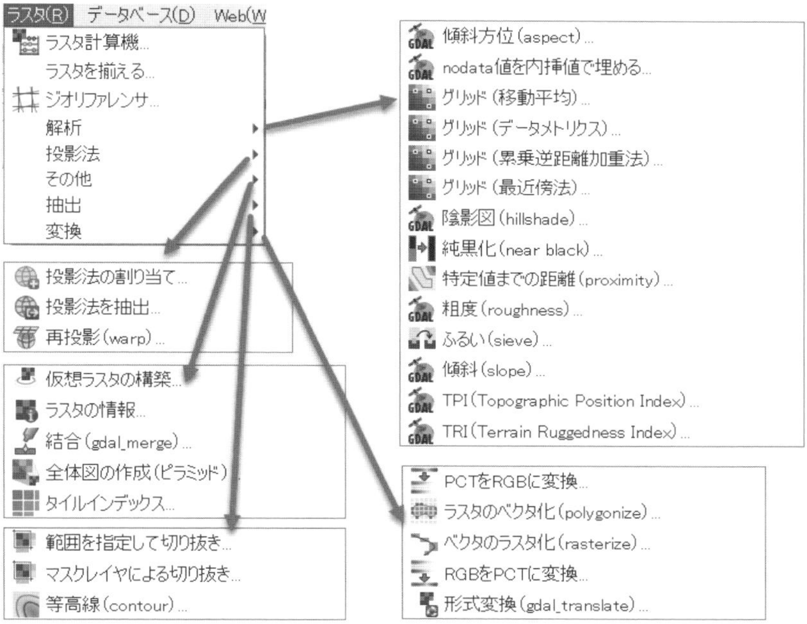

図 1-2-10　ラスタメニュー

データベースメニュー

データベースメニューは、バージョン1.8から強化され始め、様々なデータベースからのデータの入力、出力、およびデータの検索を行う機能を提供します（図1-2-11）。GISデータのデータベース化は着実に進み、現在はファイル形式の空間データベースである「GeoPackage」がQGISのデフォルトのデータフォーマットになりました。また、QGISが元々オープンソース空間データベースの

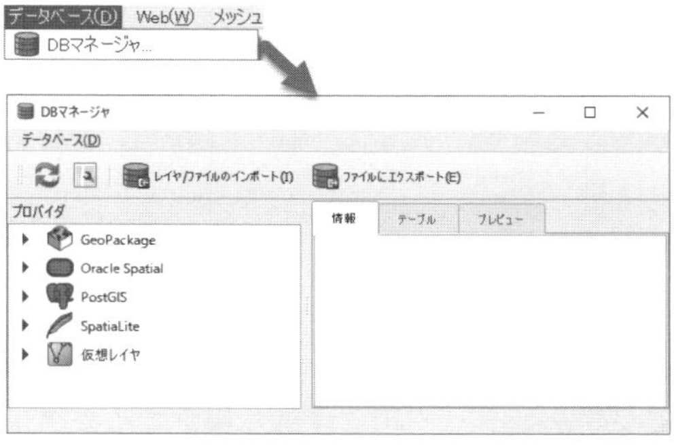

図 1-2-11　データベースメニューと DB マネージャ

PostGIS のビュアーとして発展してきたことからも、データベースメニューから開く「DB マネージャ」の使い方を理解しておくことは重要です。データベース、特に GeoPackage については第 1 部第 5 章で詳しく説明します。

Web メニュー

Web メニューは、バージョン 2 以降、デフォルトで加えられました（図 1-2-12）。デフォルトでは、Meta Search という Web でアクセスできるデータカタログサービスを利用するためのツールへのアクセスが用意されています。データカタログとは、データを集めた Web 上の図書館で、どのようなデータが提供されているか検索したり、データへのアクセスが許可されていれば、データを QGIS で利用できるようにしてくれます。Catalog Service for Web（CWS）というウェブカタログサービスの標準で、カタログサービスを提供しているサイトの情報とデータを利用することができるようになります。

図 1-2-12 Web メニューと Meta Search ツール

メッシュメニュー

メッシュメニューは、バージョン 3.14 以降追加された比較的新しいメニューです。メッシュ形式というデータ形式を取り扱うためのツールが格納されます。メッシュデータは、気象、海洋観測データのように面的なデータでかつ時間要素が含まれるデータを格納するために便利なデータ形式です。2 次元、3 次元でデータを表示したり、風向きや潮流をベクタ（矢印）で表示させたりできます。本書ではメッシュデータの取り扱いには触れないので､興味のある方は、https://docs.qgis.org/3.16/en/docs/user_manual/working_with_mesh/mesh_properties.html を参照してください。

プロセッシングメニュー

プロセッシングメニューは、QGIS のバージョンが 2 以降になってからデフォルトで加えられたメニューです(図 1-2-13)。このメニューの主な機能は、SEXTANTE という元々は SAGA や gvSIG というオープンソース GIS ソフトウェアで使われていたデータ解析プログラム群により構成されています。

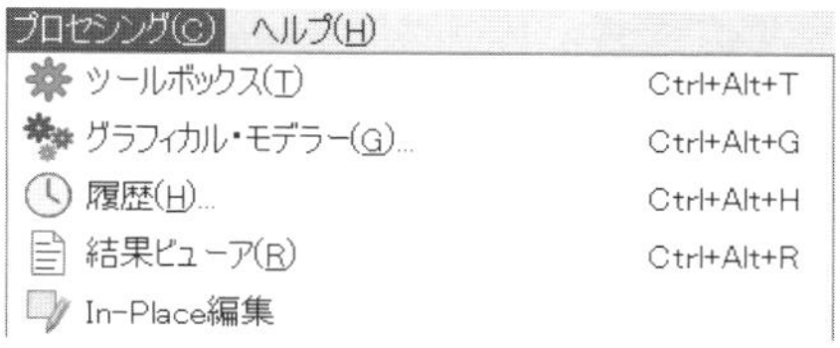

図 1-2-13 プロセッシングメニュー

QGIS に組み込まれてからは、QGIS 独自の解析機能、GRASS、SAGA という他のオープンソース GIS で開発された機能や、Orefeo ToolBox というオープンソースのリモートセンシングのソフトウェアの解析機能をこのメニューから開き、プロセッシングツールボックスから利用できます。一連の解析手順を視覚的にわかりやすく作成、自動化するグラフィカル・モデラーにもアクセスできます。QGIS でデータ解析を行ううえでは、最も面白いメニューだと思います。プロセッシングメニューは、第 2 部第 1 章で解説します。

ヘルプメニュー

ヘルプメニューは、文字通り QGIS についてわからないことがあったら調べるリソースをまとめています（図 1-2-14）。QGIS の正式なドキュメントは、バージョン 3.10 のユーザガイド／マニュアル（https://docs.qgis.org/3.10/ja/docs/user_manual/）が日本語で正式に QGIS のホームページから公開されています（2022 年 2 月現在)。「QGIS について」で開くウィンドウには、QGIS の開発、ユーザーインターフェースやマニュアルなど翻訳などに関わった方々の名前がリストされています。日本語マニュアルの翻訳は、馬場美彦氏、赤木 実氏、山手規裕氏、水谷貴行氏、縫村崇行氏、嘉山陽一氏などの努力により作成されています。翻訳作業はどなたでも参加できるので、皆さんもぜひ参加してください (https://qgis.org/ja/site/getinvolved/index.html)。

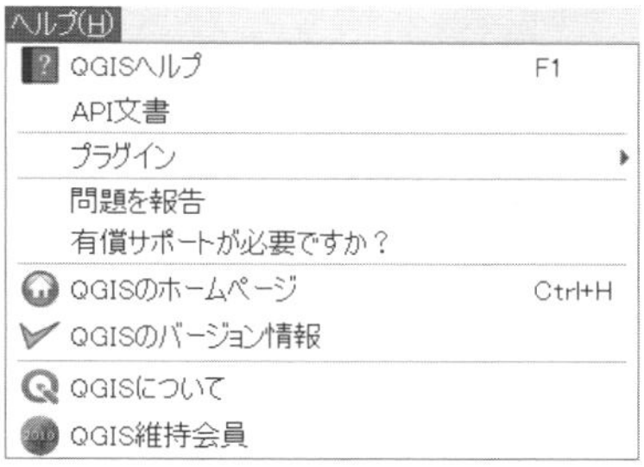

図 1-2-14 ヘルプメニュー

ツールバーとパネル

ツールバーは、メニューで選択できる様々な機能に素早くアクセスするためのもので、実際に GIS の作業を始めるとメニューよりもツールバーを頻繁に利用することになります。各機能をわかりやすいアイコンとして表示し、アイコンの上にポインターを重ね合わせると対応する機能名が表示されます。大変便利なツールバーですが、あまり多くのツールバーを読み込むと QGIS のグラフィカルユーザーインターフェース（GUI）が混み合って、かえって各機能にアクセスしにくくなる場合があります。そのため QGIS では表示しきれないツールバーを折りたたんだり（図 1-2-15）、一旦表示されたツールバーをドラッグ＆ドロップにより自由に GUI 上に配置できます（図 1-2-16）。ツールバーの位置を変更するためには、各ツールバーの左端にポインターを合わせ、ポインター表示が変化した後に、ツールバーをドラッグ＆ドロップし、画面上の好きなところへ持っていきます。

レイヤ、ブラウザ、全体図などのパネルと呼ばれる小さなウィンドウもツールバーと同様に追加した後、ドラッグ＆ドロップで好きなところに配置することができます。またパネルは、所定の位置に配置済みのパネル、例えばブラウザパネルにドラッグ＆ドロップで重ね合わせることによってタブ表示させたり、地図ビュー上にフロートさせたり、デフォルトの設定のように垂直に並べることもできます（図 1-2-18）。

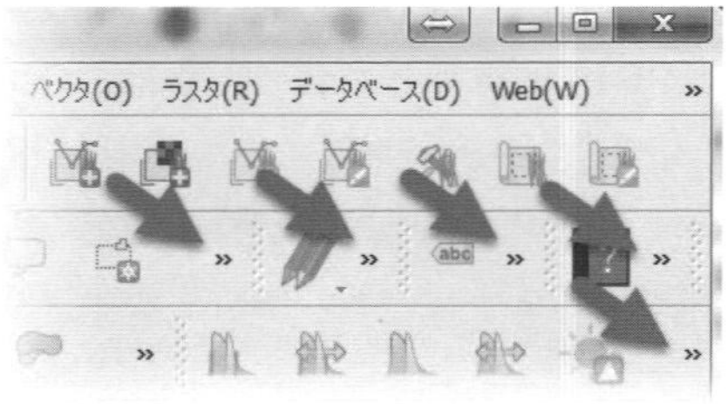

図 1-2-15 ツールバーの展開

ツールバーはデフォルトでは地図ビューの上下に配置され、すべてのツールが表示できないと、右矢印でツールが折りたたまれて隠される。「>>」をクリックすると隠されたツールバーが展開される。

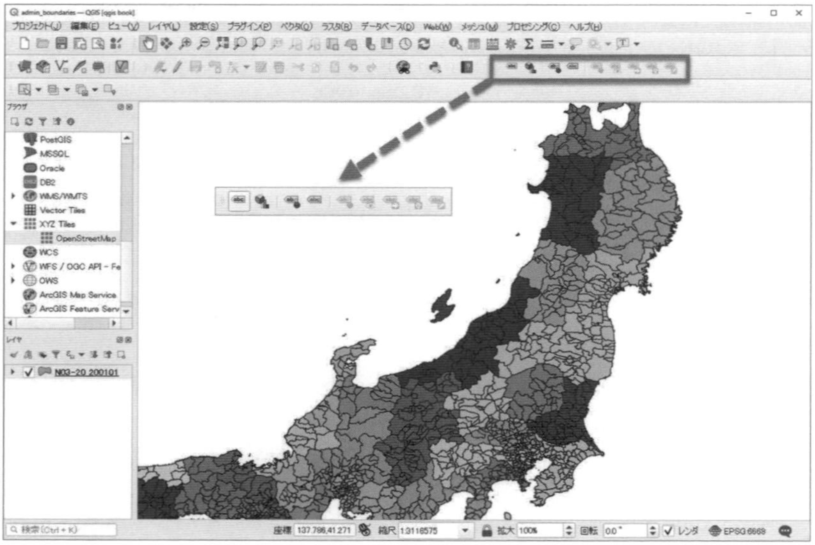

図 1-2-16 ツールバーの配置変更

地図ビューのレイヤパネルの周辺だけではなく、地図ビュー上にツールバーをフロートさせることもできる。ツールバーの追加と変更は、ツールバーの空白部分またはメニューバー上でマウスの右クリックを行い、コンテクストメニューを表示させて行います（図 1-2-17）。また、「ビュー」メニューから「ツールバー」を選択しても、追加または削除可能なツールバーのリストが表示される。

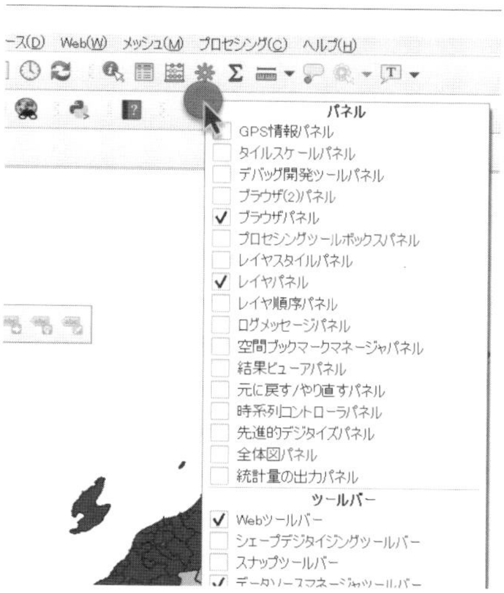

図 1-2-17　ツールバーの追加と削除
ツールバーの追加と削除を行うには、ツールバーの空白部分を右クリックして図のようにコンテクストメニューを表示させる。

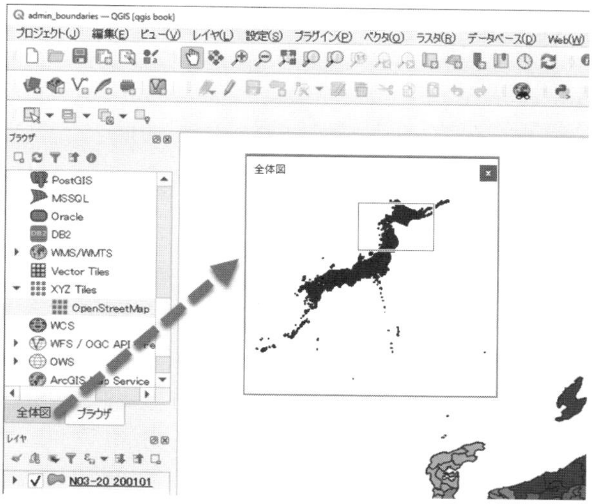

図 1-2-18　デフォルトのブラウザパネルに全体図パネルを加えタブ化させたりフローティングさせた例

地図ビュー

地図ビューは、読み込んだベクタやラスタレイヤを実際に表示する領域で、ユーザーが地図と実際に触れ合う場所です。地図ビューは情報を表示するのが主な目的ですが、バージョン 3.16 では、マウスで右クリックをするとその場所の座標値を取得できるようになりました（図 1-2-19）。また、表示される地図の範囲を変更するためにいくつかのキーが使えます。まず、表示領域の縮尺を変えずに変更させるには、ポインターを地図ビューに持っていった後、キー

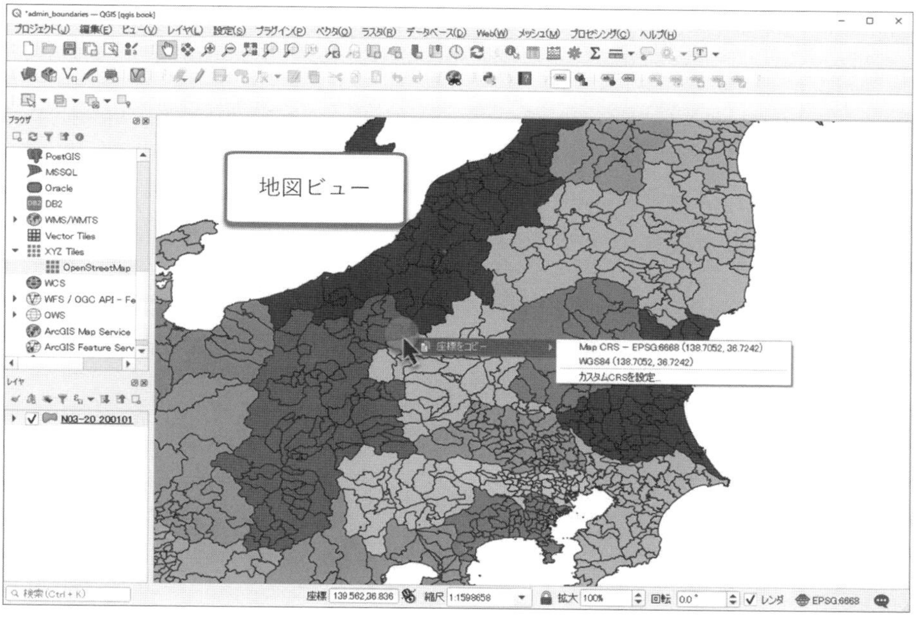

図 1-2-19　QGIS の GUI の構成

ボードの上下左右の移動キーを使うことができます。同様に、マウスのホイールが利用できる場合は、ポインターが地図ビューにある際には、地図の拡大縮小が行えます。同様の拡大縮小は、キーボードに上下へのスクロールボタンがあれば行えます。さらに、とても便利なキーが、スペースキーです。地図ビュー上にポインターがある際、スペースキーを押すとポインターが地図にくっついたようになるので、表示範囲の変更が簡単にできます。スペースキーは、すでに選択しているツールがどのようなものであってもツールの切り替えなしで利用できる機能なので便利です。例えば「地物情報表示」ツールを利用して各ポリゴンの属性情報を調べる際、地図の表示範囲を変更するため毎回「地図を移動」を選択して表示範囲を移動させ、再び地物情報表示ツールを選択して属性情報を調べるという手間を、スペースキーを利用することで大幅に省力化することができます。

ステータスバー

GUI の最下部を構成するのがステータスバーです（図 1-2-20）。ステータスバーは、クイック検索、地図ビューの範囲またはポインターの位置座標表示、地図の縮尺表示とドロップダウンリストによる縮尺指定、地図の回転、地図レンダリングの有効・無効の切り替え、プロジェクト座標参照系の表示と変更、ログメッセージパネルの表示、などの機能を提供します。縮尺はドロップダウンリストから指定するだけではなく、ユーザーが直接値を入力しても地図ビューの縮尺を指定できます。レンダリングの有効・無効の切り替えは、複雑なベクタデータを複数読み込んだり操作する際に一時的に地図の画面表示を無効にし、表示に時間をかけずに効率的に作業を行うために使います。回転は、角度を入力するか値の上下ボタンをクリックして地図ビューに表示される地図の北向きの角度を変更します。

図 1-2-20　ステータスバーのツール

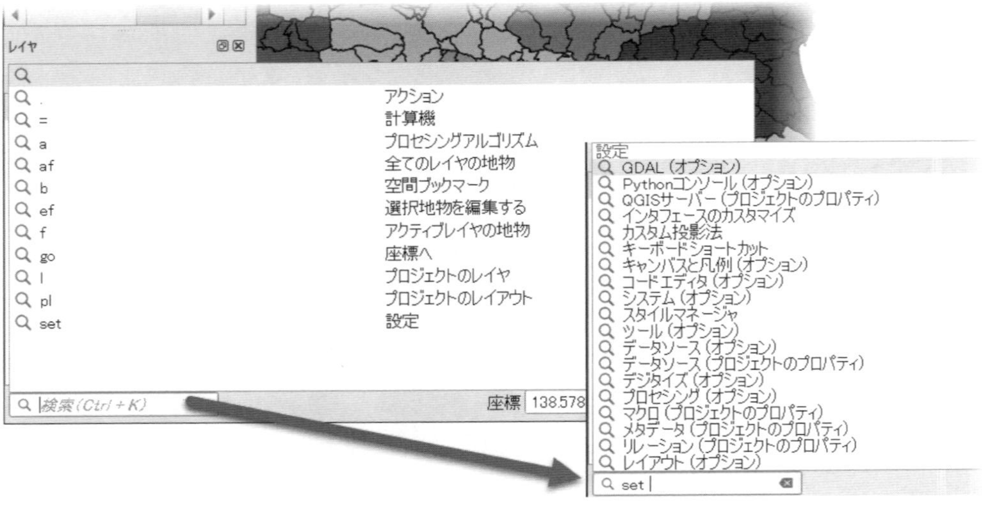

図 1-2-21　ステータスバーのクイック検索

ステータスバーの中で、クイック検索は、特に便利な機能です。QGIS のあらゆる機能にテキスト検索でアクセスすることができます。例えば、設定項目にアクセスしたい場合は、キーワードである、「set」と入力し、スペースを追加すると、アクセスできる設定項目が一覧でき、各種設定項目に直接アクセスできます（図 1-2-21）。

本章では、QGIS の機能をメニュー項目と GUI の点から概観しました。第 1 部第 1 章と合わせると、QGIS をとりあえずいじってみるためのとっかかりが提供できていれば、今のところ筆者の目的は達成されています。次章からは GIS の基本に戻り、これから GIS に触れる方や、これまでなんとなく GIS を使っていた方が自信を持ってデータの表示や解析を行うための基礎を提供します。

Memo

第3章 GISの基本

第1章ではGIS（地理情報システム）にかかわる専門用語や概念の説明を飛ばしてとりあえずQGISを使ってみましたが、本章では、原点に戻ってGISの基礎について説明します。QGISは使いやすいGISソフトウェアですが、GISの基礎的なことがわかっていないと思わぬところで間違えたり、時間を費やしてしまう場合があります。また、QGISの開発スタイルであるオープンソースとは何なのか、開発と管理、運営はどのように行われているのか知ることは、これから長い付き合いが始まるQGISや他のオープンソース製品を最大限に活用するためにも必要不可欠です。そこで本章ではQGIS自体から少し離れ、GIS、そしてオープンソースGISについて解説します。

◆ GISとは？

GISとは、Geographic Information System(s)の略で、「ジー・アイ・エス」または地理情報システムと呼ばれます。GISの厳密な定義は専門書に譲るとしてここでは狭義に、「地理情報システムは、地理的位置を手がかりに、位置に関する情報を持ったデータ（空間データ）を総合的に管理・加工し、視覚的に表示し、高度な分析や迅速な判断を可能にする技術である」と言う国土地理院の定義を採用します（http://www.gsi.go.jp/GIS/whatisgis.html）。この定義に従うと、QGISはGISの一構成要素であるであるデスクトップGISアプリケーションの中の1つのソフトウェアであり、様々な地理情報を総合的に管理・加工し、視覚的に表示し、高度な分析や迅速な判断を可能にしてくれるツールであるといえます。

GISをソフトウェアの機能の点から見ると、空間情報の作成、加工、管理、分析、表現、共有を可能にしてくれるツールです。GISは、現実の世界の位置およびその属性から有益な情報を生み出す道具であると言い換えることができます。私たちが日常関わる事象は、すべて地理空間的な要素が関わるため、GISが使える分野は道路や電線などのインフラ管理、ビジネス・マーケティング、不動産業、自然資源管理、考古学、疫学、防衛、などなど非常に多岐にわたっていますし、拡大解釈すれば、現実世界で起きているすべての問題に対し、GISは活用できるということになります。例えば筆者の専門の1つである林業では、林班と呼ばれる森林の区画ごとの情報がGISで管理され、いつどこに何を植栽したのか、その後の生育がどうなのか、施肥や枝打ちをしたのかといった情報がデータベースとして蓄えられ、より効率的な森林管理がGISを活用して行われています。IoT（Internet of Things）を利用した都市管理・運営にもGISは欠かせない道具となっています。町中に張り巡らされたセンサー網は、インターネットを通して集められ、GIS上で解析、表示され、よりよい町の管理に生かされています。地球温暖化予測と将来の農作物収量、生物多様性、災害の発生の関係を空間的に解析する分野は、近年非常に重要なGISの研究テーマになりました。伝統的に農林水産、自然環境、都市、などの学問分野でGISは発展してきましたが、その他にも医学、考古学などありとあらゆる分野にGISの活用は進んでいます。GISはコンピュータ技術の進歩にともなってさらに多くの分野で使われています。

様々な研究に利用されてきた GIS ですが、ビジネス界でも空間情報は重要な情報になりました。ビッグデータに代表される大量のデータに基づくマーケティングでは、スマートフォンや携帯電話、カーナビなどに搭載された GPS から収集可能な個人の位置情報に基づき、空間的な人の流れと物（お金）の流れを関連付けることに成功しつつあります。また、一般の方々も GIS に頻繁に触れるようになりました。ウェブマッピングはその代表的なもので、GIS に最初から取り組もうという人でなくても GIS に触れる機会を作った革新的な GIS の 1 つです。おそらく本書を読んでいる方のほとんどは、Google Maps や Yahoo! 地図、Apple Maps、Bing などを使ったことがあると思いますが、これらのウェブサービスは GIS 技術の一端です。このように、意識するかしないかにかかわらず、空間情報とそれを取り扱う GIS の技術は皆さんの生活の中にまで浸透しています。

GIS はこれまで 2 次元のデータを主に取り扱ってきましたが、3 次元、さらには 4 次元データの利用が急速に進んでいます。レーザー計測で得られる LiDAR データ、ドローンや衛星撮影画像と写真測量法（photogrammetry）で作成する 3D データ、建築の世界で進む BIM / CIM（Building Information Modeling / Construction Information Modeling）、スマートシティやデジタルツインで活用される CityGML、高層ビルで取得される屋内測位による人流データや IoT データなど、データの 3 次元化に伴い、GIS プラットフォームも急速に 3 次元対応が進んでいます。オープンソースの 3 次元データのプラットフォームとしては、Cesium（https://cesium.com/）が有名ですが、QGIS も 3 次元データ対応が急速に進んでおり、3 次元データも取り扱えるメッシュデータ形式も取り扱えるようになりました。

さらにクラウド上で利用できる GIS が普通に利用されるようになり、インターネットさえあれば GIS ソフトがなくてもどこからでも地理情報を共有したり、データを解析できるようになりました。CARTO、Mapbox、ArcGIS Online、GIS Cloud、Cesium ion などのサービスを利用すれば、その日から GIS 技術を利用し始められます。その他、Web と GPU（Graphics Processing Unit）技術を駆使した巨大なデータを Web 上で利用できる OmniSci や Deck.gl、HERE Studio、ビジネスシーンでの地理情報が活用できる Microsft PowerBI、Qlik、Tableau などの BI（Business Intelligence）ツール、データサイエンティストが地理情報を解析できる Python や R の各地理情報ライブラリなども GIS の一部です。ビッグデータのデータプラットフォームである Google BigQuery や Databricks、MangoDB なども空間クエリに対応し、日夜量産される位置データの処理に活用されています。

◆ GIS で何をするのか？

現実の空間的事象をコンピュータで取り扱えるようにするのが GIS ですが、実際に QGIS のようなソフトウェアを使って私たちユーザーが行うことは、GIS で利用する空間データを作るか、既存のデータを使ったデータの視覚化または解析だと思います。特に、QGIS をこれから使おうというユーザーは、データの視覚化と解析が動機となっている場合がほとんどではないでしょうか。GIS でデータを視覚化、解析するということは、1 つまたは複数の GIS データを「レイヤ」として GIS ソフトに取り込み、複数のレイヤの重ね合わせで表現されている仮想的な現実世界を視覚化、分析することです。これは昔の例で表現すると、透明なシートに道路や河川、土地利用などの情報をそれぞれ書き込み、重ねあわせて見てみる作業と同じです。この「レイヤ」という考え方は描画ソフトで普通に使われていますが、GIS では最も重要な概念で、1 種類の情報（例えば、河川）を 1 つのレイヤであらわし、それらを重ね合わせること（例えば､河川と市町村界の重ね合わせ）で現実世界を表現するという GIS の根幹です。GIS のレイヤと描画ソフトのレイヤの違いは、GIS のレイヤは現実世界に対応する位置情報、いわゆる「地理参照」を持っており、解析または視覚化した結果を現実世界にそのままフィードバックできることです。

◆ GIS のデータモデル

GIS は地理的位置や空間に関する情報を持った、自然・社会・経済等の空間データを模式化（モデル化）してコンピュータで扱えるデータに置き換えたものをデータとし、様々なデータの保存、解析、視覚化を行います。モデルといっても数式が入り込んだ難しいものではありません。実は私たちは日常的に考えずに頭の中で複雑な現実世界を捉えるため、物事を単純化して整理し、それらの関係を把握し、様々な意思決定を行なっています。この頭の中での抽象化の作業がモデル化です。言い換えるとモデルとは、ある特定の目的のために、ある事象を特定の視点から見て、関心のあるものだけを抽出、単純化して作り上げた概念です。例えば、道路地図は私たちが日常使っている道路網のモデルです。地図上の道路の幅を計っても高速道路と私道の幅の違いはわかりませんが（現実を反映していない）、私たちはこのモデルを通して道順や現在位置を理解することができます。

GIS には現実をモデル化する構成要素が必要なのですが、この構成要素が地物（フィーチャー）と呼ばれ、表現したい対象物を意味します。例えば、住宅地図の地物は土地区画または建物であり、これら地物が位置情報とともに所有者の名前のような属性情報を持つわけです。GIS では現象のモデル化に､ラスタデータモデルとベクタデータモデルを頻繁に使います。この他に TIN（triangulated irregular network：不整三角形網）､メッシュやボクセル（voxel：3 次元データ形式の 1 つ）といった 3 次元または 2 次元＋時系列を扱えるようにしたデータ形式などもありますが、ここでは伝統的なそして QGIS ユーザーが主に使うであろうベクタデータモデルとラスタデータモデルついて詳しく解説します。

ベクタデータモデル

ベクタデータモデルは、表現したい対象を地物（フィーチャー）として捉え、それらを点、線、またはポリゴンで表現し、それぞれの地物に位置情報と属性情報を持たせます（図 1-3-1)。ベクタデータモデルを使って事象を GIS データとしたものがベクタデータで､それぞれの地物はジオメトリといわれる地物の形状を地理的位置で表した情報と、地物がもつ特性をデータ化した属性情報を持ちます。ジオメトリは、次の章で説明する座標参照系に対応した座標情報として格納されており、属性情報とは異なり、通常ジオメトリの情報を直接目にすることはありません。属性情報は大抵データベースのテーブルとして提供され、1 つの地物に対し 1 つのレコード（テーブルの行）が対応します。地物の属性情報として、多種様々な情報をテーブルに格納することができるので、属性テーブルの列（フィールド）は複数に及ぶことがほとんどです。

地物を表現する代表的なジオメトリのタイプには、点（ポイント）、線（ライン）、ポリゴンがあります。点で表現される代表的な地物は、県庁所在地、気象観測地点、樹木、GPS データなどがあります（図 1-3-1）。線は、道路や河川を表現するために使われることが多く、ポリゴンは、都道府県、建物、植生を表現するため頻繁に使われます。一般には、1 つのベクタデータで異なるジオメトリタイプを扱うことはありません。同じ空間にある異なるジオメトリタイプは、複数のベクタデータを重ね合わせることによって表現します。例えば湖はポリゴン、湖から流れ出す河川は線、河川の周囲にある市町村は点のレイヤとして表現し、これらのレイヤを組み合わせて現実世界を表現します（図 1-3-2）。

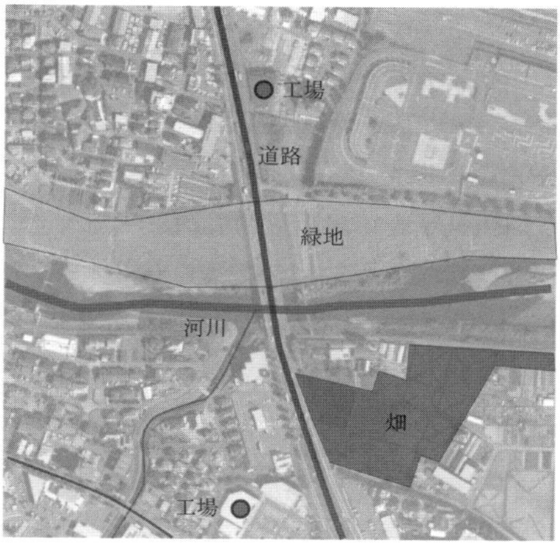

図 1-3-1 ベクタデータモデルでは、対象事象を位置情報と属性情報を持つ点、線、ポリゴンなどでモデル化する

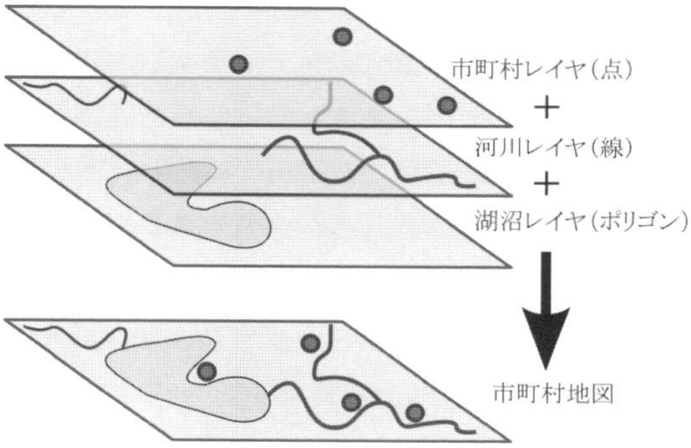

図 1-3-2 GIS では、それぞれ独立した点（この例では市町村）、線（河川）、ポリゴン（湖沼）などのデータをレイヤとして取り込み、それらを組み合わせて複雑な情報（市町村地図）を表示する

ベクタデータは、いわゆるベクタグラフィック（ドロー系の Adobe Illustrator 等と同じ描画方法）で表現されるため、地物を拡大してもギザギザした線は見えません。また属性値をテーブルに収納できるため、属性値を使ったデータの検索、外部データとの連結、統計解析、モデリングなど多様な作業、分析が可能です。このようなデータの特性を活かした道路のネットワーク解析や地物間の位置関係を使った解析などはベクタデータの得意とするところです。一方、ベクタデータの構造はラスタデータに比べ複雑であり、連続的な面的データ、例えば気温図や降水量図、数値標高図などにはラスタモデルが主に使われます。

ラスタデータモデル

ラスタデータモデルとは、2 次元の連続した空間現象を規則的に並んだセル（方形）の集合面（行列）としてを捉えます。ラスタデータモデルを使って作成されたデータがラスタデータです（図 1-3-3）。衛星写真、地表面の標高をモデル化した DEM（Digital Elevation Model）は代表的なラスタデータです。各セルは 1 つの値だけを持ち、セル自体は位置情報を持ちません。そのためセル集合面の 4 隅（2 隅または 1 隅の場合もある）のセルの位置をファイルのヘッダーや付属ファイルで定義することによって各セルの情報と位置をリンクさせます。画像情報と同じで、より詳細な解像度を求めるとデータ量が非常に大きくなり、扱いにくくなる反面、データ構造が単純なため、演算を効率的に行うことができます。標高、気温、汚染濃度、騒音レベルなどの 2 次元空間で連続的に変化する現象をモデル化するのに向いています。また、1 種類の情報をバンドとして取り扱い、いくつかのバンドを束ねて 1 つのラスタデータとして扱うことができます。航空写真は通常、赤、緑、青のそれぞれのバンドでデータが保存されており、それらを組み合わせて自然色の航空写真が表現されています。マルチバンドスペクトルの衛星画像も各スペクトルの情報を 1 バンドとして取り扱い、ラスタデータとして記録されています。一般のコンピュータソフトウェアに置き換えると、ベクタデータを取り扱うドロー系に対し、ラスタは写真編集ソフトのような画像を取り扱うペイント系ということもできます。

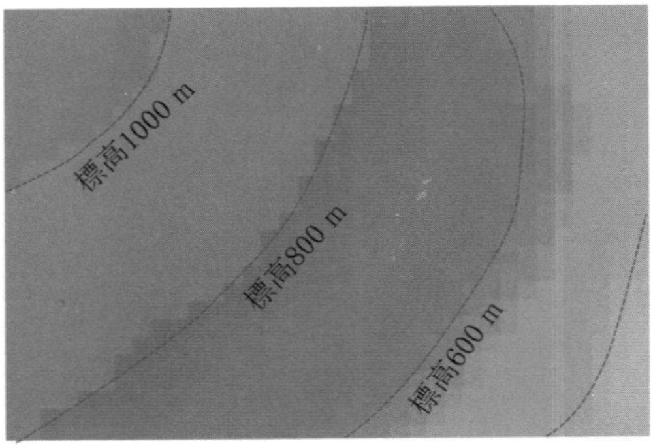

図 1-3-3　代表的なラスタデータの DEM
表示されたデータを拡大するとラスタデータの構成単位であるセルが見える。この図ではわかりやすくするため、等高線を DEM に重ねあわせた。

ベクタデータとラスタデータはそれぞれに長所と短所があるため、それらを理解し使い分ける必要がありますが、ベクタとラスタ間のデータ変換の方法も提供されているため、ある対象に対し必ずしもどちらかのモデルを使わなければならないというわけではありません。QGIS でもベクタデータとラスタデータを相互に変換するための機能が用意されています（第 1 部第 6 章参照）。

◆その他のデータタイプ

QGIS では、ベクタとラスタ以外にも標準でいくつかのデータタイプを取り扱えます。メッシュデータは、2 次元または 3 次元のデータを、バーテックス（vertices）、エッジ（edges）、サーフェス（surfaces）で構成した非構造化グリッドデータです。簡単に言うと、点データ（バーテックス）が X、Y、と 3 次元の場合は、Z の座標値を持ち、それらの点がエッジと呼ばれる線でつながれ、つながってできた面でサーフェスを構成します。バーテックス、エッジ、サーフェスそれぞれに属性を持たせることができるので、図 1-3-4 のように格子の交点にあるバーテックスに方向の値を持たせると、風向や潮流を示すことができます。また、サーフェスに値を持たせると、降水量を表示することができます。図 1-3-4 は、メッシュデータの一例ですが、規則的なメッシュでもメッシュデータの 1 つとなります。地形データを取り扱う TIN（Triangulated Irregular Network）は代表的なサーフェスデータで、ラスタもサーフェスデータの 1 つとして考えることもできます。3D データの表示で重要になる Terrain（地形）データは、TIN データを拡大・縮小レベルに合わせタイル構造化したデータです。メッシュデータは特に環境データを取り扱うのに便利なデータタイプです。

タイルデータには、ラスタタイル、ベクタタイル、3D タイルなどがありますが、いずれも Web での地図データの利用を快適にするために考えられたデータ形式です。ブラウザでの地

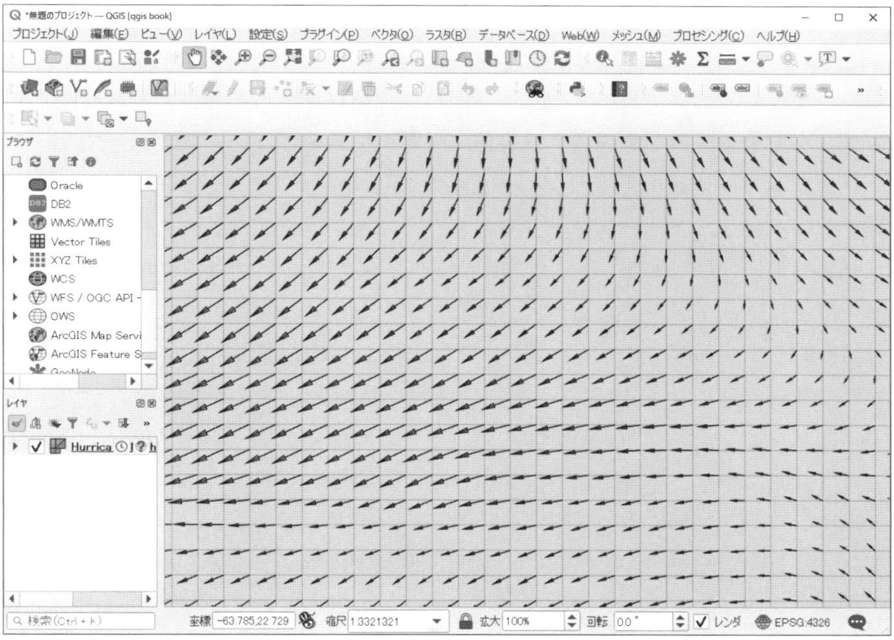

図 1-3-4　メッシュデータの表示例

図の拡大縮小のレベルに合わせ、タイルと呼ばれる四角い単位でデータを細切れにしてあらかじめ用意しておき、表示に必要最低限の範囲と拡大レベルのデータを素早くインターネットを通して送れるようにしてあります。QGISは、ラスタタイルとしてWMTS（Web Map Tile Service）とXYZ Tiles、ベクタタイルとしてVector Tilesに対応しています。

◆オープンソースGISとは？

QGISはオープンソースのGISソフトウェアの１種で、QGISの他にも数多くのオープンソースのGISプログラムが世界各地で作られています。「オープンソースがどんなものなのかなんて関係ない！　ただで使えたら何でもいい」と言われる方がいるかもしれませんが、オープンソースを理解することは必ず皆さんの、そしてオープンソースのプロジェクトを支えるOSGeo財団日本支部（http://www.osgeo.jp/）やその上部組織OSGeo（https://www.osgeo.org/）を始めとしたコミュニティに役立つのでここで説明します。

オープンソースとは、簡単に言えばプログラムの内容（コード）が公開されていて、その変更、再配布などが許されている一方、変更、再配布されるソフトウェアもオープンソースであることを義務付けるライセンスの１種です。コードの動作、成果は無保証であり、著作権表示の保持も特徴となっています。コードが公開されていたとしても自分はプログラマーではないから関係ない、と思われる方もいるかもしれません。確かにコードが公開されていてそれを編集、再配布できることは私たちのようなエンドユーザーには直接関係のないことかもしれません。しかし、オープンソースライセンスにより世界的なプログラマーのコミュニティが出来上がり、彼らの活動を通じてQGISのような製品が無料で、しかも多様なOSに対応し利用できることを考えるとこれは重要な点です。誰もがソフトウェアの開発、管理、利用に参加できるシステムを保証するのがオープンソースなのです。オープンソースに関するよくある誤解の１つは「オープンソースソフトは「無料」である」というものです。オープンソースの定義からも明らかなようにオープンソースのソフトウェアは無料である必要はありません。オープンソースのプログラムを自分で書き換え、有償で配布しても構わないというわけです。ただしその際もプログラムコードは公開されている必要があるということです。「コードの動作、成果は無保証」という言葉で、オープンソースのソフトウェアは使えない、と勘違いされる方もいるかもしれませんが、「無保証」という言葉はコードの改変などが自由になっているものに対して、オリジナルのコードを書いた方は「保証」できない状況を説明しているわけです。ここでは詳しく解説しませんが、オープンソースにも、GNU GPL、MIT、BSD、Apache ソフトウェアなど様々な種類のライセンスが存在します（http://ja.wikipedia.org/wiki/ オープンソース）。

オープンなソフトウェアの開発方法に比べ、従来の市販のソフトウェアは、ある会社がそのコードを専有し、ユーザーは顧客としてソフトウェアに関わります。製品によっては非常に高い金額を払いますが、それによって得られるカスタマーサポートは、ソフトウェアの習得やバグの対応などに時間を割いていられない企業等にとっては欠かせないものとなっています。一方、オープンソースソフトウェアにはソフトウェアに付随するカスタマーサポートいうものがありません。その代わりにオープンソース製品を取り巻く開発者とユーザーのコミュニティやオープンソースのコミュニティ拡大に伴いあらわれてきた、オープンソース製品を使ったソリューションの提供や製品サポートに特化したサービスを提供する会社や組織が存在します。筆者の経験ですが、オープンソース GIS のコミュニティはすでに世界的に巨大なものとなっているため、メーリングリストなどに質問を投げかければ驚くほど早い時間でその道のプロの方々から直接回答をもらえることがほとんどです。

また、オープンソースとは少し異なるフリー（自由な）ソフトウェアの GIS プログラムもあります。厳密に言えばフリーソフトとオープンソースの考え方は違うのですが、今はとりあえず同じものと考えておいてください。フリーソフトの定義については、http://www.fsf.org/ を参照してください。これら「自由」で「オープン」な GIS プログラムを一般に FOSS4G（Free and Open Source Software for Geospatial）と呼びます。一方、FOSS とは異なり、無料で利用できるがプログラムコードが公開されておらず、コードの改変と再配布も制限されているフリーウェアというものもあります。皆さんは自由にダウンロードしてソフトウェアを利用できますが、その利用範囲はソフトウェアを開発した人や組織によって決められています。

オープンソースの統計ソフトウェアの R や 3D データプラットフォームの Cesium、そして QGIS の成功にも見られるように、オープンソースソフトウェアがある分野のスタンダードになることは十分ありえます。皆さんも最初はユーザーとして QGIS のプロジェクトに参加し、ユーザーコミュニティなどとの交流を通して QGIS の発展に貢献してみてはいかがでしょうか？道具はやはり使う人が多くなければ良い道具に育たないと筆者らは考えています。皆さんの周りの方々にも QGIS の利用をすすめ、日本のオープンソース GIS コミュニティを盛り上げていきましょう！

第 4 章 座標参照系

第 3 章でも触れたように GIS の最大の特徴は、情報が地理参照、つまり現実世界の位置とリンクされていることです。しかし、コンピュータ上の位置と実際の地理的位置をリンクさせるのは言葉で言うほど簡単ではなく、そのためにいろいろな地理参照の規格が座標参照系として用意されています。座標参照系（Coordinate Reference System：CRS）とは、ユーザーの多様な目的に合わせて空間情報を紙や画面上に表現したり、データを共有したりするために用意されている位置情報共有のための規格または定義です。本書の第 2 版までは、座標参照系ではなく、空間参照系（Spatial Reference System：SRS）と呼んでいましたが、現在の仕様に合わせ、座標参照系と呼ぶことにします。

前章までで GIS の概略は理解できたとして、GIS を実際に使い始めた人が 1 番引っかかるのがこの座標参照系です。データは入手したけれど、それぞれのレイヤが上手く重なっていないという場合は、データの座標参照系を理解していないからかもしれません。または、QGIS での座標参照系の取り扱いを理解できていないのかもしれません。そこで本章では、GIS を始めた方が混乱してしまいがちな座標参照系に関わる用語とその概念をできるだけ簡単な言葉で、そして実践的に説明したいと思います。あまり座標参照系の難しい話は読みたくないという方は、最初の「座標参照系」を読んだ後、間を飛ばして「QGIS での座標参照系の取り扱い」以降を読んで、必要に応じて飛ばした部分に戻ってきてください。

◆座標参照系

座標参照系（CRS）は、のちほど説明する座標系や投影法で構成され、座標参照系を決めることによってはじめて地球上のものの位置を座標値として表現したり、GIS のでデータの解析ができるようになります。QGIS では、座標参照系を「地理的座標系」、「投影された座標系」、「ユーザ定義の座標系」の 3 つに分けて整理しています（図 1-4-1）。それぞれの座標系についてはあとで詳しく説明しますが、「地理的座標系」は位置を緯度と経度であらわすための座標系です。「投影された座標系」は、球体に近い地表面を平面に投影した後に設定した座標系で、位置は原点からの距離（メートルやフィート）であらわします。「ユーザ定義の座標系」は、ユーザーが独自に定義する座標系で、本書では取り扱いません。3 つの座標系グループ内には数多くの座標参照系があり（図 1-4-1）、それぞれにコード番号がふられています。代表的なコード番号体系の 1 つが EPSG と言われるもので、図 1-4-1 では EPSG:4326 などがリストされています。

座標参照系は、地球上の位置を示すための座標系などの定義を一括してまとめたものなので、自分の利用するデータの座標参照系が何なのかがわかっていれば、その中身の細かいところはわからなくても GIS は使えます。しかし、複数のデータが重ならなかったり、自分で GIS データを作成したりする際は座標参照系と、それを構成する座標系、投影法などを理解しておく必要があります。座標参照系を難しくするのは、その用語自体に加え、「投影系」、「座標系」、「測地系」、「地理座標系」、「投影座標系」などの難しそうな用語が多く使われるからだと思います。

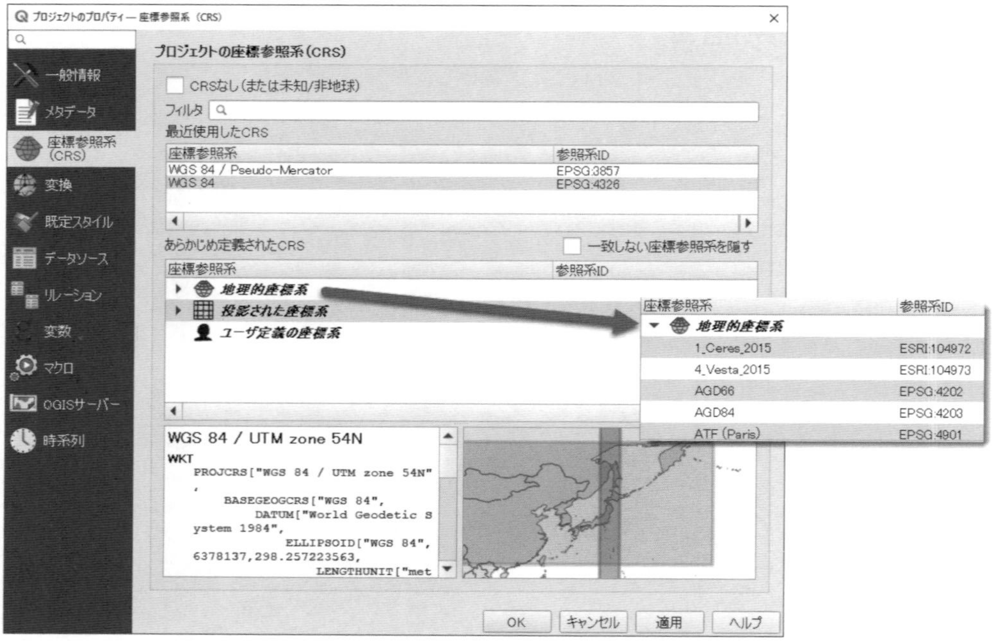

図 1-4-1　QGIS での座標参照系の取り扱い

これらについてできるだけ簡単に解説します。しかし繰り返しになりますが、自分が使いたい座標参照系とデータの座標参照系が何かがわかっていれば恐れることはありませんし、実際データ解析や地図を作成する時に利用する座標参照系の数は限られています。

座標系

地図で言う座標系とは、地球上の位置を統一的に示すための仕組みで、地球の形を球体に近い形に見立てた場合、球面座標系（球座標系）と呼ばれる、球体上の位置を示すための方法が使用されます（図 1-4-2）。球体の重心が原点で、垂直に交わる水平および垂直方向の座標軸からの方位角及び仰俯角で座標を表現します。2 つの角度で示された原点から伸びる直線と球体表面が交わる点が球体表面上の位置になります。

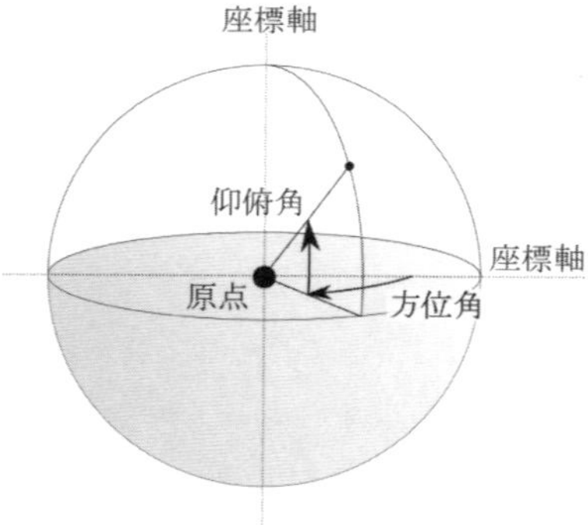

図 1-4-2　球面座標系

このように地球上の位置を示すためには、基本的には球面座標系を使い、方位角と仰俯角に当たる経度と緯度を用いてあらわすと便利です。緯度・経度に加えさらに標高が求められれば、地球上の物の位置を 3 次元で示すことができ、現在私たちはこの緯度、経度、標高で地球上の位置をあらわします。これで地球表面が何の凸凹もなく完全な球体であれば私たちも座標参照系などという物に苦労しなくて良いのですが、しかし実際の地球の形は完全な球形ではなく、少し球形が潰れた楕円体に近い形をしています。そのため、座標軸をどこにおくのか、さらに地表面の凸凹をどのように取り扱うのか、といった様々な現実的な問題があります。そこで次に持ち出す話題が測地系です。

測地系

測地系とは、球面座標系を地球バージョンに拡張させたうえで、球体の代わりに用いる楕円を回転させて作る楕円体の形の定義、その楕円体に設定する座標軸、そして実際の地球の凸凹に対応した地球表面からの高さを測るための基準面であるジオイドで成り立っている、地球上の位置を示す仕組みです。地球上の位置を緯度、経度、高さであらわすための舞台設定です。

日本では以前は測地系のローカルバージョンである旧日本測地系が使われていましたが、現在は世界標準に合わせた世界測地系（日本測地系 2000、JGD2000）さらに、東日本大震災による地殻変動を反映させた測地成果 2011 に移行しています。測地系の 3 つの構成要素のうち、数多くの座標参照系が使われる原因の 1 つが楕円体の定義なので、まずはじめに詳しく説明し、次にジオイドなどについて説明していきます。

回転楕円体

地球の形をモデル化した楕円体（回転楕円体）は、科学技術の進歩により地球の形状計測精度とデータの量が増加し、徐々に精緻化されてきました。科学技術の進歩によって近年では世界を同一の規格で測量するシステムが出来上がっていますが、つい最近までは、測地系はむしろ各国、各地域ごとに設定されてきました。人工衛星の時代が幕を開ける 1950 年代になると、人工衛星の航行上、また、防衛上の理由で地球上の位置を一括してより正確に測定するための測地系が必要になりました。そこでアメリカ合衆国で作成されたのが World Geodedic System 60（WGS60）と呼ばれる測地系で、現在 Global Positioning System（GPS）で使われている WGS84 のもとになる測地系の先祖にあたります。現在も WGS は改良を続けられ、地球の形状をモデル化するための回転楕円体の長軸と短軸、それらから計算される扁平率の値などが変化しています。GPS で広く使われている測地系は、1984 年に開発された WGS84 です。衛星測量と地球の形状推定方法が進歩したためにそれ以前の WGS70 が改善され作成された WGS84 ですが、同じ WGS84 でも常に改善が加えられ、現在のバージョンの WGS84（G1674）は 2005 年にアップデートされています（https://confluence.qps.nl/qinsy/latest/en/world-geodetic-system-1984-wgs84-182618391.html）。日本が現在採用している測地系は、WGS84 ではなく、国際地球基準座標系（International Terrestrial Reference Framework : ITRF）が採用している GRS80 という楕円体と ITRF94 という座標系に基づいていますが、WGS84 とは違いがほとんどないので、互換性があります（http://www.gsi.go.jp/sokuchikijun/datum-main.html）。このように、科学技術の進歩と各国の事情により様々な測地系が作られてきており、歴史的、地域的なデータの互換性を保証するためにも様々な測地系、ひいては座標参照系が用意されているわけです。

回転楕円体上の位置

測地系を決めて位置を表現するということを、ラグビーボールに止まったハエの例を使って具体的に説明します。ラグビーボールに止まったハエの位置を表現するために、ボール（回転楕円体）の中心（重心）を直行して、ボール尖ったところと一番太いところを通る 2 つの基準面を想像してみます（図 1-4-3）。ボールと基準面が接する線を基線として用意し（赤道と基準子午線)、そのボールの重心からハエをみた際の角度をそれぞれの基線から方位角と仰俯角として表現するわけです。このように測地系を決めておけば、方位角（経度）と仰俯角（緯度）という 2 つの角度で回転楕円体表面の位置を表現できます。

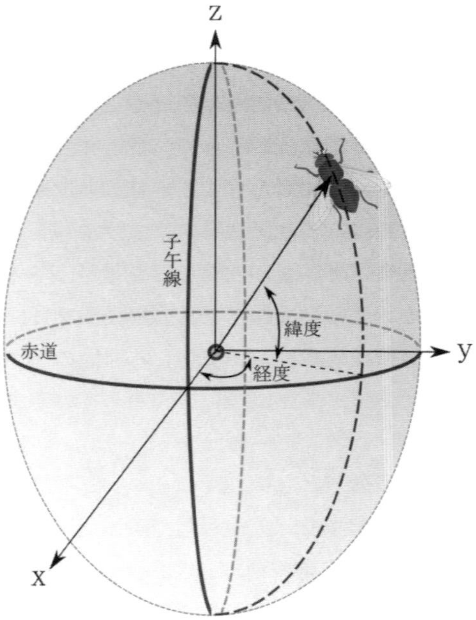

図 1-4-3　回転楕円体上に止まったハエの位置の示し方

実際の緯度経度

地球上の物の位置は、緯度、経度、さらに標高であらわすのが便利だということはわかっていただけたと思うのですが、緯線、経線は実は地球の表面上（山や谷）を通っているのではなく、モデル化された回転楕円体の上を通っていることになります。そのため実際の地表面上の位置は、その位置を回転楕円体に投影した、または逆に回転楕円体上の緯度経度を地表面に投射した位置をもとに緯度経度を求めることになります。そんなことをいちいちやって位置を測定するのは面倒なので、日本では公式な基準点として約 1,300 の電子基準点（緯度、経度、標高の基準点）、約 109,000 の三角点（緯度、経度、標高の基準点）、約 17,000 の水準点（高さの基準点）があらかじめ正確に測られた場所に設置しています。測量する際にはそれらの基準点をもとに緯度、経度、標高を正確に求めます。先に述べたように、2001 年に改正された法律に基づき、旧日本測地系から世界測地系に移行しました。その結果、全国に電子基準点が整備され、以前の測地系に見られた基準点網のひずみが解消され、世界的な基準に基づき測量を行うことができるようになっています。

ジオイド

ジオイドは、高さを表現する基準となる地球の形のモデルです。山の高さを測る標高などを、世界で統一した規準で測るためには、標高の基準となる回転楕円体ではないモデルが必要になりますが、平均海水面を陸地にまで広げて全世界をつなげたものがジオイドの正体です。地表面のある位置から回転楕円体までの垂直距離は楕円体高と呼ばれます（図 1-4-4）。楕円体高は、GPS などによる測量で簡単に求められるため便利なのですが、全世界をこの方法で図ろうとすると、実態のないモデルからの垂直距離なので、私たちの実感とはかけ離れた不便な高さの指標になってしまいます。そこで登場するのがジオイドです。ジオイドは、地球全体を仮想的に海水で覆った時の平均海水面で近似できます。専門用語では、重力の等ポテンシャル面と定義されます（https://www.gsi.go.jp/buturisokuchi/grageo_geoidmodeling.html）。ジオイド面は、山や海溝、地殻構造などの影響を受け、極端に言えばジャガイモのような凸凹がある不完全な楕円体です。このジオイドから地表面への垂直距離が標高と定義されています（図 1-4-4）。山頂などは標高でその高さが表現されますが、これはジオイドからの高さというのが正確な表現です。実際には日本では、東京湾の平均海面（海は満ち引きがあるのでそれらを平均したもの）をジオイドと定め、標高を測る際の規準としています。世界中でジオイド（≒平均海水面）からの高さによって標高を測ることで、高さの比較もできるわけです。ジオイドはほぼ地球楕円体と形が同じですが、地球規模で見ると回転楕円体を規準とすると最大で 85 m 程度の突出と 105 m 程度のくぼみがあります（http://ja.wikipedia.org/wiki/ ジオイド）。これらのジオイドの凹凸は周囲の地形や地下の岩石の密度の影響によるもので、地下に密度の高い岩石がある場合、その直上では重力ポテンシャルが大きくなるためジオイドが突出し、山脈がある場合も同様にその質量による重力で引っ張られるためジオイドが突出します。具体的にジオイドに出会うのはGPSを使った時です。GPSを使った時に得られる高度データは、実はGPSが使う WGS84 測地系の回転楕円体からの高さ、すなわち楕円体高（GPS 高とも呼ばれる）ということになり、そこからジオイド高と呼ばれるジオイドと回転楕円体の距離の差を引いて標高を求めています（図 1-4-4）。

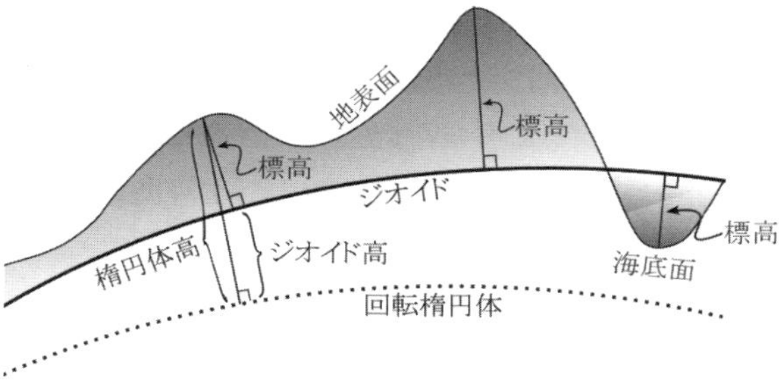

図 1-4-4 標高、ジオイド高、楕円体高の関係

投影法

測地系に加え、座標参照系の数を増やす要因の 1 つが、多様な地図投影法です。地球上の位置を先に述べた WGS84 や ITRF の座標系を使い、緯度経度として記録することは便利なのですが、私たちは日常、平面上で地図を取り扱うことに慣れています。紙に印刷された地図もパソコンで利用するウェブマップも平面であった方が持ち歩いたり、距離を測ったり、方位を求めたりするために便利です。そのために私たちは球体に近い地図を平面上に展開する様々な方法を開発してきました。これら一連の方法を投影法と呼びます。しかし、球体に近い地球を平面に表現することは、みかんの皮に絵を書いてから皮を剥き、テーブルの上に平において元の絵を復元しようとすることを考えれば、その難しさがわかると思います。

原則として、球体表面上にあるものの位置を平面上に表現する場合、距離、角度、面積のいずれかの正確さを犠牲にしなければ表現できません。また、地球全体を表現したいのか、各都道府県単位で表現したいのか、といったスケールによってもどのように地表面の現象を平面に表現するのが適しているか変わります。そのために多くの投影法が目的に合わせ開発されました。日本でも頻繁に使われるユニバーサル横メルカトル（UTM）図法、平面直角座標系で採用されているガウス・クリューゲル等角投影法も、数多くの投影法のうちの 1 つです（https://ja.wikipedia.org/wiki/ ガウス・クリューゲル図法)。1 つの投影法ではすべての目的にあった平面の地図が作成できないため、目的に合わせて様々な投影法が作られ、その結果様々な座標参照系が生まれてきました。

QGIS での座標参照系の取り扱い

EPSG コード

測地系と投影方法を含む座標参照系を記述する標準規格が決まっていなかったことが、GIS ユーザー間での座標参照系の会話を難しくしていました。幸いなことに、EPSG（European Petroleum Survey Group）という団体が座標参照系の規格化を行っており、各座標参照系とそれを構成する要素にコード番号を振って整理しています。これらは EPSG コードとして知られ、オープンソース GIS ではもっとも頻繁に使われる座標参照系のコードシステムの１つです。

現在使われている JGD2011、JGD2000 と WGS84、そして昔使われていた旧日本測地系（Tokyo Datum）はそれぞれ EPSG コードで 6668、4612、4326、4301 です。これらの座標参照系の定義を例として以下に示しました。これらの座標参照系間の定義の違いは準拠楕円体（回転楕円体）の種類です。JGD2000 と WGS84 の世界測地系では GRS80 楕円体、WGS84 楕円体がそれぞれ使用され、旧日本測地系ではベッセル楕円体が使われています。これらの測地系の定義を見ると、SPHEROID（回転楕円体）のところでわずかに扁平率と楕円体の長半径が異なっています。楕円体の長半径は世界測地系では共に 6,378,137 m ですが、扁平率をあらわす分母は 298.25722 までは同じですが、それ以下では数字が異なっています。経線の基準である本初子午線（Prime meridian）は、グリニッチが 0 度といずれの測地系も同じで、測定の単位は度（degree）になっていることもわかると思います。ちなみに degree の後ろにある 0.0174... という数字は１度をラジアン表示したもので、2 π /360 で求められ、コンピュータでは度を直接用いるのではなくラジアンを使って角度の計算をするのでこの数字が定義されています。EPSG コードとその定義の内容を調べたい場合は、http://epsg.io/ または http://www.spatialreference.org/ が役立ちます。

・座標参照系定義の例１　JGD2000（EPSG:4612）

```
GEOGCS["JGD2000",
    DATUM["Japanese_Geodetic_Datum_2000",
        SPHEROID["GRS 1980",6378137,298.257222101,
            AUTHORITY["EPSG","7019"]],
        TOWGS84[0,0,0,0,0,0,0],
        AUTHORITY["EPSG","6612"]],
    PRIMEM["Greenwich",0,
        AUTHORITY["EPSG","8901"]],
    UNIT["degree",0.0174532925199433,
        AUTHORITY["EPSG","9122"]],
    AUTHORITY["EPSG","4612"]]
```

・座標参照系定義の例 2　WGS84（EPSG:4326）

```
GEOGCS["WGS 84",
    DATUM["WGS_1984",
        SPHEROID["WGS 84",6378137,298.257223563,
            AUTHORITY["EPSG","7030"]],
        AUTHORITY["EPSG","6326"]],
    PRIMEM["Greenwich",0,
        AUTHORITY["EPSG","8901"]],
    UNIT["degree",0.0174532925199433,
        AUTHORITY["EPSG","9122"]],
    AUTHORITY["EPSG","4326"]]
```

・座標参照系定義の例 3　Tokyo Datum（EPSG:4301）

```
GEOGCS["Tokyo",
    DATUM["Tokyo",
        SPHEROID["Bessel 1841",6377397.155,299.1528128,
            AUTHORITY["EPSG","7004"]],
        TOWGS84[-146.414,507.337,680.507,0,0,0,0],
        AUTHORITY["EPSG","6301"]],
    PRIMEM["Greenwich",0,
        AUTHORITY["EPSG","8901"]],
    UNIT["degree",0.0174532925199433,
        AUTHORITY["EPSG","9122"]],
    AUTHORITY["EPSG","4301"]]
```

地理座標系

日本の GIS 利用者が使う地理座標系の代表的なものとして、WGS84（EPSG:4326）、JGD2011（EPSG:6668）、JGD2000（EPSG:4612）があります。地理座標系は位置情報を緯度経度として取り扱うため、地球上の位置を統一的に記録するために適していますが、距離や面積の計算をする際には回転楕円体の表面上の距離や面積を求める必要があるため、地理座標系でデータを解析する際には計算量が多くなります。また、緯度経度を度分秒または 10 進数の緯度経度で表現するかなど、多少気を付けなければならない点があります。

QGIS を使っていると、地理座標系である WGS84 や JGD2011 のデータを利用することが多くあります。これらのデータは、QGIS の地図ビューで平面として表示されるため、不思議に思う方もいるかもしれません。これは QGIS では地理座標系を表示する際に、正距円筒図法で標準緯線を赤道においた Plate Carée Projection と呼ばれる投影法をデフォルトで使用し、地理座標系のレイヤを自動的に投影表示しているためです。

投影座標系

地球を平面上に投影した上で対象の位置を示す座標系はすべて投影座標系に含まれます。日本で頻繁に使われる投影法には、UTM（ユニバーサル横メルカトル）図法と平面直角座標系で使われているガウスの等角投影法がありますが、その他にも数多くの投影法があります。複数の測地系に多数の投影法を適用できるため、座標参照系の数はとても多くなります。例えば、東日本でよく使われる UTM 投影を使った座標参照系だけでも、JGD2011 / UTM zone 54N（EPSG:6691）、JGD2000 / UTM 54N（EPSG:3100）、WGS84 / UTM zone 54N（EPSG:32654）、WGS 72 / UTM zone 54N（EPSG:32254）、WGS 72BE / UTM zone 54N（EPSG:32454）、Tokyo / UTM zone 54N（EPSG:3095）などがあります。

日本国内で使われる主な座標参照系

世界中には多種多様な座標参照系がありますが、現在日本国内で使われているものには限りがあります。オープンソース GIS ではこれまでに触れたように、EPSG コードを使って座標参照系を指定することが多いのですが、EPSG コードとそれを定義するパラメータをセットにして座標参照系の定義や変換を担当する PROJ.4（https://proj.org/）というライブラリを QGIS は使っています。PROJ.4 は QGIS 以外にも GRASS、PostGIS、MapServer、R などのオープンソース系ソフトウェアの座標参照系の取り扱いに使われています。適当な座標参照系を探したり、座標参照系の定義を調べたい場合は、http://epsg.io/ または https://www.spatialreference.org のサイトへ行けば、検索機能を使って様々な座標参照系の定義を多様な出力フォーマットで見ることができます、表 1-4-1 では、PROJ.4 形式で日本の代表的な座標参照系の定義を示しました。

表 1-4-1 日本で使われる代表的な座標参照系と PROJ.4 形式での定義

座標参照系	測地系	EPSG（日本全国）	PROJ.4 表記による座標参照系定義の例 （UTM Zone 54 N または平面直角座系標第 9 系）
UTM 投影座標系	JGD2011	6688 ～ 6692	+proj=utm +zone=54 +ellps=GRS80 +towgs84=0,0,0,0,0,0,0 +units=m +no_defs
	WGS84	32651 ～ 32656	+proj=utm +zone=54 +ellps=WGS84 +datum=WGS84 +units=m +no_defs
	Tokyo	3092 ～ 3096	+proj=utm +zone=54 +ellps=bessel +units=m +no_defs
平面直角投影座標系	JGD2011	6669 ～ 6687	+proj=tmerc +lat_0=36 +lon_0=139.8333333333333 +k=0.9999 +x_0=0 +y_0=0 +ellps=GRS80 +units=m +no_defs
	Tokyo	30161 ～ 30179	+proj=tmerc +lat_0=36 +lon_0=139.8333333333333 +k=0.9999 +x_0=0 +y_0=0 +ellps=bessel +units=m +no_defs
ウェブメルカトル	WGS84	3857	+proj=merc +a=6378137 +b=6378137 +lat_ts=0.0 +lon_0=0.0 +x_0=0.0 +y_0=0 +k=1.0 +units=m +nadgrids=@null +wktext +no_defs
地理座標系	WGS84	4326	+proj=longlat +ellps=WGS84 +datum=WGS84 +no_defs
地理座標系	JGD2011	6668	+proj=longlat +ellps=GRS80 +no_defs

◆ QGIS での座標参照系の設定

QGIS を使用する際、座標参照系を意識する場面は、レイヤ（データ）とプロジェクトの座標参照系の定義です。プロジェクトでは地図ビューの座標参照系の定義を、レイヤではデータ自体の座標参照系を定義すると考えてください。重要な点は、データの座標参照系の定義がされていれば、QGIS に読み込んだ後、好みの座標参照系で地図ビューに表示することができるということです。レイヤのもとになる GIS のデータファイルには通常であれば、座標参照系を定義する付属のファイルや、データ自体に座標参照系が定義されているため、単独でデータを読み込んだ際、座標参照系を意識する必要があまりありません。しかし、異なる座標参照系をもつ複数のデータを扱う際には、それぞれのデータの座標参照系の定義に気を配る必要があります。

QGIS がバージョン 3 に上がってから、座標参照系の取り扱いが大きく変わりました。一番大きな変更点は、以前は明示的に実装されていた、「オンザフライ」機能がデフォルトで有効になっており、無効にするという選択肢がなくなりました。この変更はコミュニティ内でも議論になりましたが、すでに標準機能となりました。これから QGIS を使う方には、あまり関係のない話題ですが、「オンザフライ」機能は異なる座標参照系のデータを自動で重ね合わせる機能であることを覚えておいてください。

異なる座標参照系を持つデータの取り扱いを意識する場面は、バージョン 3 以降少なくなりましたが、データの座標参照系の違いを意識することは、GIS でデータ解析を行ううえで一番重要であるため、以下では、取り込んだレイヤの座標参照系の確認、異なる座標参照系を同じ座標参照系にするためのデータ変換について解説します。

レイヤとプロジェクトの座標参照系の確認

まず最初に頭に入れておきたいのが、QGIS では読み込む以前にすでに定義されているデータの座標参照系と、地図ビューを通して実際に見るプロジェクトの座標参照系の定義は独立しているということです。例えば 2 つの異なる A、B という座標参照系を持つベクタデータがあるとします。QGIS ではこれらのデータを読み込み、別の座標参照系 C で地図ビューに表示することができます。

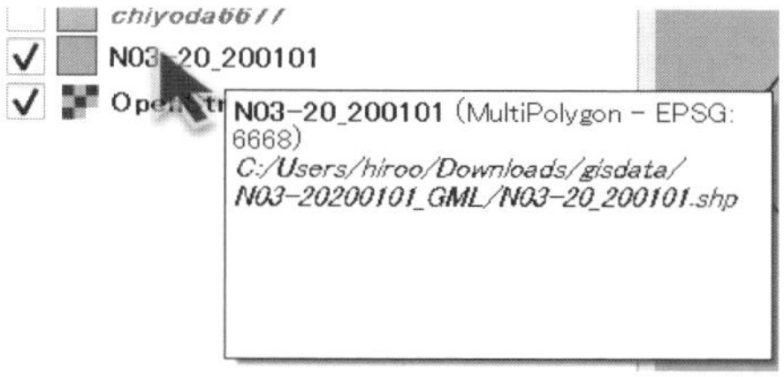

図 1-4-5 レイヤパネルのレイヤにポインターを合わせ表示させたメタデータ

もっとも簡単なレイヤの座標参照系の確認は、レイヤパネルにポインターを持っていき、表示されるポップアップを表示させることです（図 1-4-5）。ポップアップ内のレイヤ名の後に座標参照系が表示されます。図 1-4-5 の例では、レイヤが EPSG:6668 であることが示されています。もう 1 つのレイヤの座標参照系の確認の仕方は、レイヤパネルから対象のレイヤを右クリックして「プロパティ」を選択し、「情報」または「ソース」タブを開きます。もとのデータに座標参照系が定義されていれば、「情報」タブでは「プロバイダからの情報」欄の「座標参照系（CRS）」に、「ソース」タブでは「設定された CRS」に表示されます（図 1-4-6）。

プロジェクトの座標参照系は、ステータスバーの右端の座標参照系ボタンに、コードのタイプ（大抵は EPSG）と数字で示されます。また座標参照系ボタンにポインターを合わせると、ポップアップでより詳しい座標参照系の情報が表示されます（図 1-4-7）。

図 1-4-6 レイヤプロパティの情報およびソースタブによるレイヤの座標参照系の確認

図 1-4-7 ステータスバーによるプロジェクトの座標参照系の確認

異なる座標参照系のデータ表示と解析

QGIS では、各レイヤで座標参照系が定義されている場合、それらが異なる参照系であっても「オンザフライ」という機能で異なる座標参照系を持つデータを重ねて表示します。バージョン 2 では明示的にオンザフライ機能を有効にする必要がありましたが、バージョン 3 ではオンザフライ機能は常に有効になっています。

またバージョン 3 では、異なる座標参照系のデータであっても、オンザフライでデータの解析が行えます。見た目だけではなく、レイヤ間の演算に関しても異なる座標参照系のデータをユーザーが意識することなく処理してくれるようになりました。

データの座標参照系変換

QGIS では、異なる座標参照系のデータを簡単に取り扱えるようになりましたが、座標参照系の変換が必要になる場合があります。すでに第 1 部第 1 章で紹介した国土数値情報や、日本の新しいデータを取り扱う際に、座標参照系を意識する必要があります。QGIS を立ち上げた際、プロジェクトはデフォルトで、WGS84（EPSG:4326）に設定されています。そのうえで、測地系が JGD2011 である、国土数値情報のデータを読み込もうとすると、ダイアログがあらわれ、「2 つの CRS の間で座標を変換する演算が可能です。」というメッセージとともに、様々な情報が表示されます（図 1-4-8）。このダイアログでは、読み込もうとしているデータの座標参照系を、QGIS のデフォルトの座標参照系である、WGS84 に変換しようとしています。デフォルトの座標参照系はユーザーが変更できるので、次に変更の方法を説明しますが、今は WGS84 をデフォルトとして説明を進めます。

図 1-4-8 では 5 つの方法で、変換元のデータ（EPSG:6677）を変換先の座標参照系である EPSG:4326 に変更できることがわかります。そのうち一番上の選択肢の情報を横にスクロール

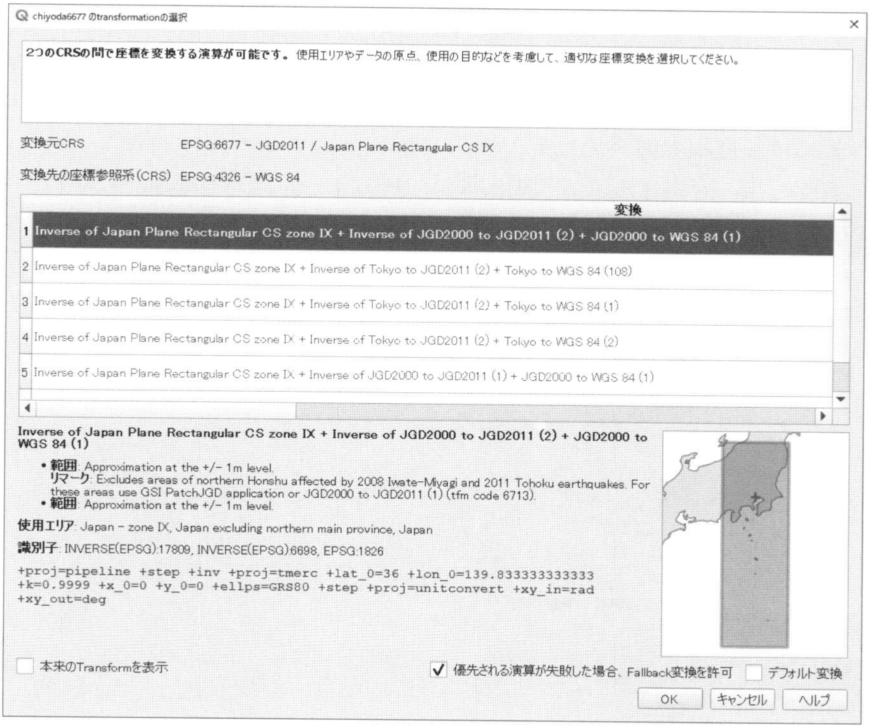

図 1-4-8　プロジェクトで設定した測地系と異なる測地系のデータを読み込もうとした時に表示されるダイアログ

図 1-4-9　座標参照系の変換のオプション
変換方法、精度、適用できる地理的範囲が説明されている。

してみていくと、精度（単位・m）が 2 m であることがわかります（図 1-4-9）。精度が 1.2 m である第 5 番目の選択肢を選んでみると、ダイアログの下の方に、赤い字で「この変換はグリッドファイル “touhokutaiheiyouoki2011.gsb” が必要ですが、システムにありません」と表示され、現状ではこの方法は使えないことがわかります。本章の最後に、変換のためのグリッドファイルのインストール方法と座標参照系の変換方法について触れます。

赤字の警告が表示されない一番上の座標参照系の変換方法を選択して「OK」をクリックすると、データを内部的に WGS84 へ変換し、レイヤとして表示します。データの読み込みの際、この作業が伴う場合は、読み込んだデータに精度で表示された誤差が含まれる可能性があることを意識してください。

QGIS のデフォルト座標参照系の変更

QGIS のデフォルトの座標参照系は WGS84（EPSG:4326）ですが、ユーザーがデフォルトを変更することができます。例えば、データの表示や解析を常に JGD2011 を使った平面直角座標系で行う場合は、あらかじめデフォルトを JGD2011 の平面直角座標系に変更しておけば、座標参照系変換の手間を減らすことができます。

デフォルトを変更するには「設定」メニューから「オプション」を選び、「座標参照系（CRS）」タブを開きます（図 1-4-10）。そのうえで、例えば、JGD2011 の平面直角座標系第 9 系である、EPSG:6677 をプロジェクトの座標参照系の「デフォルトの CRS を使う」で選択しておきます。プロジェクトの座標参照系をユーザー指定のものに変更する際には、ラジオボタンで「デフォルトの CRS を使う」を有効にしておいてください。

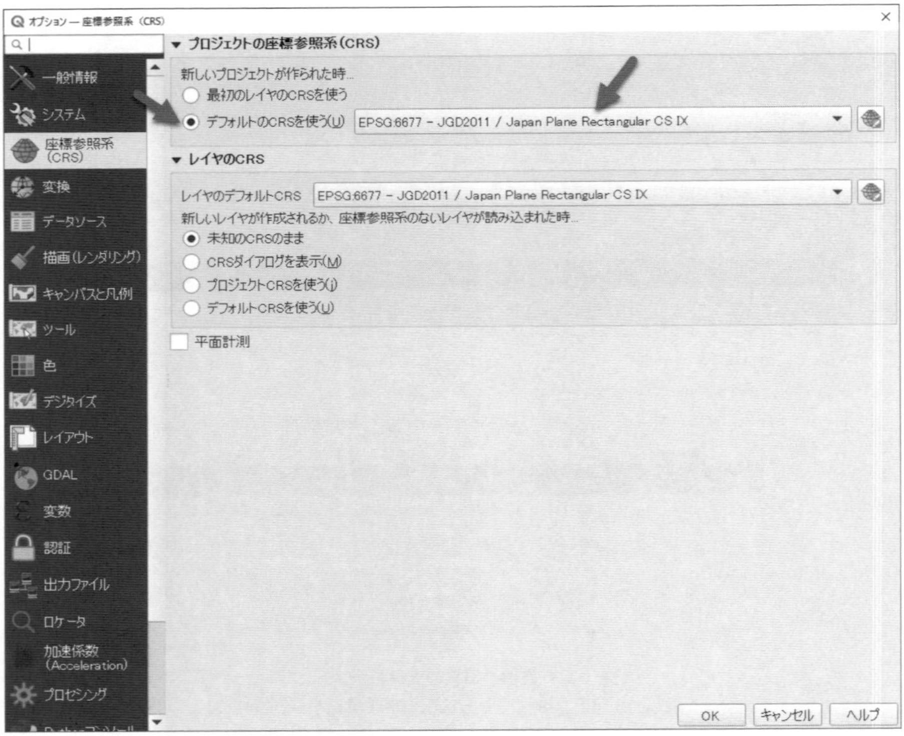

図 1-4-10 デフォルトの座標参照系の設定

座標参照系が定義されていないデータを再定義する

何らかの理由で座標参照系が定義されていないデータを受け取ることもあります。その際にはデータに対し座標参照系を再定義する必要があります。

座標参照系の再定義への第一歩は、データの入手先から座標参照系に関する情報を入手することです。データのダウンロードサイト、付属するメタデータ（座標参照系などを書き記したデータに関する情報ファイル)、またはデータを送ってくれた個人などにあたり、座標参照系を確認します。そのうえで、データを QGIS に読み込みます。

座標参照系が定義されていないデータを QGIS に読み込むと、デフォルトでは特に警告もなくプロジェクトに読み込まれます。ただし、レイヤパネルで読み込まれたデータを見てみると、「?」マークが表示されています（図 1-4-11)。

一旦 QGIS にデータを読み込んだのち、対象レイヤをレイヤパネルで右クリックして、「レイヤの領域にズーム」を選択し、対象レイヤを表示させます。そのうえで、ステータスバーに表示される座標値や他のデータを読み込み、位置のずれを目で確認しながら座標参照系のあたりをつけます。座標参照系にあたりがついたら、レイヤパネルの対象レイヤを右クリックしてプロパティ設定を表示させ、「ソース」タブの「設定された CRS」であたりをつけた座標参照系を選択し、「OK」をクリックして、適切な座標参照系でレイヤを表示させます（図 1-4-12)。

以上の作業で行った座標参照系の定義は、メモリ上に読まれているレイヤに対する定義であるため、いったん QGIS を閉じてしまうと元々のデータには座標参照系の情報が付与され

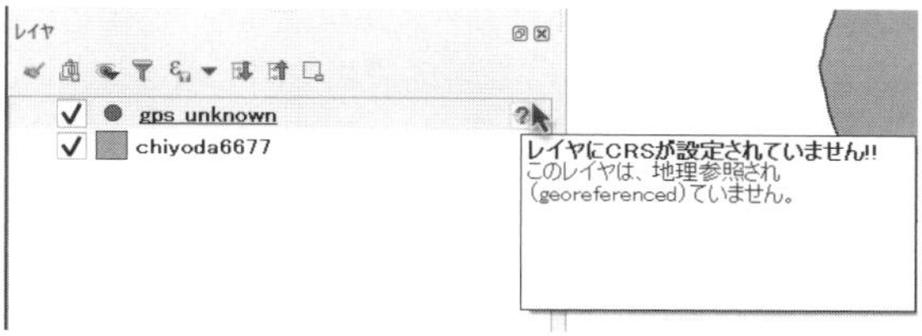

図 1-4-11 座標参照系が定義されていないデータを読み込み

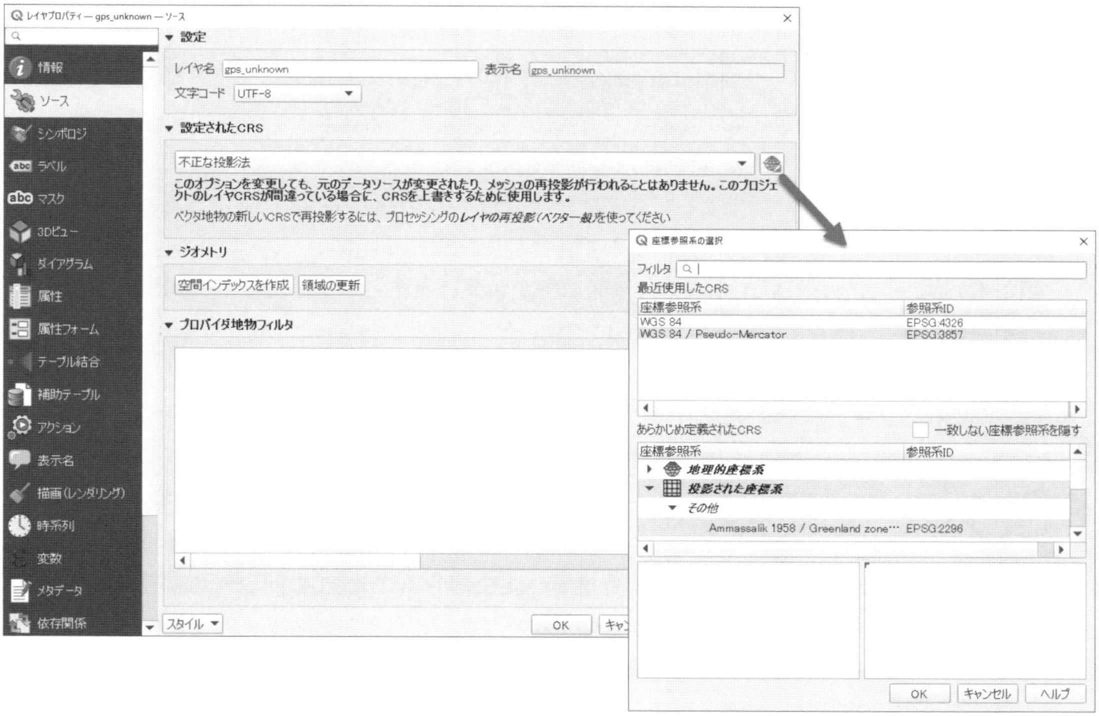

図 1-4-12 座標参照系の定義がないデータを一旦 QGIS に読み込んだ後、座標参照系を指定

ません。そのため、レイヤを新しいファイルとして保存して、座標参照系付きでデータを保存しなおします。そのためには、レイヤパネルで対象レイヤを右クリックして「エクスポート」、続いて「地物の保存」を選択し、適当な名前を付けてデータ形式を選択し、「座標参照系(CRS)」が定義されていることを確認したうえで「OK」をクリックします。

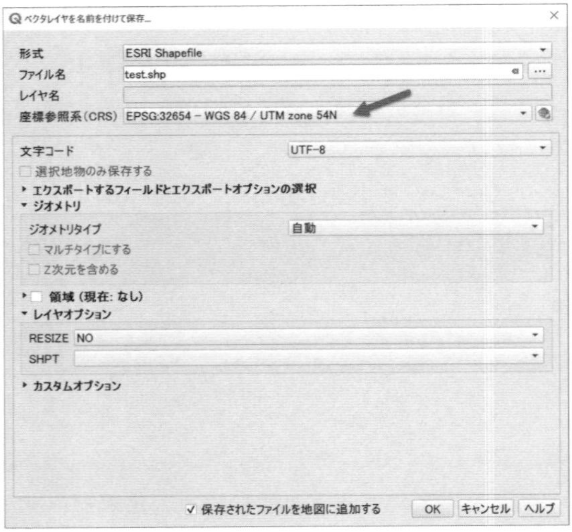

図 1-4-13 座標参照系を定義したレイヤをファイルとして保存する

旧測地系、新測地系の重ね合わせ

日本は、世界測地系に移行したことは触れましたが、2002 年 4 月に測地成果 2000 へ、そして 2011 年の東北地方太平洋沖地震に伴う地殻変動の影響を考慮し、測地成果 2011 と 2 回の移行が行われています。2011 年の地震では、日本の経緯度原点が東に約 27 cm、日本水準原点が 2.4 cm 沈下しました (https://www.gsi.go.jp/sokuchikijun/jgd2000-2011.html)。それではもしデータを旧測地系で受け取った場合どうすれば良いでしょうか？測地系が JGD2000（測地成果 2000）で受け取ったものを JGD2011（測地成果 2011）へ変換したい場合もあると思います。

旧測地系（Tokyo、EPSG:4301）と世界測地系の JGD2000（EPSG:4612）や JGD2011（EPSG:6668）との座標的な差は場所によって異なりますが、400 mほどになる場合があります。このずれの一部をなくすために、旧測地系を世界測地系に変換するパラメータは QGIS の座標参照系を取り扱う PROJ.4 というライブラリ内の定義に含まれています。準拠楕円体は、旧測地系ではベッセル楕円体で、新測地系では GRS80 楕円体を使っています。楕円体パラメータ（長径、短径、扁平率）が異なるだけではなく、楕円体重心位置がずれているため、この重心位置のずれを WGS84 準拠楕円体からのずれとして定義しています（図 1-4-14）。

図 1-4-14 で示した PROJ.4 のパラメータは左から順に、元となる座標系の WGS84 楕円体重心からの距離を（X,Y,Z）で表現したもので単位は m です。残り 4 つのパラメータは楕円体の回転と拡大・縮小を設定するためのもので、ここでは設定されていません。そのため QGIS では、回転楕円体と座標軸の原点のずれによる違いは補正することができます。しかしこの設定では、旧測地系が持つ測地系の局地的な歪みについては補正できません。

同様に、JGD2011 で作成されたデータを JGD2000 のデータと重ね合わせたい場合、QGIS でデフォルトで用意されている測地系の変換方法では、東北地方で確認されている地殻の大きな変化には対応できません。次の例は、変換元の測地系が JGD2011 で平面直角座標第 9 系で作成されたデータを、WGS84 で作成した QGIS のプロジェクトに読み込もうとした際に表示される座標参照系変換のダイアログです（図 1-4-15）。重要な情報がたくさん含まれているので、詳しく説明します。

図 1-4-15 では、変換元の座標参照系（CRS）と変換先の CRS が表示されています（①）。

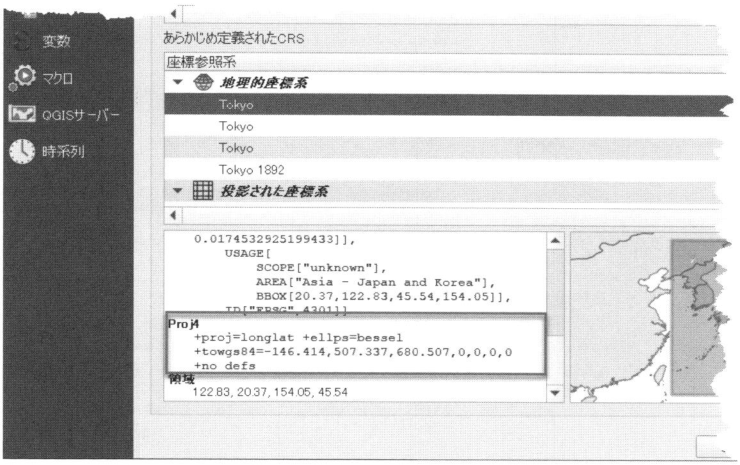

図 1-4-14　QGIS での Tokyo 測地系の定義と WGS84 への変換パラメータ

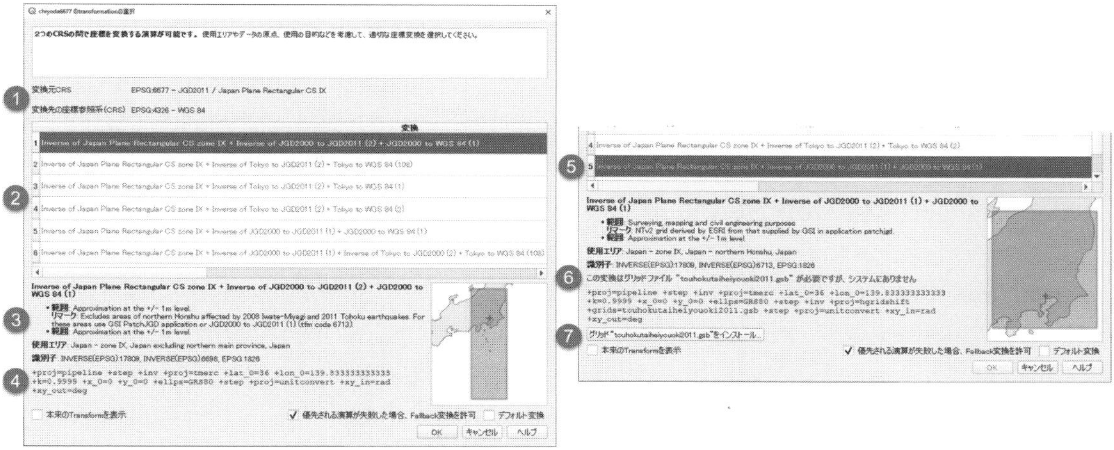

図 1-4-15　測地系の違うデータを読み込もうとした際に表示される座標参照系の変換ダイアログ

変換方法は複数があることもわかります（②）。各変換方法をクリックすると、ダイアログの下の方にどのような変換が行われるか詳しく表示されます。この中で気をつけて読む必要があるのが「リマーク」と書かれている注意書き（③）と、識別子の下に表示される proj4 のパラメータ（④）です。リマークは英語で書かれているのでわかりにくいかもしれませんが、変換に際する注意が書いてあります。proj4 のパラメータは、実際に行われる変換のパラメータが示されているため、変換作業のデータへの影響がわかります。

変換方法のいくつかをクリックすると（⑤）、赤い文字で警告が表示される場合があります（⑥）。警告は「この変換はグリッドファイル“・・・”が必要ですが、システムにありません」と表示され、同時に「グリッド“・・・”をインストール」というボタンがあらわれます（⑦）。この警告は、QGIS でデフォルトで用意されている座標系の変換パラメータだけでは変換できないより高度な変換を行う際に表示され、変換の際には .gbs ファイルという、proj4 で利用できるようにした座標補正のためのパラメータファイルが必要なことを示しています。

幸い tohka 氏（https://github.com/tohka）が github で各種の .gbs ファイルが提供されて

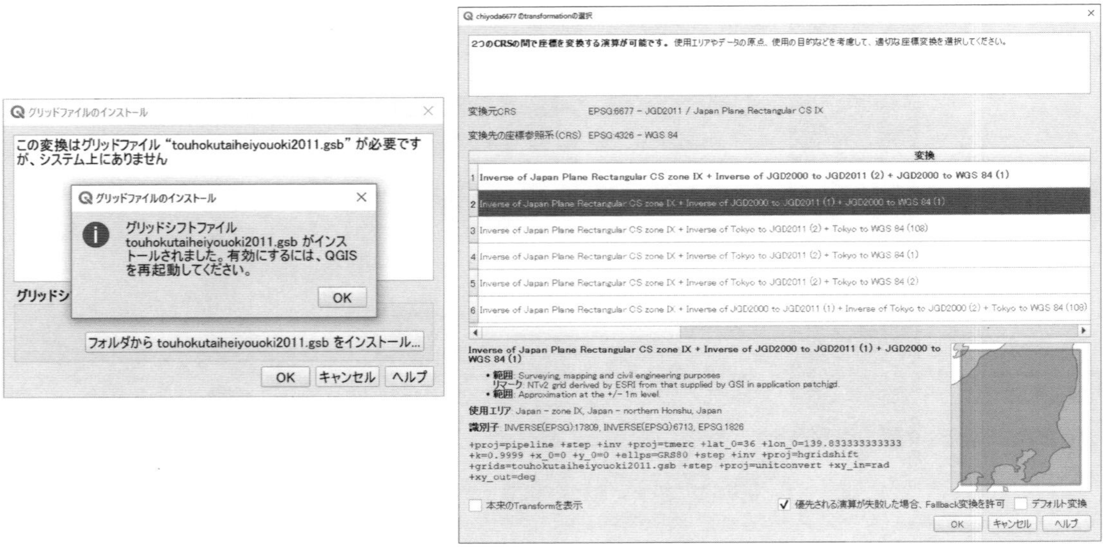

図 1-4-16 座標系変換ファイル（.gsb）のインストールと、インストール後に警告が表示されなくなったダイアログ

いるので、それらを利用して変換作業を進めることができます（https://github.com/tohka/JapanGridShift）。JapanGridShift のページの上方にある「gsb_file」フォルダを開き、「touhokutaiheiyouoki2011.gsb」をクリックした後、「download」ボタンをクリックしてファイルをダウンロードします。Tohka 氏のサイトでは、この他に旧測地系と新測地系の変換ファイルである「TKY2JGD.gsb」なども提供されています。

ファイルのダウンロードが完了したら、次に変換ダイアログ（図 1-4-15）の⑦のダウンロードボタンをクリックして、.gsb ファイルをインストールします。すると図 1-4-16 のように QGIS を再起動するよう表示されるので、作業中であれば一旦作業をプロジェクトとして保存した後、QGIS を再起動します。すると再び測地系の違うデータをプロジェクトに読み込もうとしても、赤字の警告が表示されなくなるので（図 1-4-16）、変換作業を進めることができます。

以上、詳しく測地系の違うデータへの対応を説明しましたが、本章の内容を理解することで、GIS を使ったデータの表示や解析を、自信を持って進められるようになると思います。測地系についてさらに詳しく知りたい方は、国土地理院のサイト（https://www.gsi.go.jp/）を調べてみてください。

第 5 章 ベクタデータ

第 3 章で説明したように、GIS ではベクタデータとラスタデータがよく使われます。本章では QGIS で使用可能なベクタデータの種類、インポート、エクスポートの方法、線種や色などのスタイルの設定方法、属性テーブルの表示や編集方法、そしてベクタデータの編集方法について説明します。

◆ベクタデータ形式、インポート、エクスポート

ベクタデータを QGIS に読み込む際は、ベクタデータのデータソースタイプと文字コード、そしてデータのソース（パス）を指定する必要があります（図 1-5-1）。ここでは、ベクタデータフォーマット、ソースタイプ、そして文字コードの順でベクタデータの読み込みに必要な項目を解説します。

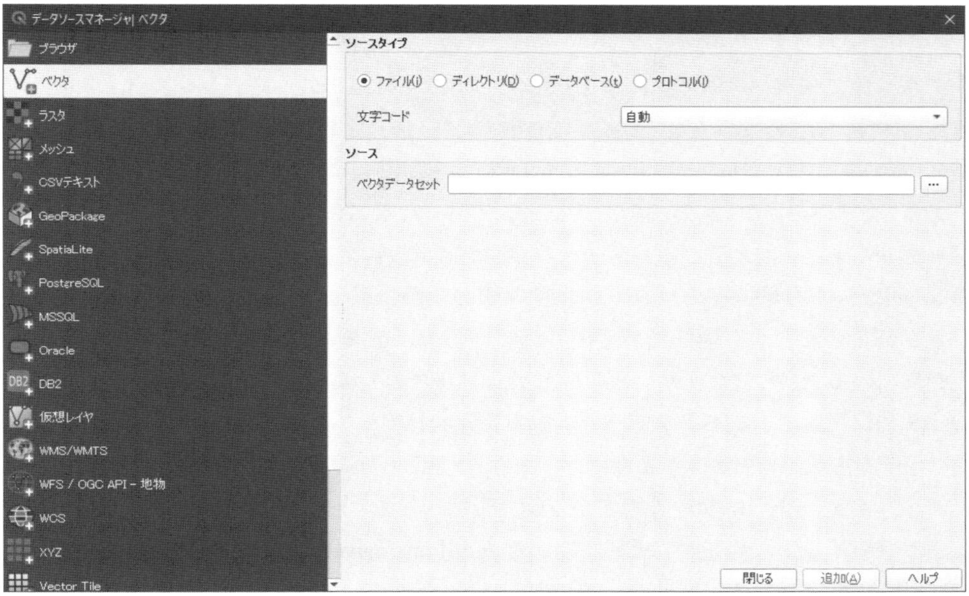

図 1-5-1 ベクタレイヤの追加ダイアログボックス

ベクタデータの代表的なファイルフォーマットは、長らく ESRI 社が開発したシェープファイル（Shapefile）とされ、QGIS でもベクタデータファイルの標準フォーマットとして扱われてきました。ただし、先にも述べたようにシェープファイルは関連するいくつかのファイルと組み合わされはじめて GIS データとして機能するため、データの扱いが煩雑であったことや、データが dbf（dBaseIV）に格納されることに起因する制限（文字数など）があったこと、あるいは測地系・投影座標情報が必須ファイルに含まれていない、といった問題が指摘されており、ESRI 社でも .mdb の拡張子を持つパーソナルジオデータベース、ファイルジオデータベース（.gdb）などのファイル形式が開発されてきました（QGIS3.16 ではそれらすべてに対応。

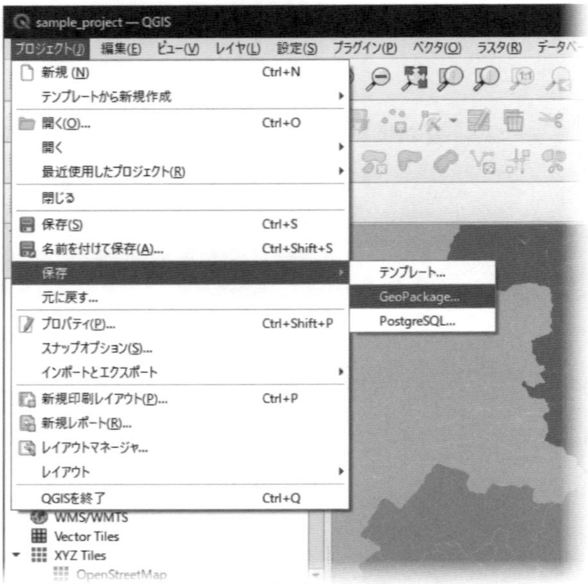

図 1-5-2 **プロジェクトを** Geopackage **に保存**

ファイルジオデータベースは、ArcGIS 10 もしくはそれ以降のバージョンで作られたものが読み込めます)。このようなことから、QGIS のバージョン 3 以降では標準フォーマットとして GeoPackage（https://www.geopackage.org/）が採用されています。GeoPackage はベクタデータだけでなく、ラスタデータ、ジオメトリを持たない属性データ、さらには QGIS のプロジェクトの保存もできるため、データの管理が簡単に行えるといった特徴があります。

GeoPackage が標準フォーマットにはなりましたが、引き続きシェープファイル形式もサポートされますし、他に国内でよく使われている MapInfo の MIF ファイル、Google Earth で使われている KML ファイル、PostGIS テーブルなども読み込むことができます。表 1-5-1 に QGIS で採用しているベクタデータの読み書きを担当するライブラリ、OGR が対応する代表的なデータ形式をまとめました。

元々ベクタデータではないのですが、QGIS でベクタデータとして扱われ、読みこむことができるファイル形式の 1 つに CSV（https://gdal.org/drivers/vector/csv.html）があります。これはカンマ区切りのテキストファイルで、Microsoft 社の Excel などで作成した表データを CSV 形式で保存することにより QGIS に読み込むことができます。ただし CSV として読み込まれたデータはすべてテキストとして扱われるため、たとえ元々数字として入力した値でも、QGIS に取り込んだ時点でテキストとなってしまいます。これは特に他の GIS レイヤと読み込んだ CSV ファイルを連結させる際に問題を起こします。この問題を避けるには、CSV ファイルの属性情報を保存した CSVT ファイルを作ります。CSVT ファイルは、各列のデータタイプを CSV 形式で保存したもので、例えば 1 列目が整数、2 列目がテキスト、3 列目が実数、というデータの場合、

```
"Integer","String","Real"
```

表 1-5-1 OGR で読める代表的なベクタデータ形式と略名及びデータ作成

フォーマット名	フォーマット略名	データ作成
Arc/Info Binary Coverage	AVCBin	不可
Arc/Info .E00 (ASCII) Coverage	AVCE00	不可
Comma Separated Value (.csv)	CSV	可能
ESRI FileGDB	FileGDB	可能
ESRI FileGDB	OpenFileGDB	不可
ESRI Personal GeoDatabase	PGeo	不可
ESRI Shapefile	ESRI Shapefile	可能
Geospatial PDF	PDF	可能
GPX	GPX	可能
GRASS Vector Format	GRASS	不可
KML	KML	可能
Mapinfo File	MapInfo File	可能
PostgreSQL/PostGIS	PostgreSQL/PostGIS	可能
SQLite/SpatiaLite	SQLite	可能
VRT - Virtual Datasource	VRT	不可

というテキストファイルを作り、ファイル名は CSV ファイルと同じにし、拡張子を .txt から .csvt に変更して CSVT ファイルを作ります。QGIS は CSV ファイルと CSVT ファイルを両方参照し、テキストファイルを CSVT で指定したデータタイプで取り込みます。

ベクタのデータソース

実際に QGIS にベクタデータを読み込むには、ベクタレイヤの追加を行う際にベクタデータの保存形式も「ソースタイプ」として指定する必要があります。ソースタイプには、ファイル、ディレクトリ、データベース、プロトコルがあります（図 1-5-1）。ソースタイプの指定により、読み込めるベクタデータ形式が分けられていて、読み込み時の設定も少しずつ異なります。最も一般的なソースタイプはファイルで、シェープファイルや KML などのデータ形式が含まれており、ローカルなファイルシステム上のデータファイルの所在を指定することでデータを読み込めます。

ディレクトリは、ESRI 社のファイルジオデータベースや ArcInfo で長年使われてきたカバレッジ形式のように、フォルダによってデータの中身がまとめられていて、フォルダ内の個々のファイルだけではデータとして利用できないようなデータの保存形式です。ファイルジオデータベースを読み込む場合には「OpenFileGDB」を、カバレッジ形式のファイルを読みこむ場合には「Arc / Info Binary Coverage」をそれぞれ選択します。

データベースは、PostgreSQL や Oracle Spatial などのデータベースにベクタデータが収められている際に指定するソースタイプです。データベースでデータが供給されるため、データベースの種類とその接続情報を指定する必要があります。

プロトコルでは、ローカルあるいはネットワークに保存されたベクタデータに接続して QGIS に追加することができます。HTTP / HTTPS / FTP 接続では URI（Uniform Resource Identifier：データの所在のアドレス）と必要に応じて認証情報を入力することでデータの読み込みができます。また、商用のクラウドストレージサービス（AWS S3、Google Cloud

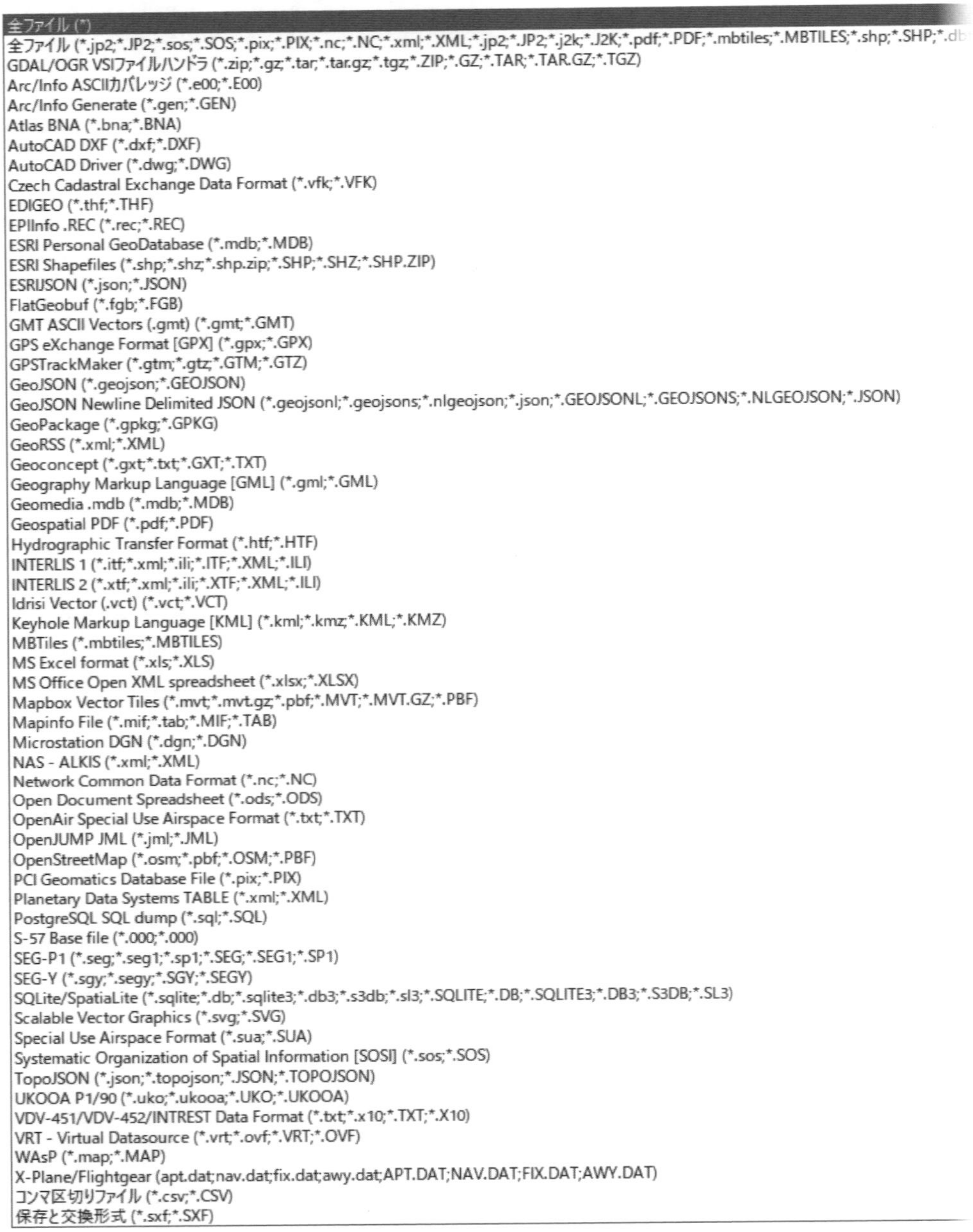

図 1-5-3　ファイルソースタイプで読み込めるベクタデータ形式の一覧

Storage、Microsoft Azure Blob、Alibaba OSS Cloud、Open Stack Swift Storage）へは、バケット（あるいはコンテナ）、オブジェクトキーを入力することで接続し、データを読み込むことができます。この他、OGC（Open Geospatial Consortium）の WFS3.0（実験段階）、GeoJSON 形式（http://geojson.org/）、Newline-delimited GeoJSON 形式（https://stevage.github.io/ndgeojson/）、FlatGeobuf（https://github.com/flatgeobuf/flatgeobuf）、CouchDB（https://couchdb.apache.org/）のサービスによるベクタデータの読み込みにも対応しており、URI と必要に応じて認証情報を指定することで利用できます。

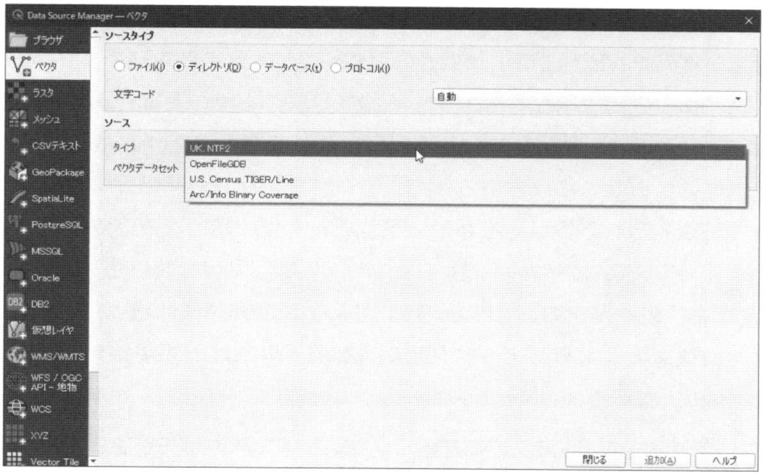

図 1-5-4　ディレクトリソースタイプによるベクタデータの読み込み

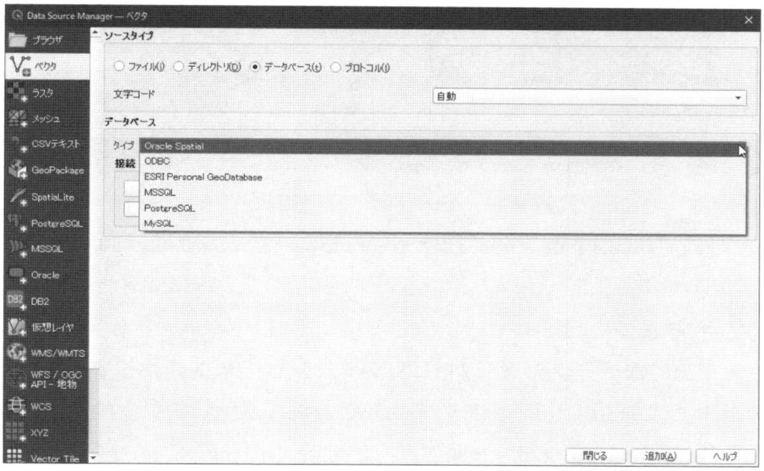

図 1-5-5　データベースからのベクタデータの読み込み

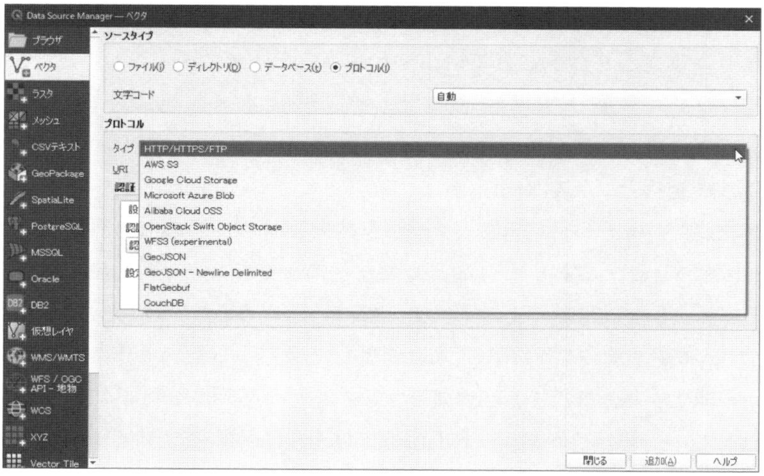

図 1-5-6　プロトコルからのベクタデータの読み込み

エンコーディング

エンコーディングとは、第 1 部第 1 章の「QGIS へのデータの読み込み」でも触れたように、パソコン上の文字セットのようなものです。正確には文字をコンピュータで扱えるように一つ一つの文字にコードを割り当てるのですが、その割り当て作業をエンコーディングと言います。その割り当ての仕方がいろいろあるため、データを作成した時のエンコーディング方法に合わせてデータを読み込む必要があるわけです。データ作成時と読み込み時のエンコーディング指定が違うと文字化けが起きます（図 1-5-7：左）。複数のエンコーディングが日本語では使われていて、その代表的なものとして SHIFT-JIS や UTF-8 があります。ベクタデータでは、文字を含む属性情報を扱うため、データを読み込む際にエンコーディングの指定をする必要があります（図 1-5-7：右）。

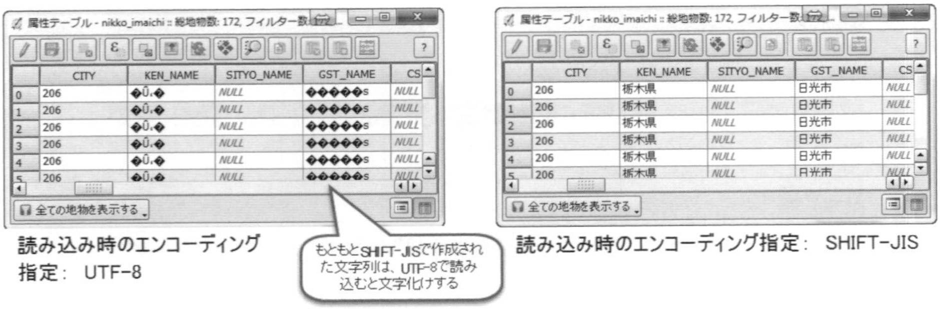

図 1-5-7 SHIFT-JIS で作成した属性テーブルを UTF-8 と SHIFT-JIS で開いた例
作成時と読み込み時のエンコーディング指定が一致しないと文字化けが発生する。

GIS データの入手方法

最近日本でも、公的なデータの多くが GIS データとしてダウンロードできるようになっています。日本全体に関する基本的な GIS データ配信を行っている代表的な国の組織は、国土交通省（http://nlftp.mlit.go.jp/ksj/）と同省国土地理院（http://fgd.gsi.go.jp/download/）です。また、G 空間情報センター（https://www.geospatial.jp）からも数多くの GIS データをダウンロードできるようになっています。すでに多くのオープンソース GIS 関連の本や情報サイトで GIS データの入手先がリストされていますので、データを探している方はそちらを参照してください。

GIS データの形式変換とエクスポート

QGIS は QGIS 独自のファイルフォーマットを持ちません。そのためベクタにせよラスタにせよインポートという概念がありません。つまりどのようなフォーマットであれ、QGIS が受け付けるフォーマットなら開いてそのまま使えばいいというわけです。ただし、あるフォーマットで入手したファイルを別のファイル形式に変更して保存するという作業は頻繁に行われるので、エクスポートの方法を知ることは重要です。

ベクタ形式のファイルのエクスポート方法は、QGIS に目的のファイルを読み込んだ後、レイヤパネルで読み込んだレイヤを右クリックしてコンテクストメニューを出し（図 1-5-8:①）、「エクスポート」→「地物の保存」をする際にファイルフォーマットを指定します。表示され

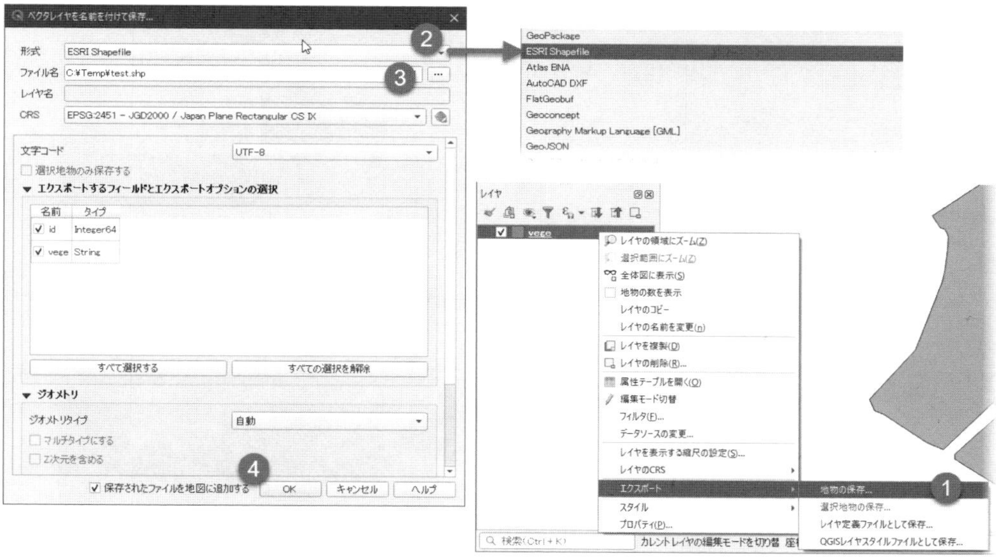

図 1-5-8 レイヤをエクスポートするための「名前をつけて保存」
あらかじめ読み込んだ対象のレイヤを「エクスポート」→「地物の保存」(①)、ダイアログボックスでファイル「形式」を選択し(②)、保存先(③)、必要があればエンコーディングやその他のオプションを選択し、ファイルのエクスポートを行う(④)。

る「ベクタレイヤに名前を付けて保存する」ダイアログボックスで形式をドロップダウンリスト指定し(②)、ファイル名と保存先(③)、必要があればエンコーディング、座標参照系(CRS)を指定した後「OK」をクリックして(④)新しいファイル形式でエクスポートします。座標参照系も変更したい場合は、第1部第4章の「データの座標参照系変換」を参考にして、出力先の座標参照系を指定します。

「ベクタレイヤに名前を付けて保存する」ダイアログボックスには、出力に際し様々なオプションが用意されています(図 1-5-8)。まず「文字コード」では、出力データのエンコーディングが指定できます。「選択地物のみを保存する」オプションを利用すると、あらかじめ地図ビュー上で選択しておいた地物のみを新しいファイルとして保存することができます。「保存されたファイルを地図に追加する」オプションは、作成されるファイルを自動的にQGISに読み込みます。「領域(現在:レイヤ)」は、出力領域を指定して出力できるため、例えば現在表示している範囲だけを出力したい場合(キャンバスの領域)や、他のレイヤの範囲で出力したい場合(レイヤから計算)などに便利です。

それ以下の「データソースオプション(出力の形式によって出ない場合もあります)」、「レイヤオプション(出力の形式によって出ない場合もあります)」、「カスタムオプション」は、ベクタの読み書きを担当するOGR(https://gdal.org/drivers/vector)に用意されているファイル書き出しの際の様々なオプションに対応するために設けられています。通常のファイル変換にはあまり必要ありませんが、その使い方を知っておくと便利なことがあります。例えばシェープファイルからグーグルアースで利用できるKMLを作る際、KMLの属性値である<name>や<description>がオプションとして指定できるため、より気の利いたKMLを作ることができます。

図 1-5-9の例では、東京都の行政界ファイル(tokyo_boundary_2020)からKMLを作成する際、

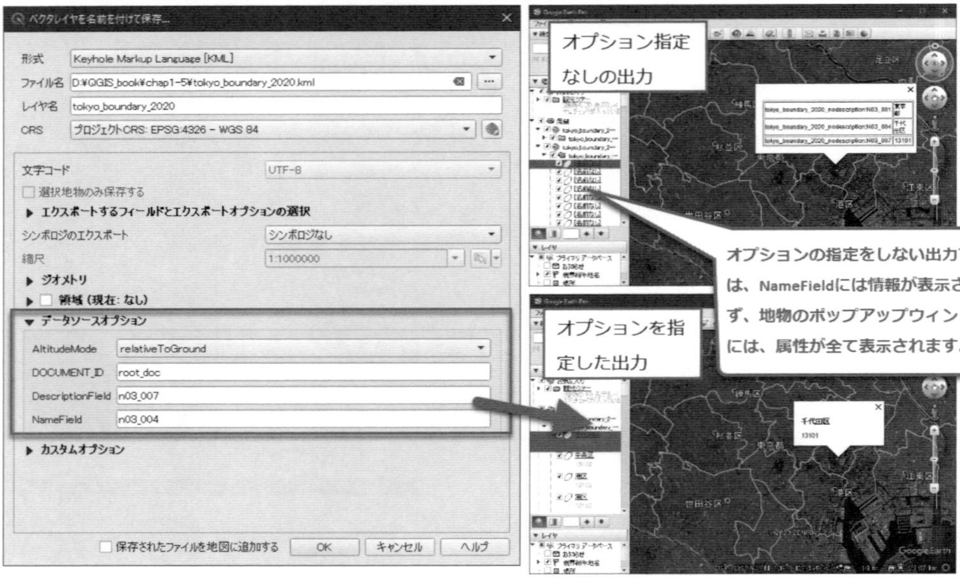

図 1-5-9 「名前をつけて保存」時の OGR 生成オプションの設定例
市町村ポリゴンレイヤの KML 出力。

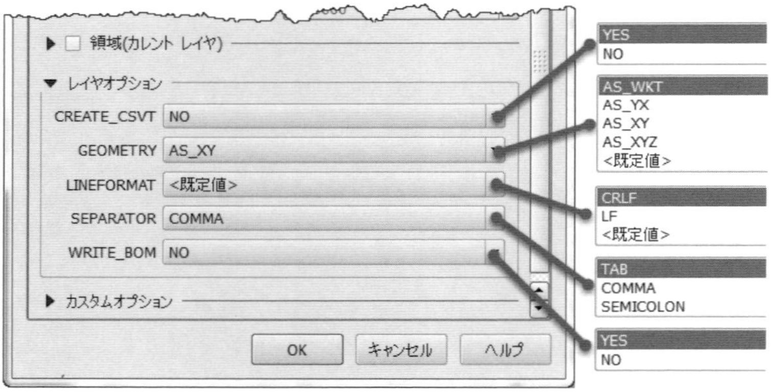

図 1-5-10 ベクタレイヤの属性ファイルを CSV ファイルとして「名前をつけて保存」する際のオプション
各オプションのドロップダウンリスト上にポインターを持って行くと各オプションを説明するチップスが表示される。

<name> フィールドとして行政界の属性テーブルから市町村名を示す n03_004、<description> フィールドとして行政区域コードを示す n03_007 の列を指定しています。結果として、出力された KML の各ポリゴンには、市町村名と行政区域コードが表示されるようになります。

属性テーブルを CSV テキスト形式（カンマ区切りファイル）で出力する際にも、様々なオプションが指定できます（図 1-5-10）。属性テーブルの各列のデータタイプを定義する CSVT ファイルを作成したい場合は、CREATE_CSVT オプションを「YES」にします。地物の位置座標も同時に CSV に出力したい場合は、GEOMETRY オプションを指定します。AS_WKT を指定すると、各地物の位置座標が列として追加され、AS_XY では点データの場合、点の位置座標が挿入されたテキストファイルが作成されます。CSV に用意されている様々なオプションについては、OGR のサイト（https://gdal.org/drivers/vector/csv.html）を参照してくださ

い。また、その他のファイルフォーマットでどのようなオプションが利用できるかに関する詳しい OGR 生成オプションの設定については、OGR の各ファイルフォーマットに関する記述（https://gdal.org/drivers/vector/index.html）を参照してください。

◆シンボロジ

シンボロジとラベル

以下では、読み込んだベクタレイヤの持つ属性情報を使って、より効果的に情報を表示するための方法を解説します。本章で扱う項目は、ベクタレイヤのプロパティから設定できるシンボロジとラベルです。

ベクタのシンボロジについて

QGIS では、地物の見た目を「シンボロジ（バージョン 2.18 までは「スタイル」）」と呼び、その設定はシンボルとレンダリングに分けられます。QGIS におけるシンボルとは、地物の図形としての表現方法のことで、色や線の太さ、点の大きさや点の代わりに用いるアイコンを指定します。レンダリングとは、作成したシンボルを地図ビュー上でどのように見せるかコントロールするための設定で、透過率、他のレイヤとの混合モードなどを指定します。ポリゴンデータを読み込むと、はじめはすべてのポリゴンが単色で表示されますが、例えば市町村ポリゴンの色をそれぞれ独自のものにしたり、市町村の人口にあわせて塗り分けしたり、ポリゴンのアウトラインを消したり、透明度を調節して重ね合わせ効果を出したりすることができます。さらに、河川を示すラインデータを河川の幅に合わせて表現したり、植生図の各植生タイプを植生のイメージに合わせて塗り分けたりといろいろな視覚表現の工夫を通して情報を効果的に表現することができます。

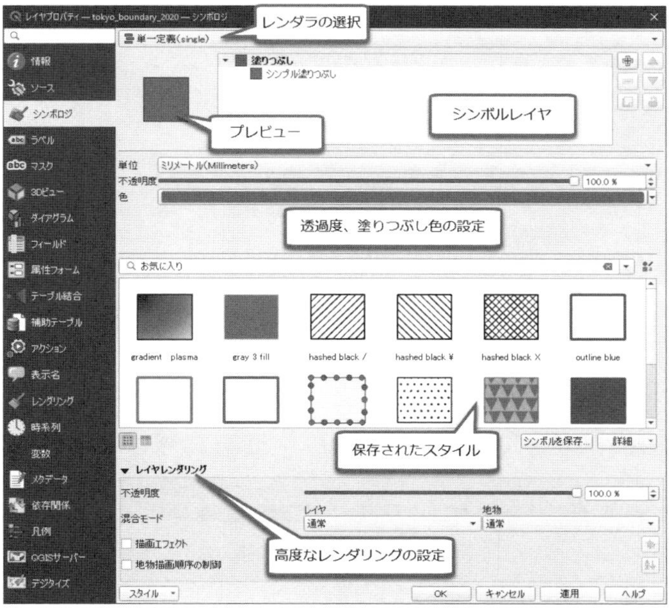

図 1-5-11 レンダラに単一定義（Single）シンボルを指定した場合のポリゴンスタイルタブの例

レイヤプロパティダイアログボックスのスタイルタブに表示される内容は、ポリゴン、線、点では設定内容はほぼ同じですが、レンダラといわれる地物の塗り分け方法（単一定義、カテゴリ値による定義、連続値による定義など）によって変わります。図1-5-11は、ポリゴンに対しレンダラとして「単一定義」を指定した場合のシンボロジタブの例ですが、ダイアログボックスの上側では、塗りつぶし色、透過度などが指定できます。また、スタイルタブの下側では、より高度なレイヤレンダリングの設定ができます。さらにシンボルレイヤのリストでは、対象のシンボルをクリックすると、シンボルの設定を変えたり、新しいシンボルレイヤを加えて、より視覚的に効果的なシンボルを作成することもできます。以下では、シンボロジの設定について、まずはじめに色の選択について触れてから、ポリゴン、線、点に分けて詳しく説明します。

色の選択

ベクタレイヤでは、様々な場面で色の塗り分けを指定します。そのためまず始めに、バージョン2.6以降になって大幅に強化された色の選択方法について説明します。

レイヤプロパティのシンボロジタブでポリゴンなどの色を変える場合は、「色」ボタンをクリックして「色選択」ダイアログボックスを表示させて色の指定をするか、ボタンの右にあるドロップダウンリストをクリックしてあらかじめ用意されている色を選択します（図1-5-12）。

「色の選択」ダイアログボックスは、色を選択、作成するためのツールですが、「色階調」、「カラーホイール」、「色見本」、「カラーピッカー」の4種類の色選択方法がタブの切り替えで選べます（図1-5-13、図1-5-14）。いずれのタブで色を選んでも、色選択ダイアログボックスの右側にある各種スライダーはそのまま表示され、タブ内で選んだ色に応じて各値が変化します。

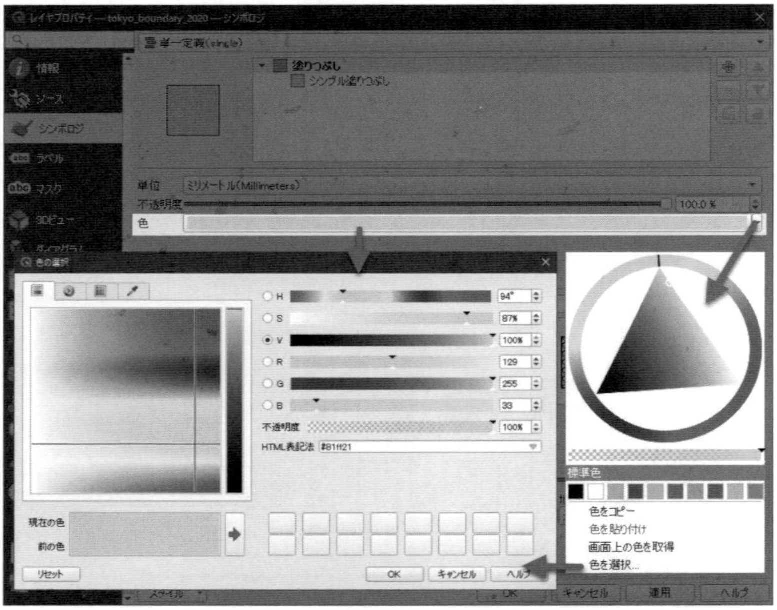

図1-5-12　色の選択の2つの方法

色選択ダイアログボックスでは詳細な色の指定ができる。ドロップダウンリストの「色の選択」を選んでも色選択ダイアログボックスが表示される。ドロップダウンリストではあらかじめ用意された色を選択するか、「色のピック」で画面上の色を選択する。

また逆にスライダーを動かしたり、スライダーの右側の数値を直接編集することで色を指定することもできます。スライダーは上から順に、色相（Hue）、彩度（Saturation）、値（Value）、赤（Red）、緑（Green）、青（Blue）を調整します。HSV と RGB の色調整は関連しているため、スライダー同士は連動して動くことがあります。また、スライダーの下の方には不透明度を調整するためのスライダーも用意されています。ちなみに HTML 表記法テキストボックスには、指定したフォーマットで選択した色が文字列で表示されます。ダイアログボックスの下の方には、現在選択中の色と 1 つ前に選んだ色が表示されており、その右側にある矢印ボタンをクリックするとさらにその右側にあるパレットに、現在選択中の色が保存されます。このパレットには、16 色を一時的に保存でき、その結果はスタイルで色を指定する際のドロップダウンリストの「Recent Colors」に反映されます。そのため一旦、色選択ダイアログボックスを開いたら、使いそうな色をあらかじめいくつか登録しておくと後からの色選択の作業が効率的になります。

色選択ダイアログボックスには、色階調、カラーホイール、色見本、カラーピッカーの 4 種類の色選択の方法が用意されています（図 1-5-14）。色階調タブでは、好きな色の場所をクリックするだけで簡単に色が選べます。色相（H）と彩度（S）を左側の色パネルから選び、明暗

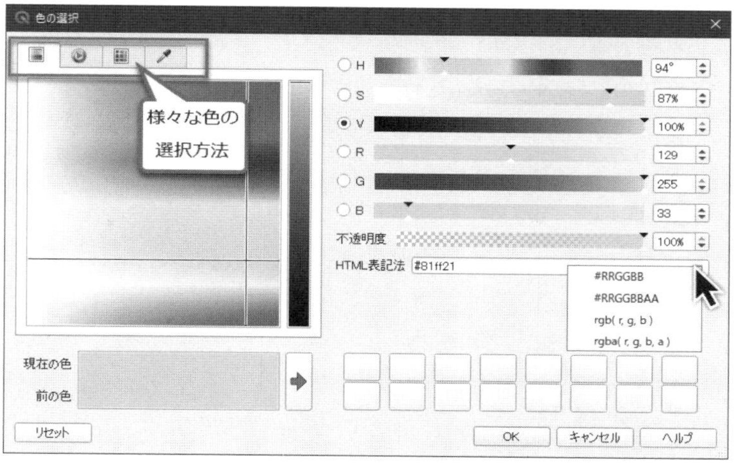

図 1-5-13　色選択ダイアログボックス
左側のタブを切り替えて色の選択方法を切り替える。選択した色はスライドバーに反映され、スライドバーを調整、または値を直接編集しても色を作成できる。作成した色をパレットに一時的に保存し、色見本を作成できる。

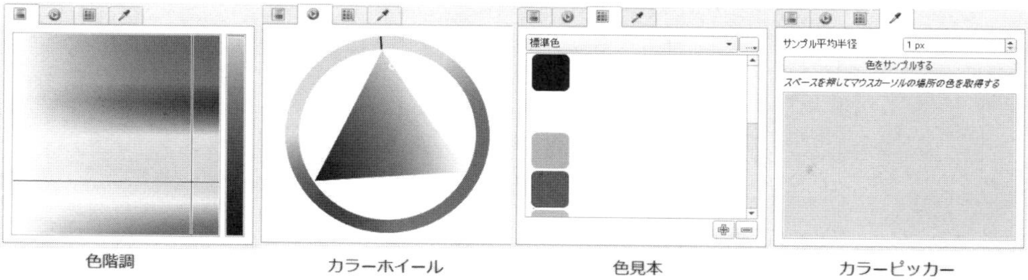

図 1-5-14　色選択ダイアログボックスに用意されている 4 種類の色選択方法
タブの切替により色の選択方法を選べる。

を決める値（V）をその横にある縦長の色パネルから選びます。カラーホイールタブでは、色相（H）を外側のリングで選び、彩度（S）と値（V）を真ん中の三角形から選びます。色見本は、カラーパレットの管理を行います。標準色のリストに加え、最近使った色のリスト、プロジェクトごとの色のリストなどを作成、編集できます。それぞれのパレットに色を加えるには、タブの下側にある「＋」ボタンをクリックして色を割り当てます。ここで作成したパレットは、色を選択するドロップダウンリストに反映されるため、素早い色の選択が可能になります。新規にパレットを追加したり、パレットのインポート、エクスポートなどもできます（図 1-5-15）。カラーピッカーは、画面上にある色から選択するためのツールを提供します。「色をサンプルする」ボタンを押すとポインターがスポイトマークに変わるので、画面上のどの色でも良いのでクリックして色を選択します。すでに使用している色を使いたい時などにとても便利です。

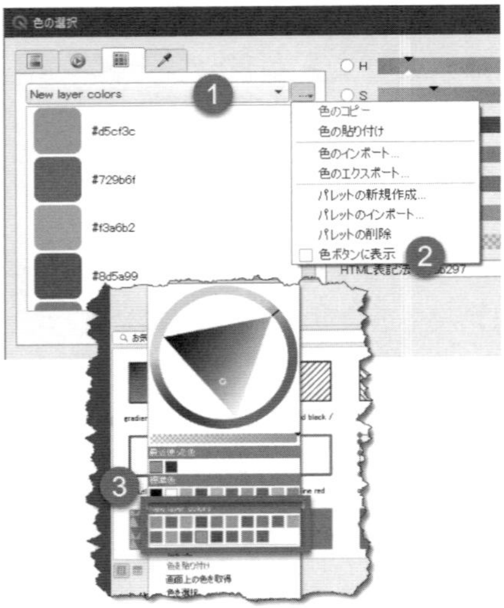

図 1-5-15 色見本タブ
すでに登録してある色の管理や、新しい色の追加をしてカラーパレットを作成する。ドロップダウンで指定した各パレットは、色を指定するドロップダウンリストのそれぞれの項目に反映される。パレットの新規作成、インポート、エクスポートなども行える。

ポリゴンのシンボロジ

ポリゴンのシンボロジ設定では、レンダラの選択と設定、ポリゴンシンボルの作成、選択、設定、レンダリングの設定が行えます。ポリゴンのレンダラには、シンボルなし、単一定義、カテゴリ値による定義、連続値による定義、ルールによる定義、反転ポリゴン、2.5D が利用できます（図 1-5-16）。共通シンボル以外のレンダラによる塗り分けには、属性テーブルのいずれかの列の値を利用します。そのため、本章の冒頭で説明したように、「カテゴリ値による定義」レンダラには市町村名や植生タイプのような分類値、「連続値による定義」には人口や面積のような数値があらかじめ属性テーブルに収められている必要があります。

図 1-5-16 代表的なレンダラの種類とその効果
市町村ポリゴンデータの属性値を利用し、市町村名と人口によりポリゴンを塗り分け。レンダラはレイヤプロパティダイアログボックスのシンボロジタブのドロップダウンリストで選択する。

レンダラ：シンボルなし

レンダラの「シンボルなし」は、次の「単一定義」による指定で、塗りつぶしスタイルを「ブラシなし」、ストロークスタイルを「ペンなし」と設定した場合と同じ効果を持ちますが、一気に設定ができるので便利です。地図上に地物は表示されませんが、ラベルやダイアグラムは表示される他、属性値の表示や選択も可能です。

レンダラ：単一定義

レンダラのうち、デフォルトの「単一定義」は、すべての地物に対して同じシンボルを適用します。スタイルタブの初期画面では、透過率と色の選択に加え、デフォルトで用意されている保存されたスタイルの中から好みのスタイルを選択することもできます（図 1-5-11）。色や透過度の設定だけではなく、塗りつぶしの方法、ポリゴンの枠線や線の太さなどの設定を行いたい場合は、シンボルの設定を行います。シンボルの設定は、シンボルレイヤの中から対象とするシンボル（図 1-5-11：シンボルレイヤ内の「シンプル塗りつぶし」と表示されている部分）をクリックしてプロパティ設定項目を表示させます。シンボルの設定方法については、各レンダラの解説の後に説明します。

レンダラ：カテゴリ値による定義

例えば市町村名や植生タイプ、土壌タイプなどのカテゴリよってポリゴンを塗り分けたい時に用いるのが「カテゴリ値による定義」レンダラです（図 1-5-17）。「カテゴリ値による定義」

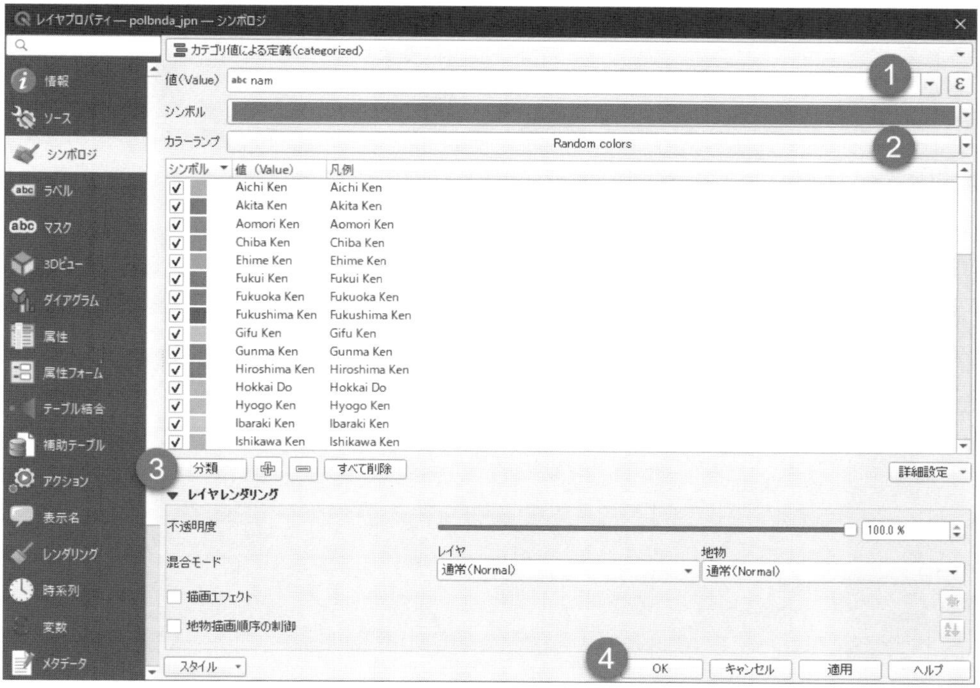

図 1-5-17 「カテゴリ値による定義」レンダラの設定ダイアログボックス
①カラムドロップダウンリストで目的とする属性テーブルの列名を選択し、②色階調（Random colors）を選択した後、③「分類」ボタンを押して、④塗り分けを適用する。

レンダラを選択すると、それに応じてタブ内の設定オプションが「共通シンボル」から変化します。塗り分けを行うには、まず「カラム」ドロップダウンリストで目的とする属性値を選択し（図 1-5-17：①)、「色階調（Random colors)」ドロップダウンリストから好みの色の組み合わせを選び（②)、「分類」ボタンをクリックします（③)。属性値に割り当てられた色を地図ビューのポリゴンに割り当てるには、「適用」または「OK」ボタンをクリックします（④)。「適用」ボタンはプロパティウィンドウを閉じず設定を見られるため、色の効果を試行錯誤する際に役立ちます。色階調を一旦選択したものから別のものに変更するには、新しい色階調を選択した後、一度適用された色階調を「全削除」してから再び「分類」ボタンを押してください。

一旦分類して作成されたシンボルは、一括してまたは個々にシンボル設定の変更を行うことができます。すべてのシンボルの設定を一括して行いたい場合は、シンボルの「変更」ボタンをクリックします（図 1-5-17、図 1-5-18)。一方、分類済みの個々のシンボル変更は、リストされているシンボルを直接ダブルクリックして行います。いずれの場合もシンボルの変更は、後ほどシンボルの設定で詳しく説明する「シンボルセレクタ」ダイアログボックスで行います。例えば、分類されたすべてのシンボルの透過度を 50%に変更したい場合には、「変更」ボタンをクリックしてあらわれる「シンボルセレクタ」ダイアログボックスで透過度を 50%に設定後、レイヤプロパティダイアログボックスに戻り「分類」ボタンをクリックして変更を反映させます。すべてのシンボルを一括して変更する機能は、ボーダースタイルを「ペン無し」にして込み入ったポリゴンを見やすくしたりする際にも役立ちます。

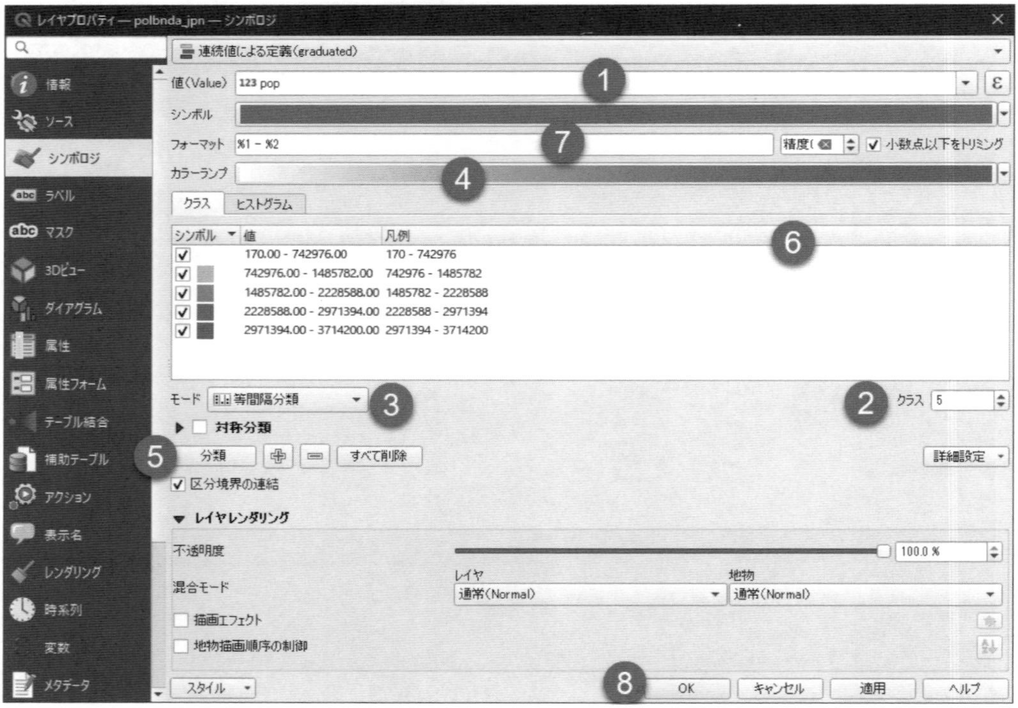

図 1-5-18「連続値による定義」レンダラの設定ダイアログボックス
①カラムドロップダウンリストで目的とする属性テーブルの列名を選択し、②分類数を指定、③分類モードを指定、④色階調を選択した後、⑤「分類」ボタンを押して、⑥⑦凡例を表示を調整した後、⑧塗り分けを適用する。

表 1-5-2「連続値による定義」塗り分けのモード

モード	説明
等間隔	データを等間隔に分割します。例えば 0 から 300 まで値が分布し、等間隔に 3 を指定した際、0-100、101-200、201-300 に分割されます。分割数を指定するだけなので実際どこで分割するかは QGIS が計算します。
分位（等量）	各クラスが同じ数の地物を持つように分割されます。
自然なブレーク (Jenks)	各クラスはデータの分布に基づき分割されます。QGIS は各クラス内の数字をできる限り近いものとしながらクラス間の違いをできるだけ大きくするように分割点を決めます。データに大きな飛び値があるようなところに分割点が置かれます。頻繁に用いられる方法です。
標準偏差	分類されたクラスは属性値の平均からどれだけ離れているか、標準偏差を用いて表現されます。
プリティブレーク	分割値の始まりと終わりが きりの良い数字になるように分割されます。

レンダラ：連続値による定義

「連続値による定義」レンダラを利用すると、属性テーブルに収められた数値を使って色の塗り分けが行えます。例えば人口の多い市町村を赤、人口が少なくなるにしたがって白っぽくするといった表現が「連続値による定義」色の設定でできます（図 1-5-18）。そのためには、まずレンダラのドロップダウンリストで「連続値による定義」を選択した後、「カラム」ドロップダウンリストで属性値の名前を選択（図 1-5-18：①）、塗り分けしたい分類数を指定（②）、「モード」ドロップダウンリストで数値の分割方法を指定（③）、色階調ドロップダウンリストで色の表現方法を選択し（④）、分類ボタンをクリックして（⑤）、凡例のフォーマットを調整した後（⑥、⑦）、実際に塗り分けをポリゴンに適用します（⑧）。指定した分類「モード」の設定では、思ったように数値を分割できない場合、分類数を変更したり、他のモードを試すこともできます（表 1-5-2）。

さらに、モードの変更でも分割範囲が思ったように指定できない場合、各シンボルの「値」をダブルクリックすると範囲を手動で決めることができます。ただし「値」列の右横にある「ラベル」は、手動で値を変更した場合、自動的に変更されないので、ラベルも手動で変更する必要があります。凡例のフォーマットの調整は、バージョン 2.6.1 から追加されましたが、数値では精度が指定でき、さらに凡例フォーマットを修正すれば、よりわかりやすい凡例表示ができます。例えば、デフォルトでは「%1 - %2」ですが、単位を加え「%1 - %2 人」などとすることができます。

レンダラ：ルールによる定義

「ルールによる定義」レンダラは、すべて手動で塗り分け方法を指定するため、手間はかかりますが自分の思った通りの塗り分けができます。また、分類値と数値を混ぜた属性の分類もできます。この方法では「フィルタ」という簡単な条件文と、その条件に対するシンボルを組み合わせた「ルール」を作成します。ルールは階層化することもできるため、より複雑な塗り分けをすることができます。以下では、地球地図日本（https://www.geospatial.jp/ckan/dataset/103）より「行政界 第 2.1 版ベクタ（2015 年公開）」の行政界（シェープファイル）の polbnda_jpn.shp を使い、宮城県と山形県（列名：nam）の人口（列名：pop）5,000 人以下の市町村を表示する具体的な例を用いて「ルールによる定義」レンダラの使い方について解説します。

1. 「ルールによる定義」レンダラを選択した後、ダイアログボックス下方にある「＋」ボタンをクリックし、「ルールプロパティウィンドウ」を表示させ、ルールの作成を開始。

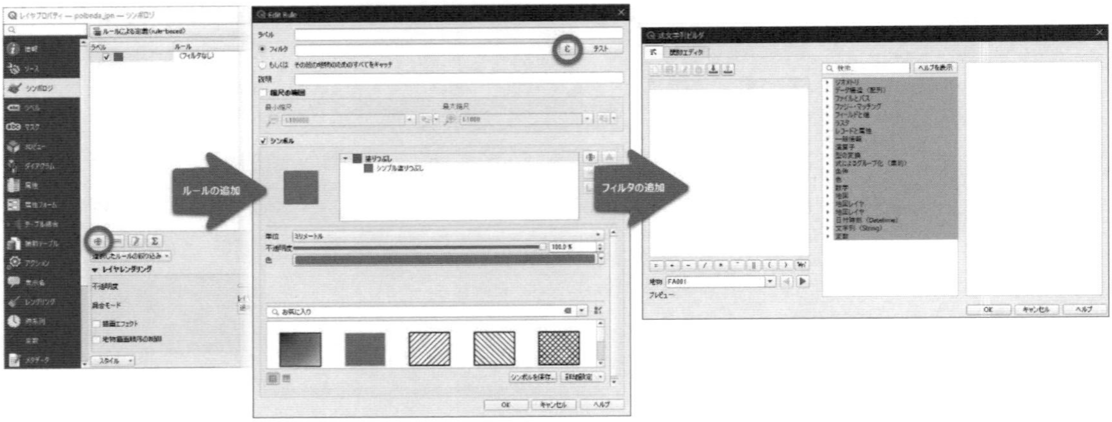

図 1-5-19「ルールによる定義」ポリゴンの塗り分けの手順
ルールダイアログボックスで作成したフィルタとシンボルに基づき、ポリゴンの塗り分けを行う。

2. ルールプロパティダイアログボックスで各項目を以下のように指定。
   A. ラベル：宮城県
   B. フィルター："nam"= ‘Miyagi Ken’
      Ⅰ. フィルタ欄の右にある「ε」ボタンをクリック
      Ⅱ. 式文字列ビルダーで式を作成する
         ⅰ. 関数リストから「フィールドと値」を探し、リストを展開
         ⅱ. フィールド名「nam」をダブルクリックして「式」テキストボックスに貼り付け
         ⅲ. 関数リストから「演算子」を探し、リストを展開
         ⅳ. 演算子「＝」をダブルクリックして「式」テキストボックスに貼り付け
            ※「＝」は演算子ボタンにある等号をクリックしても良い
         ⅴ. 再び関数リストでフィールド名「nam」をクリックし､「値のロード」の「全ユニーク」ボタンをクリックして、nam 列に収められている値のリストを表示させる
         ⅵ. ‘Miyagi Ken’をフィールドの値リストをスクロールして探し出し､ダブルクリックして、式に貼り付ける
            ※式が正しくないと「式が不正です」と出力プレビューに表示されるので、式が「"nam" = ‘Miyagi Ken’」となっているか確認する
         ⅶ. OK ボタンをクリックする
   C. 説明：宮城県を示す
   D. シンボル：シンプル塗りつぶし（好きな色を指定する）

以上で宮城県に対するルールが完成したので、同様の手順で山形県のルールも作成します。次に、人口 5,000 人以下の条件を示すルールを作成します。このルールは、まずは宮城県内に対するルールとして作成するので、一旦ルールを作成してから、ルールをドラッグして、宮城県の下位に人口ルールを持っていきます（図 1-5-20）。人口のルールは、ラベルを「人口 5000 以下」、フィルターを「"pop" < 5000」、説明を「人口が 5000 人以下の市町村」、シンボルをシンプル塗りつぶしの赤に指定、透過率を 50%に指定します。

ルールの追加・
削除・編集

図 1-5-20「ルールによる定義」レンダラの設定ダイアログボックスと設定例

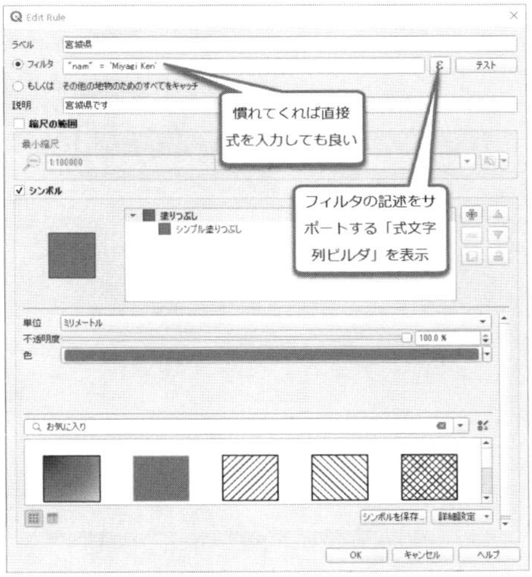
慣れてくれば直接
式を入力しても良い
フィルタの記述をサ
ポートする「式文字
列ビルダ」を表示

図 1-5-21　ルールの作成例
ルールでは、ラベル、フィルター、シンボルを最低限指定。フィルターの作成には、図 1-5-22 に示した「式文字列ビルダー」が活用できる

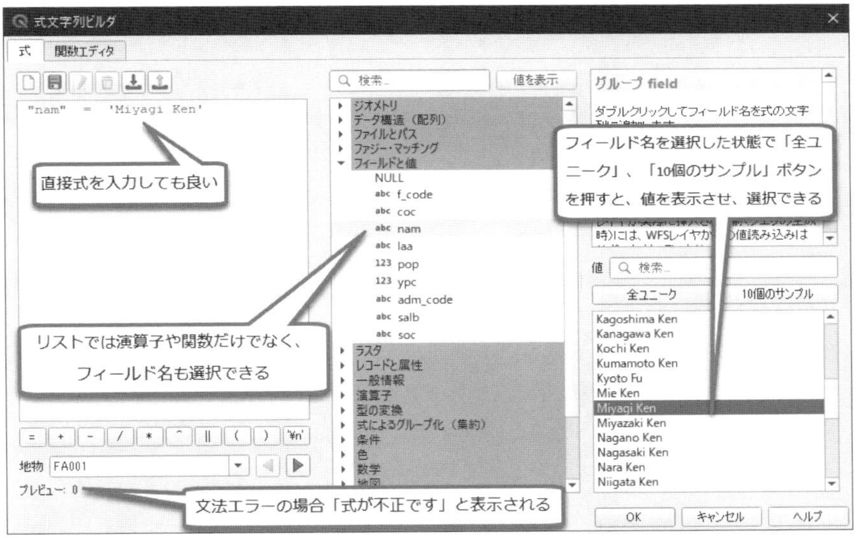
直接式を入力しても良い
リストでは演算子や関数だけでなく、
フィールド名も選択できる
フィールド名を選択した状態で「全ユ
ニーク」、「10個のサンプル」ボタン
を押すと、値を表示させ、選択できる
文法エラーの場合「式が不正です」と表示される

図 1-5-22　式文字列ビルダーとその使用法
フィルタの作成をサポートするため、様々な演算子、算術関数、データタイプ変換関数、文字列関数、条件文、面積・長さ計算、連続数発生関数などに加え、フィールド名のリストと選択したフィールド内のユニークな値をリストする機能も含む。

作成した人口ルールはコピーできるので、作成したルールを右クリックしてコピーを選択した後、貼り付けを行い、コピーしたルールを宮城県と同様、山形県の下位に持っていきます（図 1-5-20）。なお、作成した人口ルールを宮城県や山形県のルールに重ねるようにドラッグすることで、下位に持っていくことができます。実際に作成したルールを適用すると、それぞれの県内の人口 5,000 人以下の市町村が強調表示され、宮城県と山形県の県境に位置する人口 5,000 以下の市町村が宮城県側に属することもわかります。対象県以外は、ルールリストの no filter で指定したシンボルが適用されます。

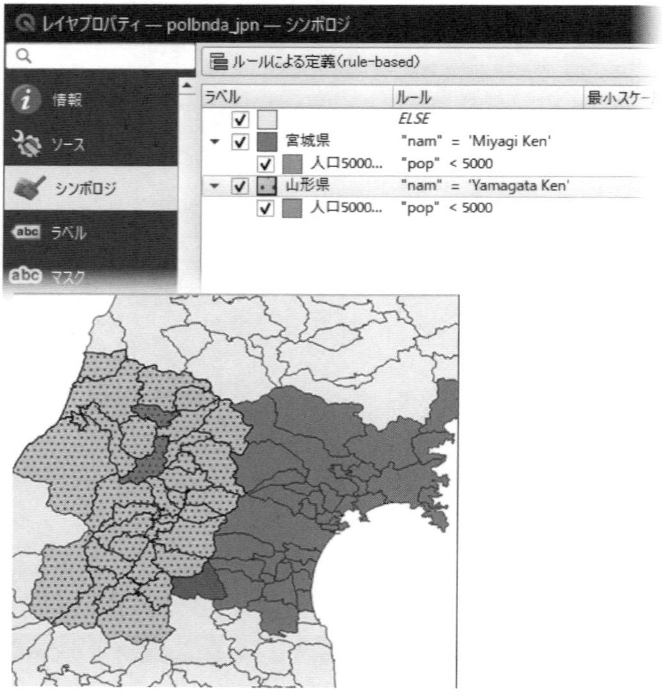

図 1-5-23　県名と人口ルールを入れ子にして作成した「ルールによる定義」レンダラの使用例
ルールによる定義レンダラでは、この例で示したような分類値と数値を組み合わせた塗り分けや、ルールの入れ子構造、「現在のルールを改良する」ドロップダウンリストから利用できるルールの追加機能、「描画順序」のコントロールなど、きめ細かな地物の塗り分けが行えます。

レンダラ：反転ポリゴン

「反転ポリゴン」レンダラでは、対象としたレイヤのポリゴン以外のシンボルを指定できます。このレンダラを利用して、対象外のポリゴンをマスキングする（隠す）効果を作り出すことができます（図 1-5-24）。

図 1-5-24「反転したポリゴン」レンダラの使用例
仙台市だけのポリゴンレイヤを作成し、反転したポリゴンレンダラを利用して仙台市以外をマスキング。シンボルの色は白、透過度を 15%に指定。

ポリゴンのシンボル

スタイルの設定では、レンダラの指定に加えシンボルの設定も行えます。図 1-5-25 では、例としてポリゴンのシンボルレイヤタイプに、「シンプル塗りつぶし」を選択した場合のシンボル設定ダイアログボックスを示しましたが、塗りつぶしと境界線の色、塗りつぶしスタイル、ボーダースタイルと太さなどが設定できます。

ポリゴンのシンボルレイヤタイプには、デフォルトのシンプル塗りつぶしに加え、ラインパターンや shapeburst 塗りつぶしなど様々な効果が選択できます（図 1-5-26）。ドロップダウンリストで選択できるシンボルレイヤタイプに合わせ、スタイルダイアログボックスの設定項目も変化します。

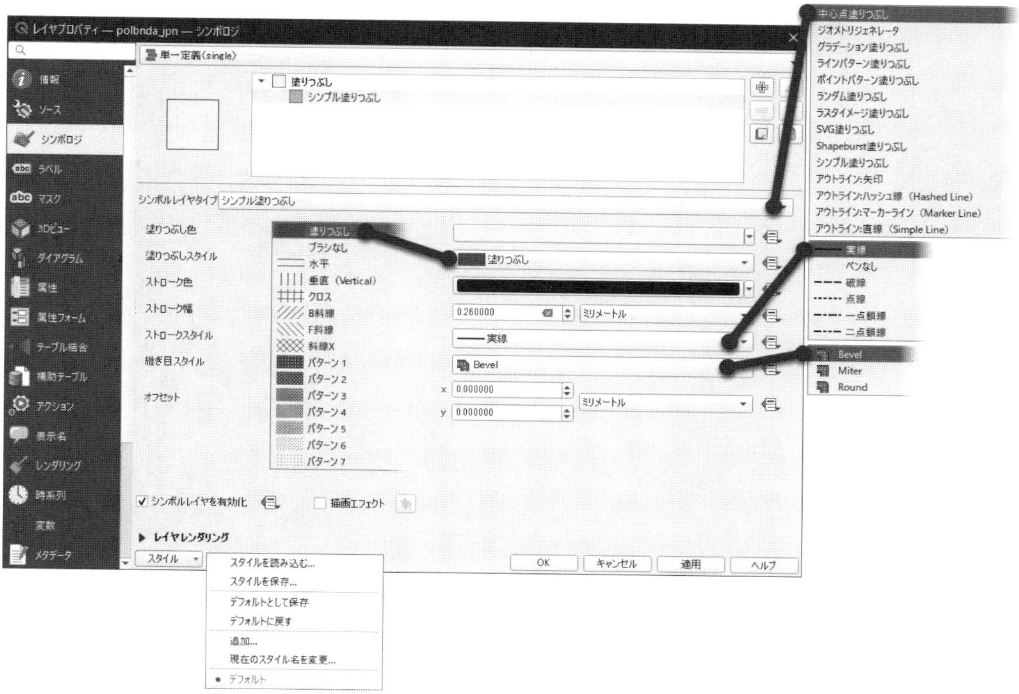

図 1-5-25 ポリゴンのシンボルレイヤタイプに「シンプル塗りつぶし」を選択した場合のシンボルの設定ダイアログボックス
シンボルの設定を開始するには、シンボルリストから対象のシンボルをシングルクリックで選択する。

シンプル塗りつぶしやShapeburst塗りつぶしの他の12の塗りつぶし効果についても図1-5-26に例を示しました。中心点塗りつぶしでは、ポリゴンの中心ポイントを用いて描画します。ジオメトリジェネレータでは式構文（第2部第1章参照）を用いて新たなジオメトリをオンザフライで生成します。中心点塗りつぶしも式構文で表現できますし、図1-5-26の例ではバッファを発生させた表現をしています（わかりやすいように所沢市だけを表示しています）。グラデーション塗りつぶしは読んで字のごとく、塗りつぶしにグラデーションを適用できます。ラインパターン塗りつぶしはハッチングを使用した表現ができます。ポイントパターン塗りつぶしは、マーカーを等間隔で配置した表現ができます。ランダム塗りつぶしはポイントパターン塗りつぶしのポイントをランダムにポリゴン内に配置する表現方法です。ラスタイメージ塗りつぶしでは画像の一部あるいは全体を繰り返し配置した表現となります。SVG塗りつぶしは色、サイズを指定したSVGファイルを繰り返し配置して表現します。この他、塗りつぶしではなく、アウトラインの表現方法として、矢印、ハッシュ線、マーカーライン、直線のオプションが用意されています。

複数のポリゴンシンボルをレイヤとして重ねあわせ、より効果的なシンボルを作成することもできます。デフォルトで用意されているポリゴンシンボルにはいくつか複数のレイヤを組み合わせて作られています。新しいシンボルレイヤを追加するには、シンボルレイヤリストの下にある「＋」ボタンをクリックします。例えば、シンプル塗りつぶしシンボルの上にポイントパターンを重ねたシンボルなどがあります。複雑なパターンのシンボルをクリックして、それらがどのような組み合わせで作られているか用意されているシンボルをクリックして調べてみてください。

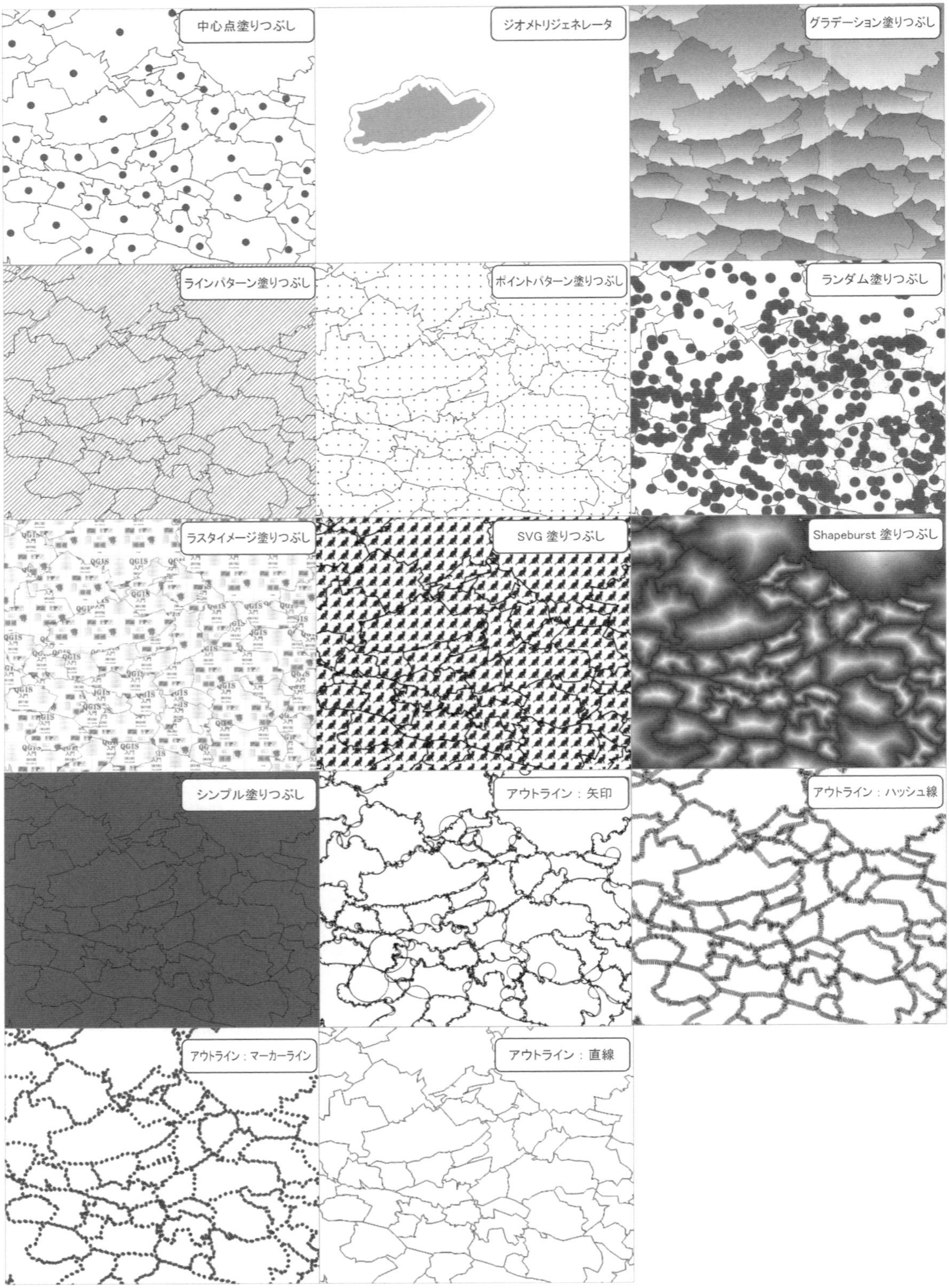

図 1-5-26　シンボルレイヤタイプの例

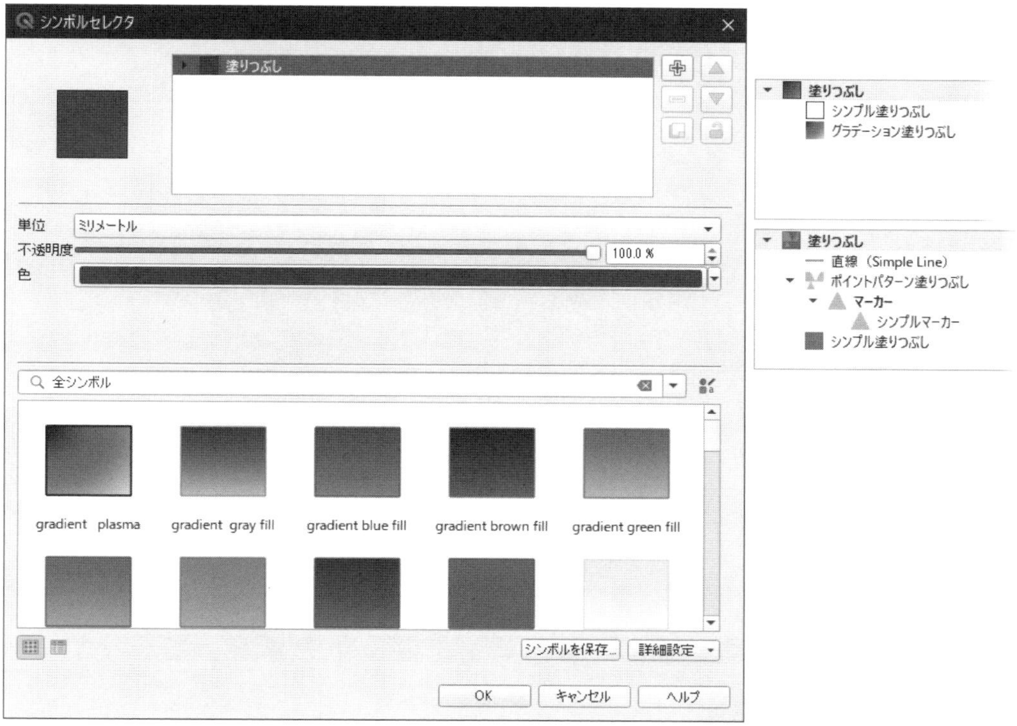

図 1-5-27 ポリゴンのシンボルセレクタダイアログボックスとレイヤを組み合わせたシンボルの例

レンダラに「カテゴリ値による定義」、または「連続値による定義」を選択した場合、シンボルの設定は分類を実行する前後、どちらのタイミングでも適用できます。また、分類されたすべてのシンボルにシンボルの設定変更を適用したい場合は、シンボルの「変更…」ボタンをクリックし、各個のシンボルを変更したい場合は分類済みの各シンボルを、ダブルクリックして「シンボルセレクタ」ダイアログボックスを立ち上げ、設定を行います（図 1-5-27）。

線と点のスタイル

線と点のスタイル設定は、基本的にポリゴンのスタイル設定と同じで、レンダラとシンボルを指定します。ただし点では新しく「点の競合回避」、「点のクラスタ」、「ヒートマップ」レンダラが利用できます。点の競合回避レンダラは全く同じ位置に点が重なる場合、その点群を少し円形に散らばせて表示します。ヒートマップレンダラは、指定した半径に基づき点の密度を計算し塗り分けます（図 1-5-28）。また線と点のスタイルでは、スタイルのアドバンス機能を利用するとより効果的なスタイルが作成できます。図 1-5-29 は市町村の人口により点の大きさを変化させて作成しましたが、アシスタント機能を使うと、同様に河川の線の太さを河川の大きさに合わせて表現したりすることもできます。これらの高度な機能は、属性テーブルにあらかじめ用意された属性値と QGIS に用意されている様々な関数を組み合わせ、点や線の大きさを属性値から指定するわけです。

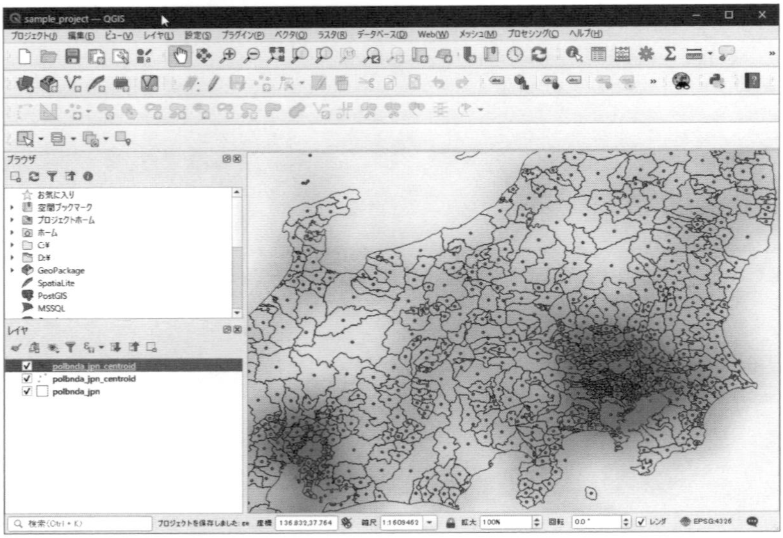

図 1-5-28　ヒートマップレンダラの適用例
地図ビューの点の密度に基づきヒートマップを作成。

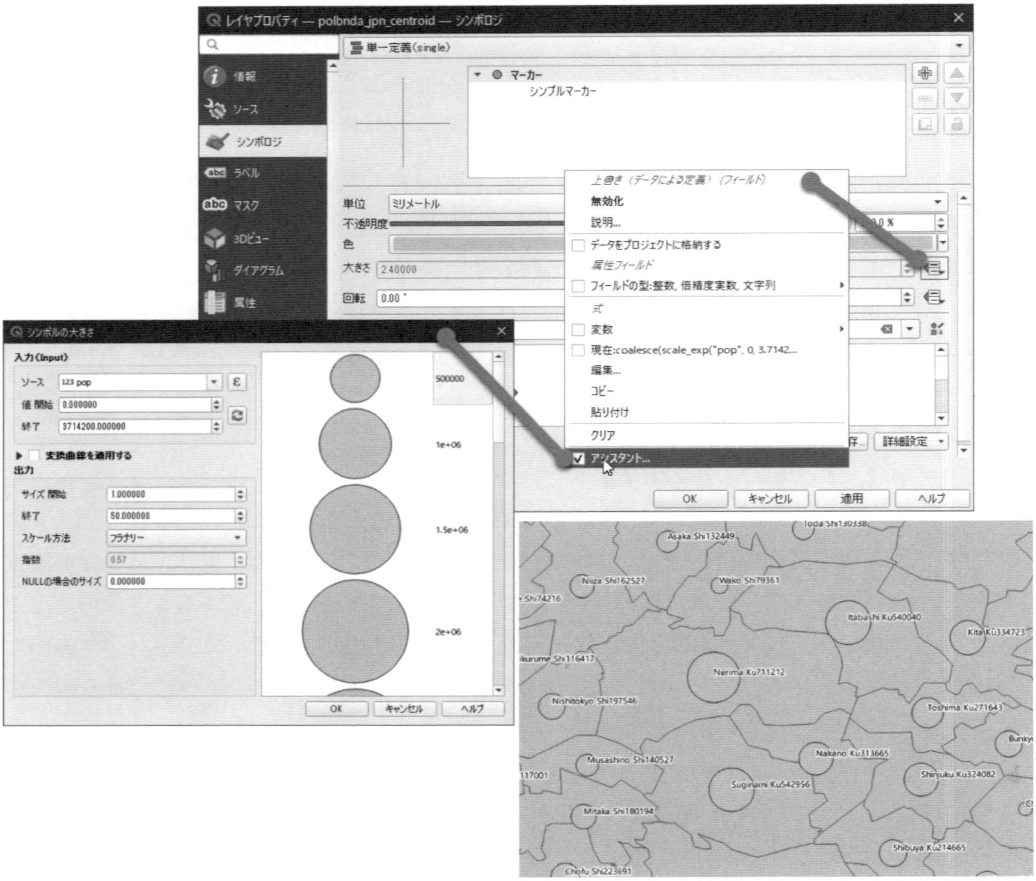

図 1-5-29　点スタイルの「大きさ」フィールドのアシスタント機能を利用した点の大きさによる人口の表現
図中の数字は各市町村の人口をあらわす。この図では、人口属性値に基づいてポイントのサイズを 10~50 の間で変化させている。

線のシンボル

線のシンボルは、シンボルレイヤタイプとして、矢印、ジオメトリジェネレータ、ハッシュ線、マーカーライン、直線があります。直線の設定では、線の色、太さ、実践や破線などを指定するペンスタイル、継ぎ目スタイル、頂点スタイルなどが指定できます(図 1-5-30)。マーカーラインは、点シンボルを連続させ作り出すシンボルで、マーカーと呼ばれる点シンボルの種類、マーカーの位置と回転などが指定できます。

あらかじめ用意されているシンボル群を見てもわかるように、工夫の仕方次第では、様々なシンボルを作り出すことができます（図 1-5-31)。複雑な線シンボルを作成するには、シンボルのレイヤを複数作成して、それらを重ねあわせます。そのためには、スタイルタブのシンボルレイヤリストの下にある「＋」マークをクリックし、新しいラインシンボルを加えます。

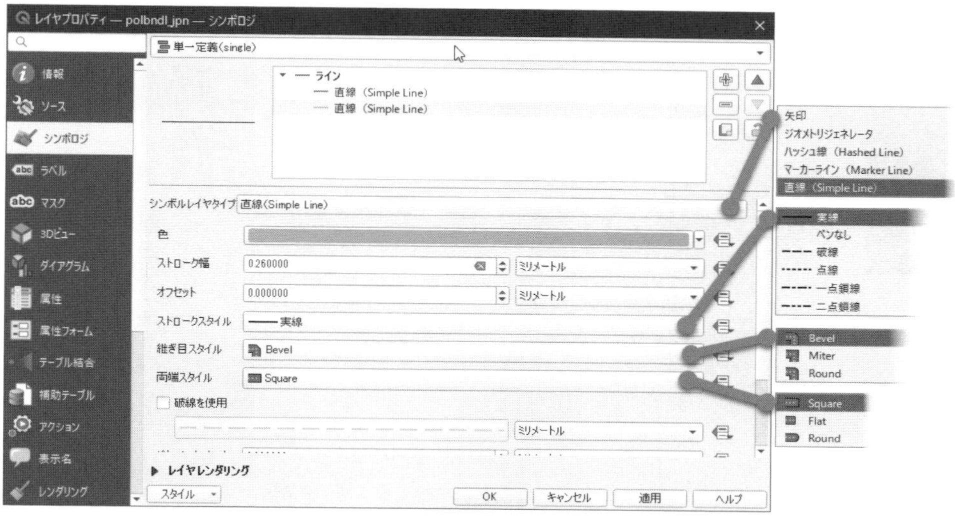

図 1-5-30　線のスタイル設定ダイアログボックス
線では図で示したシンプルライン以外にマーカーラインシンボルレイヤタイプも指定できる。

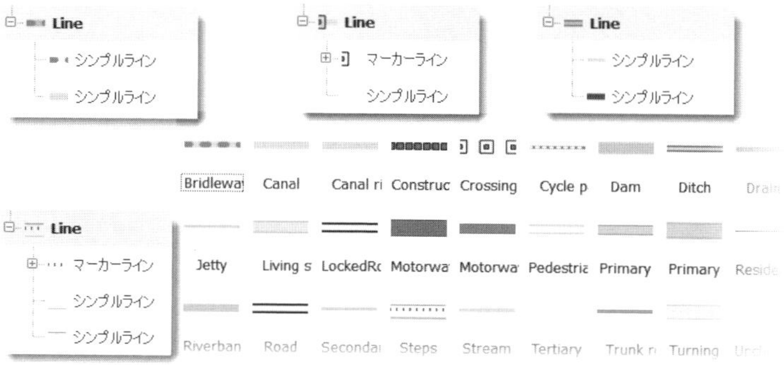

図 1-5-31　デフォルトで用意されている線シンボルとシンボルレイヤの組み合わせの例
複雑な線シンボルは、単純なシンボルレイヤの組み合わせでできている。

点のシンボル

点のシンボルには、デフォルトのシンプルマーカーに加え、楕円マーカー、塗りつぶしマーカー、フォントマーカー、ジオメトリジェネレータ、マスクグリッド、ラスタ画像マーカー、

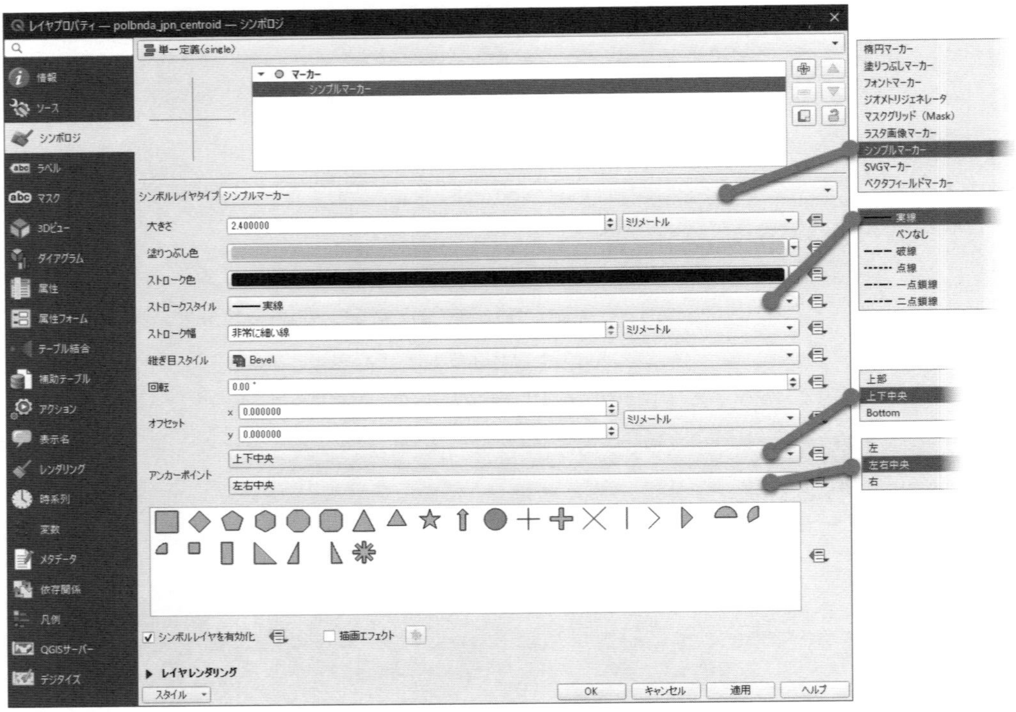

図 1-5-32　点シンボルのスタイル設定ダイアログボックス

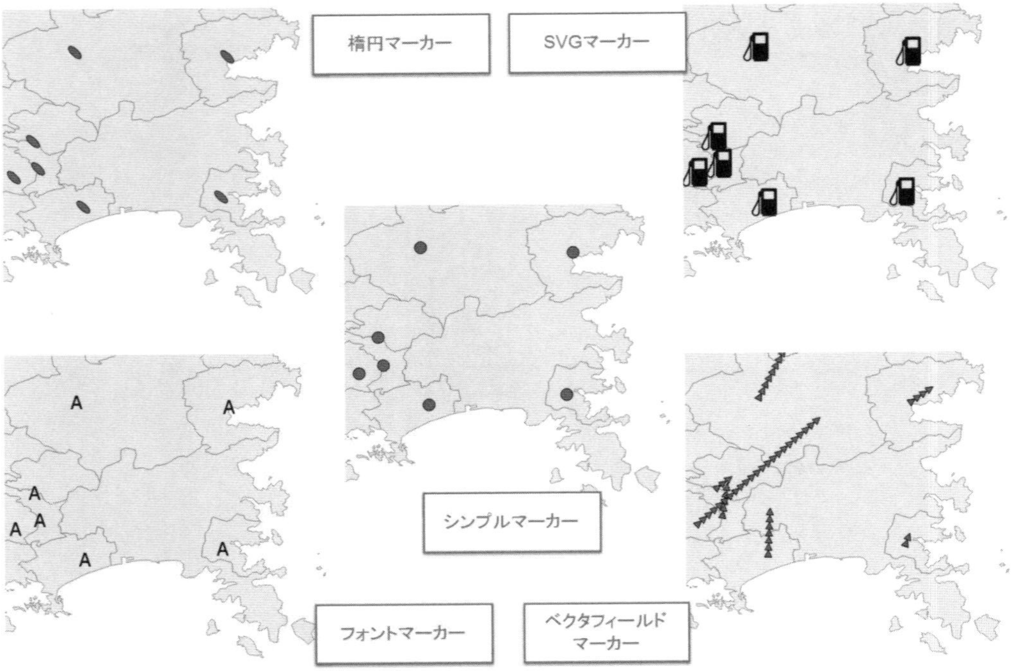

図 1-5-33　点シンボルのシンボルレイヤタイプと例

SVGマーカー、そしてベクタフィールドマーカーがシンボルレイヤタイプとして用意されています（図1-5-32、図1-5-33）。これらのうち、シンプルマーカー、楕円、フォントシンボルの設定は比較的簡単です。あらかじめ用意されたシンボルを選択し、塗りつぶしや境界線の色、シンボルのサイズ、境界線の幅、回転などを指定します（図1-5-32）。シンボルの配置については、点からのオフセット値とアンカーポイントを点を中央にした9方位で指定できます。SVGマーカーは、Scalable Vector Graphicsというドロー系のソフトで作成できるファイルを利用したもので、オープンソースソフトInkscape（http://www.inkscape.org）を使えば、だれでも独自のシンボルを作成し、QGISで利用することができます。ベクタフィールドマーカーは、線の角度と長さを指定して表現するシンボルで、あらかじめ属性テーブルに角度と長さに該当する列を用意しておく必要があります。工夫次第では、風の向きと強さを表現したりする場合に利用できます。点シンボルも線シンボルと同様、複数のシンボルレイヤを重ねあわせ、複雑なシンボル表現をすることができます。

色階調の設定、追加及び新規作成

「カテゴリ値による定義」と「連続値による定義」レンダラでは「色階調」が指定できます。色階調とは色の組み合わせのセットで、カラーランプやカラー階調などとも呼ばれたり、グラデーションの意味で用いられたりしていますが、デフォルトでもある程度の色階調が用意されています。色階調ドロップダウンリストから色階調を選び、分類値または連続値で塗り分けを適用します。バージョン2.8以降では、色階調として「ランダム」が選択でき、階調の反転機能も利用できるため、色階調の設定がとても楽になりました。あらかじめ用意されている色階調では満足できない場合はユーザーが独自に色階調を作成することができます。

独自の色階調を作成するには、まず色階調ドロップダウンリストの一番下にある「カラーランプを新規作成」を選択して（図1-5-34）、カラー階調タイプダイアログボックスを表示します。そのう

図1-5-34 シンボル設定における色階調の指定
ドロップダウンリストからの指定に加え、新しい色階調を独自に加える事もできる。

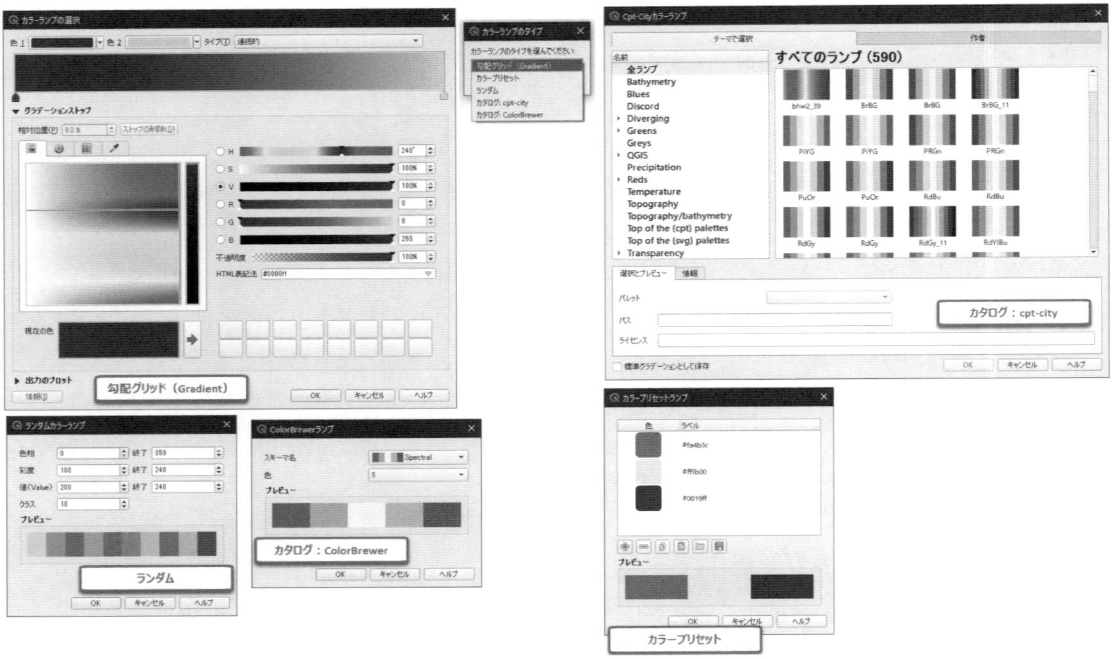

図 1-5-35 新規カラーランプ作成時のカラー階調タイプ選択と各タイプの設定ダイアログボックス

えで、勾配グリッド、カラープリセット、ランダム、カタログ：cpt-city、カタログ：ColorBrewer の 5 つのカラー階調タイプの 1 つを選び新しいカラーランプを作ります（図 1-5-35）。

「勾配グリッド」によるカラーランプ作成では、勾配の左端にあたるカラー 1、右端にあたるカラー 2 をまず設定し、必要であればその中間の様々な位置に色を割り当てます（図 1-5-35）。グラデーションのタイプとして、連続的、離散的を選択できます。設定を終えた後「OK」をクリックし、新しいカラーランプに名前をつけて保存すると実際に作成したカラーランプを適用することができます。

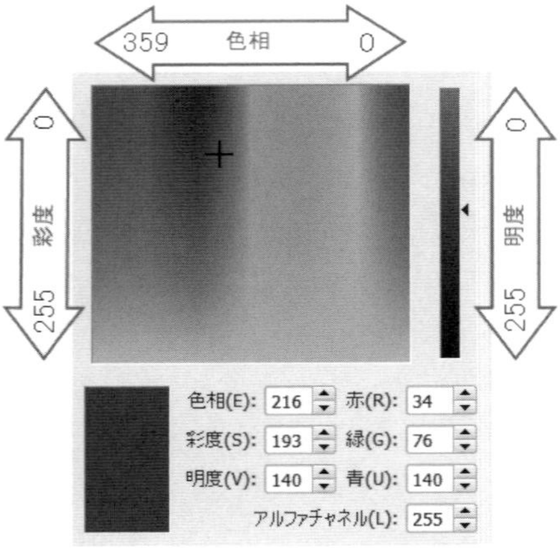

図 1-5-36 色相、彩度、明度による色の指定

カラータイプに「ランダム」を選んだ場合、色相（Hue）、彩度（Saturation）、値（Value）、分類数を設定するためのウィンドウが表示されます（図 1-5-35）。色相では色の種類を 0 から 359 の間で設定し、彩度は 0 から 255 の間で色の鮮やかさ（彩度が下がると灰色のくすんだ色になる）、値は明度のことで、色の明るさを 0 から 255 の間の数字で指定します（図 1-5-36）。例えば、鮮やかで、明るく、変化に富んだ色のセットを作りたい時は、色相を 0 から 359、彩度と明度を 255 ～ 255 に設定してみてください。また色の選択はランダムに行われるため、入力する値を確定するたび、色のセットが変化します。

「勾配グリッド」と「ランダム」では様々な値を設定し、自分なりの色の効果を作り出せますが、そこまでせずに手っ取り早く色の組み合わせを使いたい場合は「カタログ：ColorBrewer」で色のセットを選択します。ColorBrewer を選択すると「カラー調整ランプ」ダイアログボックスが表示され、スキーマ名のドロップダウンリストから好みの色の組み合わせ、色ドロップダウンリストからは色の数を設定し、新しいカラー階調に名前を付けて保存します（図 1-5-35）。

「カタログ:cpt-city」は、色階調をデータとしてまとめている cpi-city プロジェクト（http://soliton.vm.bytemark.co.uk/pub/cpt-city/）の色階調を利用しています。図 1-5-35 では、590 種類のカラー階調が利用できることが示されていますが、その数は QGIS のダウンロードバージョンによっても変わるかもしれません。多くの色階調が用意されているので選択に時間がかかるかもしれませんが、自分でカラーランプを作成しなくてもとても効果的な色階調があらかじめ用意されているため非常に便利です。色のサンプルやグループ分けなどについて知りたい場合は、cpt-city のウェブサイトを見てみてください。

スタイルマネージャ

これまで説明してきたシンボルやカラー階調は、設定メニューから選択する「スタイルマネージャ」を通して、作成、削除、エクスポート、インポート、検索することができます（図 1-5-37）。

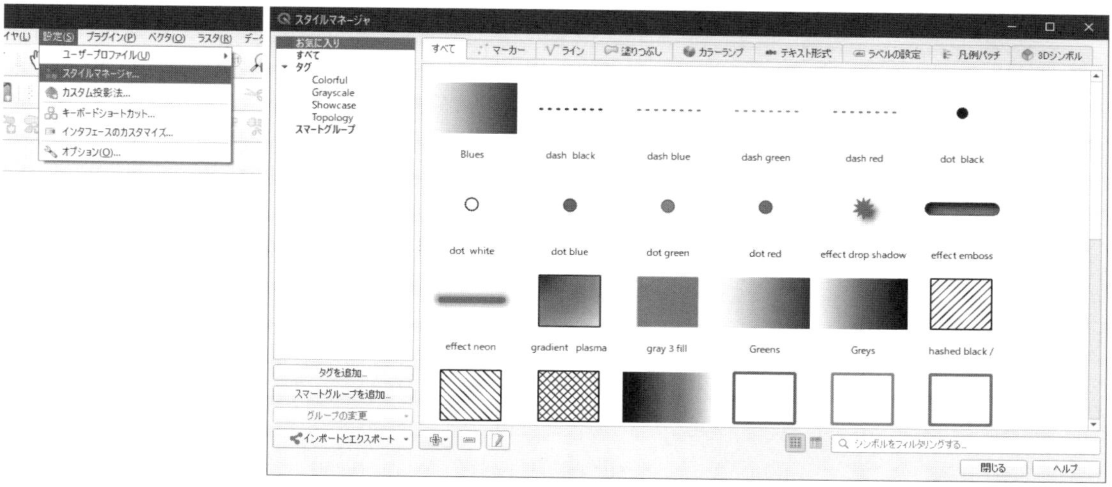

図 1-5-37　シンボルとカラー階調を管理するスタイルマネージャ

ラベル

GIS 上のデータをよりわかりやすくするために、地物にラベルと言われる文字情報を付加すると効果的な場合があります（図 1-5-38）。属性データ入力のエラーなどを見つける際にも、地物にラベルをつけると効率的に作業を行うことができます。ラベル機能では、ただ属性に含まれる文字列や数値を表示するだけでなく、複数行のラベル、複数の属性値を使ったラベル、文字間隔や数値の書式、背景やドロップシャドウなどの設定もできます（図 1-5-38）。

ラベルプロパティの設定では、テキスト、フォーマット、バッファ、マスクグリッド、背景、影、引き出し線付きラベル、配置、レンダリングの設定ができます（図 1-5-39）。これらのラ

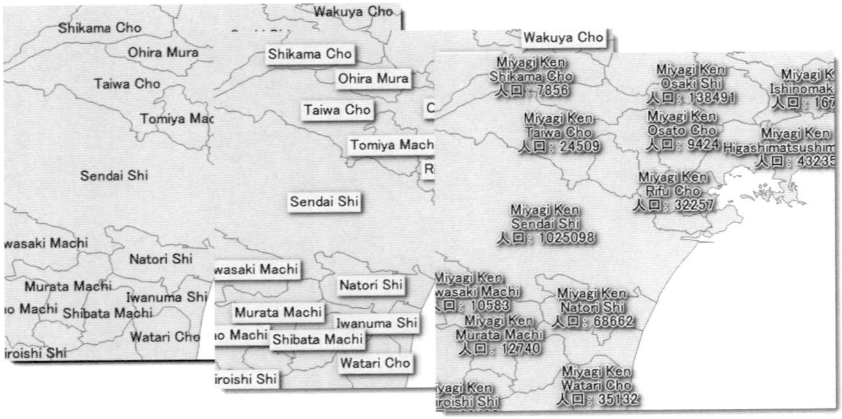

図 1-5-38　様々なラベルの例

一番左は、オプション設定なしで市町村ポリゴンに市町村名を表示させ、中央はバッファ、背景、影を設定、右は複数行にわたるラベリングを設定し、文字にはバッファと影を追加。

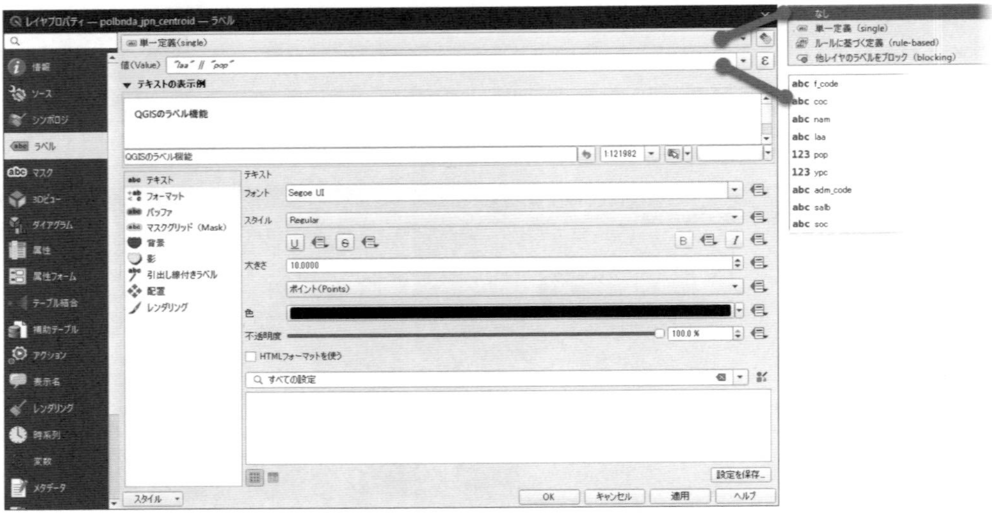

図 1-5-39　ラベルの設定ダイアログボックス

ベルの設定を行うためには、まずデフォルトでは「なし」が選択されている、一番上のプルダウンから「単一定義（Single)」、「ルールに基づく定義（rule-based)」、「他レイヤのラベルをブロック（blocking)」のいずれかを選択し、チェックボックスをチェックし、次にドロップダウンリストで属性テーブルのどの列（フィールド）を使ってラベルを表示するか指定します。そのうえで OK ボタンをクリックするとデフォルトのラベリングが適用されます。文字にバッファーや背景、影などを追加するには、ラベル設定ダイアログボックスの各該当設定項目をアイコン付きのリストからクリックします。これらのラベリングのオプションには、とても多くの設定項目があるため、ここですべてを取り上げて解説しませんが、目で見ながらオプション変更の効果を確かめられるため、比較的理解はしやすいと思います。

これらのラベルの各設定項目には、属性テーブルの値を利用するための高度な機能が用意されており、各項目の右端にあるメニューアイコンをクリックして利用する属性列を指定するこ

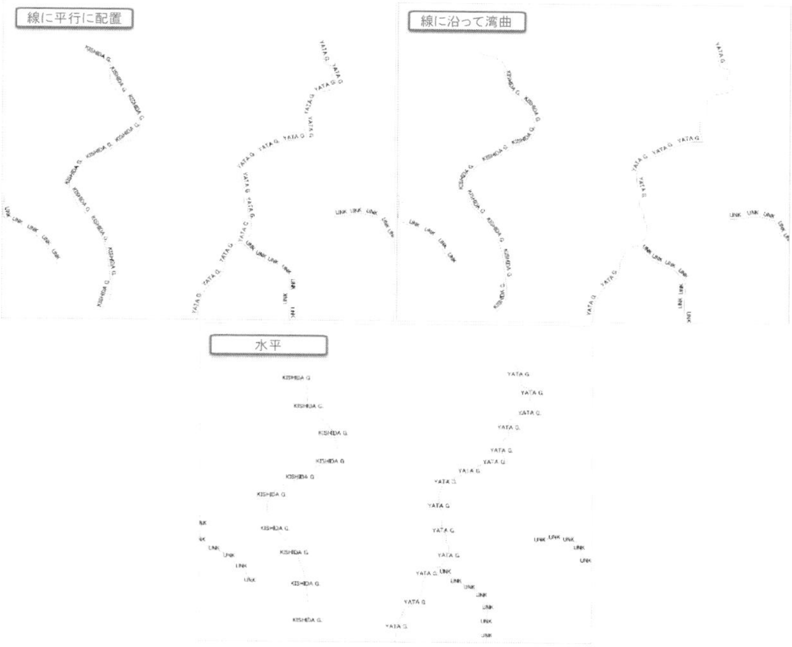

図 1-5-40 河川のラベリング
配置オプションを変化させ表示。繰り返しオプションを指定し、ラベルを連続表示。

とができます。この機能は、例えば、地物の属性値としてラベルフォントのサイズを保存する列をあらかじめ用意しておき、その値を使って地物ごとに異なるサイズのラベルを表示させたい時などに使えます。もう 1 つの高度なラベリングの設定として、「式」の利用が有ります。ダイアログボックスの一番上にある「ε」ボタンを押してあらわれる「式ダイアログ」を利用すると、比較的簡単に複数の属性列を使ったラベリングや、属性値を加工したラベリングが行えます。例えば、属性テーブルの都道府県名列「nam」と市町村名「laa」をカンマとスペースを挟んでつなげて表示したい場合は、「"nam" || ', ' || "laa"」という式を適用します。この場合、列名はダブルクォーテーション、任意の文字列はシングルクォーテーション、文字列をつなぐ演算子として「||」を使っています。

点、線、ポリゴンによるラベルの設定項目は、ほぼ同じですが、配置に関するオプションが異なります。点では、点からラベルまでの距離を単純に指定する「点の周り」オプションか、点からの方向、距離、回転を指定する「ポイントからのオフセット」オプションのどちらかを指定します。線では「線に平行に配置」、「線に沿って湾曲」、または「水平」が選択できます（図 1-5-40）。また、線からの相対的な位置を、線の上（Above line）、線上、線の下（Below line）、から選択できます。線の繰り返しオプションで距離を指定すると、指定した距離で繰り返し線上にラベルを表示できます。ポリゴンでは「重心からのオフセット」、「重心の周り（Around Centroid）」、「水平」、「自由（回転）」、「周辺を利用（Using Perimeter）」、「周辺を利用する（湾曲）」、「ポリゴンの外側」の 7 種類のオプションが選択できます。

表示するラベル数が多くなり混み合ってきた場合は、ラベル設定のレンダリングで指定したラベルオプションと地物オプションに従い表示されます。ラベルオプションでは、地図ビューの縮尺に合わせたラベル表示の切替指定や衝突するラベルも強制的に表示させる設定が行えます。地物オプションでは、マルチパートと呼ばれる、複数のジオメトリ（点、線、ポリゴン）が 1 つとして取り扱われている際のラベル表示設定、ラベル表示する地物数の上限設定、小さい地物に対するラベリングを行わない設定、重なる地物のラベルを行わない設定などでラベルが混み合わない工夫ができます。

◆属性テーブル

ベクタレイヤでは地図を表示するためのジオメトリ（点、線、ポリゴンを構成する位置情報）と同様に重要な情報が、表示されている地物の属性情報です。例えば、地図上に示されている植生図を示すポリゴンのそれぞれには、植生群落名、ポリゴンの面積、調査者の名前など持たせることができます。逆にそれらの属性値を使い条件に合うポリゴンを取り出したり、属性値に基づき地物を塗り分けたり、属性値からさらに別の属性値を計算したりすることができます。以下では QGIS でどのように属性値の表示、検索、編集をするのか解説します。

属性テーブルの表示と構成

ベクタの属性情報は、属性テーブルに収められています。属性テーブルを開くには、レイヤパネルから目的とするレイヤを右クリックし、コンテクストメニューから「属性テーブルを開く」を選択するか、属性ツールバーの「属性テーブルのオープン」をクリックします（図 1-5-41）。

属性テーブルは各行に個別のデータを収納し、都道府県名、市町村名などの属性を列によって示すデータベーステーブルになっています（図 1-5-42）。テーブルウィンドウの一番上には現在表示されている属性テーブルのレイヤ名、総地物数、フィルターされた地物数、選択地物

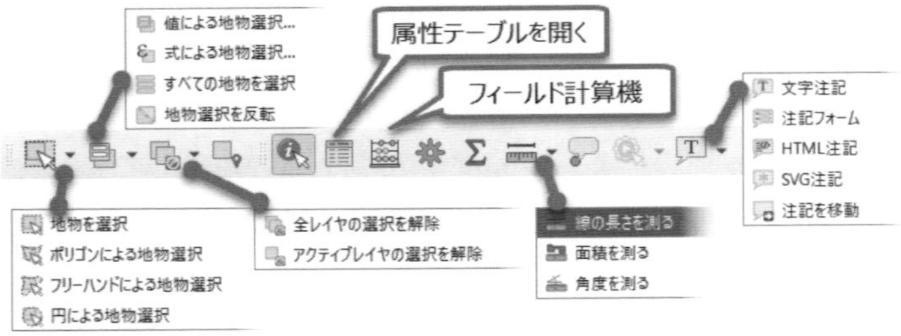

図 1-5-41 属性ツールバーと頻繁に使うツール群

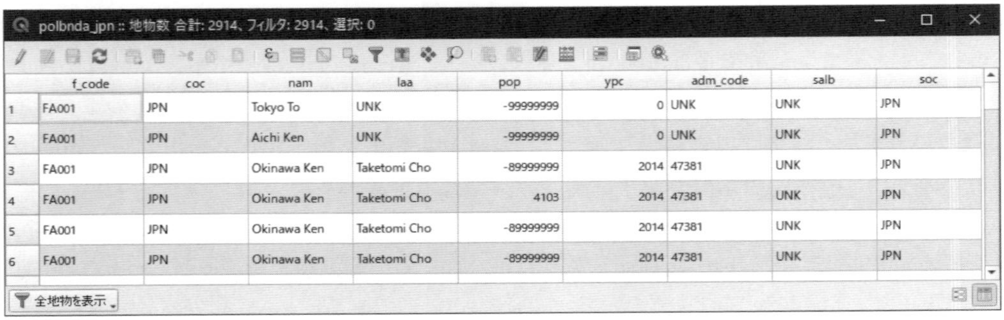

	f_code	coc	nam	laa	pop	ypc	adm_code	salb	soc
1	FA001	JPN	Tokyo To	UNK	-99999999	0	UNK	UNK	JPN
2	FA001	JPN	Aichi Ken	UNK	-99999999	0	UNK	UNK	JPN
3	FA001	JPN	Okinawa Ken	Taketomi Cho	-89999999	2014	47381	UNK	JPN
4	FA001	JPN	Okinawa Ken	Taketomi Cho	4103	2014	47381	UNK	JPN
5	FA001	JPN	Okinawa Ken	Taketomi Cho	-89999999	2014	47381	UNK	JPN
6	FA001	JPN	Okinawa Ken	Taketomi Cho	-89999999	2014	47381	UNK	JPN

図 1-5-42 属性テーブル

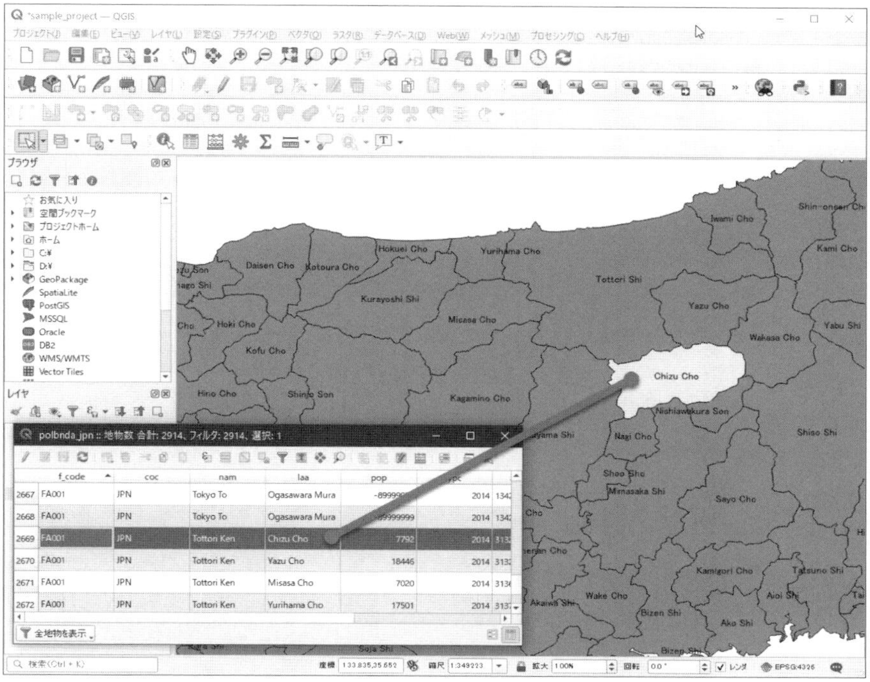

図 1-5-43　属性テーブルの一つのレコード（行）は、対象レイヤの地物と対応している

数が示されます。その下には、属性テーブルで使う様々な機能へアクセスするためのアイコンがツールバーとして用意されています。ツールバーからは、地物の情報表示、属性テーブルの編集、属性テーブルの検索と対象レコードの表示、フィールド計算機、に関する機能にアクセスできます。ウィンドウの左下のドロップダウンリストからは、属性の検索条件文を使って情報をフィルターし、それに基づく属性値の表示を行うための各機能にアクセスできます。ウィンドウ右下の 2 つのアイコンは、属性テーブルをデフォルトのテーブル形式で表示するか、一つ一つのデータをフォーム形式で表示するか切り替えるために利用します。

属性テーブルの各行のデータは、対象とするレイヤの各地物に対応しています（図 1-5-43）。そのため、属性テーブルで選択状態にある行の地物は、地図ビュー上でも選択状態になり、逆に地図ビュー上で選択した地物の属性テーブルでは、選択された地物に対応する行が選択状態になります。

地物の情報表示

属性テーブルには、地物に関する情報が数値、テキスト、日付などのデータタイプで保存されています。これらの属性情報は属性テーブルに加え、マップレイヤで「地物情報表示」ツールを利用することでも確認できます（図 1-5-44）。「地物情報表示」アイコンをクリックしたうえでレイヤの対象とする地物をクリックすると、「地物情報」ウィンドウがあらわれ、その地物に関する属性情報の一覧を表示してくれます（図 1-5-44）。

複数のレイヤが読み込まれている際に、地物選択のモードが「現在のレイヤ」、「トップダウン 最初の結果のみ」、「トップダウン」、「レイヤ選択」から選択できます（図 1-5-45）。「現在

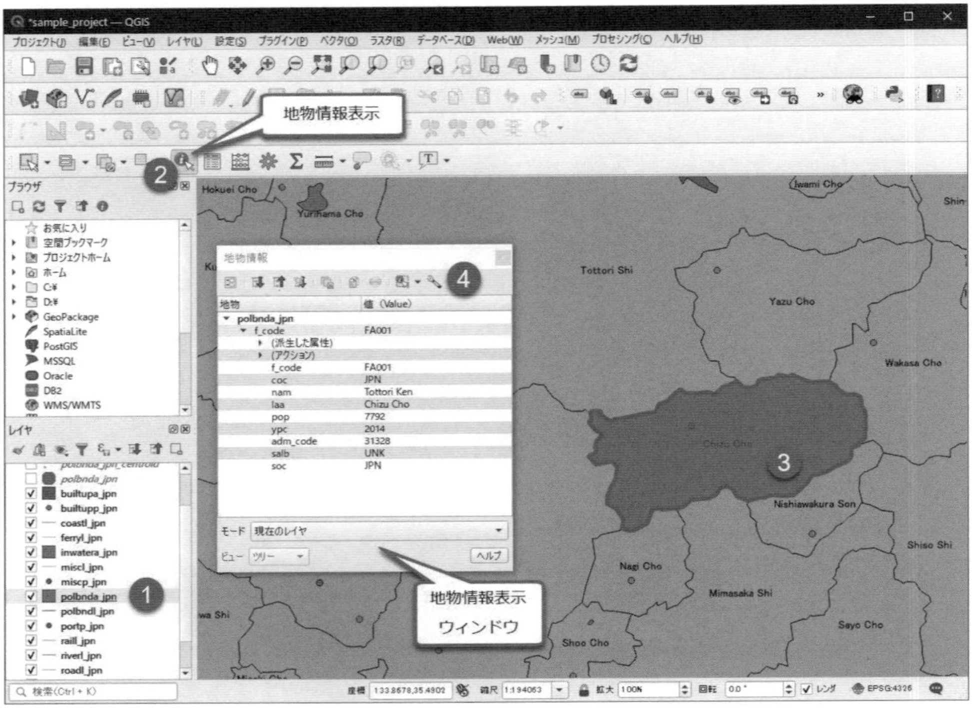

図 1-5-44 地物情報表示による地図ビュー上での地物の属性情報の表示

①対象のレイヤを選択した後、②「地物情報表示」ツールを選択し、③目的の地物をクリックすると、④地物情報表示ウィンドウが表示される。

図 1-5-45 地物情報表示のオプション

このモード選択は、地物情報表示ウィンドウを表示させ、一番下のドロップダウンリストから行う。

のレイヤ」は、現在レイヤリストで選択されているレイヤの地物情報を返します。「トップダウン 最初の結果のみ」は、複数のレイヤの地物が重なっている場合、一番上にあるレイヤの地物情報を返します。例えば行政界ポリゴンの上に河川ラインが重なっている場合、線とポリゴンが重なっている場合は、河川の情報、河川が重なっていない場合は、ポリゴンの情報だけを返します。「トップダウン」は、「トップダウン 最初の結果のみ」では一番上にくるレイヤの情報だけがウィンドウに表示されますが、このモードでは、すべてのレイヤの地物情報がリストとして表示します。「レイヤ選択」モードは、重なる地物を選択した場合、コンテクストメニューで情報を表示させるレイヤの選択を促します。次に、複数の地物情報が表示される場合、リストを展開するか、折りたたむか、新しい結果をデフォルトで展開表示するか、アイコンをクリックして選択できます (図 1-5-45)。さらに、選択した地物の情報をフォームとして表示する機能や、地物情報をコピーする機能も用意されています。

属性テーブルのプロパティ

属性テーブルを見やすくしたり属性入力を効率的にするためには、レイヤメニューのプロパティーの「フィールド」タブで設定を変更します（図 1-5-46）。まず、このフィールドタブでは各列の名前、データタイプ、データの長さ、データの精度などの情報を見ることができます。フィールド一覧の「別名」列にテキストを入力すると、属性テーブルのフィールド名表示に新しく入力したテキストが使われます。この機能は、例えばフィールド名が英数半角文字で 10 文字までしか使えないシェープファイルのフィールド名に、よりわかりやすい名前を文字数を気にせず付けることができます。各フィールドに設定できる「ウィジェットの編集」を利用すれば、各列に入力できるデータのタイプや範囲を限定することができ、データ入力を効率的に行えます。フィールドタブの上方では、列の削除、新しい列の追加や「フィールド計算機」などの作業も行うことができるようになりました。また、フィールド一覧の上にある鉛筆マークのアイコンで編集モードを切り替えれば、新しいフィールドの追加、削除、あとで詳しく解説するフィールド計算もこのタブ内で行えます。

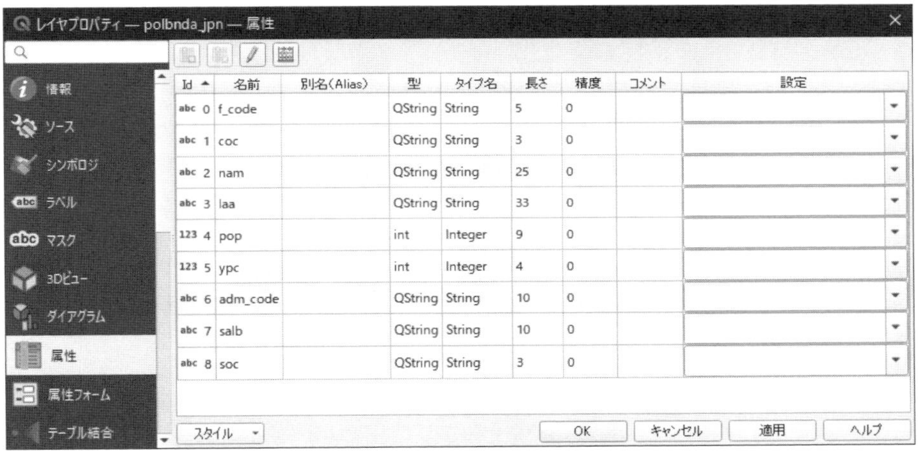

図 1-5-46 レイヤプロパティー内のフィールドタブによる属性テーブル情報の表示と操作

属性値の検索と選択

属性テーブルでは必要なデータだけを表示または選択することができます。地物の選択を伴わない属性データの選択的表示は、フィルタを作成することで行います。フィルタの作成とフィルタした結果表示は、属性テーブルの左下にあるドロップダウンリストから選択できるツールを使います。フィルタには、1 つのフィールドを検索対象にテキストの検索をする簡易なカラムフィルタと、式を作成し数値や複数列も利用できる応用フィルタがあります。例えば、簡易フィルタで県名が収められている「nam」列を使って、「Miyagi Ken」を含む行を表示させたい場合は、カラムフィルタから「nam」を選択し、表示されるテキストボックスに「Miyagi Ken」と入力し、Enter を押します（図 1-5-47）。フィルタの結果表示されているデータ数は、属性テーブルの最上部に、「フィルター数：」として表示されます。この検索では、一部条件が一致する場合でも検索されるので、例えば、「yama」を検索条件にすると、「Yamagata」、「Yamaguchi」、「Toyama」など、yama を含む行がすべて表示されます。

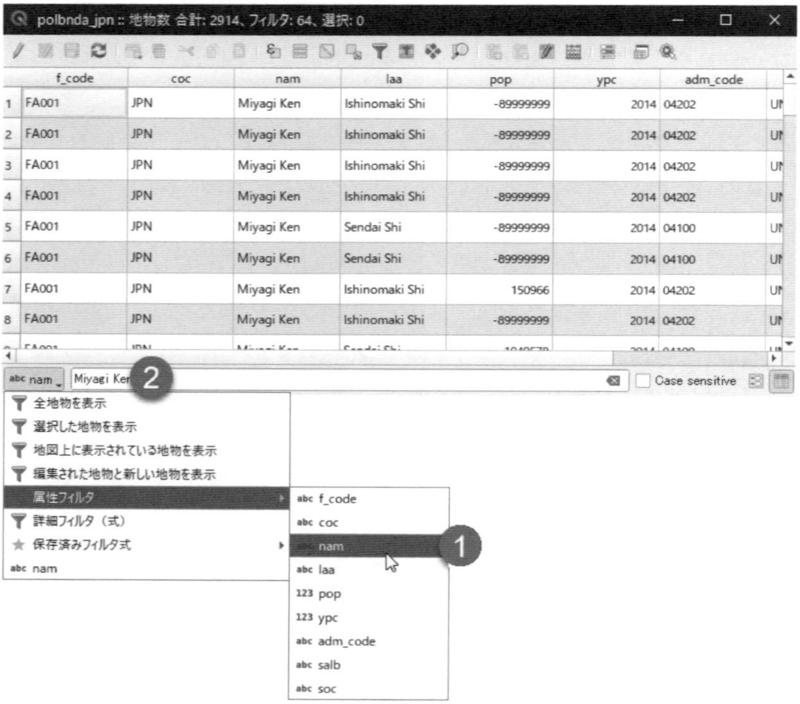

図 1-5-47 属性テーブルのカラムフィルタ

①対象とする列名を選択し、②検索文字列を入力した後、Enter。検索は一部条件一致で行われる。大文字小文字の区別を選択できる。

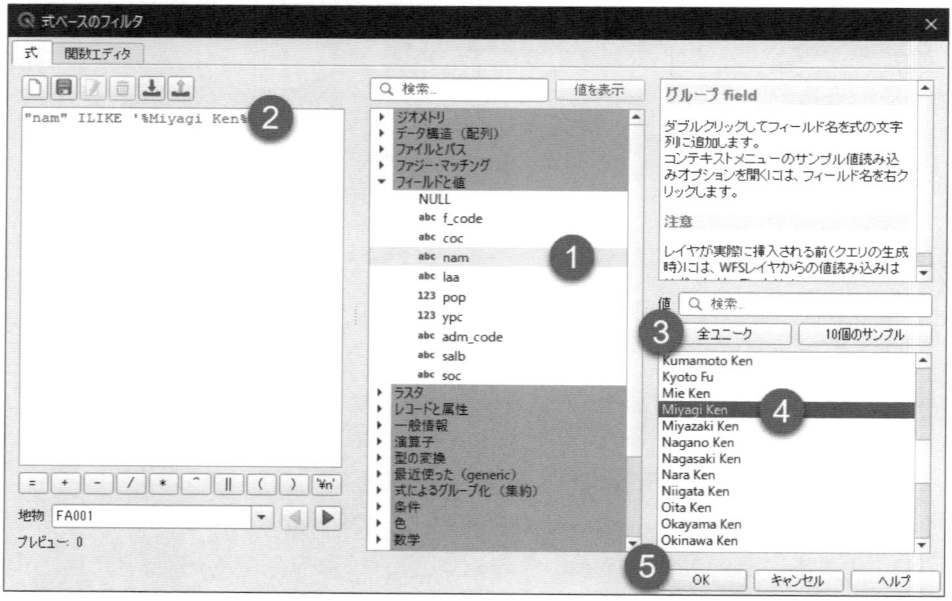

図 1-5-48 応用フィルタを作成するための「式ベースのフィルタ」ウィンドウ

例えば、県名（列名 nam）から宮城県（Miyagi Ken）を選択するフィルタを作成するためには、①フィールドと値リストから nam を探しダブルクリック、②演算子「ILIKE」を入力、③「全てユニーク」ボタンを押して nam 列のユニークな値のリストを表示させ、④ Miyagi Ken を探してダブルクリック、⑤ OK ボタンをクリック。あらかじめ用意されている関数リストに加え、「関数エディタ」タブを利用してユーザーは独自に関数も定義できる。

図 1-5-49 属性テーブルでの地物の選択ツール

左から、式による地物選択、すべて選択、選択部分を反転する、レイヤ内の全地物を選択解除、フォームによる地物選択 / フィルタ、選択を一番上に、選択した行の地物にパン、選択した行の地物にズームする。

また、フィルタのドロップダウンリストにある、「選択した地物を表示」、「地図上に表示されている地物を表示」、「編集された地物と新しい地物を表示」を選択すると、状況に応じて属性テーブルに表示されるデータ数が変化します。特に、「地図上に表示されている地物を表示」オプションは便利で、地図ビューでレイヤを拡大・縮小する度に、表示される範囲に合わせて、属性テーブルのデータ数が変化します。

詳細フィルタは、広く使われているデータベースの言語である SQL の where 句を使って属性テーブルの検索を行う機能を提供します。SQL の where 句、というとなんだか大それた物のような気がしますが、単なる検索の条件文のことで、データベースの標準検索言語である SQL の文法に則って書きなさいというだけのことで、それほど難しくありません。特に「式ベースのフィルタ」ウィンドウに用意されている関数リスト、関数ヘルプ、フィールドの値などを利用すれば、必要な項目をダブルクリックするだけで、簡単に式を記述できます。

式ベースのフィルタウィンドウには、条件文作成を容易にするための様々な機能が用意されています。式の文法の最小単位は、「フィールド名　演算子　条件」で、フィールド名はダブルクォーテーション、条件はテキストであればシングルクォーテーション、数値であればクォーテーションなしで記述します。ここでは具体例として、都道府県名（列名 : nam）、市町村名（laa）、人口（pop）の 3 つの属性値を持つ日本地図ポリゴンレイヤを想定して具体例を挙げます。この例では、属性値はすべて英数半角です。

・宮城県にある仙台市に該当するレコード

```
"nam"='Miyagi Ken'AND"laa"='Sendai Shi'
```

・福島県、岩手県、宮城県に該当するレコード

```
"nam"in('Fukushima Ken','Iwate Ken','Miyagi Ken')
```

・県名に「yama」がつくすべてのレコード

```
"nam" ILIKE '%yama%'
```

・県名に「yama」がつく、人口 1 ～ 5000 のレコード

```
"nam"ILIKE'%yama%'AND"pop"<5000 AND"pop">1
```

属性テーブルによる地物の選択は、フィルターと似ていますが、実際に地物を選択する点

で異なります。選択された地物は地図ビューでハイライトされ、選択された地物を拡大表示するようなこともできます。属性テーブルでの地物の選択は、属性テーブルのツールバーにある「式を使った地物選択」を使います（図 1-5-49）。式を使った地物選択アイコンをクリックすると、「Select by expression」ウィンドウがあらわれますが、フィルタで使用した「式に基づくフィルタ」と使い方は基本的に同じです。異なるのは、式を作成した後、選択を実行する際にドロップダウンリストで選択の方法を「選択」、「選択に追加」、「フレーム選択を解除」、「選択されたものから選択」を選べる点です（図 1-5-50）。選択されたレコード及び地図ビューの地物は、図 1-5-49 に示した各ツールで見やすくできます。

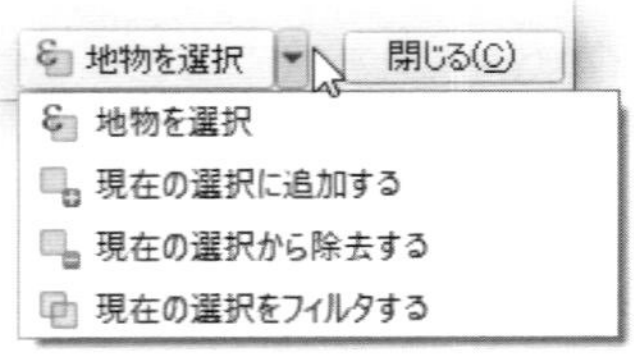

図 1-5-50 式を使った地物の選択のオプション

フィールドとレコードの削除・追加

属性テーブルのプロパティですでに触れたように、属性テーブルでは自由にフィールド（列）の削除や追加をすることができます。また、レコード（行）の削除もできます。フィールドの追加やレコードの削除を行うためには、まず属性テーブルの「編集モード切替」アイコンをクリックして編集モードに入り、フィールドを削除する場合、「カラムを削除する」をクリックします（図 1-5-51）。そのうえで「属性を削除」ウィンドウで削除したいフィールド名を指定しますが、複数のフィールドも選択・削除できます。一方、空のフィールドを追加したい場合は、「新規カラムを作る」アイコンをクリックして、名前、コメント、データタイプを指定します。データタイプには、整数値、小数点付き数値、テキスト、日付が選べ、桁数または文字数、小数点付き数値ならフィールド幅と精度を指定します。

データタイプは、属性テーブルに列を追加、属性の検索、フィールド計算をする際などに重要なコンセプトです。QGIS では、テキスト（string）、整数（integer）、小数点付き数値（real）、日付、というデータタイプを扱えますが、それぞれのデータタイプに合わせ利用できる関数が異なります。例えば、数値の「123」とテキストの「'123'」では、属性テーブルでの見た目は同じですが、数値の 123 は、計算に利用できますが、テキストの「'123'」は利用できません。一方でテキストであれば、他の列のテキストと結合することができるので、例えば、「'3 丁目'」と「'123'」を結合させて「'3 丁目 123'」のように表示することができます。データタイプが日付として保存されていれば、日付と時刻関数を利用して、月や時間だけを取り出すこともできます。

レコード（行）の削除は、あらかじめレコードを選択状態にしておき、編集モードに入ったうえで、「選択した地物の削除」ボタン（バケツアイコン）をクリックします（図 1-5-51）。

図 1-5-51 属性テーブルの編集モード時に利用できるツール

テーブルの結合

ベクタデータの属性テーブルには、共通するフィールド（列）を使って他のレイヤの属性テーブルまたは外部のデータテーブルを結合することができます。例えば統計局から提供されている国勢調査ポリゴンに、テキストファイルとして提供されている様々な人口統計データを結合する場合が考えられます（図 1-5-52）。結合は複数のデータテーブルに対して行うこともできます。

QGIS では、外部テーブルはカンマ区切りのテキストファイル（拡張子 .csv）または DBF 形式で保存されていなければなりません。一般の表計算ソフトには CSV 形式でファイルを保存する機能が備わっているので、表計算ソフトでデータを作成したり、他のファイル形式のデータがあれば、一度表計算ソフトに取り込んでデータの中身を確認した後、CSV 形式で保存することで外部テーブルとして使うことができます。CSV 形式の外部テーブルの QGIS への読み込みは、ベクタレイヤの追加と同じ手順で行いますが、ファイルタイプにベクタのファイルタイプの代わりに CSV 形式が指定されていることを確認してください。DBF 形式は、QGIS のベクタの標準フォーマットであるシェープファイルの属性テーブル情報を保存するために使われているファイルフォーマットですが、単独の DBF ファイルであっても QGIS に取り込むことができます。DBF ファイルもベクタレイヤの読み込みと同じ手順で行いますが、読み込みファイルを指定する際、ファイルのフィルタが「全ファイル (*)」となっていることを確認してください。

実際のテーブル結合を行うためには、結合先となるレイヤのレイヤプロパティから、「結合」タブを選択します（図 1-5-53）。はじめに、結合を追加するために「＋」ボタンをクリックし、

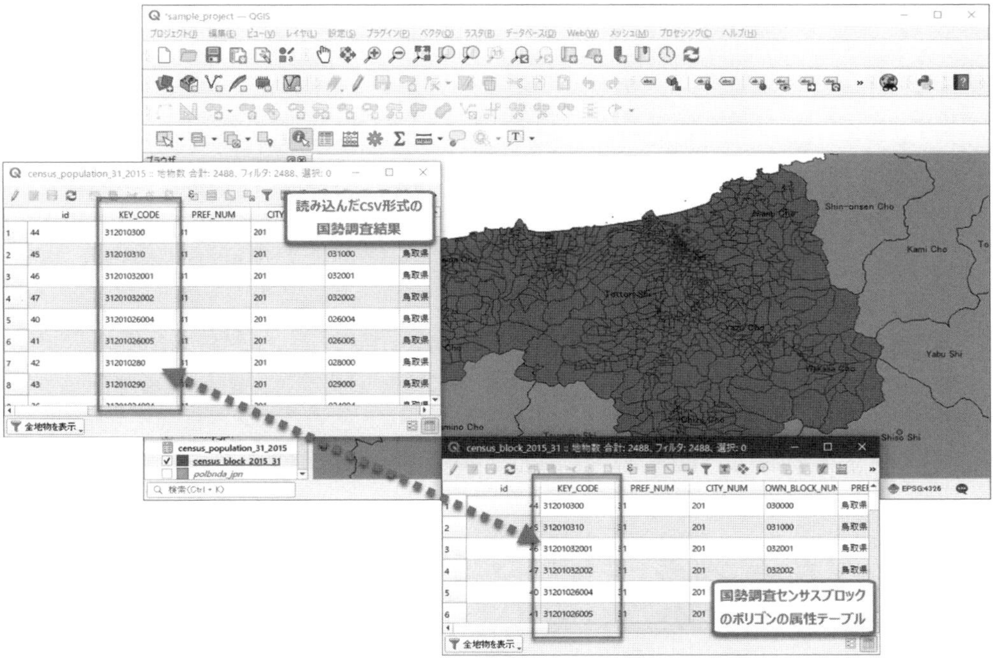

図 1-5-52　テーブル結合の例
共通の属性を持つフィールドを使って 1 つまたは複数のテーブルを結合することができる。

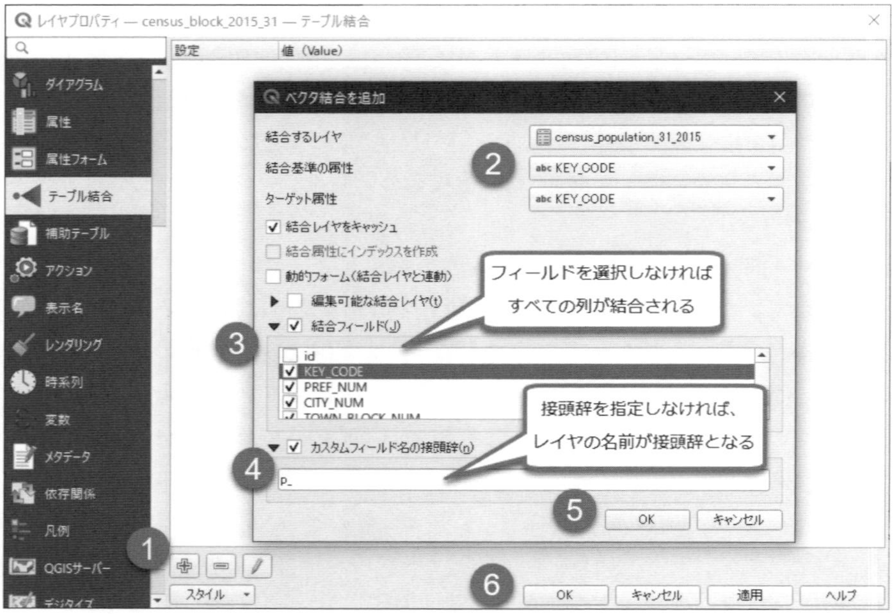

図 1-5-53 テーブル結合の手順

①結合追加ボタンをクリック、②結合するレイヤとそのレイヤの結合フィールドおよび結合先のターゲットフィールドを指定、③結合するフィールドを指定する場合は「結合するフィールドを選択する」チェックボックスをチェックし、列を選択、④結合する列名に指定した接頭辞を付ける場合は「フィールド名の接頭辞」をチェックし、接頭辞を入力、⑤ OK をクリック、⑥再び OK をクリックしてテーブルを結合。

あらわれる「ベクタ結合の追加」ダイアログボックスで結合するテーブル、結合フィールド、結合先のターゲットフィールドを指定します。

テーブルの結合に必要な条件は、結合元と結合するテーブルに共通するフィールド（列）があることです。ここで気をつけなければならないのが、共通するフィールドのデータタイプです。結合したいテーブルがシェープファイルの属性テーブルや、単独の DBF ファイルの場合は大丈夫なのですが、外部 CSV ファイルの場合、各フィールドはデフォルトではすべてテキスト形式で読み込まれるため、上手くテーブルを結合できない場合があります。結合したいテーブル間で共通するフィールドに数値を使っている場合、CSV ファイルでは共通するフィールドがテキストとして読み込まれるため結合が上手くいきません。このようなデータタイプのミスマッチを防ぐには、共通のフィールドのデータタイプをテキストに統一しておくか、CSV テーブルのデータタイプを定義するという方法が考えられます。手っ取り早く数値フィールドをテキスト形式に変更するには、「フィールド計算機」で数値をテキストに変更する関数である tostring() を利用します。CSV のデータタイプの定義については次に説明します。

CSVT ファイル

外部から取り込んだ CSV ファイルの各列のデータタイプを定義するには、CSVT ファイルを作成する必要があります。CSVT ファイルは、各列のデータタイプをテキストで定義した CSV ファイルです。そこで、ノートパッドなどのテキストエディターで自分で書いてもいいですし、表計算ソフトを使って各列のデータタイプを定義した後、CSV ファイルとして保存し、出力された CSV ファイルの拡張子を手動で CSVT と書き換えることによっても CSVT ファイルは作成できます。ただし、表計算ソフトを使って CSVT ファイルの元となる CSV ファイルを作成した際は、表計算ソフトの設定などにより、必要なダブルクォーテーションマークなどの文字区切りが入らないことがあるので、必ずテキストエディターでデータタイプの定義のフォーマットが正確かどうか確認してください。また、作成するファイル名は、拡張子が .csvt で、拡張子を除くファイル名は対象とする CSV ファイルと同じである必要があります。CSVT ファイルを使って定義できるデータタイプは以下の通りです。

・Integer：整数 （例）1、2、3
・Real：実数 （例）5.36、100034.456
・String：テキスト （例）宮城県、福島県
・Date (YYYY-MM-DD)：日付 （例）2011-04-19
・Time (HH:MM:SS+nn)：時刻 （例）12:25:43pm
・DateTime (YYYY-MM-DD HH:MM:SS+nn)：日付と時刻 （例）2011-04-19 12:25:43pm

例えば、1 列目が整数、2 列目が実数、3 列目がテキストで構成された CSV ファイルの属性を定義する CSVT ファイルは以下のように書きます。

```
"Integer","Real","String"
```

データタイプをダブルクォーテーションで囲い、カンマで区切ります。また、データタイプに加え、桁数（幅）と精度（precisions）も定義することができます。

```
"Integer(5)","Real(10.7)","String(15)"
```

このようにしてデータ自体が収められている CSV ファイルと、CSV ファイルのデータタイプを定義した CSVT ファイルの 2 つを用意すれば、QGIS に外部テーブルとして取り込んだ際に、すべての列のデータタイプが正しく認識されます。さらに詳しく CSV ファイルの扱いを知りたい方は、GDAL のホームページ（https://gdal.org/drivers/vector/csv.html）を参照してください。

属性テーブルに関するその他の機能

属性テーブルの情報、または地物の属性を追加表示するためのその他の機能としてマップチップとアノテーションがあります。どちらも地物に関する情報を示すツールですが、マップチップは、ユーザーがあらかじめ設定したフィールド、またはフィールドを利用した式に基づく情報をポインターが地物の上に来た際に表示する機能で、注記は地図ビュー上に残すメモのような形で、地図ビュー上の任意の場所に任意の情報を残せます。

マップチップを利用するには、あらかじめ対象レイヤのプロパティ設定のディスプレイタブで、マップチップに表示させたい情報を定義しておく必要があります。チップの表示内容は、1 つのフィールドに基づく場合、フィールド名ドロップダウンリストからフィールド名を選択するだけです。また、複数のフィールドをもとにチップを表示させたい場合は、HTML テキストボックス内に式を挿入します。さらに工夫すれば、HTML を利用して地物に対応する写

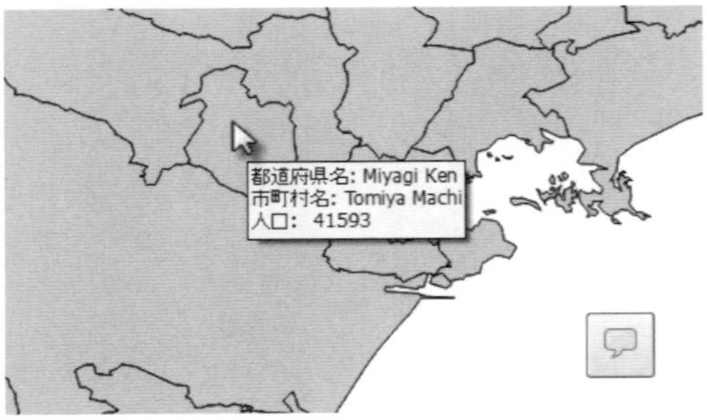

図 1-5-54　マップチップで 3 つの属性値を表示させた例
マップチップでは、1 つのフィールドに基づいた属性値の表示に加え、図のように式を作成し、多くの情報を表示させることもできる。

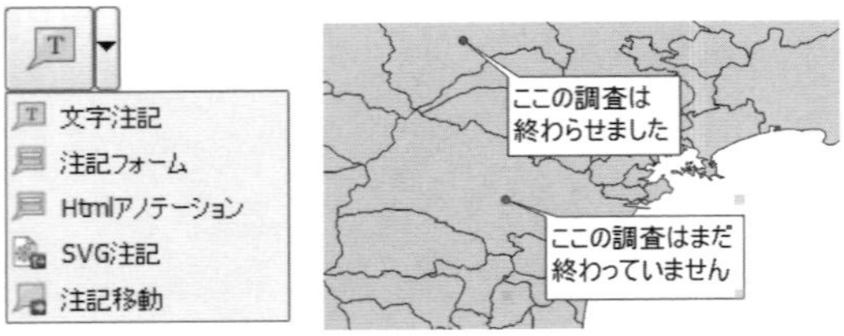

図 1-5-55　注記ツールとその文字注記の使用例

真などを表示することもできます。式の挿入は、フィールド計算機と同様の手順で行います。

注記は、地図上の任意の位置にメモや情報を残せます。文字注記では、文字で地図ビュー上にメモを残せますが、その他にもフォーム、HTML、SVG などを利用した注記を作成することもできます。

◆ベクタデータの編集

ここまでは、すでにある行政界などのベクタデータの操作方法についてみてきましたが、次にこういったデータの修正、あるいはゼロから作成する方法について解説します。現在入手可能なデータの多くは、まだ ESRI 社のシェープファイル形式のものが多いですが、本章冒頭でも説明した通り、現在は GeoPackage 形式が標準となっているので、こちらのデータ形式を使って解説します。編集に使用するツールバーは図 1-5-56 に示した 4 つのツールバーです。もし表示されていない場合はタスクバーを右クリックしてから図 1-5-57 に従って表示させてください。

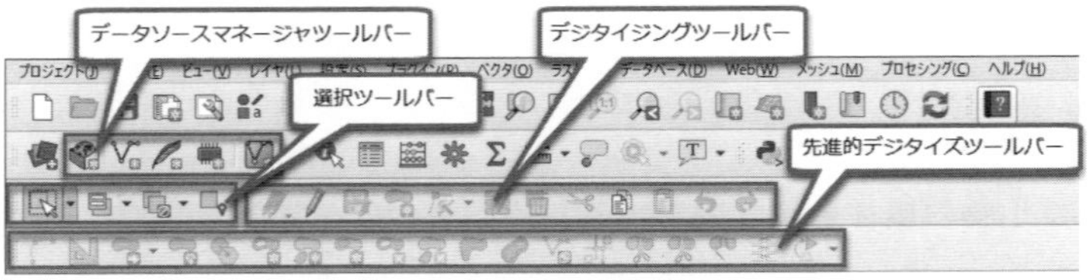

図 1-5-56　ベクタデータの編集に使用するツールバー

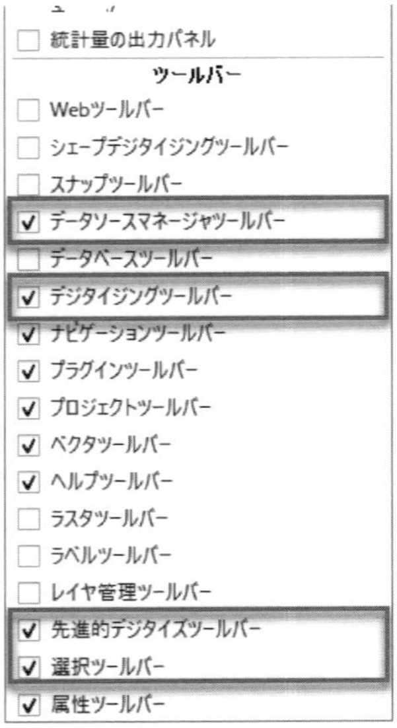

図 1-5-57　ベクタデータの編集に使用するツールバーを表示させる

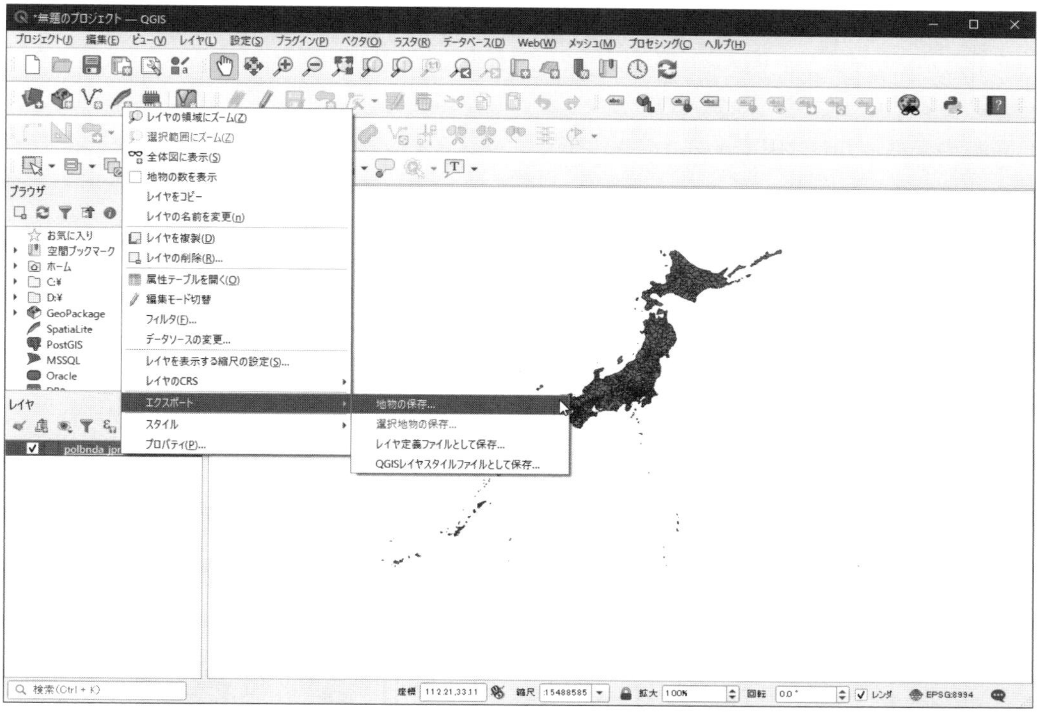

図 1-5-58 読み込んだシェープファイルを Geopackage で保存

シェープファイル形式を GeoPackage に変換

まずシェープファイル形式を、QGIS の標準形式の GeoPackage に変換します。追加したシェープファイルを右クリックしてエクスポートを選択して、地物を保存します（図 1-5-58）。次に形式のプルダウンから「GeoPackage」を選択、ファイル名で保存先を指定してレイヤ名を入力し、他の項目は標準のままで「OK」を押して完了です（図 1-5-59）。「保存されたファイルを地図に追加する」オプションにチェックが入っていれば、変換された GeoPackage がレイヤとして追加されます。

図 1-5-59 Geopackage への書き出し設定

既存のデータを編集

データの編集には属性の編集、形状・位置の変更があります。属性の編集と位置の変更はポリゴン、ライン、ポイントのいずれのジオメトリについても共通ですが、形状の変更についてはジオメトリタイプによって少し異なります。ポイントの場合は形状の変更はありませんが、ライン、ポリゴンの場合は頂点の移動となり、特にポリゴンについては隣接する地物がある場合は変更される地物が複数となります（図 1-5-60）。

位置の変更の方法は図 1-5-61 の手順で行います。まず、移動させたい地物の含まれるレイヤを選択します（図 1-5-61：①）。次にデジタイジングツールバーの鉛筆アイコンを押して編集状態にして（②）、先進的デジタイズツールバーの「地物の移動」ツールを選択します（③、④）。移動したい地物をクリックしてから（⑤）、移動先をクリックして（⑥）移動完了です。ジオメトリがライン、ポリゴンの場合は、③のアイコンが変わりますが、手順は同じです。編集が終わったら、②のアイコンをクリックすれば保存するかどうかを確認するダイアログが表示されますので、確認して保存して完了です。

ラインとポリゴンの場合には、前述のように頂点を移動させる編集が必要となる場合があります。この場合は、先進的デジタイズツールバーの「地物の移動」ツールのかわりにデジタイジングツールバーの「頂点ツール（図 1-5-62：①）」を使用します。頂点ツールを選択した状態で、

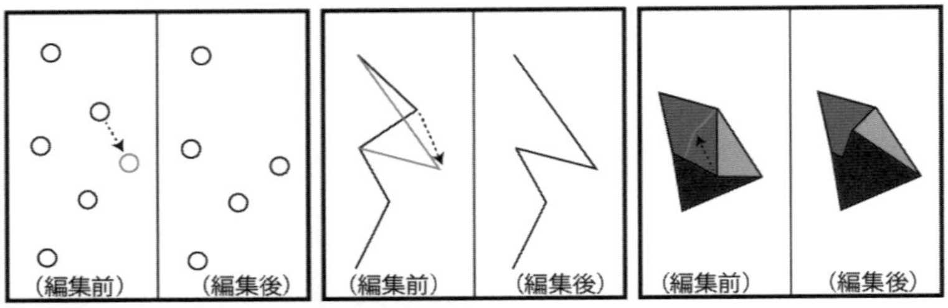

図 1-5-60　ジオメトリの違いによる形状の変更の差

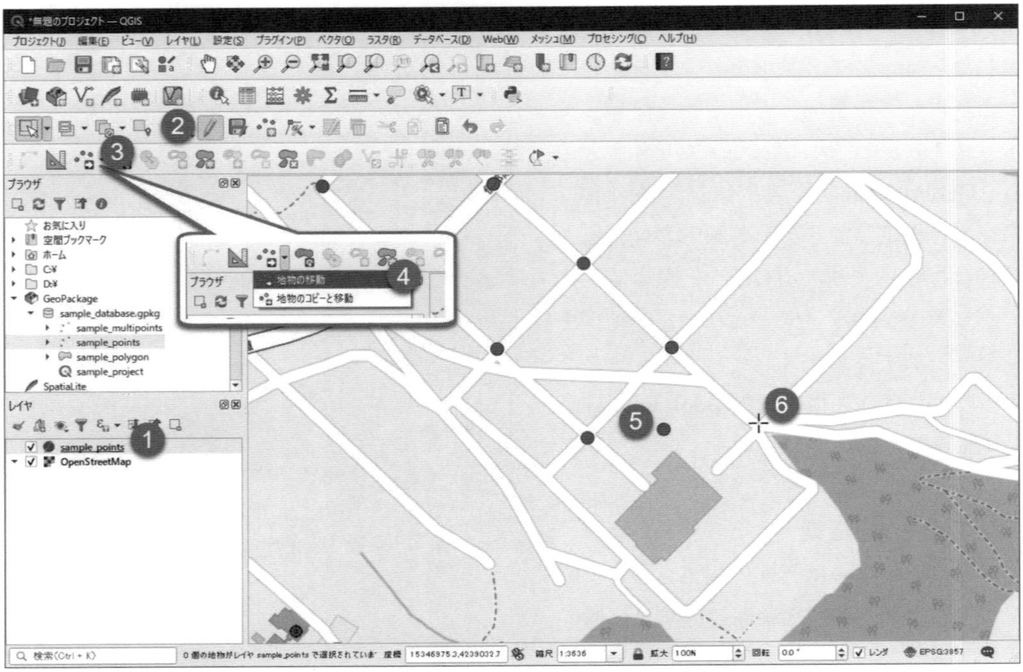

図 1-5-61　位置の修正（ポイント）

移動させたいノードをクリック（②）してから、移動先をクリック（③）すればノードが移動します（④）。この他、現在のノードではなく新たに追加したい場合は、線分の中央付近にマウスを持ってくると「×」マークが表示されるので（図 1-5-63：①）、それをクリックしてから追加したい場所をクリック（②）すると新たなノードが作られます（③）。また頂点ではなく、線分全体を移動させたい場合は、移動させたい線分をクリックして選択状態にして（図 1-5-64：①）から、移動先をクリック（②）します。

次に既存のデータの属性値の修正について説明します。属性値の修正はデジタイジングツールバーを使う方法と、属性テーブルを使う方法の2通りあります。ここではデジタイジングツールバーを使う方法を説明します。属性テーブルで一括変更や計算機を使った変更については第2部第1章のフィールド計算機の使い方を参照してください。属性を編集するためには、対象レイヤが編集状態となっている必要があります。まず、図 1-5-65：①の地物選択ツールを使っ

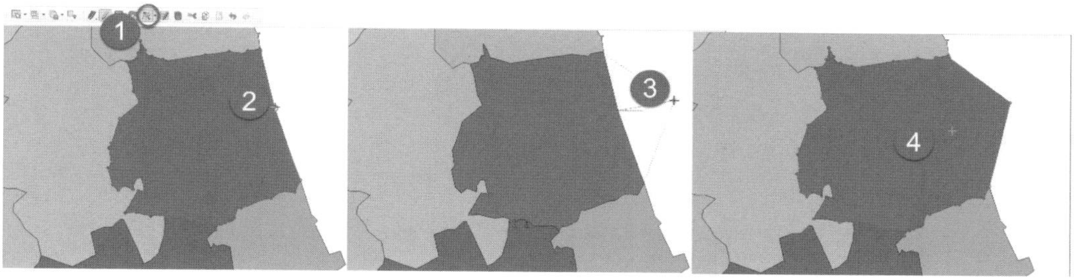

図 1-5-62　頂点の修正（ポリゴン）

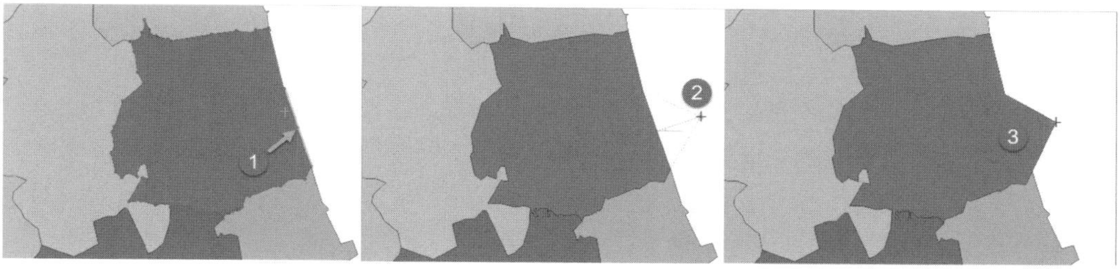

図 1-5-63　頂点の移動（ポリゴン）

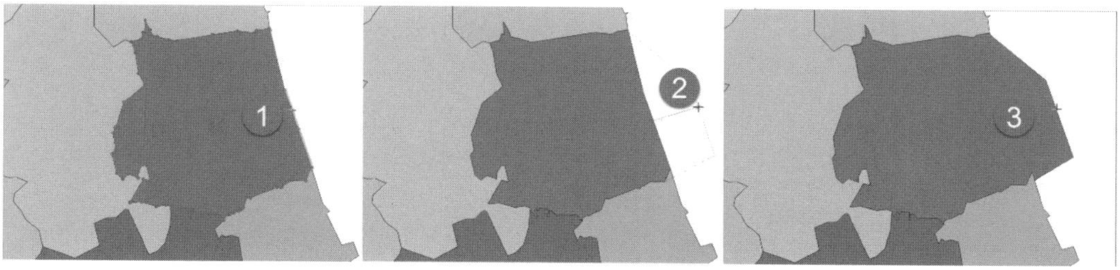

図 1-5-64　線分の移動（ポリゴン）

図 1-5-65　全選択地物の属性一括変更ボタン

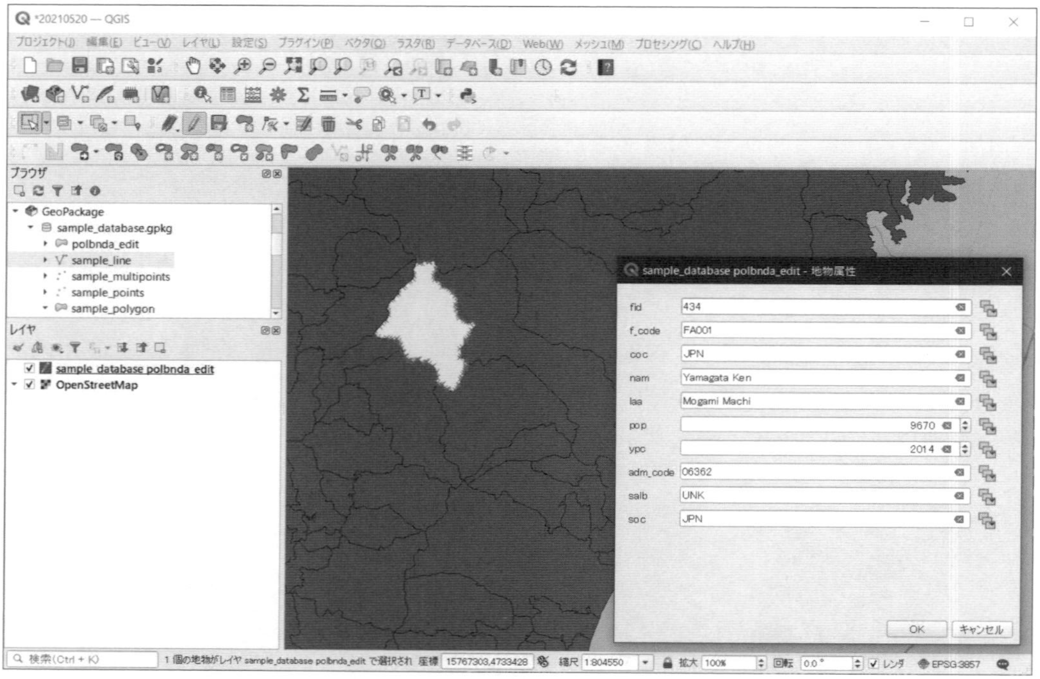

図 1-5-66　地物属性ウィンドウの表示

図 1-5-67　選択物の削除ボタン

て属性を編集したい地物を選択します。この時同じ編集を複数の地物に対して行いたい場合は、一気にたくさんの地物を選択してもかまいません。次に図 1-5-65：②をクリックして地物属性ウィンドウを開き、必要な編集を行い、OK をクリックして完了です（図 1-5-66）。なお、地物属性ウィンドウを開いた後でも地物の選択は変更できます。

最後に不要な地物の削除方法を説明します。先ほどの属性編集と同様、対象レイヤが編集状態となっている必要があります。削除したい地物が選択されたら、ツールバーのゴミ箱アイコンをクリックします（図 1-5-67）。アイコンをクリックする代わりにキーボードの Delete キーでも削除することができます。また、地図上で削除する地物を選択する代わりに、属性テーブルで選択しても削除することができます。選択したい地物を選択した後は先ほどの手順と同じで、ゴミ箱アイコン（今後は属性テーブルにあるごみ箱アイコンを使用します）をクリックするか、キーボードの Delete キーで削除を実行します。

新規データの入力

データの入力では地物（ポイント、ライン、ポリゴン、マルチポイント、マルチライン、マルチポリゴン）の描画と属性の付与を行います。データ入力に入る前にスナッピングの設定について説明します。GIS で様々な空間解析をする際には位置が正確に入力されている必要があるため、新たにポイント（ラインやポリゴンの場合はノード）を作成しようとした時に、一定の範囲内にポイントやライン、ポリゴンの辺およびノードが存在した場合に、自動的に同じ位置に移動させる機能をスナッピングと呼びます。例えばスナッピングの距離を 10 m に設定した場合、既存のポイントに対して 10 m 以内に新しいポイント（a）を作成しようとすれば、自動的に既存のポイントに吸い寄せられますが、25 m 離れた（b）に作成する場合は何も起きません（図 1-5-68：左）。同様に、ラインやポリゴンの辺に対して新しいノードを 10 m 以内に配置しようとした場合、破線上のどこかに配置するように自動的にポインタが移動します（図 1-5-68：右）。この機能を使うことで、実際には同一ポイントに作成しないといけない地物の位置がずれていたり、接しているべき河川や道路のラインが離れていたり、といった問題を避けてデータを作成することができます。

スナッピングの設定には、「プロジェクト」から「スナップオプション」を選択して（図 1-5-69）、プロジェクトのスナップ設定ツールバーを開きます（図 1-5-70）。プロジェクトのスナップ設定ツールバーでは、データの編集時にスナッピングをする対象（図 1-5-70：①）、スナップする対象（②）、スナップする距離と単位（③）の設定ができる他、入力データが既存のオブジェクトと重複しても良いかどうかを指定できます（④）。スナッピングする対象は、マップに追加されているすべてのレイヤ、編集中のレイヤ（アクティブレイヤ）から選択できる他、詳細設定を開けば、レイヤごとにスナップする対象、距離を個別に指定することもできます。スナップする対象では、頂点だけでなく、辺（セグメント）、領域（Area）、重心点（ポリゴンの重心）、セグメントの中央から選択できます。スナップする距離と単位では、px を選択すれば表示上のピクセル数で指定できますし、メートルを選択すれば地図上の距離を使って閾（しきい）値を設定できます。スナッピング設定で指定した閾値より近くに地物を追加したい場合は、都度スナップする距離を変更することもで

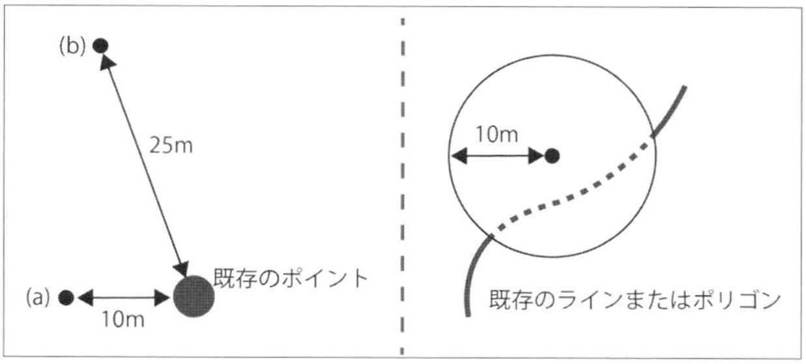

図 1-5-68　スナッピング

図 1-5-69　スナッピングオプション

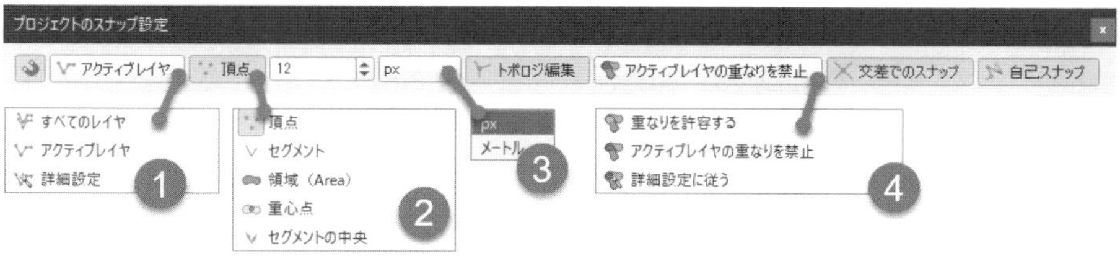

図 1-5-70　プロジェクトのスナップ設定ツールバー

図 1-5-71 デジタイジングツールバーの地物の入力ボタン（上からポイント、ライン、ポリゴン）

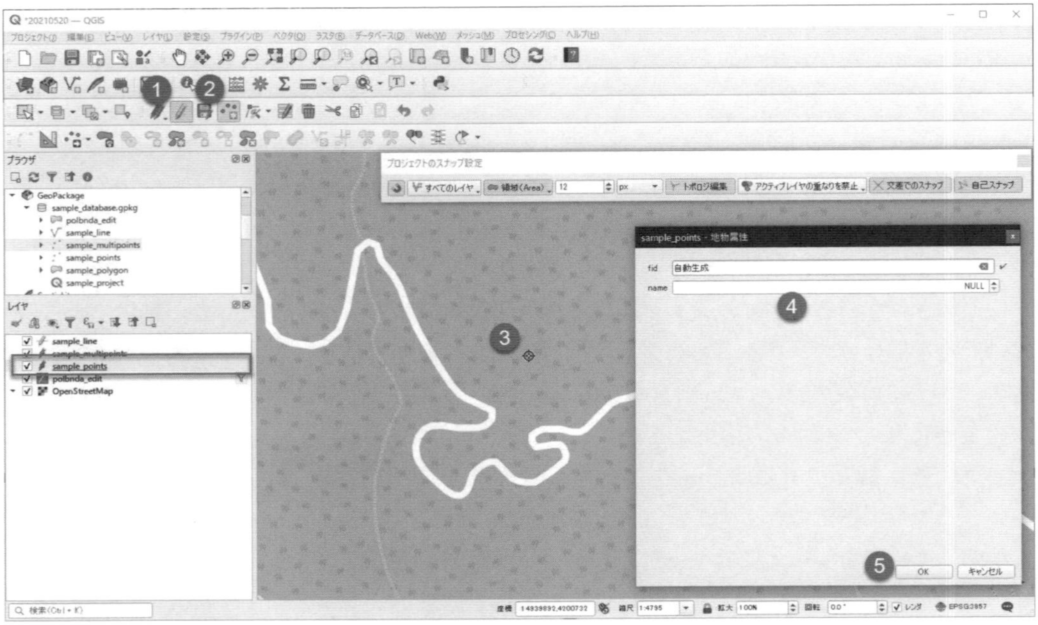

図 1-5-72 入力方法

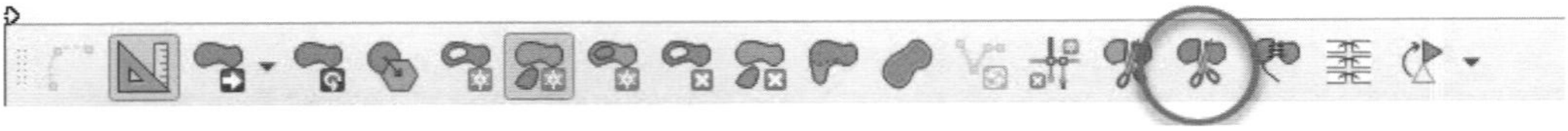

図 1-5-73 先進的デジタイジングツールバー

きますが、ツールバー左端の磁石アイコンをクリックすることで、一時的にスナッピング機能をオフにすることで、機能を無効にできます。

スナッピングの設定ができたので、次は入力方法を説明します。入力はポイント、ライン、ポリゴンそれぞれ少しずつ方法が異なります。入力に使うツールはジオメトリの種類に応じて自動的に切り替わります（図 1-5-71）。編集したいレイヤを選択して、デジタイジングツールバーの鉛筆アイコンをクリックすることで、入力を開始できます。

ポイントの作成では、まず入力したいレイヤを選択して、編集アイコン（図 1-5-72：①）をクリック、次に「地点物を追加する」ツール（②）をクリックして、地図上の入力したい位置をクリック（③）します。すると自動的に属性入力のウィンドウが表示されるので、必要な項目を入力して（④）、OK（⑤）をクリックします。入力が終わったら、再度編集アイコンをクリックすると、編集内容を保存するかどうかを確認するダイアログがでるので、保存して良ければ OK をクリックして完了です。ラインとポリゴンの入力の場合には、1 点だけの入力では完了しないので、必要な頂点をクリックして、完了時には右クリックをして終了します。

ポイントやラインと違って、ポリゴンは隣接関係があるため、隙間なくポリゴンを作成するためには少し工夫が必要です。隙間や重複のないポリゴンを作成するためには、作ろうとしているポリゴンの最外郭を作ってから「先進的デジタイジングツールバー」の「部分の分割」ツールを使って、分割していくことをおすすめします（図 1-5-73）。

◆ベクタメニュー

ベクタメニューには、ベクタデータを解析するための空間演算、ジオメトリ、解析、調査、データ管理など様々なツールが格納されています。プロセッシングメニューからはさらに多くの解析ツールにアクセスできますが、ここではデフォルトでベクタメニューに収められた各ツールについて、1 つずつ解説します（図 1-5-74）。

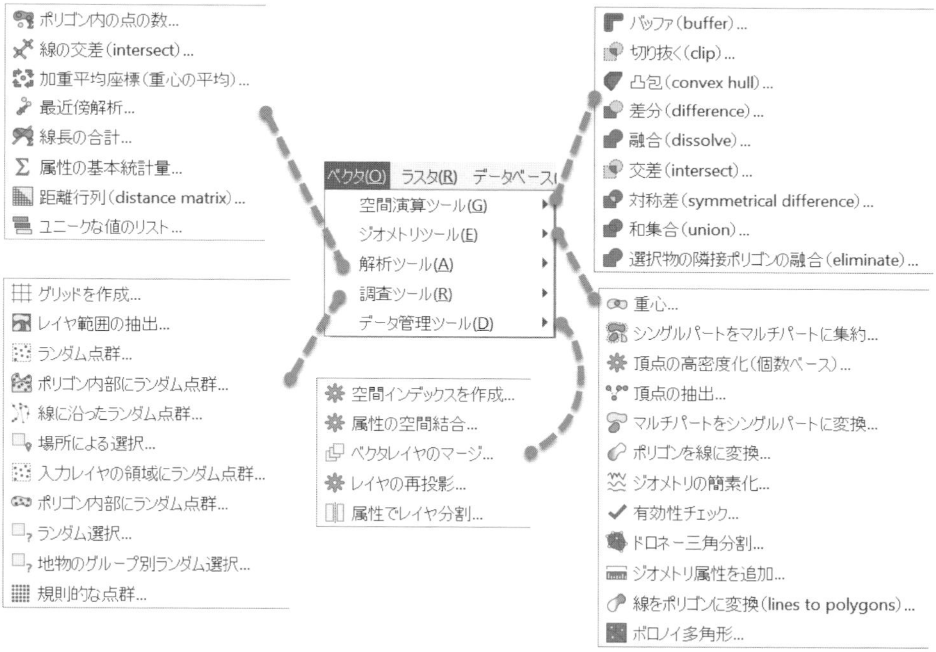

図 1-5-74 ベクタメニューと格納された各種解析機能

空間演算ツール

バッファ（buffer）

地物に指定した距離でバッファを発生させます。バッファを発生させる際の円のスムーズさをセグメント数で指定したり（デフォルト値 5）、バッファの結果を融合させる「結果を融合する」オプションを指定できます（図 1-5-75）。「選択地物のみを利用する」を利用すれば、属性値によりあらかじめ選択しておいた地物にのみバッファを発生させることもできます。線にバッファを発生させる場合は、線の端と線分の継ぎ目のスタイルも指定することができます（図 1-5-76）。

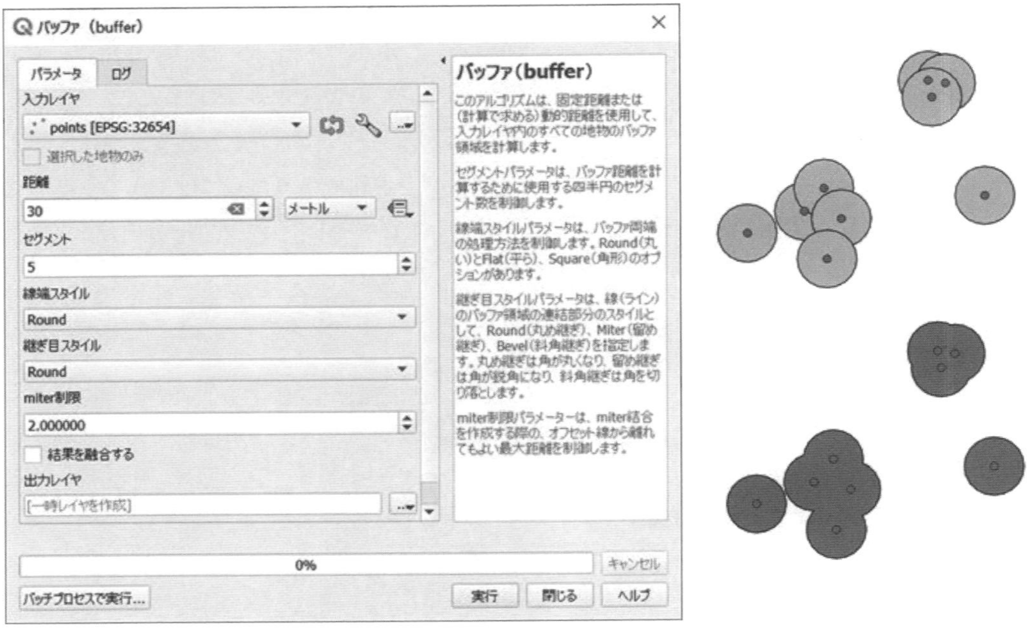
バッファ（buffer）
パラメータ
ログ
入力レイヤ
points [EPSG:32654]
選択した地物のみ
距離
30
メートル
セグメント
5
線端スタイル
Round
継ぎ目スタイル
Round
miter制限
2.000000
結果を融合する
出力レイヤ
[一時レイヤを作成]
バッファ（buffer）
このアルゴリズムは、固定距離または（計算で求める）動的距離を使用して、入力レイヤ内のすべての地物のバッファ領域を計算します。
セグメントパラメータは、バッファ距離を計算するために使用する四半円のセグメント数を制御します。
線端スタイルパラメータは、バッファ両端の処理方法を制御します。Round（丸い）とFlat（平ら）、Square（角形）のオプションがあります。
継ぎ目スタイルパラメータは、線（ライン）のバッファ領域の連結部分のスタイルとして、Round（丸め継ぎ）、Miter（留め継ぎ）、Bevel（斜角継ぎ）を指定します。丸め継ぎは角が丸くなり、留め継ぎは角が鋭角になり、斜角継ぎは角を切り落とします。
miter制限パラメーターは、miter結合を作成する際の、オフセット線から離れてもよい最大距離を制御します。
0%
キャンセル
バッチプロセスで実行...
実行
閉じる
ヘルプ

図 1-5-75　バッファツール．点に対しバッファを発生させた例
右下の例では「結果を融合する」オプションを有効にしてバッファを発生。

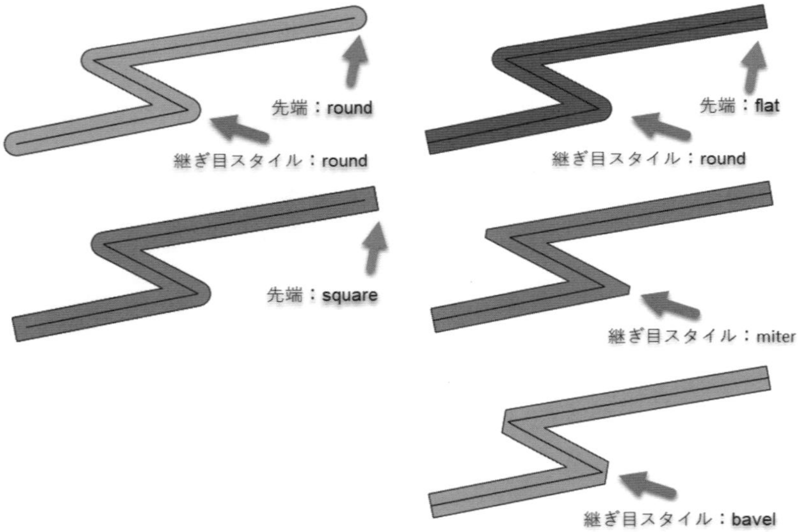
先端：round
継ぎ目スタイル：round
先端：flat
継ぎ目スタイル：round
先端：square
継ぎ目スタイル：miter
継ぎ目スタイル：bavel

図 1-5-76　線に対するバッファと先端、継ぎ目スタイル

切り抜く (clip)、交差 (intersect)、差分 (difference)、対称差 (symmetrical difference)、和集合 (union)

これらはいずれも 2 つのレイヤを対象に行うジオメトリの演算です。具体例を見ながらそれぞれの機能を解説します。図 1-5-77 の左上の図は、様々な操作を行う前の 2 つのレイヤを示しています。

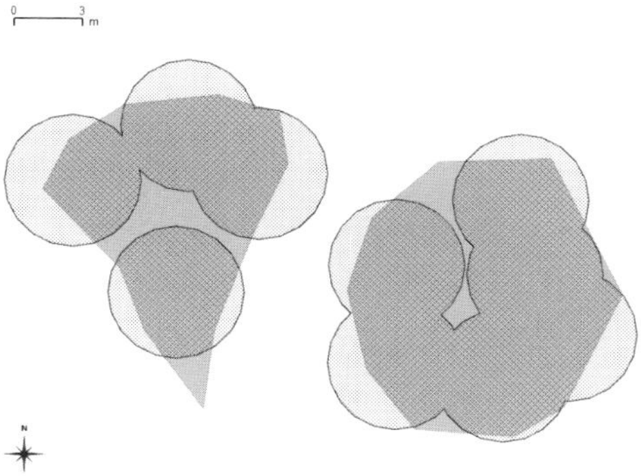

ジオメトリの演算を行う以前の 2 つのレイヤ。多角形のレイヤと複数の円が融合したジオメトリを持つレイヤを示す。

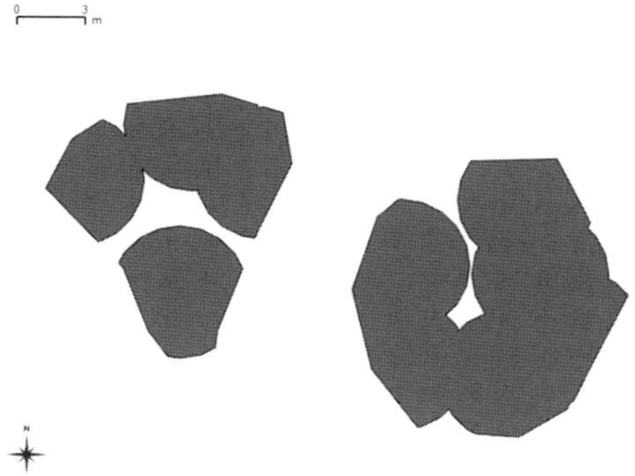

切り抜く：先に指定したレイヤから 2 番目に指定したレイヤと重なる部分を切り出す。交差と異なり、先に指定したレイヤの属性値だけを持ち越す。

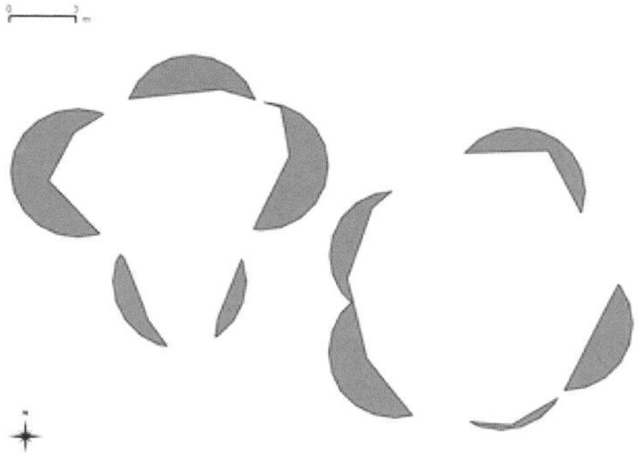

差分：先に指定したレイヤのジオメトリから、2 番目に指定したレイヤのジオメトリを差し引いた部分を新しいレイヤとして保存。

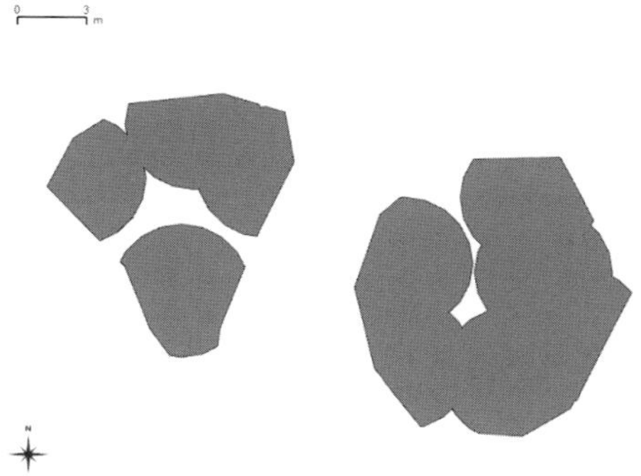

交差：2 つのレイヤの共通部分を新しいレイヤとして作成。結果のジオメトリは「切り抜く」と同じだが、交差する双方の属性値が保存する点が異なる。

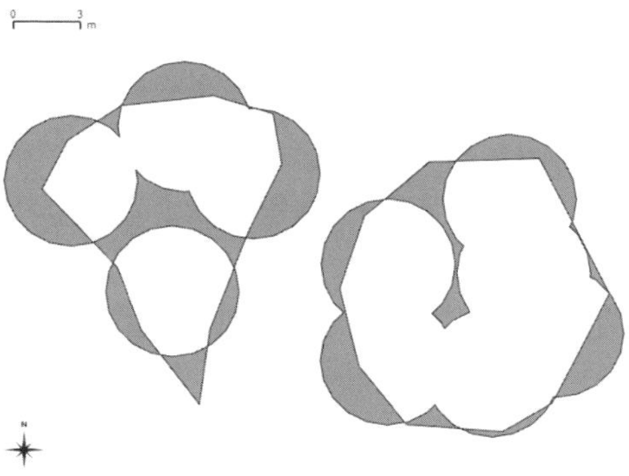

対称差：2 つのレイヤの双方から見て異なる部分を抽出。差分とは 1 つのレイヤから見て異なる部分を抽出する点が異なる。

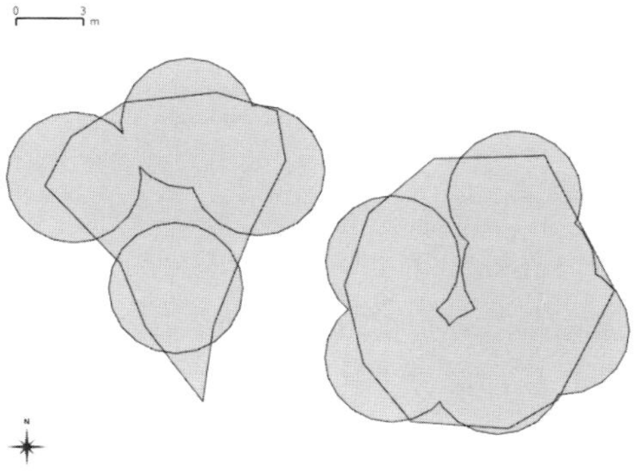

和集合：2 つのレイヤを合わせて 1 つのレイヤに統合。

図 1-5-77　切り抜く（clip）、差分（difference）、交差（intersect）、対称差（symmetrical difference）、和集合（union）

「切り抜く」を行うと、最初のレイヤから次のレイヤと重なる部分を切り取ったジオメトリがレイヤとして作成されます。「交差」を行うと、2 つのレイヤの重なる部分のジオメトリを新しいレイヤとして作成されます。結果の見た目は「切り抜く」の結果と全く同じです。ただし、「交差」の結果作成される属性テーブルには、それぞれのレイヤからの属性値が収められる点が異なります。「交差」では、作成されるレイヤに持ち込む属性値はダイアログで選択することができます。重なる部分で 2 つのレイヤの属性値が両方とも必要な場合は「交差」を、切り取る対象とするレイヤの属性値だけが必要ならば「切り抜く」を使えばいいということになります。「差分」は最初のレイヤのうち、次のレイヤとの「差」となる部分が新しいレイヤとして作成されます。「対称差」はレイヤの双方から見た差分が新しいレイヤと属性テーブルになります。差分には、通常の差分と対称差が用意されています。これらの違いは直感的にわかりにくいのですが、「差分」では 1 番目に指定したレイヤのジオメトリから 2 番目に指定したジオメトリを単純に差し引いたもの、「対称差」では 1 番目と 2 番目のレイヤを統合したものから、2 つのレイヤの共通部分（交差で求められる部分）を除いたものが結果となります。「和集合」は 2 つのレイヤのジオメトリを合わせた結果が 1 つのレイヤに統合されます。その際、属性値は両方のレイヤから持ち込まれます。

凸包（convex hull）

地物を構成する結節点の最外郭を凸型になるように結ぶポリゴンを発生させるツールです（図 1-5-78）。方形で対象を囲むバウンディングボックスと異なり、すべての地物が含まれる最小の凸型多角形が作られます。入力には、点、線、ポリゴンいずれも指定できます。

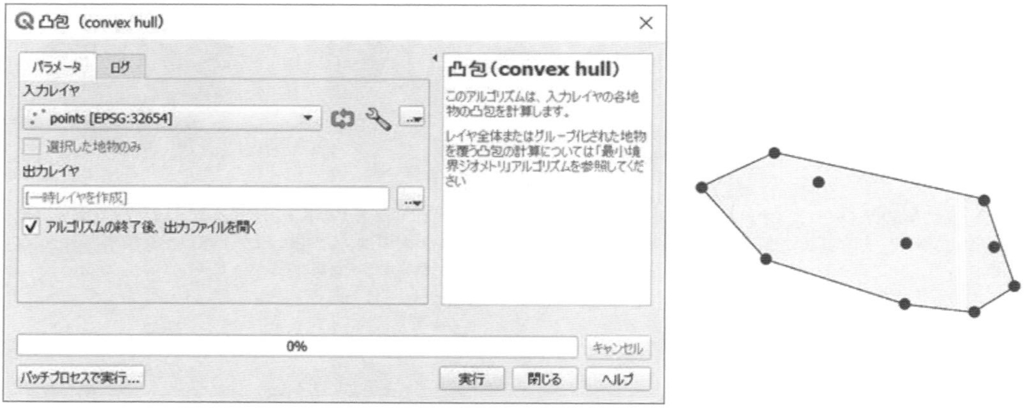

図 1-5-78　凸包の設定画面と 10 点から発生させた凸包の実行例

融合（dissolve）

指定したレイヤの重なりあう地物同士を 1 つの地物として融合します（図 1-5-79）。融合に際し、「基準となる属性」で属性値を指定できるので、あらかじめグループ番号などを入力しておくとグループごとの融合が行えます。デフォルトではすべての地物が融合されます。

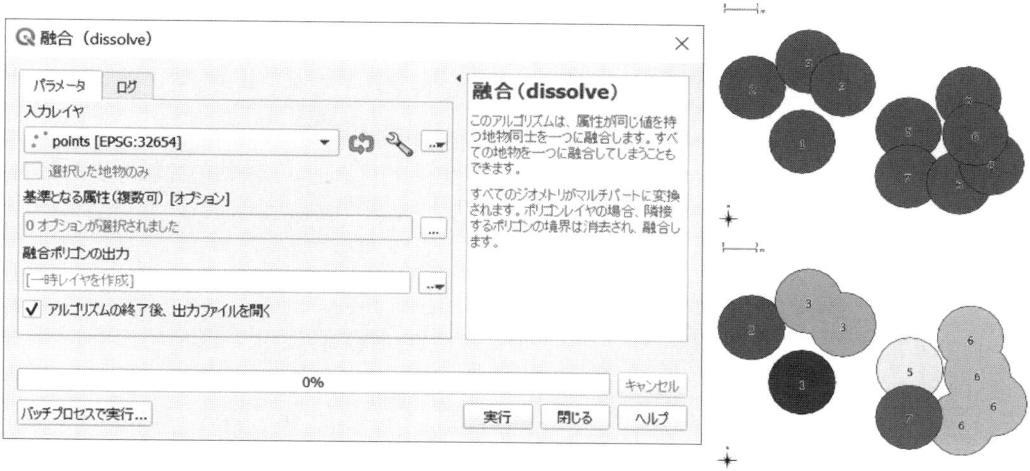

図 1-5-79 「融合」ツールの実行例

右：異なる ID を持つ 10 の円を ID を指定して融合すると、同じ ID を持つ円同士が融合され、結果として 6 つのジオメトリに融合された例。

選択物の隣接ポリゴンの融合（eliminate）

切り抜きや和集合、融合などの作業を行った際に発生する微小なポリゴンを隣接する大きなポリゴンに融合させ、ジオメトリをきれいにするための機能です。融合する隣接ポリゴンには、「最大の面積」、「最小の面積」、「最大の共通境界」を選択できます。

ジオメトリツール

重心

セントロイドとも呼ばれる重心点を作成するツールです（図 1-5-80）。点、線、ポリゴン、いずれに対しても利用できます。ポリゴンの形によっては必ずしもポリゴン内部に重心が計算されないことに気をつけてください。「各パートに重心を作成」オプションで属性を指定すると、属性でまとめられたグループごとに重心を計算することができます。

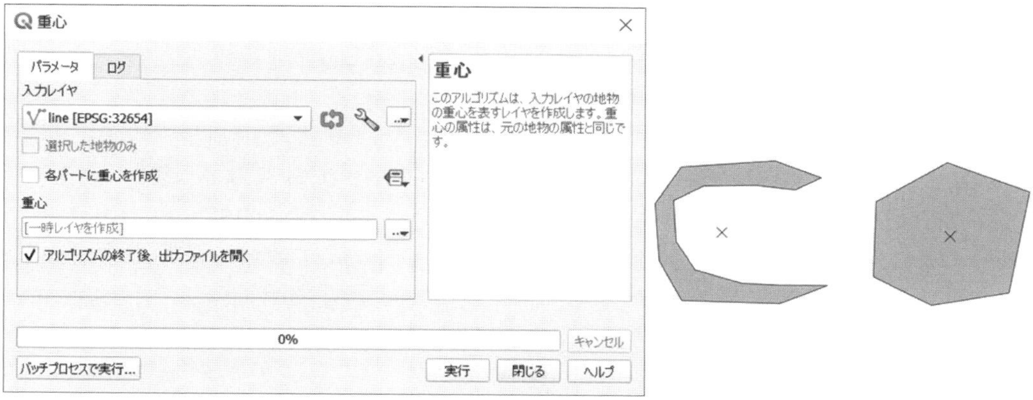

図 1-5-80 ポリゴンとそのセントロイド（×マーク）

ポリゴンの形状によっては、重心は必ずしもポリゴン内にない場合がある。

シングルパートをマルチパートに集約

このツールは、複数の独立したジオメトリを、属性テーブルのあるフィールドの値を使って1つのジオメトリにまとめるか、またはすべてをジオメトリを1つにまとめます。「マルチパートをシングルパートにする」の逆の機能で、例えば同じ市町村の飛び地が、別のポリゴンとして扱われているところを、同一のジオメトリとして扱いたい場合などにこの機能が使えます。この機能はジオメトリの持ち方が「シングルポリゴン」から「マルチポリゴン」に変化するだけなので、見かけ上の変化はありません。

頂点の高密度化（個数ベース）

ジオメトリを構成する頂点（ノード）といわれる点の密度を高めます。元々のジオメトリを変化させるわけではないので、ジオメトリを簡素化したものに対して密度を高くしても、簡素化されたジオメトリは回復されません。ノード間の線分上に指定した点数のノードを発生させます。

頂点の抽出

頂点（ノード）とは、線やポリゴンを構成する始点、線分の結節点、終点などの点のことです。線やポリゴンから頂点（ノード）を取り出すことができます（図 1-5-81）。

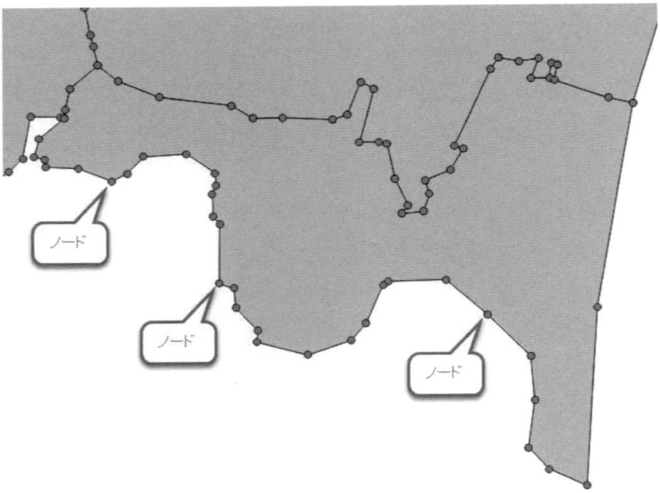

図 1-5-81 ポリゴンの頂点（ノード）を抽出した例

マルチパートをシングルパートに変換

このツールは、1つのジオメトリに複数のジオメトリが格納されているような場合（マルチジオメトリ）、それらを個別のジオメトリに変換するためのツールです。GIS に少し慣れた方は、エクスプロード（爆発させる）と呼ぶこともあります。「シングルパートをマルチパートに集約」ツールのちょうど反対の機能を提供します。例えば飛び地となっているポリゴンが、元の市町村のポリゴンと同じジオメトリとして扱われているものを、飛び地とその市町村ポリゴンを分けて取り扱いたい時などに使います。

ポリゴンを線に変換

名前が示す通り、ポリゴンをラインに変換します。

ジオメトリの簡素化

複雑なジオメトリを簡素化するために使います。地物同士の関係が必ずしも保存されるわけではないので、場合によっては元はつながっていた線分やポリゴンの繋がりが切れてしまうようなことも起こります。ジオメトリが複雑な場合、様々な計算に時間がかかるため、ジオメトリを簡素化して分析を行うことが有効な場合があります。簡素化の方法として「距離ベース」、「グリッドにスナップ」、「面積ベース」が用意されています（図 1-5-82）。

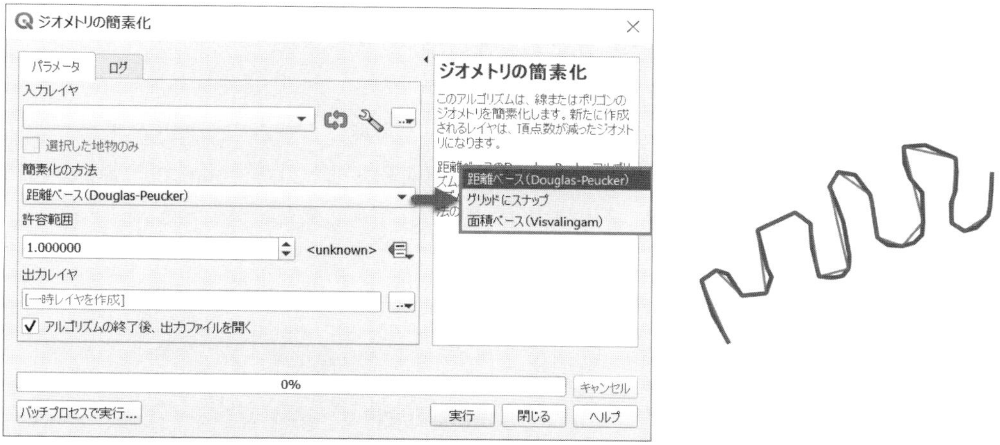

図 1-5-82 ジオメトリの簡素化ダイアログと線を簡素化した例

有効性チェック

ジオメトリのエラーをチェックし、可能であれば修復、または問題のあるジオメトリを除いたレイヤを作成します。ベクタデータ作成時に起きる、自己交差、重複ポイント、入れ子ポリゴン、重複リングなどをはじめとする問題を見つけられます。チェックした結果は、有効、無効、エラーのレイヤとして出力されます。詳しくは、https://docs.qgis.org/3.16/ja/docs/user_manual/processing_algs/qgis/vectorgeometry.html?highlight=geometry%20tools#check-validity を参照してください。

ドロネー三角分割

複数の点で構成されるレイヤから、点間を最短距離で結んでできる最小の 3 角形で構成されるポリゴンを発生します（図 1-5-83）。

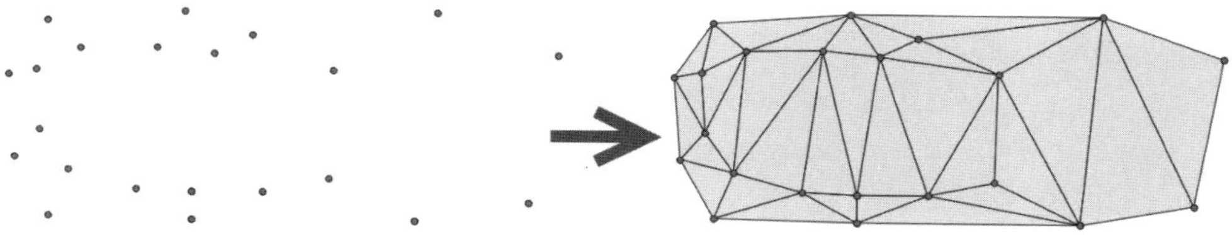

図 1-5-83 点群からドロネー三角を生成した例

ジオメトリ属性を追加

地物の長さや面積などを計算し、新しいレイヤを生成します。線の場合は、線長、始点と終点の直線距離、線長と直線距離の比から求める湾曲率（sinuosity）を算出します。ポリゴンの場合は、面積と外周長を算出します。

線をポリゴンに変換（lines to polygons）

「ポリゴンを線に変換」の逆の機能を提供します。ただし、どのような線データでも思ったようなポリゴンにできるわけではなく、始点と終点が繋がるようにポリゴンが作成されるので、場合によっては思った通りのポリゴンが生成されない場合があります。

ボロノイ多角形

点レイヤからボロノイポリゴンを作成するツールです。点群から各点の縄張りを求めるようなものと考えると考えやすいかもしれません。バッファを設定すれば、与えられた点から規定される最小の立方体よりもより大きな範囲でボロノイポリゴンを発生させることができます。

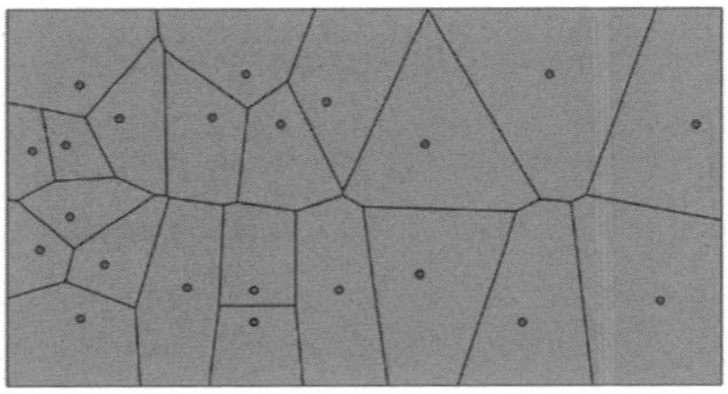

図 1-5-84　点群からボロノイポリゴンを生成した例

解析ツール

ポリゴン内の点の数

ポリゴンレイヤと点レイヤから、ポリゴン内に含まれる点の総数を計算し、属性値として総点数を持つ新しいポリゴンレイヤを出力します。重み属性（列）から属性値を指定すると、点の総数の代わりに、指定した属性の値が集計されます。分類属性を指定すると、カテゴリカルな値をもとに、何種類のカテゴリがポリゴン内に含まれるか集計します。

線の交差（intersect）

このツールは、2 つの異なる線レイヤ同士で、線分が交差する位置に点を発生させるためのツールです（図 1-5-85）。ユニーク ID フィールドをそれぞれのレイヤに指定でき、指定した属性値は新しく作成される点データにコピーされます。

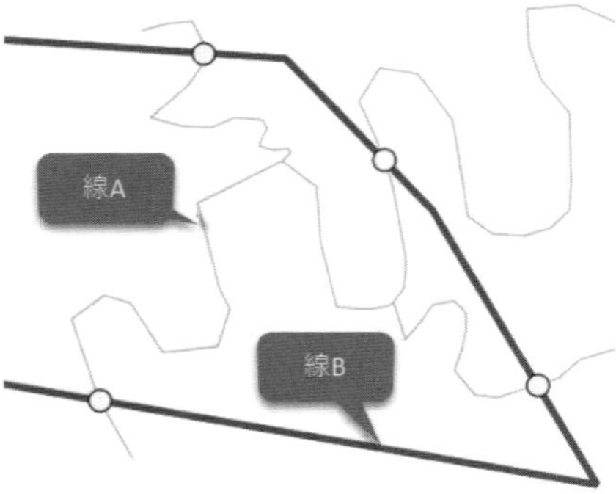

図 1-5-85　線の交差ツールを使った線レイヤ A と B の交点の抽出

加重平均座標（重心の平均）

このツールは、点、線、ポリゴンいずれかのレイヤの地物の座標から、地物の重心座標を求めるためのツールです。ユニーク ID フィールドを指定することで、各グループごとの平均座標を求めることもできます。また、重み属性（フィールド）オプションで、各地物に対し重み付けをして、そのうえで重心座標を求めることができます。重み付けには、あらかじめそのための属性値を用意しておく必要があります。図 1-5-86 は、単純な平均座標よりも大きい重み付け（30）がされた右側のポリゴンの方に重心座標がシフトしたことを示しています。

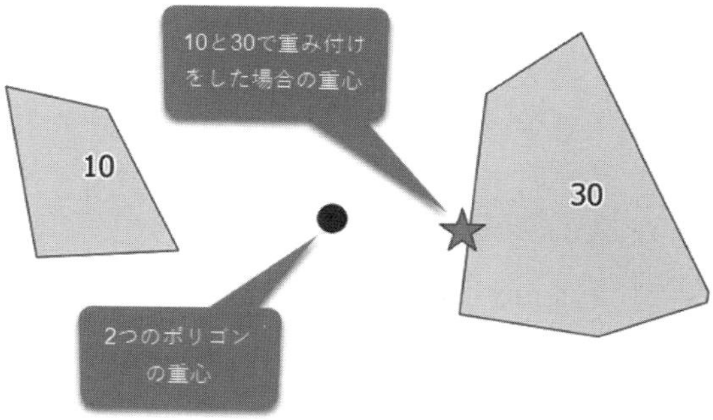

図 1-5-86 2 つのポリゴンの重心と加重重心

最近傍解析

最近傍解析は点レイヤに対して行われる分析で、点群がどの程度固まって分布しているのか定量的に計算するためのツールです。計算結果は、HTML 形式で出力され、観測平均距離、推定平均距離、最近傍インデックス、頂点数、Z スコアを算出します。

線長の合計

ポリゴン内に含まれる線の総延長を求めて新しいポリゴンレイヤとして出力します。例えば河川が線レイヤ、市町村境界がポリゴンレイヤとして用意されている場合、各市町村ごとの河川の総延長をこのツールを使って計算することができます。

属性の基本統計量、ユニークな値のリスト

これら 2 つのツールは、1 つのレイヤについて情報を得るために利用することができます。新しいレイヤ作成されず、結果は HTLM 形式で出力された結果を見ることができます。「属性の基本統計量」は、フィールド（列）を対象にフィールドの平均値、標準偏差などの基本的な統計値を算出します。事前に対象とする地物を選択しておけば、選択された地物だけの統計値を計算することもできます。「ユニーク値のリスト」は、対象とするベクタレイヤの属性テーブルからフィールド（列）を選んで、その中に含まれるユニークな値をリストします。例えば属性にどのような植生タイプが含まれているか調べたい時に便利です。

距離行列

距離行列は、複数の点間の直線距離を求めるためのツールです。このツールを使えば、2 つの点レイヤ間、または同一のレイヤ間で単純な距離行列を作成する以外に、各点に他の点が及ぼす影響を距離によって重み付けして計算することなどもできます。図 1-5-87 の例では単純な 5 点間の距離の組み合わせを距離行列ツールで計測するために、2 つの入力レイヤに同一のレイヤを指定しています。実際にツールを利用するには「距離行列」を選択し、ポイントレイヤ、対象ポイントレイヤに同じ点レイヤを、ユニーク ID、対象ユニーク ID に同じ ID フィールドを選択します。そのうえで「出力形式」として「線形距離行列（N*k × 3）」を選択し、出力ファイル名を指定した後「実行」をクリックします。出力された CSV ファイルを開くとすべての点間組み合わせの距離が計算されています。同様の手順で他のレイヤを選択することで異なるレイヤ間の点間の距離も計算できます。「出力形式」には、先の例で挙げた「線形距離行列（N*k × 3）」の他に「標準距離行列 (N × T)」、「距離統計行列（平均、標準偏差、最小、最大）」（図 1-5-88) が用意されており「距離統計行列」ではさらにオプションとして最近傍の点数を指定したうえで統計がとれるようになっています。

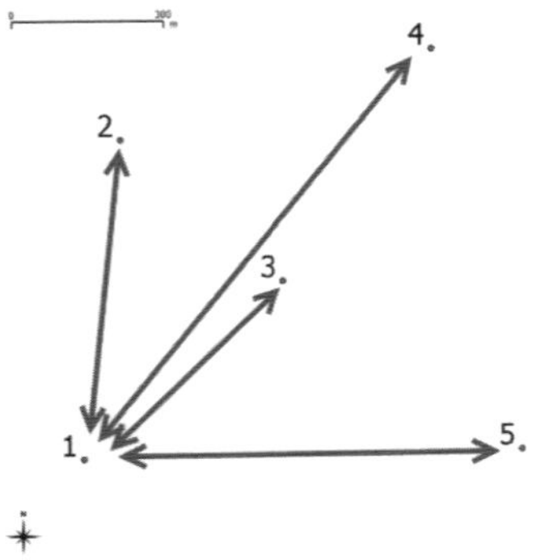

	A	B	C
1	InputID	TargetID	Distance
2	1	2	654.2
3	1	3	533.8
4	1	4	1079.3
5	1	5	863.9
6	2	1	654.2
7	2	3	431.2
8	2	4	640.2
9	2	5	1012.9
10	3	1	533.8
11	3	2	431.2
12	3	4	555.4
13	3	5	583.1
14	4	1	1079.3
15	4	2	640.2
16	4	3	555.4
17	4	5	834.6
18	5	1	863.9
19	5	2	1012.9
20	5	3	583.1
21	5	4	834.6

図 1-5-87 距離行列の実行例
この例では点 1 に着目し、他の 4 点への距離を求めている。同様に各点について他の点への距離を求めた表が出力される。

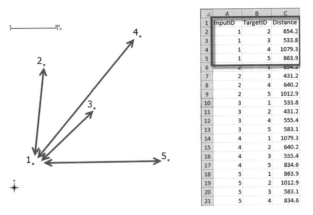

図 1-5-88 距離行列ツール

	A	B	C	D	E	F
1	ID	1	2	3	4	5
2	1	0	654	534	1079	864
3	2	654	0	431	640	1013
4	3	534	431	0	555	583
5	4	1079	640	555	0	835
6	5	864	1013	583	835	0

	A	B	C	D	E
1	InputID	MEAN	STDDEV	MIN	MAX
2	1	782.8	208.0	533.8	1079.3
3	2	684.6	209.1	431.2	1012.9
4	3	525.9	57.4	431.2	583.1
5	4	777.4	201.5	555.4	1079.3
6	5	823.6	154.5	583.1	1012.9

図 1-5-89 標準距離行列 (N × T)（左）、距離統計行列（平均、標準偏差、最小、最大）（右）の出力例

調査ツール

グリッドを作成

指定した範囲内に規則的なグリッドを点、線、長方形、ひし形、または六角形のポリゴンで発生させるための機能です（図 1-5-90）。グリッドを発生させる範囲の指定には、指定したレイヤ、キャンバス領域を利用することができます。グリッドの間隔は、地図の単位により数値で指定します。

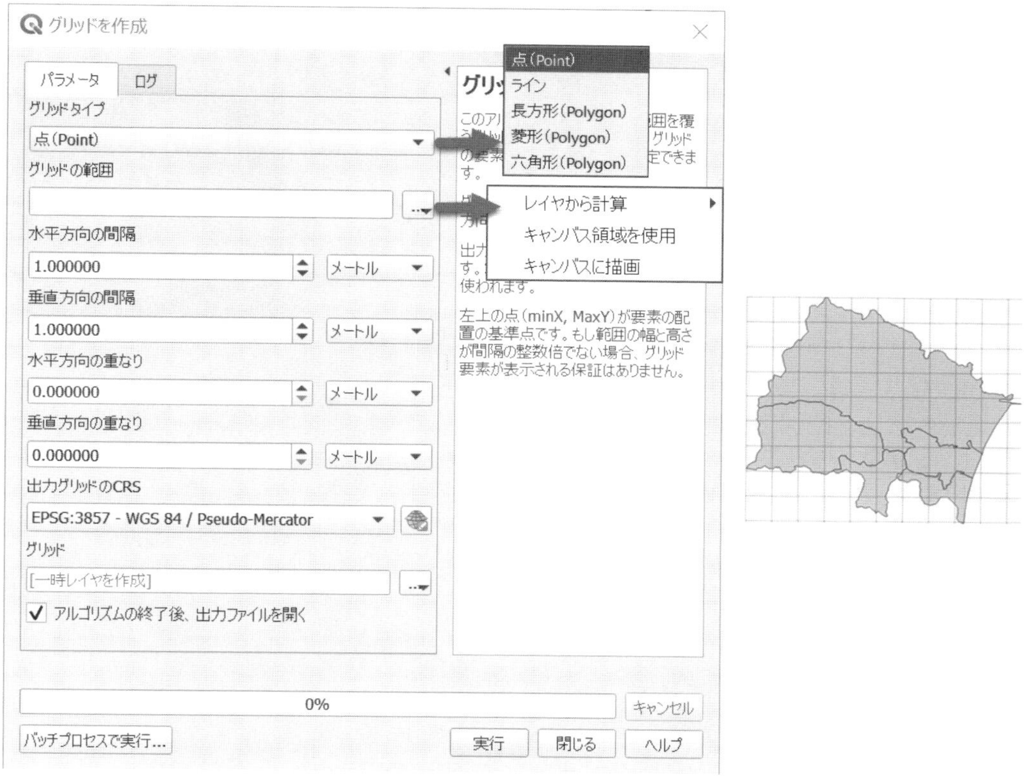

図 1-5-90 グリッド作成の実行例
グリッドをラインとして、レイヤの領域を利用して発生（右図）。

レイヤ範囲の抽出

いわゆるバウンディングボックスと呼ばれる対象レイヤの地物をすべて含むような長方形を発生させるツールです。点、線、ポリゴンのいずれにも用いることができます。図 1-5-91 では点レイヤからすべての点が含まれる領域ポリゴンを発生させました。解析範囲を切り取るためのポリゴンが必要な場合に便利な機能です。

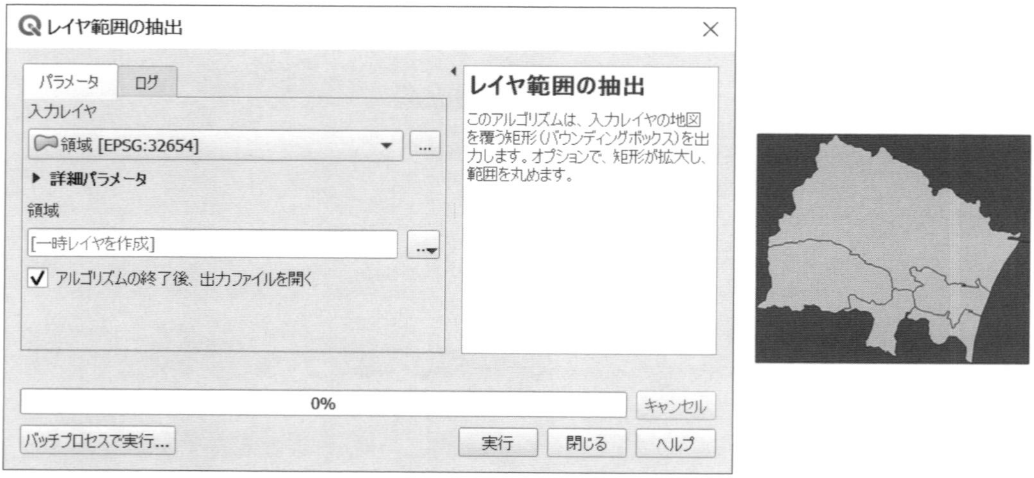

図 1-5-91　レイヤ範囲の抽出と実行例
レイヤ座標の最大値と最小値による方形を発生。

ランダム点群

指定したレイヤの範囲、またはキャンバス領域に指定した数の点をランダムに発生させます（図 1-5-92）。

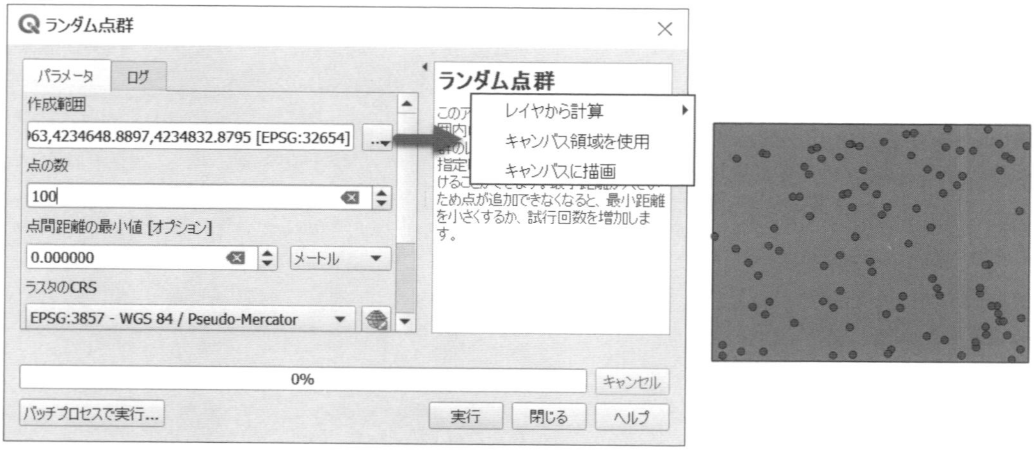

図 1-5-92　ランダム点群の実行例
ポリゴン内にランダムな点を 100 点生成（右図）。

ポリゴン内部にランダム点群

指定したポリゴンレイヤの各地物ごとに、指定した数のランダムなポイントを発生させます（図 1-5-93）。

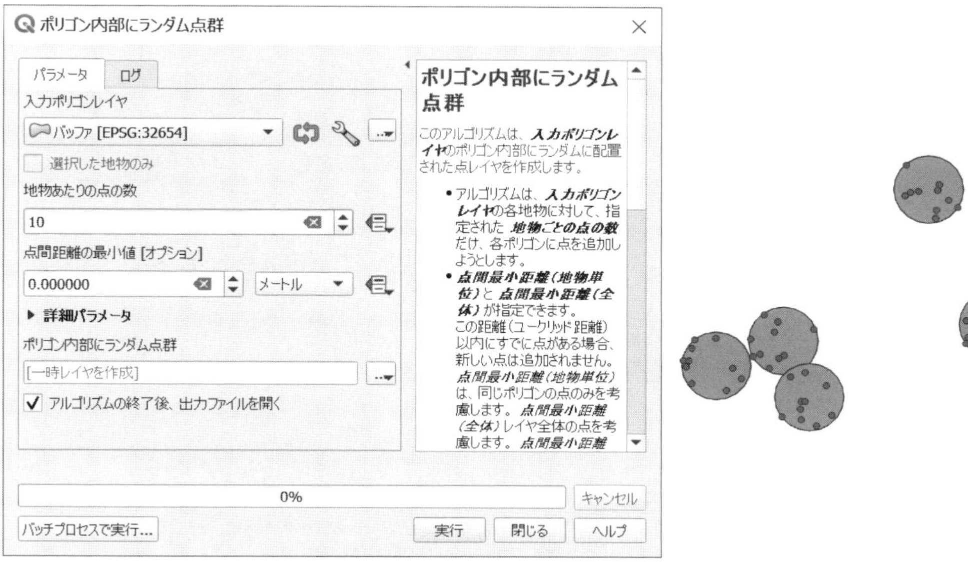
ポリゴン内部にランダム点群
パラメータ
ログ
入力ポリゴンレイヤ
バッファ [EPSG:32654]
選択した地物のみ
地物あたりの点の数
10
点間距離の最小値 [オプション]
0.000000
メートル
▶ 詳細パラメータ
ポリゴン内部にランダム点群
[一時レイヤを作成]
アルゴリズムの終了後、出力ファイルを開く
ポリゴン内部にランダム点群
このアルゴリズムは、入力ポリゴンレイヤのポリゴン内部にランダムに配置された点レイヤを作成します。
アルゴリズムは、入力ポリゴンレイヤの各地物に対して、指定された 地物ごとの点の数だけ、各ポリゴンに点を追加しようとします。
点間最小距離（地物単位）と 点間最小距離（全体）が指定できます。この距離（ユークリッド距離）以内にすでに点がある場合、新しい点は追加されません。点間最小距離（地物単位）は、同じポリゴンの点のみを考慮します。点間最小距離（全体）レイヤ全体の点を考慮します。点間最小距離
0%
キャンセル
バッチプロセスで実行...
実行
閉じる
ヘルプ

図 1-5-93　ポリゴン内部にランダム点群を生成した例
5 つのポリゴンに 10 点のランダムなポイントを生成（右図）。

線に沿ったランダム点群

指定した線レイヤの地物上に指定した数のランダムな点を発生させます（図 1-5-94）。

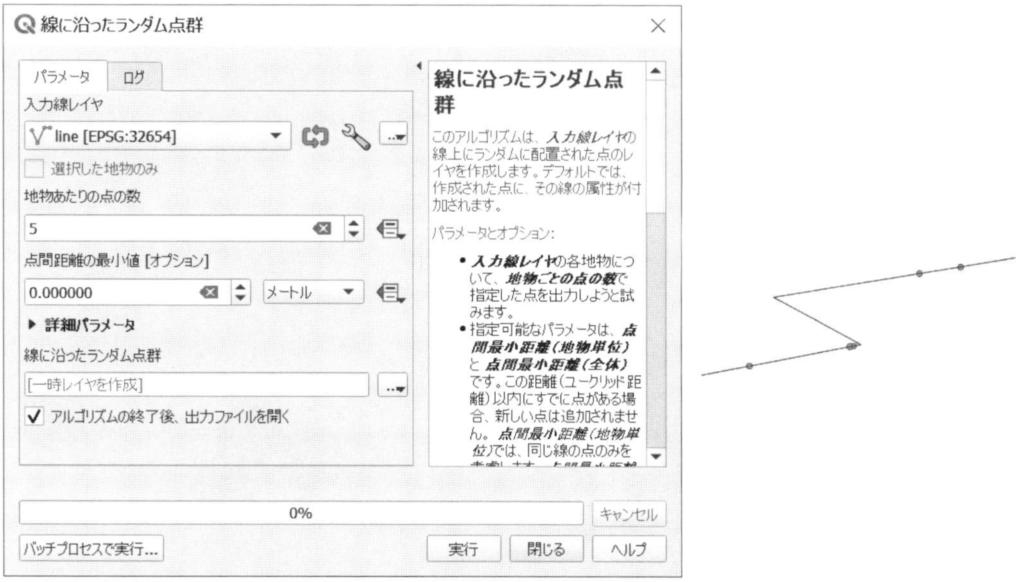
線に沿ったランダム点群
パラメータ
ログ
入力線レイヤ
line [EPSG:32654]
選択した地物のみ
地物あたりの点の数
5
点間距離の最小値 [オプション]
0.000000
メートル
▶ 詳細パラメータ
線に沿ったランダム点群
[一時レイヤを作成]
アルゴリズムの終了後、出力ファイルを開く
線に沿ったランダム点群
このアルゴリズムは、入力線レイヤの線上にランダムに配置された点のレイヤを作成します。デフォルトでは、作成された点に、その線の属性が付加されます。
パラメータとオプション:
入力線レイヤの各地物について、地物ごとの点の数で指定した点を出力しようと試みます。
指定可能なパラメータは、点間最小距離（地物単位）と 点間最小距離（全体）です。この距離（ユークリッド距離）以内にすでに点がある場合、新しい点は追加されません。点間最小距離（地物単位）では、同じ線の点のみを
0%
キャンセル
バッチプロセスで実行...
実行
閉じる
ヘルプ

図 1-5-94　線に沿ったランダム点群の実行例
線上に 5 つのランダムな点を生成（右図）。

場所による選択

2 つのレイヤ間の位置関係を使って地物を選択するためのツールです。空間的関係として交差する、含む、接触するなどが選択できます。デフォルトでは「新たに選択」を実行しますが、すでに選択されている地物を対象にした選択や、すでに選択された地物への追加や削除などのオプションが用意されています（図 1-5-95）。

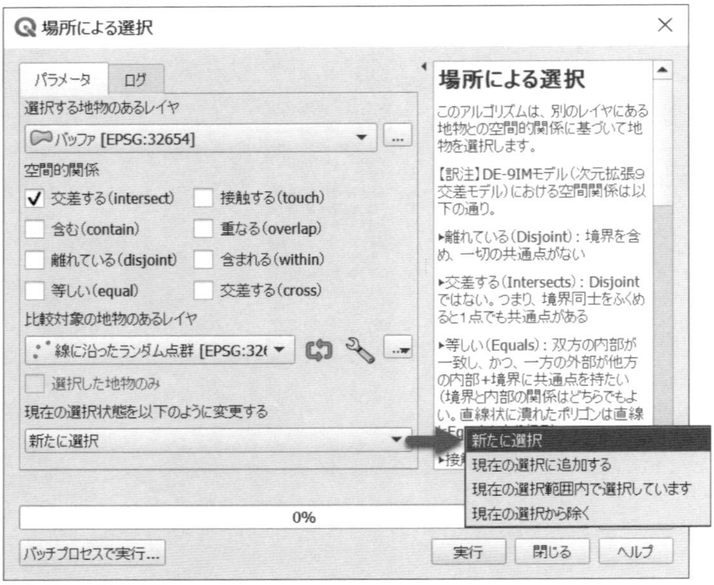

図 1-5-95　場所による選択ダイアログボックス

入力レイヤの領域にランダム点群

選択したレイヤに複数の地物があった場合でも、地物ごとではなく、地物全体に対し、指定した数のランダムな点を発生させます（図 1-5-96）。

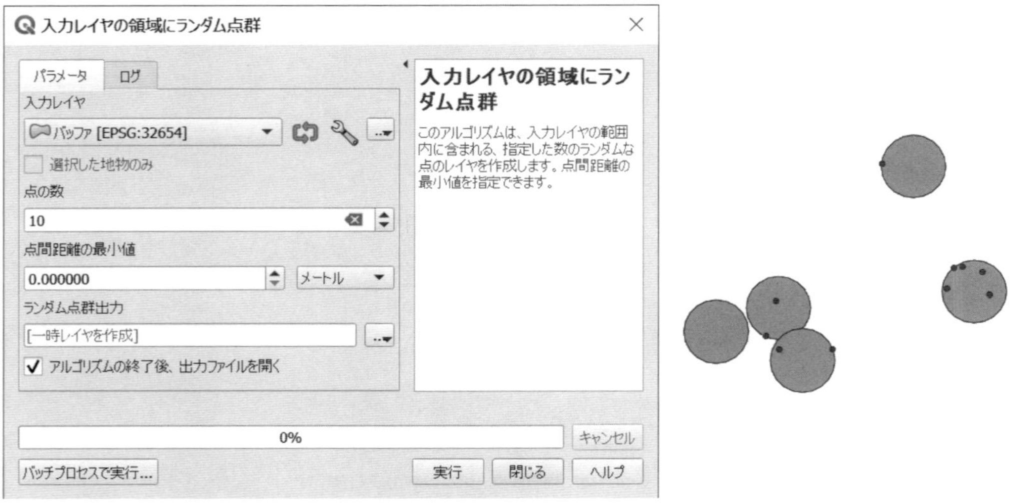

図 1-5-96　入力レイヤの領域にランダム点群を生成した例
5 つのポリゴンを含むレイヤに対し 10 点のランダムポイントを生成（右図）。

ポリゴン内部にランダム点群

ポリゴンレイヤの各地物に対し、ランダムな点を発生させます。先に出てきた同名のツールと同様に、各地物に対し指定した点数のランダムな点を発生させる他、指定した密度でもランダムな点を発生させることができます。

ランダム選択

指定したレイヤから、指定した割合で地物をランダムに選択します。選択の方法として、地物の数、または地物の割合を指定できます（図 1-5-97）。

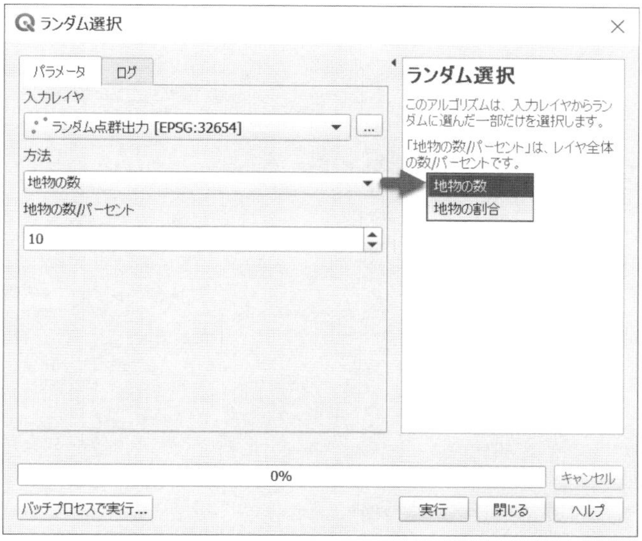

図 1-5-97 ランダム選択のダイアログ

地物のグループ別ランダム選択

階層化サンプリング法でランダムに地物を選択します。指定した数または密度で指定したフィールドの値のグループごとにランダムに地物を選択できます。例えば土地利用レイヤで、各土地利用タイプごとに地物をランダムに選択する時に利用できます。

規則的な点群

指定した範囲内に規則的に配置した点群を発生させます。指定範囲としては既存の点、線、ポリゴンレイヤの範囲、またはキャンバス領域が指定できます。点の発生方法にはグリッドの間隔を指定して規則的に発生させる方法、利用ポイント数を指定する方法があります。ポイント間の間隔をランダムにずらしたり、点が始まる位置をオフセットしたりすることができます。

データ管理ツール

空間インデックスを作成

地物へのアクセスを効率的に行うための空間インデックスである .qix ファイル（quadtree spatial index）を作成します。

属性の空間結合

2 つのベクタレイヤ間で、地物の位置関係に基づいて属性値を結合した新しいレイヤを作成します。いわゆる属性値の空間結合です。結合させたい属性情報を持つ結合レイヤの属性値を、結合先になるレイヤ（ベースレイヤ）に結合させることができますし、「マッチした地物ごとに地物を作成」、「最初に合致した地物の属性のみを取得」、「もっとも重なる地物の属性のみ」をオプションで指定することもできます（図 1-5-98）。「最初に合致した地物の属性のみを取得」を選択すると、1 つのポリゴン上に複数の点が重なる場合、最初に見つかった地物の属性値が結合されます。例えば、気象観測点のポイントに格納された平均気温を別に用意した市町村ポリゴンに紐づけして格納する時などに利用できます。

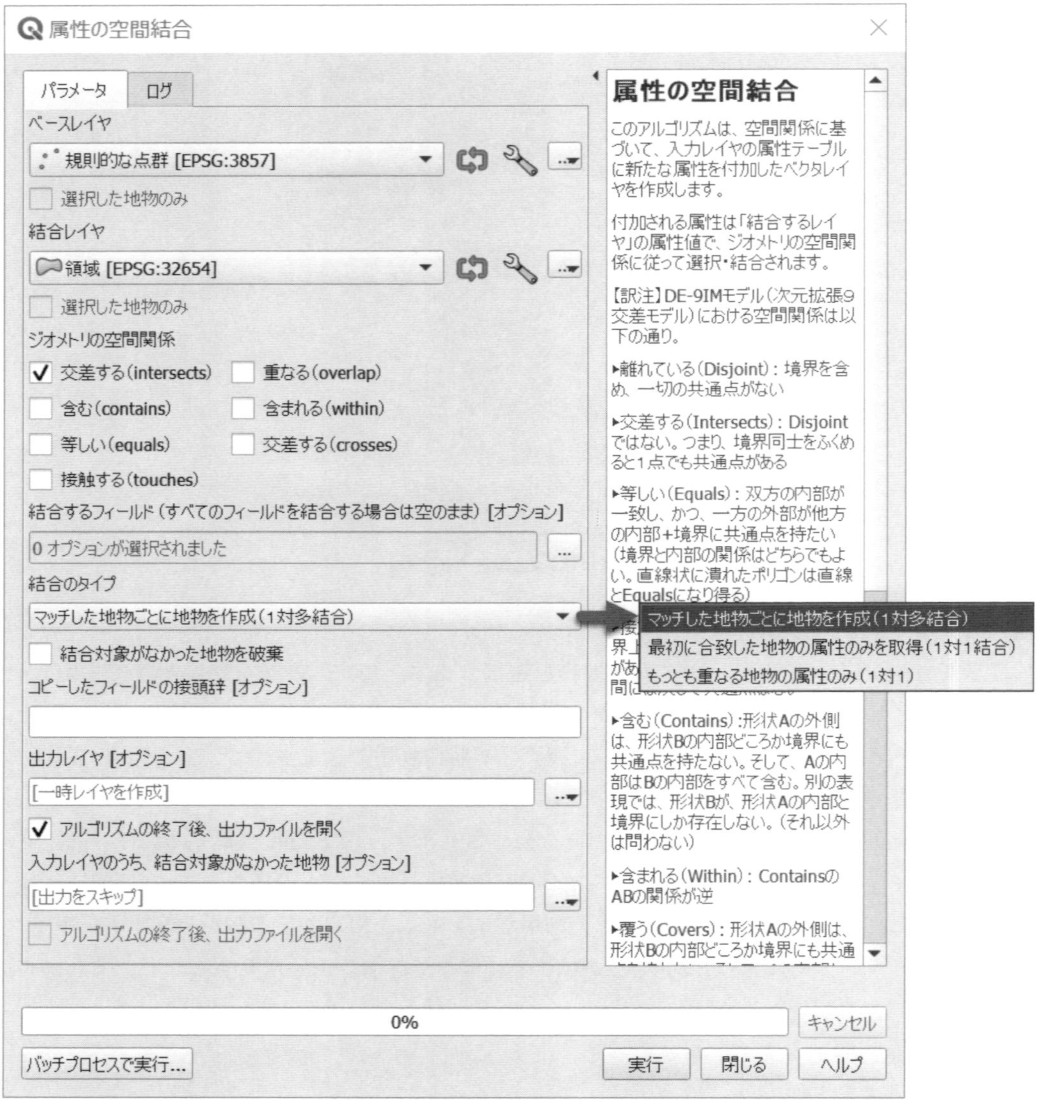

図 1-5-98　属性の空間系都合ダイアログ

ベクタレイヤのマージ

指定した複数の、またはフォルダー内すべてのベクタデータを1つのレイヤとして結合します。結合するレイヤの地物は同一のジオメトリタイプ（点、線、ポリゴン）を持つ必要があります。

レイヤの再投影

何らかの理由で、座標参照系が定義されていない、または間違った定義がされているレイヤに対し、座標参照系の定義ファイルをアップデートか新規作成します。QGISの座標参照系定義ファイル、.qpjがある場合は、そのファイルもアップデートされます。

属性でレイヤ分割

属性値をもとに、地物を分類してそれぞれ別の新しいレイヤとして作成する機能です。例えば都道府県ポリゴンをもとに、各都道府県別のレイヤを作成する時などに使えます。

Memo

第 6 章 ラスタデータ

本章では、GIS のもう 1 つの主役であるラスタデータの QGIS での取り扱い方について解説します。ラスタモデルで説明したように、ラスタは空間的に連続した情報、例えば標高や気温、汚染物質の広がりなどの情報を取り扱う際に便利なモデルです。ベクタとはそのモデルとファイルフォーマットが異なるため、ラスタの取り扱いはベクタとは別に学ぶ必要があります。

QGIS はオープンソース GIS のラスタデータを取り扱うライブラリである GDAL (https://gdal.org/) を利用しており、多種多様なラスタデータを閲覧、検索、保存することができます。またベクタ、他のラスタレイヤと組み合わせて様々なデータ表示や解析、地図作成が可能です。QGIS ではデフォルトで GDAL ライブラリが提供する、ラスタデータの変換、幾何補正、DEM 解析などの機能が提供されています。また、ラスタの幾何補正を行う GDAL ジオリファレンサーやラスタレイヤの演算を行うラスタ計算機も用意されています。本格的な地形解析、水文解析、景観生態学的解析、ベクタとラスタレイヤ間の集計などは、プロセッシングメニューから利用できる GRASS や SAGA などの他のオープンソース GIS の機能を利用します。

◆ラスタデータの種類

QGIS では GDAL ライブラリで数多くのラスタデータフォーマット (http://www.gdal.org/formats_list.html) を取り扱うことができます。QGIS における標準ラスタフォーマットは GeoTiff ですが、GeoPackage でもラスタデータを取り扱うことができます。この他、代表的なラスタフォーマットである ESRI 社の GRID、ASCIIGRID、ERDAS 社の .IMG、SAGA の .SDAT など、多くのリモートセンシングデータフォーマットが含まれています。ただし、ESRI 社の File Geodatabase のラスタは QGIS での取り扱いは難しいので、QGIS で利用する場合は、一旦 GeoTIFF に変換してから利用することをおすすめします。

ラスタデータの種類は、大きく単バンドとマルチバンド（複数のバンド）というバンド数で分けられます。バンドというのは、ラスタデータに格納された 1 つのレイヤのことで、複数のバンドを持つことができるのがラスタの特徴です。単バンドの代表データとしては DEM、マルチバンドデータとしては赤、緑、青のバンドを持つ空中写真、赤、緑、青、近赤外、遠赤外をバンドとして持つランドサット画像が代表例として挙げられます。以下では主に単バンドデータを使って QGIS の使い方を解説し、必要に応じてマルチバンドデータに触れます。

◆ラスタデータの読み込み

ラスタデータを読み込むには、ブラウザパネルから対象のラスタデータを探し出し、地図ビューにドラッグ＆ドロップするか、データソースマネージャの「ラスタ」タブを選択した後、目的のラスタファイルを選択し、「追加」ボタンをクリックします。レイヤ管理ツールバーを

図 1-6-1 レイヤ管理ツールバーのラスタレイヤ追加

図 1-6-2 測地系が異なるラスタデータを読み込もうとした際に表示される transformation ダイアログ

あらかじめ追加しておけば、「ラスタレイヤを追加」をクリックして、データソースマネージャの「ラスタ」タブを直接開くこともできます（図 1-6-1）。

ラスタの読み込みの際にも、ベクタと同様に表示や解析を行う際にユーザーが座標参照系について意識しなくても良いように、測地系が読み込む先のプロジェクトと同様の時は自動的に、測地系が異なる時は、読み込み時にダイアログを表示させ、座標参照系を統一させるよう促されます（図 1-6-2）。一旦測地系の異なるレイヤ同士を transformation ダイアログを通して重ね合わせると、その後は、複数のラスタ、そしてベクタレイヤ同士の表示や解析の際に、座標参照系を意識しなくてもよくなります。

◆ラスタのスタイル設定

ラスタのスタイル設定はベクタシンボル設定と大きく異なります。ベクタデータのように地物として一つ一つのジオメトリに属性を付加しないラスタは、ラスタデータを構成する個々のセルの値に基づき色の設定を行います。また、リモートセンシングデータのような複数のバンドから構成されるデータでは、画像の RGB 各バンドに赤、緑、青を割り付け、3 つのバンドを組み合わせ自然色の画像を作ります。このようなラスタデータの特性に対応し、ラスタのレンダリングタイプとして、カテゴリ値パレット、単バンドグレー、単バンド疑似カラー、マルチバンドカラーが用意されています。陰影図（hillshade）、等高線（contours）は、標高ラスタ（DEM）や降水量ラスタなどのデータを陰影図表示したり、等高線表示する際に利用します（図1-62）。

ラスタのシンボル設定は、対象のラスタレイヤをレイヤパネルでダブルクリックするか、右クリックして、「プロパティ（P）…」を選択して、レイヤプロパティダイアログを表示させ、「シンボロジ」タブをクリックします。各レンダリングタイプについて、以下で詳しく解説します。

レンダータイプ：単バンドグレー

単バンドグレーはラスタデータの値に基づき、白から黒までのグラデーションでレイヤを塗り分けます。スタイル設定のバンド表示欄内にある、色階調、最小、最大、コントラスト拡張の設定に基づき色を塗り分けます（図1-6-3）。

バンドレンダリング欄の「グラデーション」では、「黒から白」または「白から黒」を選びます。最小、最大値は黒から白を割り当てる値の範囲を設定します。直接値を入力しても変えられますが、「コントラスト」ドロップボックスからオプションを利用して読み込むのが便利です。最小値／最大値設定欄は、折りたためるようになっているので、閉じている場合は、タイトルの左にある三角形アイコンをクリックして開いてみてください。ここでは、塗り分けのための最小値と最大値を細かく設定するための設定を行います。「累積範囲」はラスタ値の頻度分布の何%のところで最小値と最大値を求めるかを数値で指定、「最小／最大」は実際の読み込んだラスタの最小値と最大値、平均±標準偏差Xは標準偏差の何倍のところで最小値と最大値を求めるかを数値で指定します。また、その下にある「集計の範囲」指定では、頻度分布図の作成範囲をラスタ全体にするか、地図ビューに表示させている範囲内だけで頻度分布を作成するかを「ラスタ全部」、「現在のキャンバス」、「更新されたキャンバス」から指定します。「精度」の指定は「実際の値（低速）」を指定すれば、正確にラスタの最大値と最小値を求めますが、「推定値（高速）」でもほとんどの場合問題ありません。最後に指定する「コントラスト拡張」は、大抵の場合、「最小最大に引き伸ばす」を選びます。

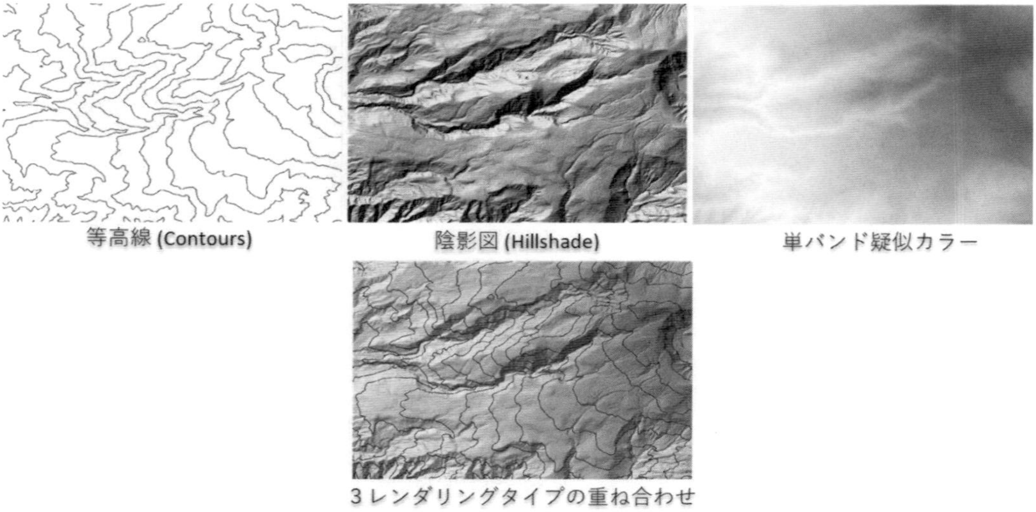

図1-6-3 標高ラスタ（DEM）の3種類のレンダリングとその組み合わせ表示の例

カラーレンダリング欄には、混合モード、輝度、ガンマ、コントラスト、彩度など、塗り分けを調整する様々なオプションが用意されているので、思い通りの塗り分けができるように色々試してみてください。

リサンプリング欄は、ラスタレイヤの見た目をスムーズにする方法を指定します。通常は、最近傍（Nearest neighbor）で間に合いますが、標高ラスタや降水ラスタなどの連続値を扱う場合は、見た目をスムーズに見せるために、バイリニアやキュービックを選ぶこともできます。

レンダータイプ：単バンド疑似カラー

単バンド疑似カラーでは、単バンドのラスタに対し、様々なカラーマップを利用した塗り分けを行います。単バンドグレーと異なる点は、カラーマップを用いる点と、それぞれの色に割り当てるラスタ値の範囲の指定も行うことができる点です。

疑似カラーで塗り分けを行うには、まず単バンドグレーと同様に、塗り分け範囲の最小・最大値を指定します（図 1-6-4）。次に、指定された最小／最大値に挟まれた範囲の塗り分けを行うため、値の「内挿」、「カラーランプ」（色のセット）と「モード」を選択します。内挿は、離散値、線形、正確な、が選択でき、それぞれ異なった表現効果が得られます（図 1-6-6）。「線形」と「離散値」は連続数とカテゴリカルデータ双方に用いることができますが、連続数に用いるのが一般的です。「厳密」は、分類値そのものだけに色を割り当てる設定で、植生図などのカテゴリカルなデータを扱う場合に使われます。「厳密」では、分類値とラスタ値が一致しない場合は、色が割り当てられません。

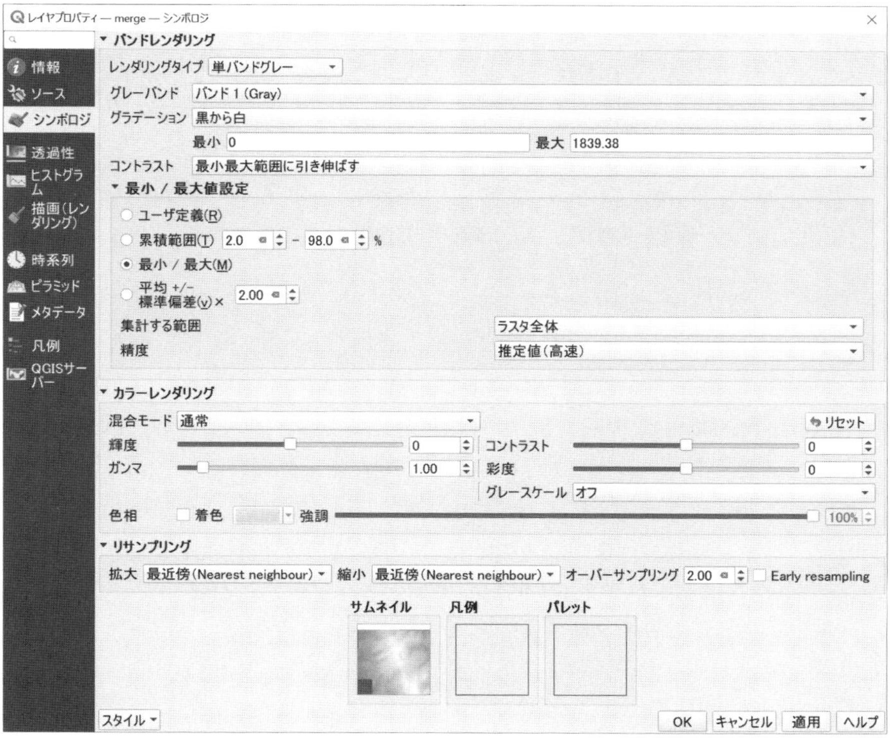

図 1-6-4　単バンドグレーレンダリングタイプによるラスタレイヤの塗り分け設定

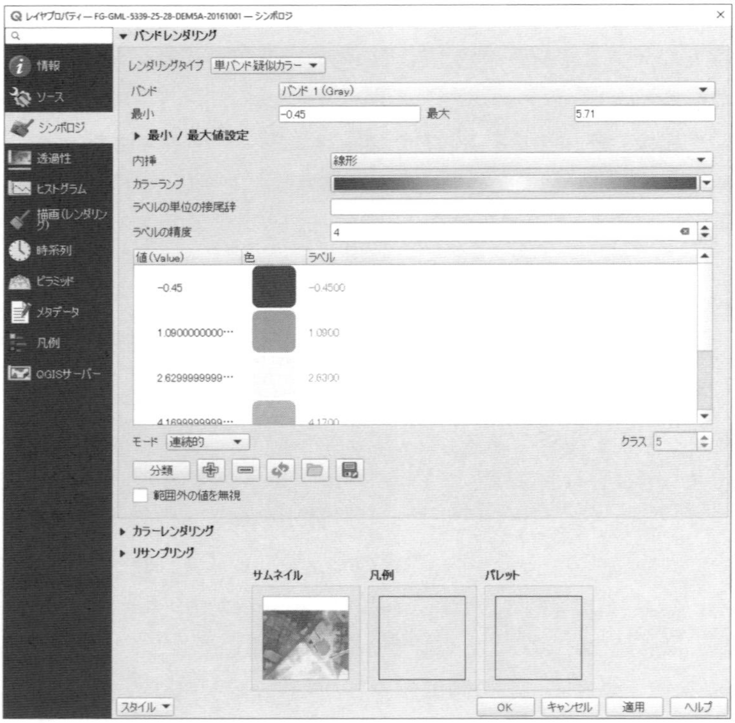

図 1-6-5 単バンド疑似カラーレンダリングタイプによるラスタレイヤの塗り分け設定

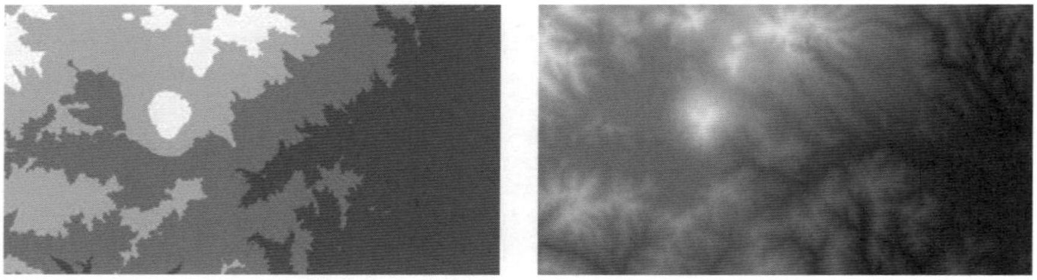

図 1-6-6 離散的（左）と線形（右）内挿による DEM の表示

カラーランプは、好みの色のセットをドロップダウンリストから選択しますが、ユーザーが作成することもできます。「カラーランプを反転」を選ぶと、割り当てられた色の順番を反転させることができます。

モードからは「連続的」、「等間隔分類」、「等量分類」が選べます。連続的では、ラスタの最大・最小値に合わせ自動的に「クラス」（塗り分けのための分類数）が設定されるのに対し、等間隔モードでは、クラス数を指定することができます。等量分類はラスタ値の頻度分布から、各値の範囲のラスタのセル数が一定になるように塗り分け範囲の値を設定します。以上の設定が終了したら、「分類」ボタンをクリックして、実際にラスタ値に色を割り当てます。

塗り分けのために分類された、値、色、ラベルのそれぞれは、インタラクティブに設定を変えることができます。設定を変更するには、それぞれの項目をダブルクリックします。ラスタ値のラベルには「ラベルの単位の接尾辞」で、例えば「m」のように単位を付けたり「ラベルの精度」で数値の桁数を設定することができます。

レンダリングタイプ：その他のタイプ

レンダリングタイプにはこれらの他、カテゴリ値パレット、マルチバンドカラー、陰影図、等高線があります。これらについて簡単に説明します。

カテゴリ値パレット

ラスタデータでは、パレットという色指定をデータ自体が持つことができます。「カテゴリ値パレット」は、データに格納された値を使って塗り分けを行うモードです。

マルチバンドカラー

航空写真や衛星画像など、マルチバンドのラスタデータの各バンドに対しスタイルを設定できます。

陰影図

標高ラスタ（DEM）に対し、太陽高度と方位角を設定し、陰影を表現します（図 1-6-3）。

等高線

標高ラスタや降雨図のような連続的な数値を持つラスタから等高線を作成・表示します（図 1-6-3）。

◆透過性とデータ無しの取り扱い

レイヤのプロパティ設定では、「透過性」タブでラスタの透過性を設定できます。DEM を陰影図表示させ、透過度を調節して標高値で塗り分けたレイヤに重ねるテクニックは GIS では頻繁に用いられます（図 1-6-7）。透過性の設定は、透過性タブの「グローバルな不透明度」スライダーを用いて行います。

透過性タブ内には、「データなし（nodata）とする値」設定と「カスタム透過率オプション」があります。ラスタデータ自体にデータなしの値があらかじめ設定されていない場合は、ユーザーが独自にデータなしとしたいラスタ値を指定することができます。ラスタを読み込んだ時に、ラスタの縁に表示したくない黒い部分などが出てきた際に設定する項目で

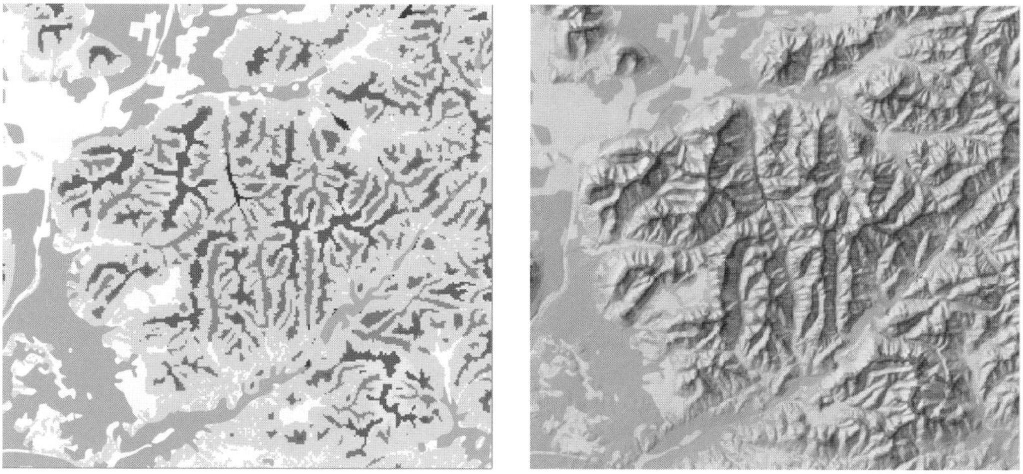

図 1-6-7　地形分類ラスタに透過率を指定した地形陰影図を重ねた例

左は地形分類図。右の例は陰影図を重ねあわせ、効果的に地形分類と地形を表示している。

す。カスタム透過オプションは、ラスタレイヤの特定の値に対し、ユーザーが透過率を設定するためのもので、「画面から値を追加」ボタンを利用すれば、ラスタレイヤのある特定の値の透過率をインタラクティブに設定することもできます。

ラスタの座標参照系と変換

QGIS でラスタデータの座標参照系を確認するには、データを一旦読み込んだ後、レイヤプロパティの「情報」または「ソース」で調べます。座標参照系の定義は、ベクタデータと同一です。

ラスタの座標参照系の変換は、ベクタとデータの構造が違うことを反映し、方法が異なります。ラスタデータは、画像自体とその画像を地理参照するための座標（フォーマットによって異なりますが、最低 1 点で多くの場合画像の左上）、1 セルあたりの解像度で構成されています。このような特性を持つラスタデータを、ある座標参照系から別のものに移す際は、計算で参照座標を目的の座標値に変換すると同時に、座標系の変換に合わせ画像自体を変形する必要が生じます。その結果作成される新しいラスタの並びにどのように値を埋め込むか計算する必要があります（図 1-6-8）。

QGIS でラスタデータの座標参照系の変換を行うには、2 つの方法があります。1 つ目はベクタレイヤと同じように、QGIS に読み込んだラスタをレイヤリストで右クリックして、「エクスポート」から「名前をつけて保存」を選択する方法です。バージョン 3 になってからは、出力形式として GeoTiff 以外のファイル形式を選べるようになりましたが、変換後の埋め込むセルの値の計算方法（内挿法）として最近傍法という方法が自動的に選択されます。最近傍法とは、画像を変形させる際、変換先のセルに一番近いラスタの値を使って値を埋め込む方法です。

指定する項目としては、出力モード、形式、ファイル名、レイヤ名、座標参照系（CRS）、に加え、

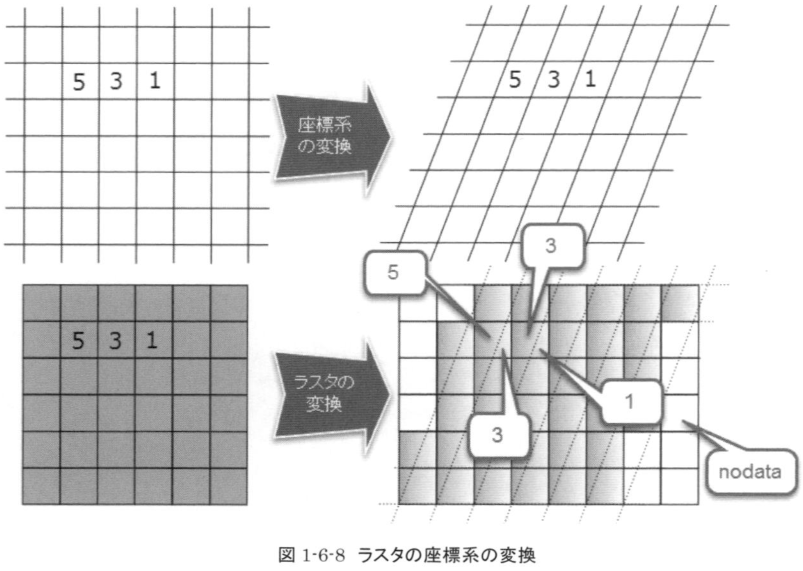

図 1-6-8 ラスタの座標系の変換

例としてラスタ値として 5、3、1 を持つセルの座標系の変換のプロセスをイメージ。ラスタ変換後のセルには元々のセルの複数の値が含まれる可能性があるため、どの様に新しいセルの値を決定するか決める必要がある（内挿法の決定）。また、データを持たない部分も出てくるため、nodata（データ無しの値）の取り扱いも決める必要がある。

領域、解像度、nodata値なども指定することができます(図1-6-8)。出力領域はデフォルトでは、レイヤの領域全体が指定されますが、「キャンバスの領域」ボタンをクリックすると、地図ビューで見えている範囲だけを指定することができます。また、保存の範囲を指定する東西南北の数値は、手動で指定することもできます。出力ラスタの解像度は、デフォルトでは変換もとのラスタに基づき設定されますが、必要に応じて手動で指定し直します。解像度の指定には、ラスタの1セルの大きさを水平、垂直の距離として指定する方法と、ラスタ画像全体のセル数を幅と高さで指定する方法があります。

ラスタの座標参照系の2つ目の変換方法は、ラスタメニューの投影法から「再投影（warp)」ツールを選びます（図1-6-9)。この方法では、先に説明した方法よりもより詳細な再投影のオプションを設定できます。その中で一番重要なのが、内挿法を選択できる点です。先の方法では、デフォルトの最近傍法だけでしたが「再投影（warp)」ツールでは、最近傍法、バイリニア、キュービック、キュービックスプライン、ランチョスをはじめとする多様な内挿法が選択できます。これらの内挿法のうち、最近傍法だけは、オリジナルのラスタの値がそのまま用いられて新しいラスタが作成されますが、その他の方法は隣接するラスタ値の距離による加重平均値が計算されるため、元々のラスタにはない値が発生する可能性があります。そのため、植生図などのカテゴリカルな情報を扱うラスタデータでは最近傍法を用い、DEMなどの数値データを扱う際は、最近傍法以外の方法を用います。例えば、ある植生データの植生タイプAのラスタ値が1、植生タイプBのラスタ値が2だとして、再投影したラスタでは、ラスタ値1または2だけが欲しいわけですが、最近傍法以外では、2つの植生タイプが接する辺りでは、数値の1と2以外の数値が発生してしまいます。

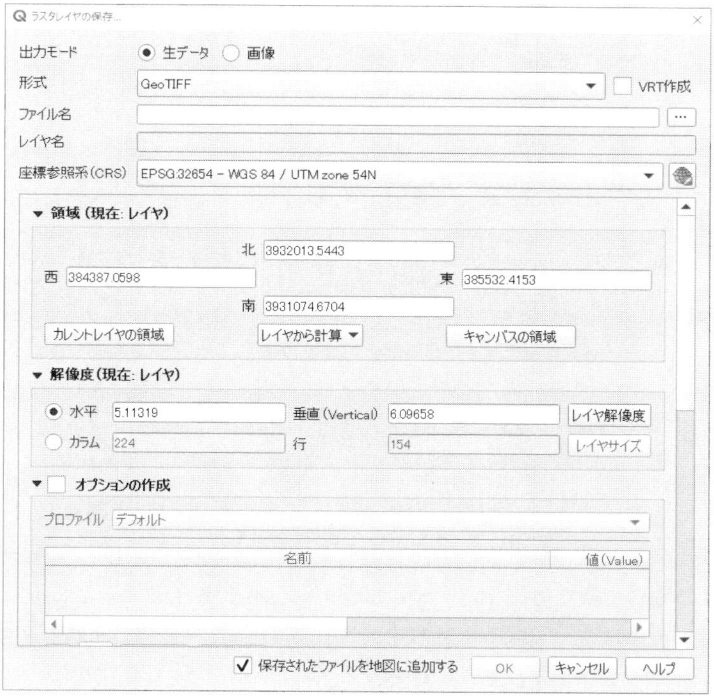

図1-6-9 ラスタデータのエクスポートと座標参照系の変換

表 1-6-1 代表的なラスタの再投影の際に選択できるリサンプリング手法

手法	説明
最近傍法	最も近くにあるセルの値を使って内挿が行われる。土地被覆図などのカテゴリカルなデータを再投影する際に選択。処理速度が一番速い。
バイリニア	隣接する 4 つのセルの加重距離平均を用いて内挿が行われる。近似よりもスムーズな画像が得られる。
キュービック	隣接する 16 のセルの加重距離平均で内挿が行われる。双線形よりもシャープな画像が得られる。DEM の再投影に向き。。
キュービックスプライン	キュービックは線形だが、この方法ではスプライン（低次の多項式）を使って内挿が行われる。キュービックよりもより正確な内挿が行われるとされる。
ランチョス	隣接する 25 セルの加重距離平均で内挿。キュービックよりも近隣のセルに重きが置かれる。キュービックよりもシャープな画像になる。

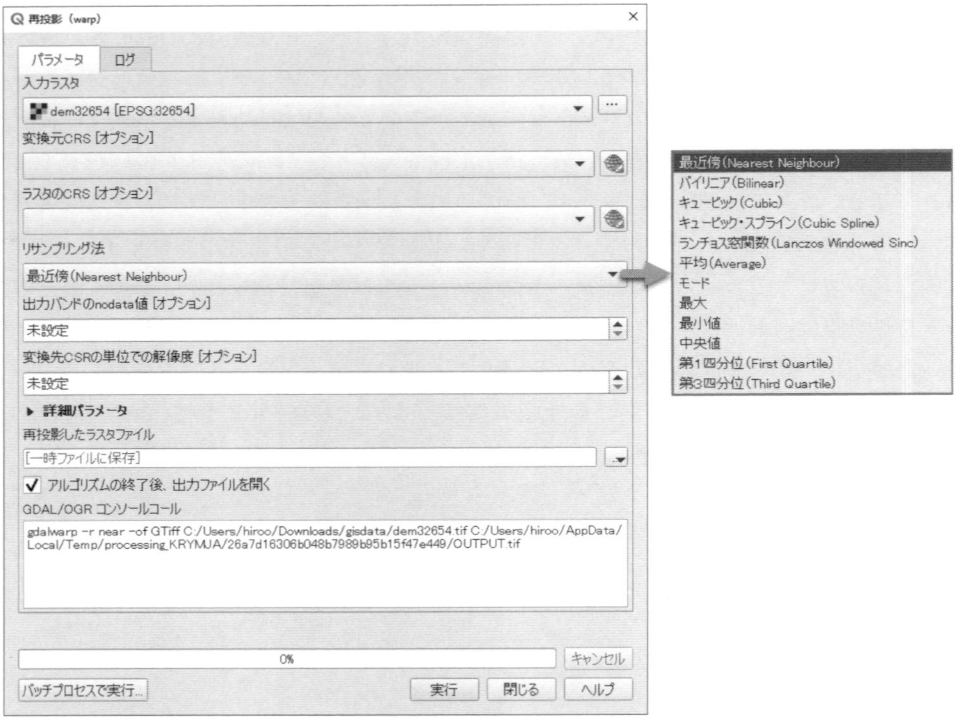

図 1-6-10 ラスタメニューの「ワープ（再投影）」を利用したラスタデータの座標参照系の変換
コマンドを直接編集して、GDAL の gdalwarp で利用できる様々なオプションも活用できる。オプションの詳しい解説は http://www.gdal.org/gdalwarp.html を参照。

目的によって適した内挿法が異なるため、すべてに適した内挿法というのはありませんが、カテゴリカルなデータのラスタには、最近傍法、DEM のようなデータにはキュービック、キュービックスプライン、ランチョシュなどを用います。これらの内挿法の処理速度は、キュービックが一番早く、ランチョシュが遅くなります。また、地図の背景図として DEM から地形陰影図を発生させる際には、処理速度の早いバイリニアでデータを処理しても良いと思います。

最近傍法以外の方法では、隣接するセルに nodata がある場合にはそのセルも nodata になるため、特にデータの周縁部で nodata 値が用いられている場合はデータがわずかに周縁部で失われます。その程度はランチョシュで最も大きく、キュービック、双線形の順で小さくなります。

◆ラスタメニュー

ラスタメニューには、ラスタデータを解析、再投影、変換、出力するための各種ツールがまとめられています（図1-6-11）。プラグインを追加することでメニューの内容は増えていきますが、以下では、デフォルトで用意されている機能について説明します。

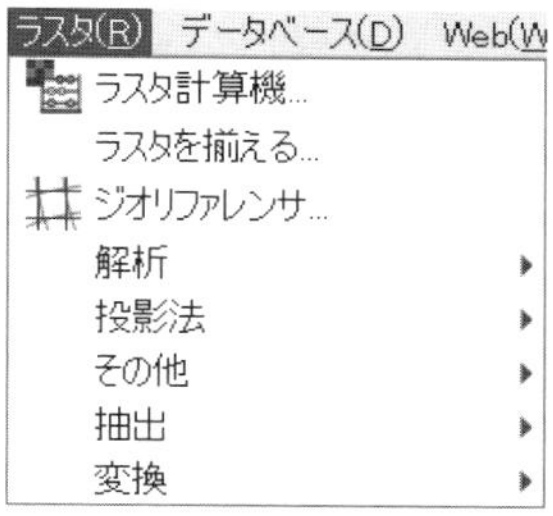

図1-6-11 ラスタメニュー

ラスタ計算機

ラスタ計算機は、ラスタレイヤ間の演算を行うためのツールです。ラスタの演算は、例えば降水量がセンチメートルで格納されているデータをミリメートルに変換するため、値を10倍にしたり、複数のラスタを足し合わせたりするような場合に使います（図1-6-12）。

GISで特によく使うテクニックは、ブーリアンラスタという値として1と0だけを持つラスタを作成して、他のラスタに掛け合わせ、必要な範囲のラスタデータを作成するという方法です。例えば、標高1,000 m以上の範囲をDEMから、ブーリアンラスタとして作成し、土地利用のラスタに掛け合わせると、標高1,000 m以上だけの土地利用ラスタを作成することができます。

図1-6-12 ラスタ計算機

図 1-6-13　ラスタを揃えるツール

ラスタを揃える

QGIS バージョン 3 では、ラスタレイヤも一旦読み込んでしまうとその後は座標参照系を意識せずにレイヤの表示や解析ができますが、例えば異なるセルのサイズを統一させたり、データの範囲を揃えたい場合には、「ラスタを揃える」ツールを利用します（図 1-6-13）。2 つのラスタ間で一部の範囲しか重ならない場合、そのまま解析を行うと重ならない部分の処理も行なわれたり、セルサイズが異なるレイヤ同士の演算をする際に、意図しない計算結果にならないよう、あらかじめセルサイズを統一する場合に利用します。

ジオリファレンサー

ジオリファレンサーは、位置情報を持たない画像データに位置情報を持たせるための一連の作業を行うためのツールです。スキャナなどで取り込んだデジタル画像を読み込み、既存の座標参照系を持つ GIS データを利用して位置関係確立させ、画像をラスタデータに変換（幾何補正）をします。データ解析では既存データを利用することが多いですが、自分でデータを作らなければならない場面もあります。ジオリファレンサーはそのような状況でデータを一から作成するために利用します。想定される状況としては、既存の印画紙上の航空写真を背景図として使いたい、印刷された地図から土地利用図のベクタデータを作りたい、現地調査で作成した地図を GIS に取り込みたい、といった状況が考えられます。

ジオリファレンサーを利用してラスタデータを作成するためには大まかに以下のステップをたどります。

・既存データのデジタル化（スキャニング）
・ジオリファレンシング
　　グラウンドコントロールポイントの設定
　　幾何補正方法の選択
　　誤差の推定と幾何補正の実行

以下では、ジオリファレンサーの使い方について説明しますが、画像のスキャニングについて学びたい方は、『オープンソース GIS グラスアプローチ 第 3 版 日本語版』(Neteler and Mitasova 著／植村訳、開発社）などを参照してください。

グラウンドコントロールポイントの設定

ジオリファレンシングでは、あらかじめ地理参照されている道路データの交差点や航空写真のランドマークを目安とし、取り込んだ画像を参照元となる GIS データに重ねあわせます。対象とする画像と参照元になるデータの位置対応をあらわす点群がグラウンドコントロールポイント（GCP）と呼びます。ジオリファレンサープラグインは GCP 取得作業を大幅に効率化してくれます。GCP を設定する作業は、幾何補正の結果、得られるラスタデータの誤差に大きく影響しますので、GCP の作成作業には十分な注意を払ってください。

最初に、QGIS に参照先となる座標参照系を持つデータを読み込んでおきます。次に、ジオリファレンサーの「ラスタを開く」（図 1-6-14 : ①）で作業したい画像データを読み込みます。

図 1-6-14 ジオリファレンサーによる GCP 取得作業

そのうえで、元画像の地理参照済みの画像の既知の場所、例えば交差点に GCP を設定し（②、③)、あらわれる「地図座標の入力」ダイアログで「地図化キャンバスから」ボタンをクリックした後（④)、続いて地図ビュー上で元画像に対応する場所をクリックします（⑤)。するとジオリファレンシングダイアログの表に変換元と変換先の座標値などが表示されます（⑥)。この作業を繰り返し、十分な数の GCP を取得します。最低限必要な GCP の数は利用する幾何補正法（画像の変換方法）によって異なりますが、一番単純な線形幾何補正で最低 3 点、より高度な方法ではそれ以上の GCP が必要となります。また、GCP はできる限り空間的にまんべんなく取得することが必要です。

変換方法の設定

十分な数の GCP を取得した後は、変換元の画像を変換先の位置合わせるため、GCP をもとに画像を平行移動したり、回転させたり、あるいはひねったりする方法を指定します。この作業が幾何補正と呼ばれます。幾何補正には様々な手法がありますが、QGIS は線形変換をはじめ、7 種類の変換タイプを用意しています（図 1-6-15)。

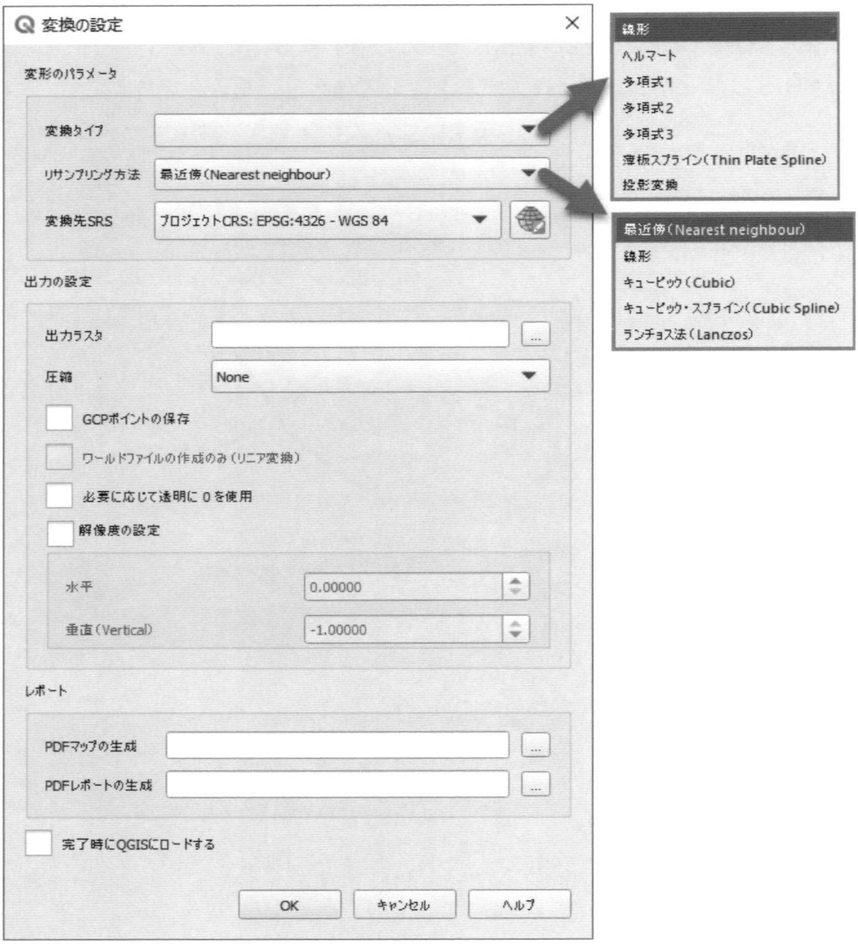

図 1-6-15 幾何補正の設定を行う変換の設定ダイアログボックス

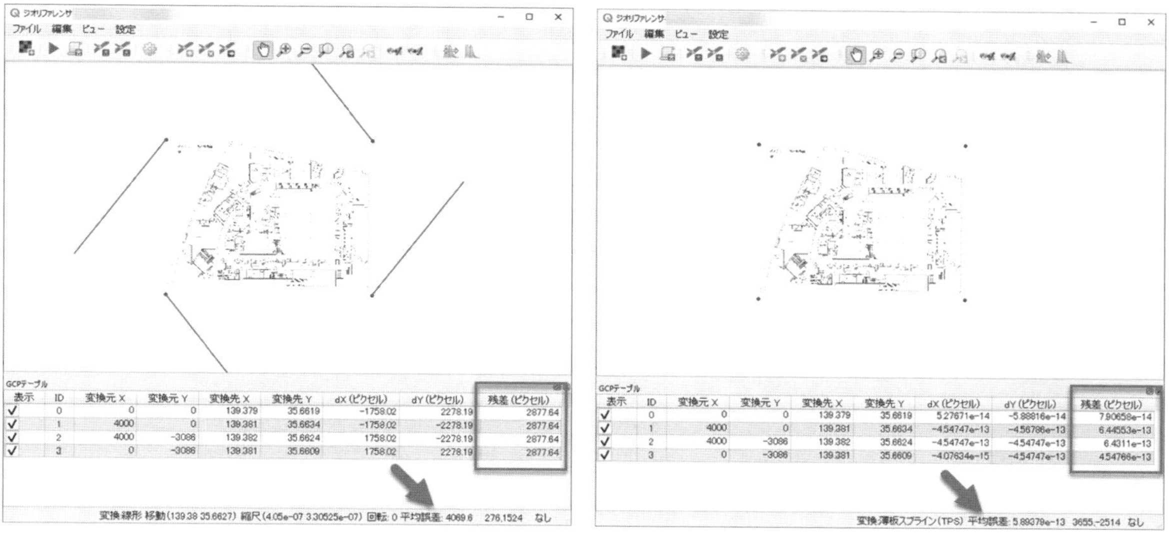

図 1-6-16 異なる変換タイプとその誤差の例
線形変換と薄板スプラインによる幾何補正の誤差の比較。

変換タイプは、線形幾何補正が最もシンプルな方法で、リストされる順により複雑な方法になります。複雑な手法が常に良い幾何補正手法ということはなく、変換元の画像が変換先と比べてどの程度歪んでいるかによって適切な幾何補正方法を選ぶ必要があります。ある程度の試行錯誤が必要となりますが、その際にはダイアログの残差（ピクセル）と平均誤差の数字を見て、誤差の少ない方法を選択します（図 1-6-16）。複雑な方法を用いる際には、より多くの GCP が必要とされます。

幾何補正の作業上、ラスタの座標参照系の変換と同様、画像を引っ張ったり縮めたりする際に、ピクセル間の隙間や重複を処理するためのリサンプリング方法を選ぶ必要があります。リサンプリング法には 5 つの方法があります（図 1-6-15）。最近傍法は、最も近くのピクセルの値を使ってピクセルの補間を行う方法で、その他の方法は周囲のピクセルの値を使ったスムーズな補間を行います。

この他、変換ダイアログボックスでは、座標参照系、出力ラスタの保存先、ラスタのデータ形式、解像度、GCP ポイントを保存するかどうかなどを設定します（図 1-6-15）。GCP と変換方法の設定が終わればあとは実際に画像をジオリファレンスしてラスタデータにします（図 1-6-17）。

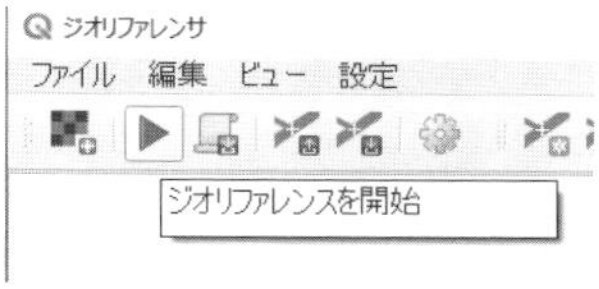

図 1-6-17 ジオリファレンスを開始

解析、投影法、その他、抽出、変換

解析メニュー以下で利用できる機能は、ラスタデータを取り扱うためのライブラリ、GDAL（http://gdal.org/）により提供されています。以下では、これらの機能を 1 つずつ説明していきます。

解析：斜面方位（aspect）

数値標高モデルのような DEM から地形の 1 つのパラメータである、斜面方位を計算します（図 1-6-19）。

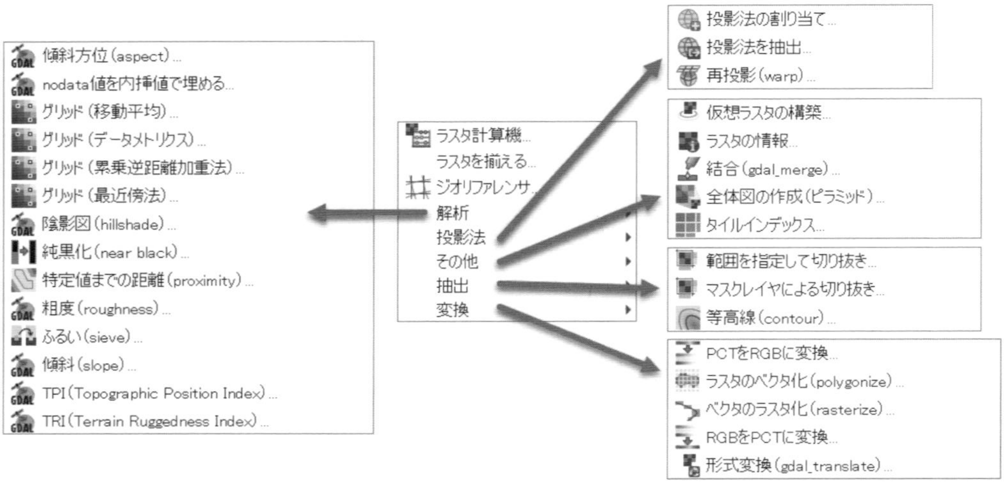

図 1-6-18 GDAL により提供されるラスタの解析、投影などの各種機能

図 1-6-19 斜面方位（aspect）

解析：nodata 値を内挿値で埋める

ラスタデータでは、値の欠損が起きることがあります。データを表示してみると穴が開いたような場所がある場合がありますが、そこがデータの欠損しているセルです。値がないので nodata のセルと呼びます。データの解析をする場合、この nodata 値を除去したい場合がありますが、このツールは nodata の周囲のセルの値から、nodata を埋めるための値を計算するツールです（図 1-6-20）。

nodata のセルからどの程度離れたセルまで利用するかを設定する「内挿値を検索する距離（ピクセル単位）」と「内挿後に実行するスムージングの回数」を指定し、穴を埋めます。

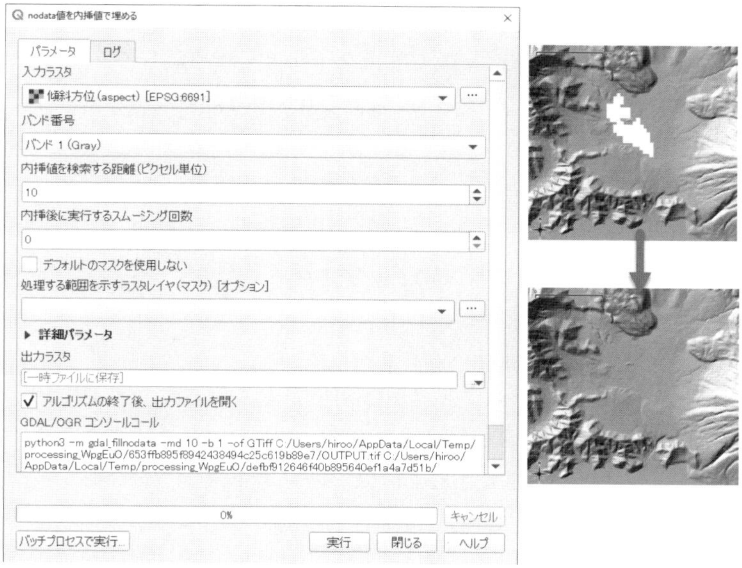

図 1-6-20　nodata 値を内挿地で埋める

解析：グリッド（移動平均、データメトリクス、累乗逆距離加重法、最近傍法）

グリッド作成の機能は、例えば気象観測ポイントのような、規則的には並んでいないポイントデータ（ベクタデータ）から、ラスタデータを作成する際に利用します。ポイントデータの持つ値を使って、ポイント間の空間をラスタデータとして埋めるための手法として、移動平均、データメトリクス、累乗逆距離加重法、最近傍法の 4 つの方法が提供されています。設定パラメータの詳しい内容については、GDAL のチュートリアルサイトを参照してください（https://gdal.org/tutorials/gdal_grid_tut.html#gdal-grid-tut）。

解析：陰影図（hillshade）

数値標高モデルのような DEM から地形の起伏が表現できる陰影図を作成します（図 1-6-21）。

図 1-6-21　陰影図（hillshade）

解析：純黒化

この機能は、航空写真のモザイク（複数の写真をつなぎあわせたもの）を作ったりする際に、データがない部分に本来ならデータなしを意味する 0、色で言えば黒が割り当てられているはずなのに、データ処理の過程で 0 ではない値が混ざり込んでしまった際に、本来 0 であるはずのセルを 0 に戻すために使います。また「純黒化ではなく純白化」というオプションをチェックすると、黒ではなく、白（255）の部分について黒と同様の作業を行います。オプションとして 0（または 255）からどの程度離れていても 0 とみなすかということを「黒・白からの距離」として指定します。

解析：特定値までの距離（proximity）

対象とするセルからの距離を示すラスタ近傍図を発生させます（図 1-6-22）。「ターゲットとなるピクセルの値のリスト」オプションで値をカンマで区切ることで対象とする値を複数指定できます。「距離の単位」は、定義された座標参照系の単位か、ピクセル単位で指定ができます。「最大距離」は対象単位を「GEO」で指定した際には座標参照系の単位で、指定していない場合はピクセル数で最大距離の指定を行います。「最大距離以内のピクセルに（距離ではなく）固定値を付与する」は、指定距離内にあるすべてのセルに同一の値を割りつけるためのオプションです。「nodata 値」で nodata の値を指定することもできます。

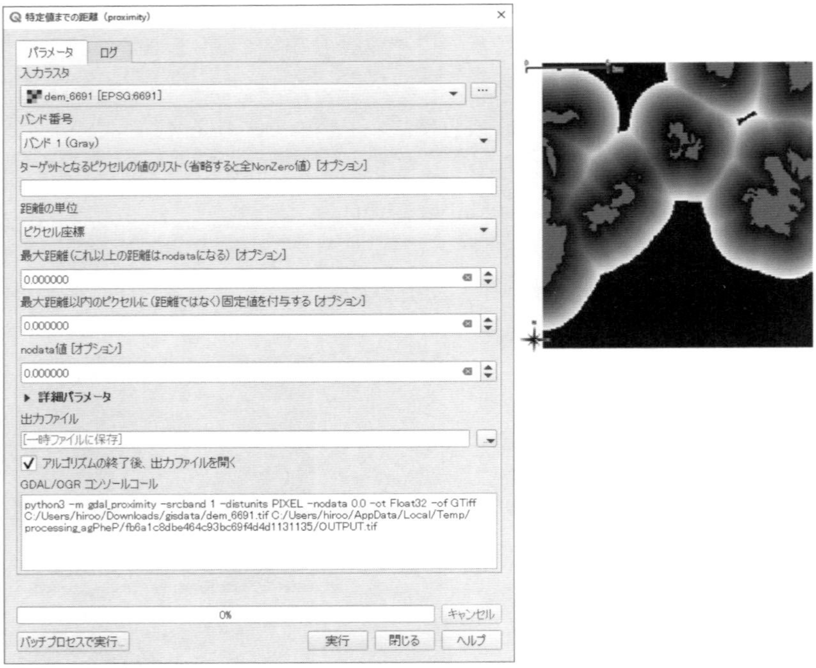

図 1-6-22　特定値までの距離（proximity）

解析：傾斜

DEM から斜面傾斜を計算する機能です（図 1-6-23）。座標参照系が地理座標系（投影されていない緯度経度のデータ）の場合は、投影座標系に設定してから計算をしてください。傾斜角はデフォルトでは度ですが、オプションでパーセントに設定することができます。

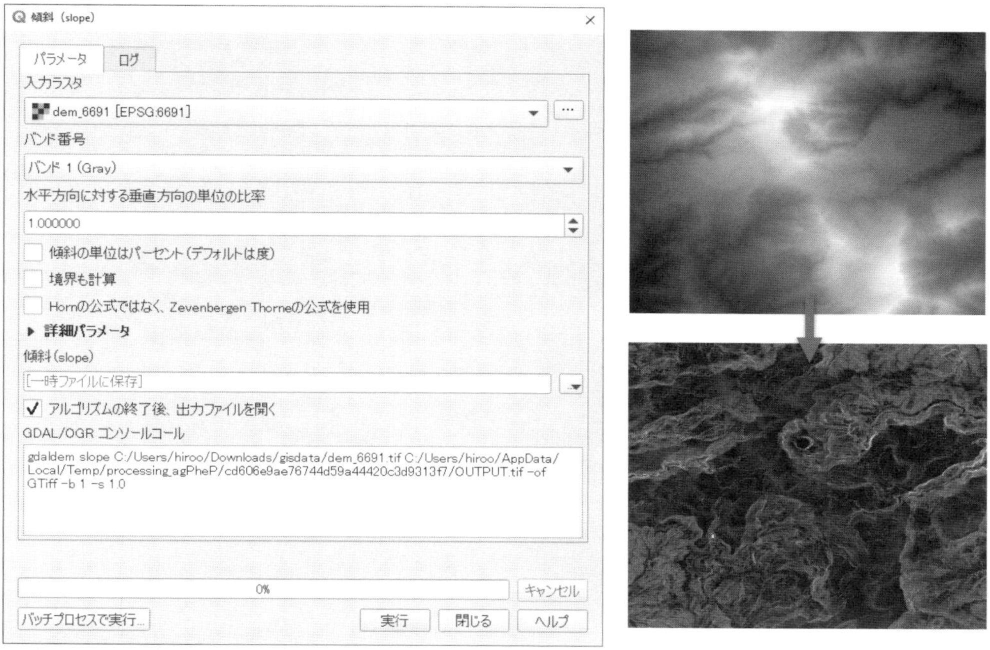

図 1-6-23　傾斜

解析：粗度、TPI、TRI

これらのツールは、DEM から地形の粗さ（Roughness)、凹凸の度合い（Topographic Ruggedness Index : TRI）及び位置指数（Topographic Position Index : TPI）をそれぞれ計算します。各種指数の計算方法は、GDAL のホームページ（http://www.gdal.org/gdaldem.html）を参照してください。

投影法：投影法の割り当て

座標参照系が定義されていないラスタデータや、間違って定義されてしまったラスタデータの座標参照系を指定して適切な座標参照系を持つ新しいラスタデータファイルとして上書き保存します。もともと正しい座標参照系が定義されているデータの参照系を上書きするとデータが重ならなくなるので注意してください。

投影法：投影法を抽出

この機能は、すでに座標参照系が定義されているデータから、座標参照系を定義する .wld または .prj ファイルを作成します。

投影法：再投影（warp）

再投影は、対象のラスタレイヤを別の座標参照系に再投影します。標準機能でエクスポート機能が充実したため、以前より活躍の場は減りましたが、ラスタの再投影の設定を細かく制御できるため便利なツールです。

再投影されたレイヤは、新しいラスタデータファイルとして保存されます。入出力のファイルを指定した後、入力ラスタとラスタの CRS を最低限指定します。リサンプリングメソッドとしては、基本的にはカテゴリカルなデータなら「最近傍法」、数値データであればそれ以外の手法を選択肢します。 nodata の値を指定したり、「詳細パラメータ」欄では出力のデータ

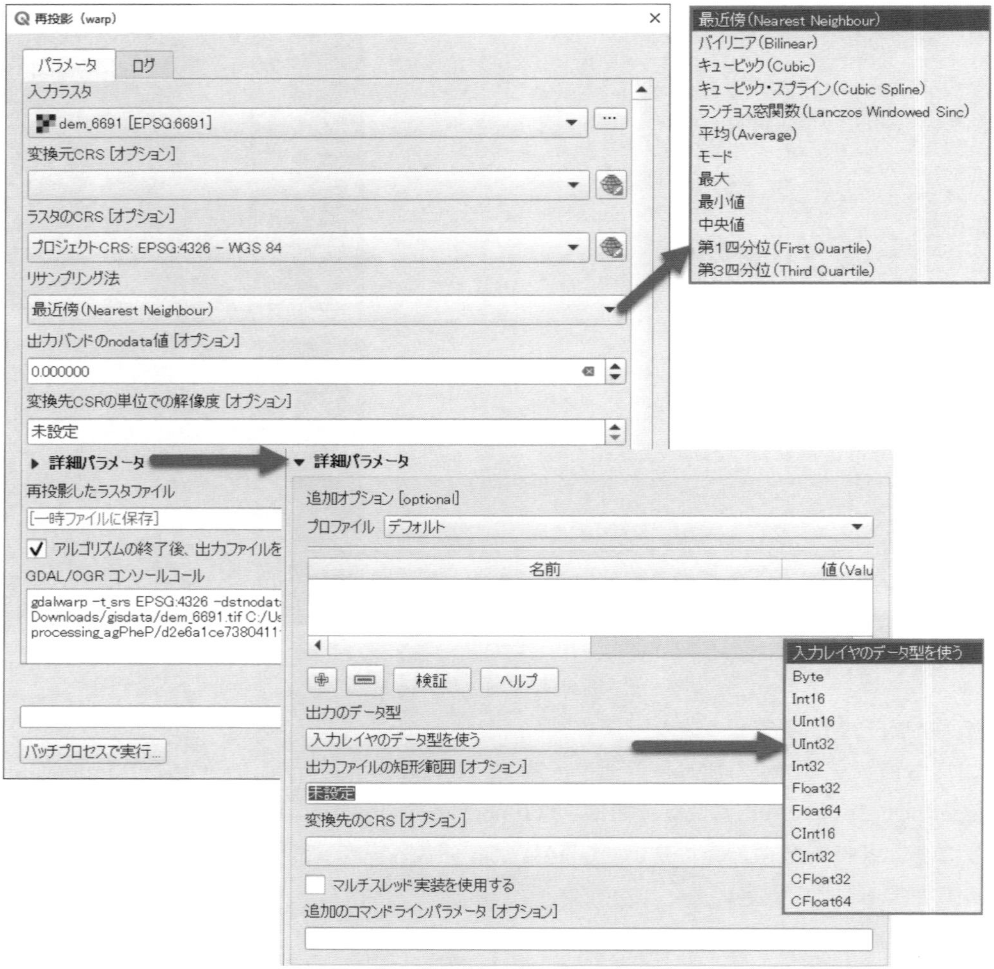

図 1-6-24 再投影

型を指定することができます。データの値を実数で持つとファイルサイズが大きくなるので、整数値に変換する際に利用できます。

その他：仮想ラスタの構築

例えば複数の DEM がタイル（図葉）として用意されており、それらの DEM を 1 つのラスタデータとして結合（モザイク化）せず、図葉はそのままで、仮想的なモザイク、つまり VRT（ヴァーチャルデータセット）を作る際にこの機能利用します。VRT 作成した後は、通常のレイヤと同様に GDAL の様々な処理が行えます。例えば、日本全国の DEM のタイルでモザイクを作らずに手早く表示させる時などに便利な機能です。入力指定には、各ラスタファイルの他、複数のラスタが収められているディレクトリをまるごと指定したり、さらにあるディレクトリ以下のサブディレクトリ（サブディレクトリ）の中身もすべてまとめて処理することもできます。解像度が異なるラスタ間で仮想ラスタを作成する際の解像度（Resolution）の計算方法を指定できます。分割オプションを指定すると、各入力ファイルがそれぞれ別のバンドとしてファイルに保存されます。

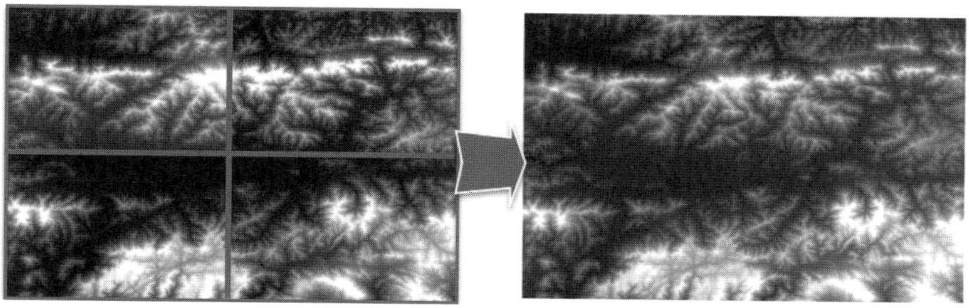

図 1-6-25 仮想ラスタの構築
4枚の図葉から仮想ラスタを発生させた例。

その他：ラスタの情報

ラスタファイルを指定してプロパティダイアログのメタデータよりも詳細な情報をファイル出力します。

その他：結合（gdal_merge）

複数の画像からモザイク画像を作成するためのツールです。仮想ラスタの場合と異なり、複数のラスタを1つのファイルに結合します。詳細パラメータでは、「nodataとして扱うピクセル値」でモザイクプロセス中にデータがない部分に出会った際に割りつける値や「指定nodata値を出力に割り当てる」である値をnodataに指定することができます。「各ファイルを別のバンドに格納する」オプションは、複数のレイヤをそれぞれ異なるバンドに分けてファイルを作成します。出力のデータ型を指定することもできます。

その他：全体図の作成（ピラミッド）

大きなラスタデータを扱う際、いちいちオリジナルのデータを表示させると時間がかかってしまうので、一連のダウンサンプリングした画像（オーバービュー）を用意しておくと、データの表示時間が画期的に短くなります。サンプリングの方法を指定したり（9種類の方法から選択）、サンプリングのレベルを2、4、8、16、32、64、128のように独自に設定することもできます。レベルを2と指定した場合は、オーバービューの解像度がオリジナルの2分の1（オリジナルが30 mのセルなら60 mの解像度のオーバービュー）になります。「すべての全体図を削除」オプションはオーバービューを一旦削除してから実行するために使います。デフォルトでは、再サンプリング方法として、最近傍法、レベルとして2、4、8、16、32が指定されます。

その他：タイルインデックス

複数の入力ラスタデータから各ラスタの領域を示すポリゴンを作成します。この結果作成されるシェープファイルは、MapServerが利用するラスタのタイルインデックスとして利用できます。例えば、図1-6-26のように、複数の航空写真に対しタイルインデックスを作成すると、航空写真を読み込まなくても航空写真がカバーする範囲を示すことができます。

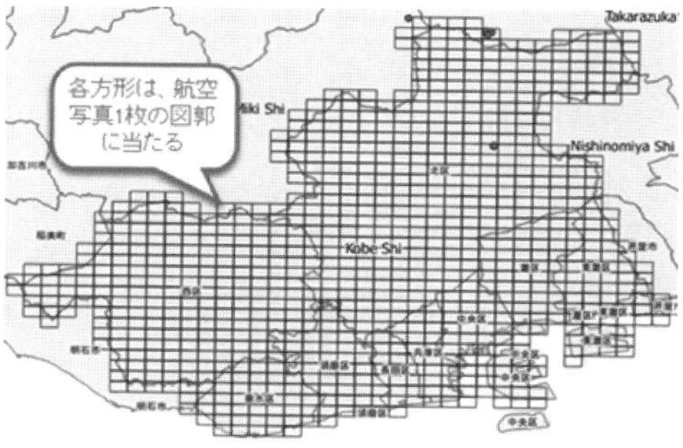

図 1-6-26 航空写真のタイルインデックスを作成した例

抽出：範囲を指定して切り抜き

ラスタレイヤから任意の部分を切り出すための機能です（図 1-6-27）。切り抜き領域の方法として「レイヤから計算」オプションを選択すると、すでに読み込んであるレイヤを指定できます。「キャンバス領域を使用」を選択すると、地図ビューで見えている範囲でラスタを切り出すことができます。「キャンバスに描画」を指定すれば、地図ビュー上で必要な範囲をドラッグすることで切り出したい範囲の座標値を自動入力できます。

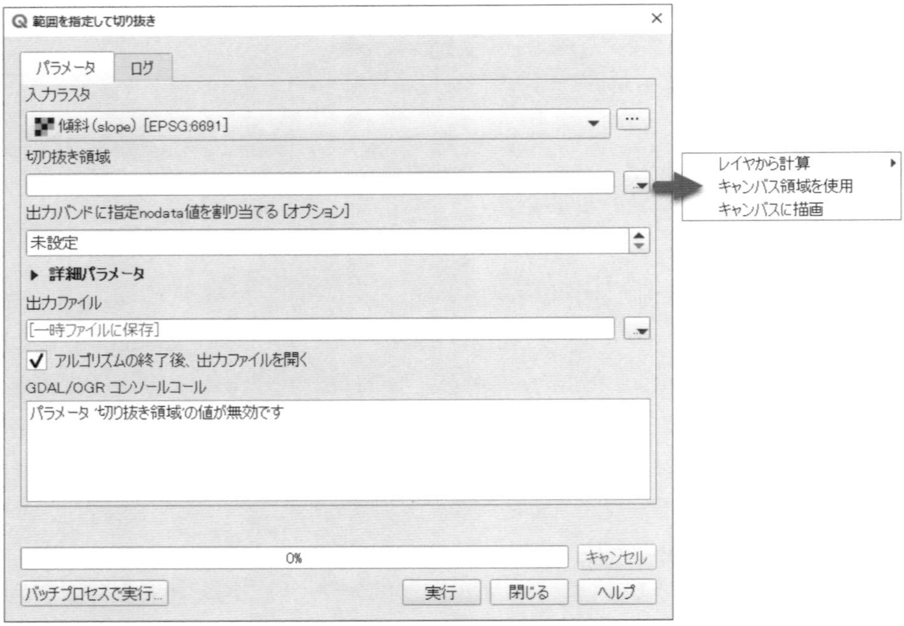

図 1-6-27　範囲を指定して切り抜き

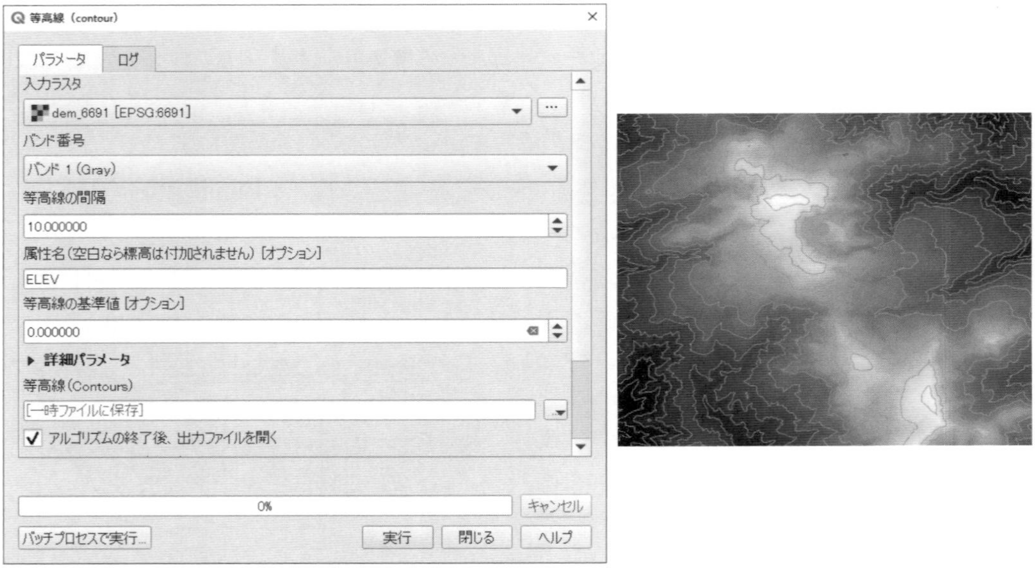

図 1-6-28　等高線

抽出：マスクレイヤによる切り抜き

ベクタデータを使って、必要な範囲のラスタデータを切り出す機能です。ラスタデータは常に方形でデータを持つ必要があるので、ベクタで切り出す際にベクタと重ならない部分にどの値を割り付けるか、「出力バンドに指定 nodata 値を割り当てる」で指定したり、アルファバンドと呼ばれる透過を指定する範囲を定義したバンドを作成します。

抽出：等高線

DEM や気温メッシュのようなラスタデータから等値線（等高線）をベクタとして発生させます（図 1-6-28）。等値線の間隔、値を収める属性列の名前を指定できます。

変換：RGB を PTC に変換

カラー航空写真や衛星画像のように RGB の 3 バンドで構成されるラスタデータを、カラーパレットを持つ 1 バンドのデータに変換します。3 バンドから作られる色に一番近いように色パレットが自動的に作られますが、色数をオプションとして指定することもできます。

変換：PCT を RGB に変換

この機能は「RGB を PTC に変換」の逆機能で、カラーパレットを持つ 1 バンドデータから RGB の 3 バンドを持つデータを作成します。

変換：ラスタのベクタ化（polygonize）

ラスタデータからベクタデータを作成するための機能です。マルチバンドラスタの場合は、バンド数を指定したり、ラスタの値を格納するベクタの属性列名を指定することができます(図 1-6-29)。

変換：ベクタのラスタ化（rasterize）

ベクタデータからラスタデータを作成するための機能です。焼きこむ値の属性として、ベクタのどの属性列を使うか指定できます（図 1-6-29）。

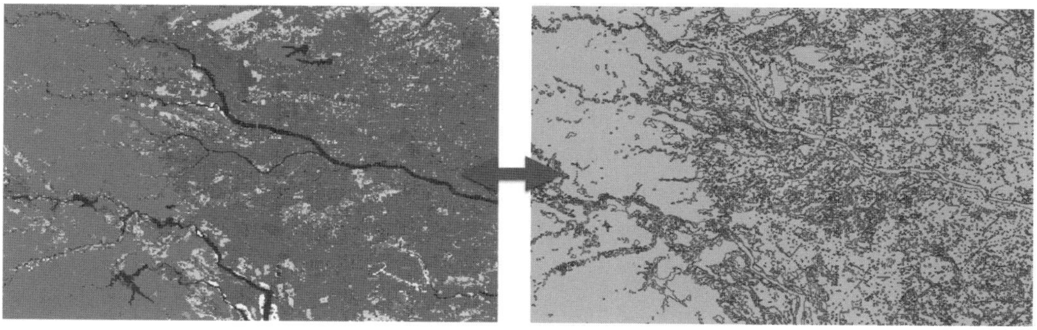

図 1-6-29 ラスタのベクタ化とベクタのラスタ化

変換：形式変換（gdal_translate）

ラスタデータを他のラスタデータフォーマットへ変換したい時にこのツールを使います。このツールは、GDAL が提供する gdal_translate というプログラムを利用していますが、このツールのウィンドウから利用できるオプション以外も数多くのオプションが用意されており、テキストボックスに表示されるコマンドを直接編集することでそれら多数のオプションを利用することもできます。詳しくは GDAL（http://gdal.org）のホームページを参照してください。

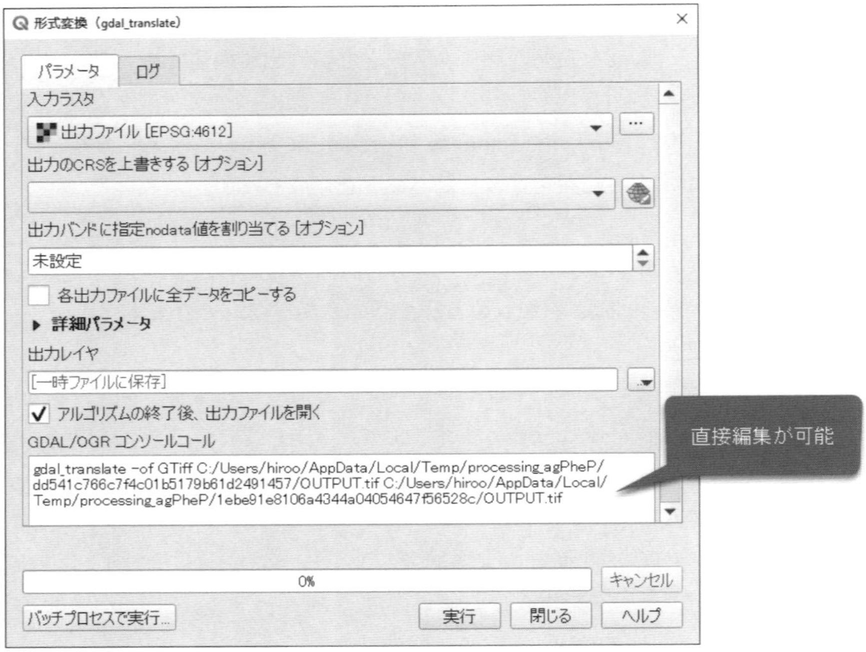

図 1-6-30　形式変換（gdal_translate）

Memo

第7章 その他のデータソース

第5章と6章では、GISを利用する際によく扱うベクタとラスタデータについて説明しましたが、QGISではこの他にもいくつかのデータソースが利用できます。元のデータはラスタやベクタデータなのですが、取り扱い方法が異なるウェブマップのためのデータソースについて最初に触れます。次に3DデータソースをQGISでどのように取り扱えるのか概要を説明します。最後に今回は詳しく紹介できないQGISで取り扱えるデータ形式について少し触れます。

◆ウェブマップ

ウェブマップのデータソースは、あらかじめ用意したデータをサーバーから配信し、ウェブブラウザやQGISで利用するための規格で、ウェブマップサービス（WMS）、ウェブマップタイルサービス(WMTS)、XYZタイル(Slippy Mapと呼ばれることもあります)、ウェブフィーチャーサービス（WFS）、ウェブカバレッジサービス（WCS）、ベクタタイルがQGISで利用できます。これらの多くは、GISの規格団体であるOGC（Open Geospatial Consortium）が定義をしていますが、地理院地図やOpenStreetMapで利用される、XYZタイルやベクタタイルはOGC標準には含まれていません。大きく分けると画像系、ラスタ系とベクタ系に分けられます。

画像系ウェブマップサービス

画像系のサービスは、データを画像としてWebで提供するサービスです。WMS（Web Map Service）、WMTS（Web Map Tile Service）、XYZタイルが含まれます。ベクタとラスタのデータを一旦画像にしてから配信しますが、WMTSやXYZタイルではあらかじめ決められた大きさのタイル画像をズームレベルに合わせて作成し、リクエストに応じて必要なタイルを送るのに対し、WMSでは画像の切り取りサイズをサーバーが受け取ってから配信用の画像を作成して送り返す点が異なります。一般的にタイル化されたサービスの方が表示速度が速くなります。

もっとも広く利用されているウェブマップサービスは画像系で、国土地理院の地理院地図やOpenStreetMap、NASAの衛星画像などが含まれます。特徴としては、タイル画像の場合、あらかじめ作成された地図画像を送る方式であるため、表示速度がとても速いことが挙げられます。そのため手軽に背景図として利用できます。その一方、画像データであり、属性情報などは送られてこないので、手元でのデータの加工、シンボルの変更などはできません。

WMSやWMTSは、OGCにより規格が統一されていて、さらにカタログが提供されるので、WMSやWMTSサービスに接続すると、そのサーバーから提供されるデータのリストがあらわれます。一方、XYZタイルは作成も提供も簡単にできる一方、メタデータを提供する仕組みがないので、提供先のタイルURLを直接登録してタイルを利用することになります。

画像系ウェブマップサービスの利用

WMS や WMTS レイヤを QGIS に取り込むにはまずは WMS サーバーのアドレスを事前に知っている必要があります。ここでは、独立行政法人農研機構（https://aginfo.cgk.affrc.go.jp/）が提供する、基盤地図情報 25000WMS 配信サービスを利用して、QGIS での WMS サービスの利用方法について解説します。

1. QGIS のツールバーから「データソースマネージャを開く」アイコンをクリックするか、レイヤメニューから、「データソースマネージャ」を選択する。
2. ダイアログ左のリストから「WMS/WMTS」をクリックして設定ダイアログを表示させる。
3. 「新規」ボタンをクリックし、以下のように設定し、「OK」をクリック（図 1-7-1）。
   - 名前：Kiban25000（任意に設定可）
   - URL：https://aginfo.cgk.affrc.go.jp/ws/wms.php?
   - ユーザー名とパスワード、他のオプションは空欄のまま
4. 「レイヤ」タブの上部にあるドロップダウンリストで、先ほど追加した「Kiban25000」を選択し、「接続」ボタンをクリックし、サーバに接続。
5. 読み込まれたリストから、「FGD25000」の左側にある三角記号をクリックしてリストを展開し、さらに「JpSmpl」を選択し「追加」ボタンをクリック。

データソースマネージャでいったん登録した WMS サーバーには、画面左のブラウザパネルの WMS/WMTS リストからもアクセスできるようになります（図 1-7-2）。農研機構のサービスでは、その他にもたくさんのレイヤがリストされますが、ズームレベルによっては、データが表示されていないように見える場合があります。その場合は、日本全国の境界線を一度読み込んでおき、大まかな位置の検討を付けてから、ズームすることで各レイヤが見られるようになることもあります。

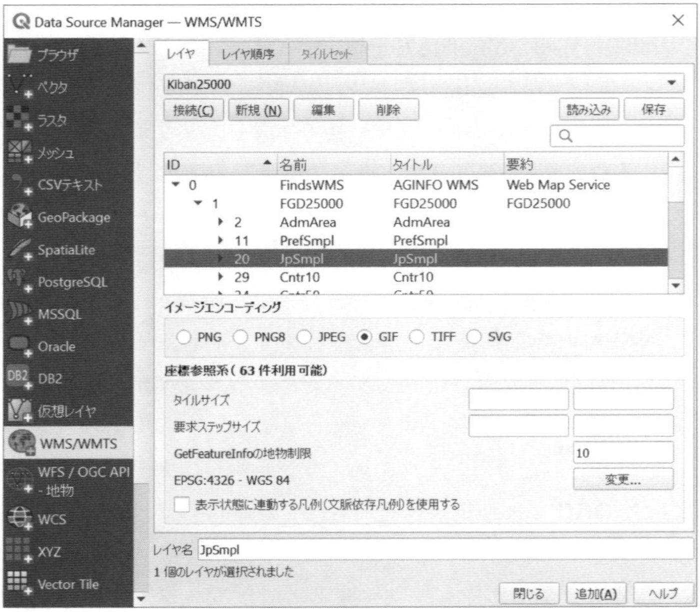

図 1-7-1 データソースマネージャによる WMS サーバーの設定

日本では、WMSでデータを安定して提供している組織は限られていますが、世界に目を向ければNASAのGIBS（https://earthdata.nasa.gov/eosdis/science-system-description/eosdis-components/gibs）などをはじめ様々なWMSレイヤを配信していることがわかります。WMS / WMTSと同様に、データソースマネージャのXYZ接続を利用すれば、国土地理院の提供する各種画像タイルデータ（https://maps.gsi.go.jp/development/ichiran.html）が利用できるようになります（図1-7-3）。

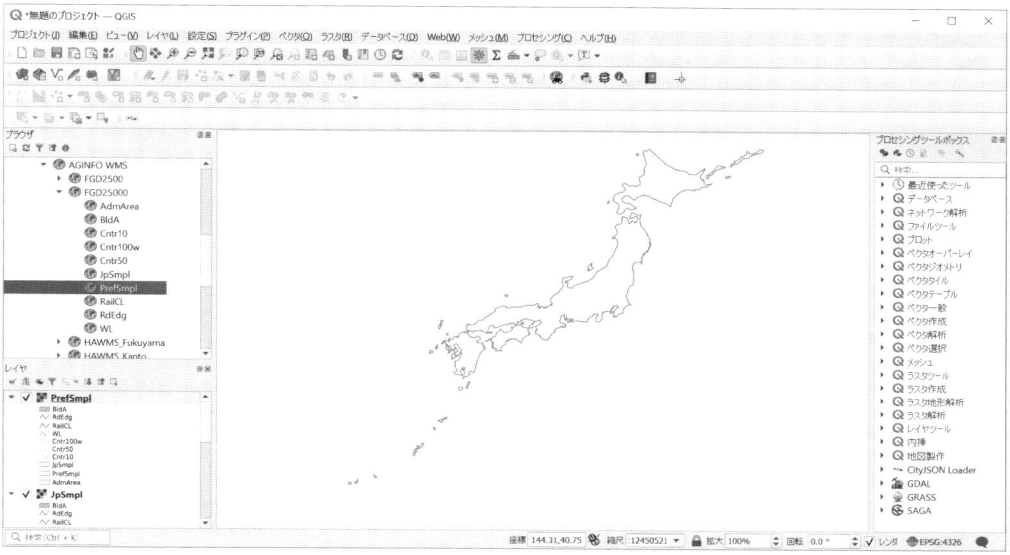

図1-7-2 QGISに読み込んだWMSレイヤ

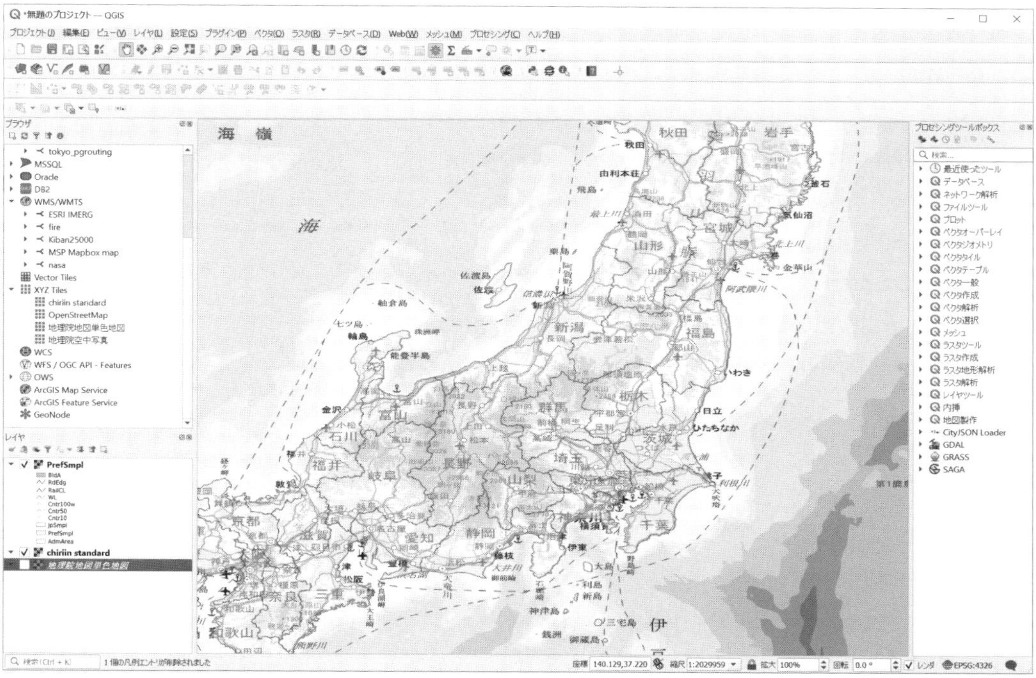

図1-7-3 XYZタイルサービスである地理院地図の標準地図と農研機構のWMSのレイヤを重畳

ベクタ系ウェブマップサービス

ベクタ系には、WFS（Web Feature Service）とベクタタイルが含まれます。どちらもサーバーからベクタデータが送られてきますが、WFS はリクエストに応じて一塊のベクタデータを切り取って送り返すのに対し、ベクタタイルはあらかじめ作成した複数のベクタデータで構成されたタイルを必要な範囲だけを送り返してくれます。

WFS はあまり普及していませんが、比較的新しい規格であるベクタタイルは、現在最も注目されているウェブマップの規格です。Mapbox 社がベクタタイルの世界を牽引していますが、OGC でもベクタタイルを標準化しようという動きがあります。今後ウェブマップのための標準になると思いますが、サービス自体はまだあまり多くありません。

ベクタタイルの特徴は、ラスタ化されない見栄えの良いウェブマップを作製できる点と、クライアント側の設定で見た目をコントロールできるため、柔軟性が高いウェブマップサービスを提供できる点です。また、ラベルもベクタデータの一部なので、携帯端末で歩きながら地図を見た際に、ユーザーの向きに合わせてラベルを回転させることなどもできます。

ベクタタイルの利用

国土地理院が行っている「地理院地図 Vector（仮称）提供実験」（https://github.com/gsi-cyberjapan/gsimaps-vector-experiment）が提供するベクタタイルを QGIS で表示する手順について説明します。

1. データソースマネージャを開く。
2. ダイアログ左のリストから「Vector Tile」を選択し、ベクタタイル接続ダイアログを表示させる。
3. 「新規」ボタンをクリックし、「新しい一般接続」を選択し、「ベクタタイル接続」ダイアログを表示する（図 1-7-4）。
4. ダイアログで以下のように設定し、「OK」をクリックする。
   - ・名前：地理院ベクタータイル（名前は任意）
   - ・URL：https://cyberjapandata.gsi.go.jp/xyz/experimental_bvmap/{z}/{x}/{y}.pbf
   - ・他のオプションはデフォルトのまま
5. ドロップダウンリストで、先ほど追加した「地理院ベクタータイル」を選択し、「追加」ボタンをクリックし、データを読み込む。

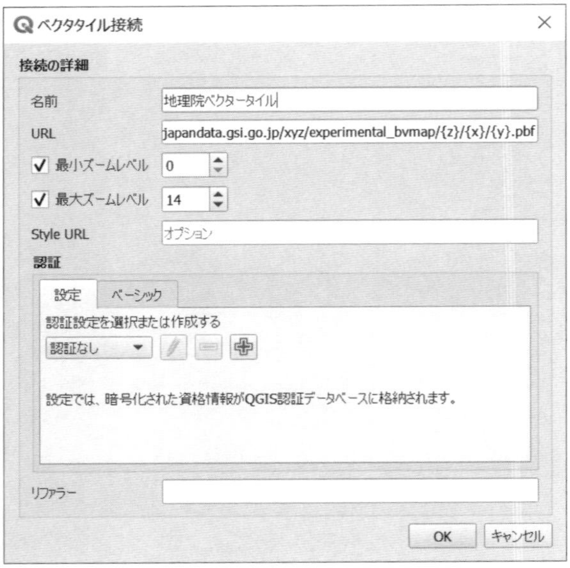

図 1-7-4　ベクタタイル接続設定ダイアログ

ベクタタイルが読み込まれたら、地物情報表示を使って、いくつか読み込

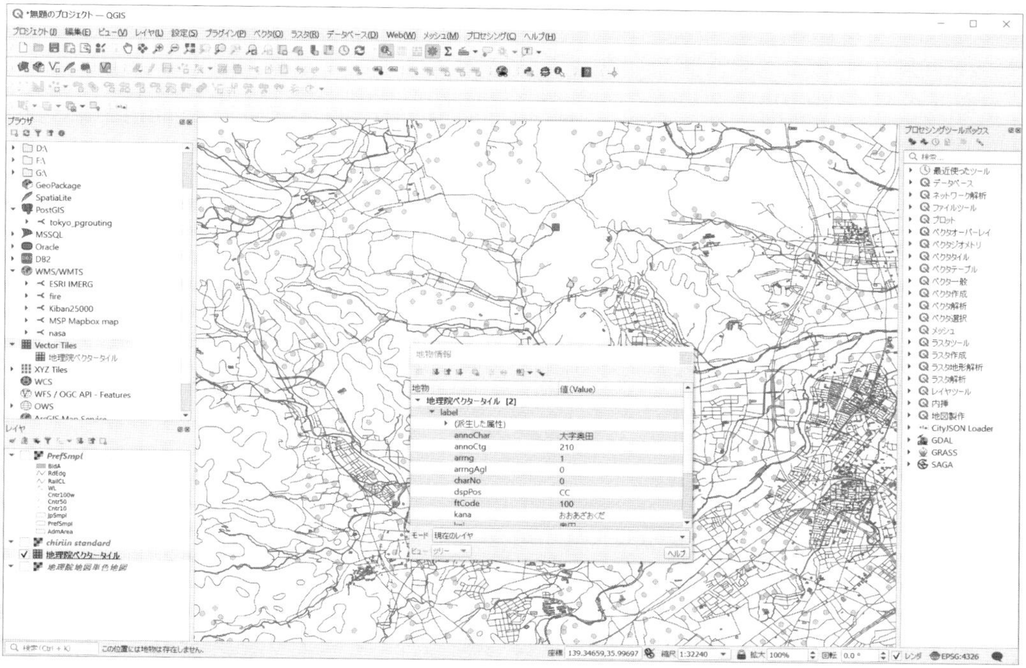

図 1-7-5 地理院地図 Vector（仮称）提供実験のベクタタイルを QGIS に読み込んだ例
地物をの属性情報が取得できる。

まれた地物をクリックしてみてください（図 1-7-5）。ベクタタイルが絵としてのデータではなく、実際にデータを送信していることが確認できます。

その他のウェブマップサービス

その他、ESRI 社が提供する ArcGIS Maps Service や ArcGIS Feature Service、画像ではなく、ラスタデータ自体を Web 越しにやり取りするための WCS（Web Coverage Service）などもありますので、興味のある方はサービスの URL を探して接続してみてください。

◆ 3D データ

現在、国土交通省が進める日本全国の 3D 都市モデルの整備・活用・オープンデータ化プロジェクト「PLATEAU」（https://www.mlit.go.jp/plateau/）や、東京都が進める「デジタルツイン実現プロジェクト」（https://info.tokyo-digitaltwin.metro.tokyo.lg.jp/）により、3D データの利活用が急速に進められています。QGIS にも 3D データの視覚化のための機能が備わっており、現在入手できるオープンデータを手元で見ることが可能です。

現在 G 空間情報センター（https://www.geospatial.jp/）から配布されている 3D 都市モデルデータは、いくつかのデータフォーマットで配布されていますが、今回はそのうちの CityGML 形式のデータを QGIS で表示してみます。Project PLATEAU のサイトへ移動し、CityGML 形式のデータをダウンロードしてください（図 1-7-6）。今回は、東京都のデータを利用するので、https://www.geospatial.jp/ckan/dataset/plateau-tokyo23ku-citygml-2020 から、一番最初にリストされる、533925 のデータをダウンロードしてください。

図 1-7-6 G 空間情報センターのカタログに登録されている Project PLATEAU のデータ

ダウンロードしたファイルは、ZIP 形式で圧縮されているので解凍し、さらにその中にある ZIP 形式の建物データが格納された bldg.zip も解凍し、拡張子が gml となっているたくさんのファイルが見られる状態にしてください。例えばファイル名は、53392597_bldg_6697_op2.gml のようになっています。このファイルが CityGML 形式のファイルです。なお、解凍したファイルは今回は「ダウンロード」フォルダに解凍しておいてください。

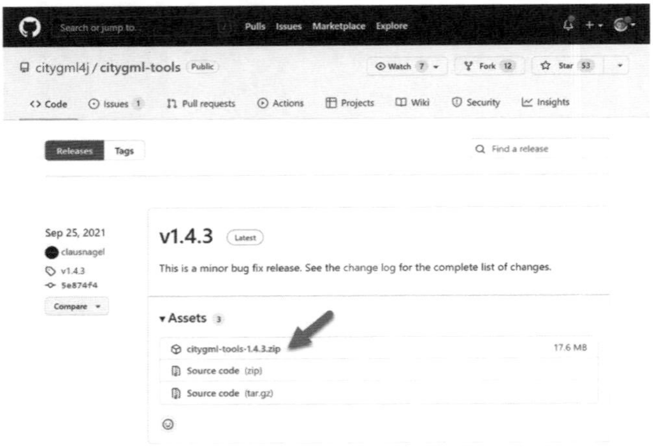

図 1-7-7 citygml-tools のプロジェクトウェブサイトとダウンロードするファイル

CityGML ファイルの変換

ダウンロードしたファイルはそのままでは QGIS では読み込めないので、citygml-tools というオープンソースのプログラムをダウンロードします。配布されている CityGML データがそのまま QGIS で読み込めないのは、データの座標系が地理座標系であることと、座標の記述方法が QGIS で表示する XY の順番と逆になっているためです。citygml-tools は、CityGML 形式のファイルを CityJSON 形式に変換したり、投影系の変換をしたり、さらに今回一番重要となる、XY 座標の記述の順番が逆になっているデータを変換したりすることができるオープンソースのツールです。現在のところ Windows のコマンドライン（コマンドプロンプト）環境でのみ動作します。citygml-tools は、https://github.com/citygml4j/citygml-tools/releases からダウンロードしてください。2021 年 12 月時点では、1.4.3 が最新のバージョンです。今回ダウンロードしたファイルは「ダウンロード」フォルダに解凍しておいてください。

次に Windows のコマンドプロンプトを立ち上げ、先ほど解凍したプログラムのディレクトリに移動してください。Windows のコマンドプロンプトの立ち上げ方がわからない方は、Windows メニューの検索で「cmd」と入力して Enter を押してみてください。するとコマンドプロンプトウィンドウが立ち上がります。ここではダウンロード（解凍）したデータはユーザフォルダ内の「ダウンロード」（C:¥Users¥ユーザ名¥Downloads）に保存されているものとして解説します（ただし「ユーザ名」の部分には、ご自身の PC のユーザ名を入力してください。また、ファイル名などに余分なスペースが含まれないように注意してください。以下も同様）。

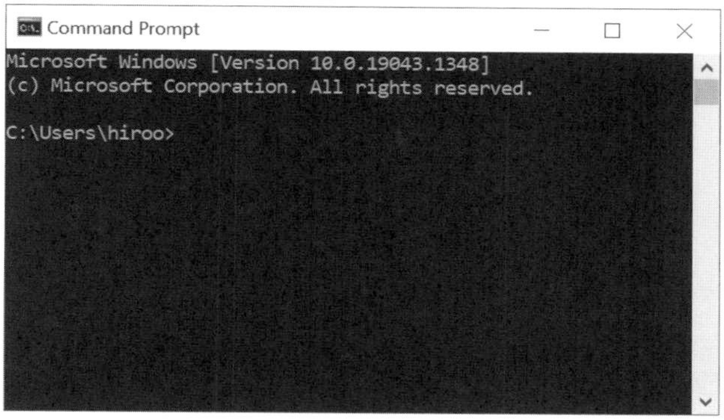
Command Prompt
Microsoft Windows [Version 10.0.19043.1348]
(c) Microsoft Corporation. All rights reserved.
C:\Users\hiroo>

図 1-7-8 Windows でコマンドラインを立ち上げた様子

コマンドラインでディレクトリを移動するには、cd コマンドを使います。citygml-tools をダウンロードして解凍したファイルが「ダウンロード」フォルダなので、

```
cd c:¥users¥ユーザ名¥downloads¥citygml-tools-1.4.3
```

とタイプして実行すると、目的のディレクトリへ移動できます。citygml-tools.bat というファイルがあるディレクトリに移動することになります。そのうえで、CityGML ファイルの投影系を変換し、XY 座標の順番を入れ替えるためのコマンドを実行します。以下がその例です。

```
citygml-tools reproject --source-crs=6668 --target-crs=6677 --lenient-transform
--target-force-xy c:¥Users¥ユーザ名¥Downloads¥533925¥53392556_bldg_6697_op2.gml
```

このコマンドでは、元となる CityGML の座標参照系を EPSG:6668（JGD2011）として取り扱い、平面直角座標系である、EPSG:6677（JGD2011 平面直角座標 9 系）に変換しています。その際に、本来の座標系である、EPSG:6697（JGD2011 + JGD2011 (vertical) height）では対応する変換パラメータが整備されていないため、厳密に言うと変換ができないので、代わりに Z 方向の変換を行わないように少し緩い変換を行うためのオプション、--lenient-transform を付けています。そしてその後に、--tarteg-force-xy オプションを付け、XY 座標を入れ替えています。ここでも「ユーザ名」の部分を PC のユーザ名に置き換えるのを忘れないでください。

以上のコマンドで、元のファイルがある場所に新しく、reprojected がファイル名として追加されたファイルが作成されます。

CityGML データの QGIS での表示

変換後の CityGML ファイルは、EPSG:6677 で投影されたデータとなっているので、QGIS に読み込んで 3D 表示ができます。元々の座標系は 3 次元の地理参照系であるため、QGIS で 2 次元データとしては表示できるのですが、3 次元表示はできません。変換後のファイルをドラッグ＆ドロップして QGIS で表示してみてください（図 1-7-9）。

読み込んだデータが位置的にあっていることが確認できたら、次はレイヤのプロパティ設定で、「3D ビュー」タブを開きます（図 1-7-10）。まず一番上のドロップダウンリストで「単一定

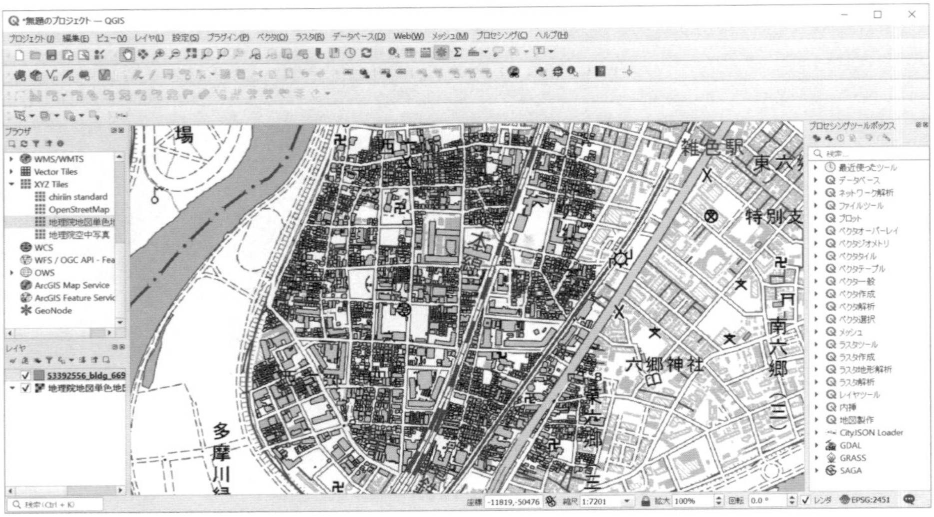

図 1-7-9　QGIS に読み込んだ CityGML データ

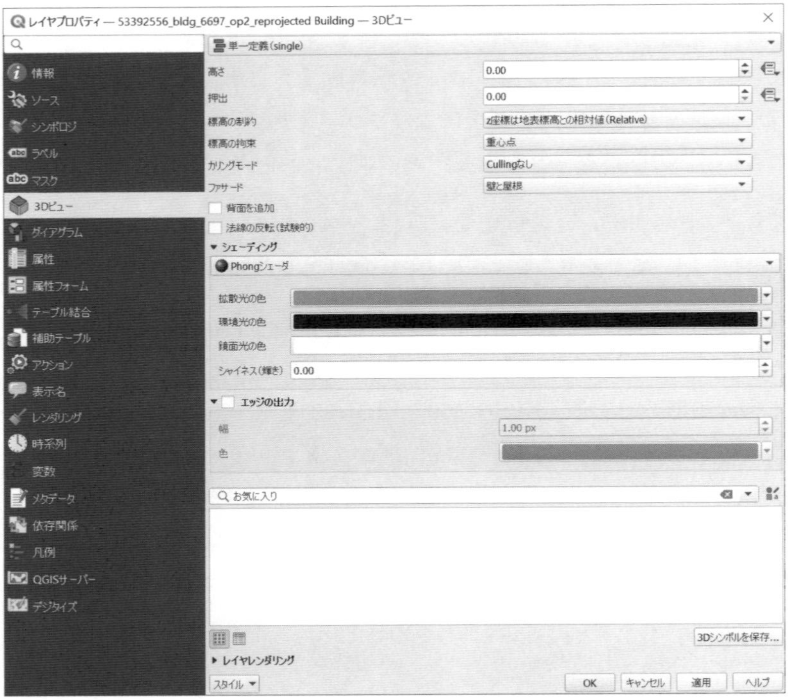

図 1-7-10　読み込んだ CityGML レイヤのプロパティ設定と 3D ビュー設定

義（single)」を選択し、その他はデフォルトのままで OK をクリックします。これで読み込んだデータを 3D 表示する準備ができたので、「ビュー」メニューから「新しい 3D ビュー」を選んでください。すると読み込んだ CityGML データが 3 次元表示され、地物情報表示ツールを使い、地物の属性を見たりすることもできるようになります（図 1-7-11)。この他、3D コンフィグレーションで、地形や光源、影なども設定できるので、より現実的な 3D 建物表示ができます。

QGIS の 3D 関連機能は、バージョン 3 になってから実装されましたが、今後も機能の充実が

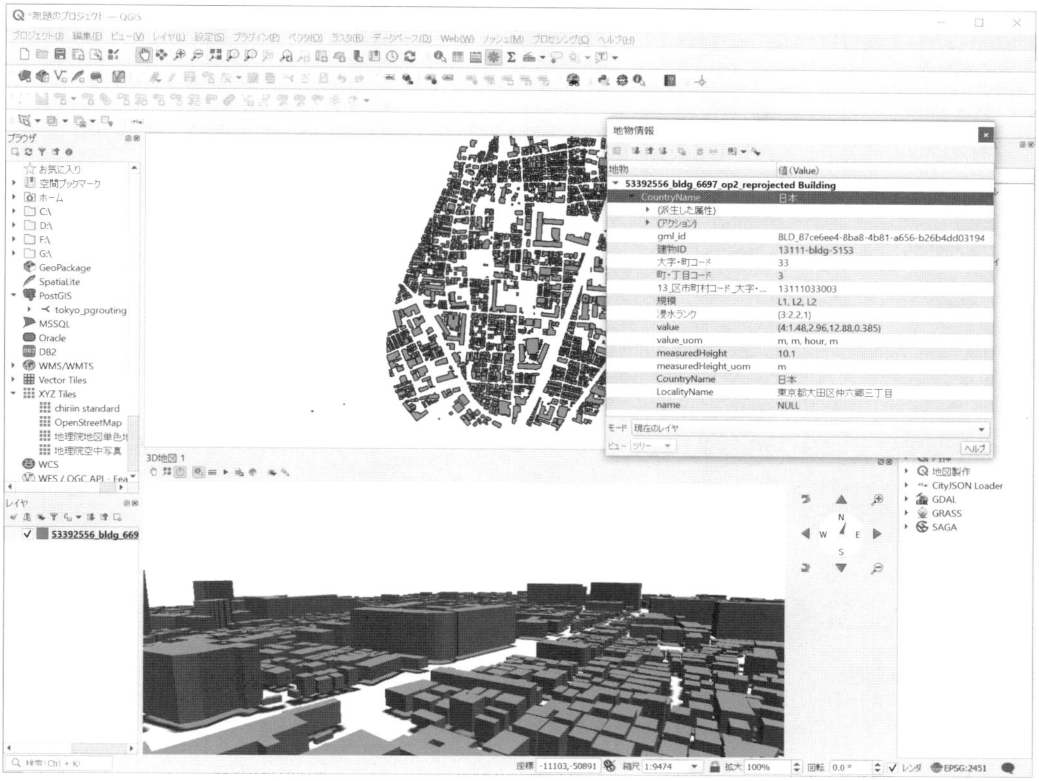

図 1-7-11　QGIS に読み込んだ CityGML データを 3D 表示

望まれる分野の 1 つです。CityGML 以外にもより Web で取り扱いやすくした CityJSON 形式のデータを QGIS で取り扱えるプラグイン（https://github.com/cityjson/cityjson-qgis-plugin）も開発されており、3D 分野での QGIS の活躍の場は今後も広がっていくものと思われます。

◆その他のデータソース

今回は紹介しきれませんでしたが、この他に、PostGIS や Oracle Spatial などのデータベースの空間データを取り扱ったり、メッシュデータと呼ばれる非構造化データを取り扱い、時系列データを表示させたりと、QGIS は多様な空間データを取り扱い、表示、解析するためのプラットフォームとして進化し続けています。

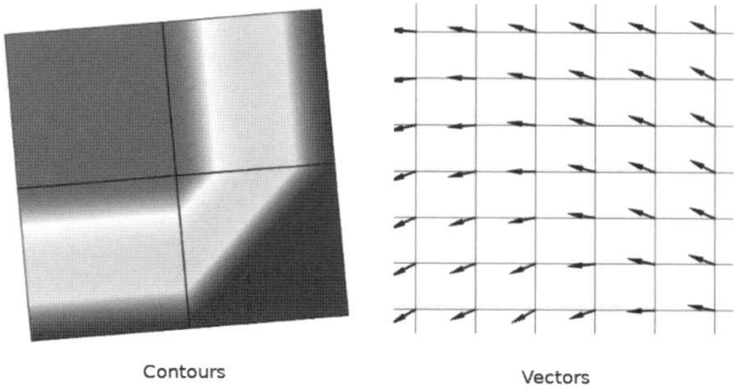

図 1-7-12　QGIS で可能となるメッシュデータの表示の種類（QGIS の公式ドキュメントより引用）

第 8 章　地図作成と出力

QGIS では、これまで解説してきたようにデータを表示する以外に、地図を作成して PDF や紙に出力することができます。そのための機能が「レイアウト」で、以前のバージョンではプリントコンポーザと呼ばれていた機能です。地図や凡例、方位記号、縮尺などをレイアウトして地図を作り、紙や PDF に出力することができます。レイアウトでは、プロジェクトメニューのインポート・エクスポートから選択する「地図を画像として保存」に比べ、地図を構成する凡例、縮尺、タイトルなどが追加でき、高度な地図作成ができます。また、「地図帳」の機能を利用すれば、同一テーマで表示させたい範囲が異なる複数の地図作成作業を自動化することができます。さらに、新しい「レポート」機能では、地図帳よりもさらに地図で表現したい内容に沿った地図のレポートを作成することができます。本章では、まずレポートに実装されているツールについて解説し、次にレポートを使った地図の作成と出力について解説します。その後、具体的な例を挙げて地図帳とレポートの使い方を解説します。。

◆レイアウト

レイアウトは、地図ビューに表示されている情報をもとに地図を作成するためのツールです。そのため、地図として表示したい情報はあらかじめ地図ビューに用意しておく必要があります。表示させたい地図情報の準備が整ったら、プロジェクトメニューから「新規印刷レイアウト」を選択してください。レイアウトに関するツールは、他も含めプロジェクトメニュー内に 3 つあります。

- 新規印刷レイアウト：新しいレイアウトを開き地図作成を始める
- レイアウトマネージャ：既存のレイアウトの管理を行う
- レイアウト：既存のレイアウトに素早くアクセスする

「印刷レイアウトを作成」ダイアログが表示されると、作成するレイアウトのタイトルを入力するように促されますので、適当な名前を付けて「OK」ボタンをクリックして、新しいレイアウトを立ち上げます。1 つのプロジェクト内でレイアウトは複数作成することができます。新規のレイアウトではまだ何も地理情報が表示されないキャンバスとその周囲にたくさんのツールと設定項目があります（図 1-8-1）。

レイアウトで地図を作成するには、レイアウト内のキャンバス上に地図ビューの画像を貼り付け、スケールや方位記号などの必要なアイテムを加えます。レイアウトでは、以下の地図アイテムをキャンバス上に追加できます（図 1-8-2）。

- 3D 地図：3D 地図を作成した場合の 3D シーン
- 2D 地図：2D 地図（通常の地図）を作成した場合の地図ビューの内容
- 画像：ラスタデータ、写真、SVG などの画像
- ラベル：地図タイトルや説明文など

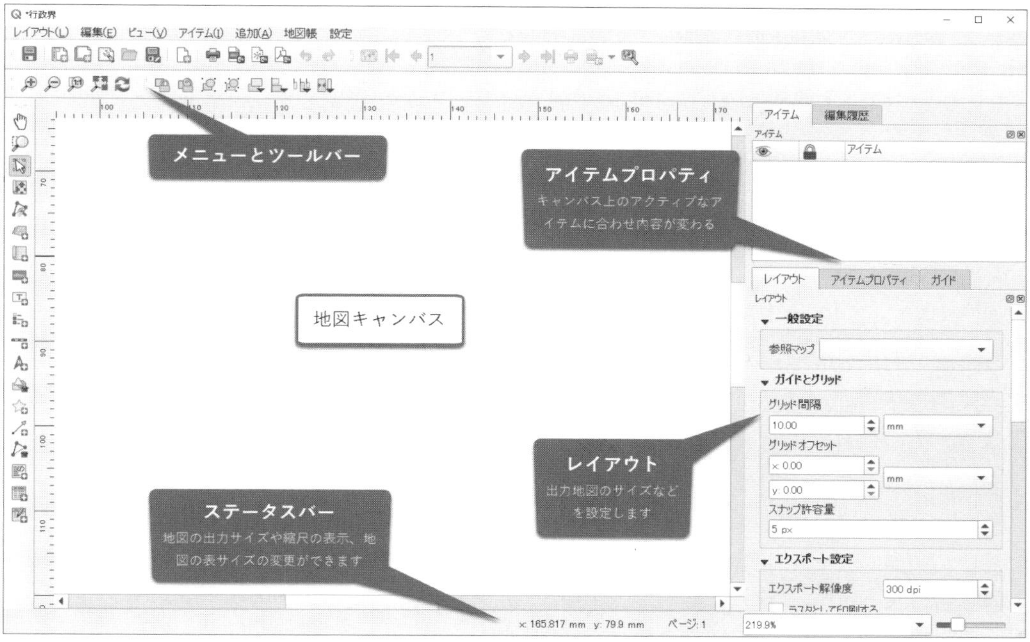

図 1-8-1 新規に立ち上げたレイアウト

図 1-8-2 レイアウトのツールボックスとその機能

・凡例：データの凡例を追加
・スケールバー：地図のスケールバー
・方位記号：北を示す方位記号の画像
・図形：三角、四角、楕円などの図形
・マーカー：地図の方位と同期したシンボルを追加
・矢印：直線、または折れ線の矢印を追加
・ノードアイテム：ポリゴン（多角形）、ポリライン（折れ線）の追加
・HTML：既存の HTML ファイル、またはソースとして記述する HTML の表示。HTML のタグを利用したオンライン上の画像表示や CSS（スタイルシート）を利用した高度な情報表現が可能
・属性テーブル：キャンバス内に読み込んだベクタレイヤの属性テーブル表示
・固定テーブル：テーブルデザイナーを使ったユーザーが作成するテーブルの追加

◆レイアウトによる地図の作成

レイアウトの各種機能を使った地図の作成の手順について説明します。新規レイアウトを作成するには、プロジェクトメニューから「新規印刷レイアウト」を選択します。すると、レイアウト名を指定するダイアログボックスが表示されるので、適当な名前を付け、レイアウトを起動します。

レイアウトを新規作成した状態では、地図およびアイテムは何も設定されていません。この状態でまずは地図の出力用紙サイズと方向（縦または横）を設定します。QGIS バージョン 2 では、レイアウトを開いた際に「コンポジション」というタブが開き、用紙サイズなどを設定できたのですが、バージョン 3 では、3.16 がリリースされた現在まで、このタブが見当たりません。その代わりにキャンバスでマウスの右クリックをすると、「ページのプロパティ」がコンテクストメニューで選べます(図 1-8-3)。また、レイアウトタブのエクスポート設定欄の「エクスポート解像度」で、出力地図の解像度（DPI）を指定することができます。

次に、地図やスケールなどの地図アイテムを配置するための手助けをしてくれるガイド、スマートガイド、グリッドの設定を行います。「ガイド」はキャンバス上にアイテムを並べるための目印となる赤い線を引く機能で、キャンバスの周囲に表示されている定規部分をクリックし、ポインタを移動し始めると新しいガイドが作成されます（図 1-8-4）。ガイドは、水平、垂直方向両方に作成できます。一旦作成したガイドは、定規の上でガイドの位置を示すマークをキャンバス外に移動することで削除できます。すべてのガイドを削除するには、ビューメニューから「ガイドのクリア」を選びます（図 1-8-5）。その他、ガイドに関しては、ガイドの表示・非表示の切り替え、ガイドへのスナップの利用、ガイドの管理をするタブの表示、スマートガイドの利用などをビューメニューから行えます。スマートガイドは、アイテムを動かす際、キャンパス上でのアイテムの位置に合わせ、キャンバス中央など、ある特定の場所に来た際にガイドを表示する便利な機能です。

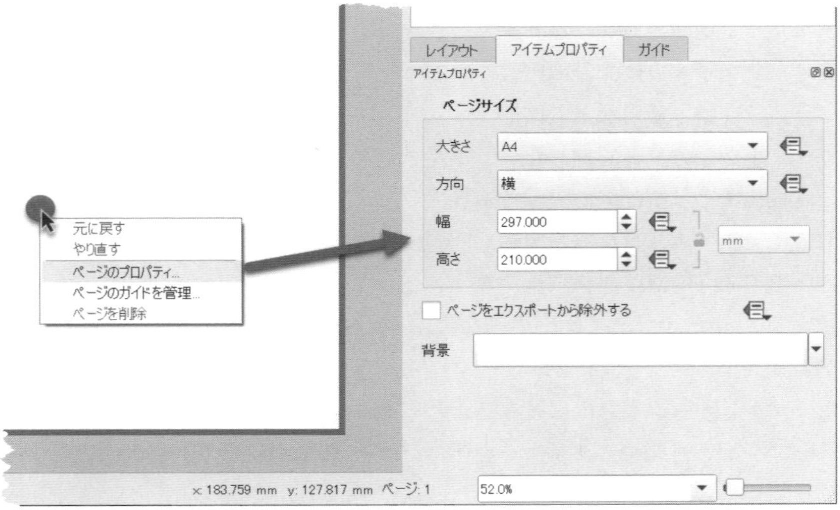

図 1-8-3 キャンバス上でマウスの右クリックをして、ページのプロパティ設定を表示

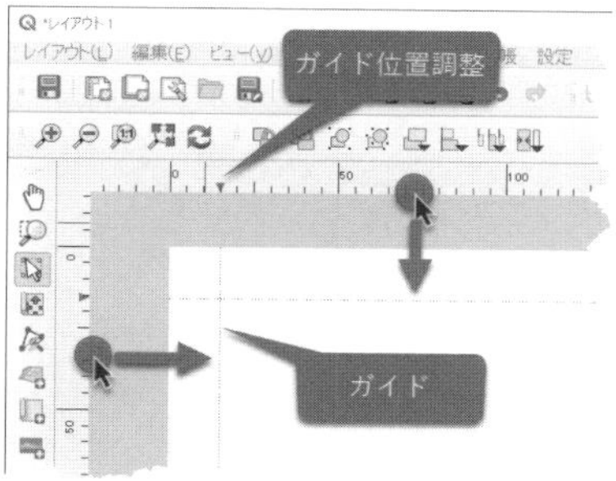

図 1-8-4 レイアウトのガイド設定方法と位置の調整

図 1-8-5 レイアウトのビューメニュー

グリッドは、キャンバス上にアイテムは位置の目安となるグリッドを表示させる機能で、表示させたグリッドにアイテムをスナップすることができます。グリッドの表示・非表示、グリッドへのスナップの有効化の設定は、ビューメニューから行います（図 1-8-5）。グリッドの間隔とスナップの許容量は、レイアウトタブの「ガイドとグリッド」設定、またはレイアウトの設定メニューから「レイアウトオプション」を選択し設定します。

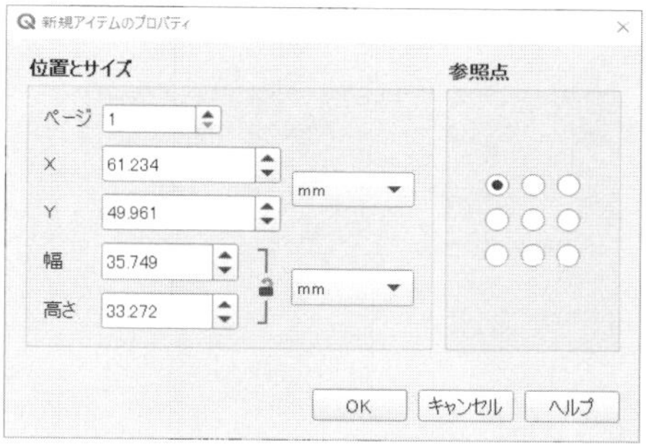

図 1-8-6 新規アイテムをキャンバスに配置する際に表示されるダイアログ

地図アイテムのキャンバスへの追加

地図や凡例、方位記号といったアイテムをキャンバス上に配置する際は、ツールバーの対応するアイコンをクリックして、キャンバス上の所定の位置でクリックするか、ドラッグ＆ドロップで表示させたい範囲を指定します。キャンバス上でシングルクリックした際は、「新規アイテムのプロパティ」というダイアログが表示され（図 1-8-6）、正確に配置する場所を指定できます。ドラッグ＆ドロップすると、このダイアログボックスは表示されず、直接地図アイテムが表示されます。

地図の追加

実際に地図を作成するには「2D 地図」アイコン（図 1-8-2）をクリックし、キャンバス上の地図を貼り付けたい範囲をマウスでドラッグして地図ビューの内容を貼り付けます。新規に地図を貼り付けた直後は、思った通りの地図の範囲が示されないことがありますが、表示される地図の範囲や縮尺については後で調整して、はじめはレイアウトだけに集中します。

一旦、地図のサイズと位置を決定したら、次に表示されている地図の縮尺と配置を調整します。最初に試してみると良いのが、アイテムプロパティ設定パネルにある「キャンバスの範囲に地図の範囲を合わせる」ボタンです（図 1-8-7）。このボタンを押すと、レイアウトの対象地図は、地図ビュー（QGIS メイン画面）の縦の表示範囲に合わせて縮尺と配置が調整されます。一方、「キャンバスの地図の範囲を表示」ボタンをクリックすると、レイアウトに表示されている地図の範囲を地図ビュー上に反映します。さらに並列する 2 つのボタンを利用すると、地図の表示縮尺をレイアウトの地図と地図ビューで調整できます。まずはこれらのボタンを利用して、地図の大まかな表示範囲と縮尺を決定します。

そのうえで表示されている地図内容をインタラクティブに移動させたい場合は、ツールバーから「アイテムのコンテンツを移動」ツールを選択し、地図をドラッグします。このツールの隣にある「アイテムを選択／移動」ツールは、一旦配置した地図アイテムの位置の調整で、地図内容の移動ではないので注意してください。

地図の表示範囲の微調整は、アイテムプロパティの縮尺や領域設定の数字を直接編集しても行えます（図 1-8-9）。

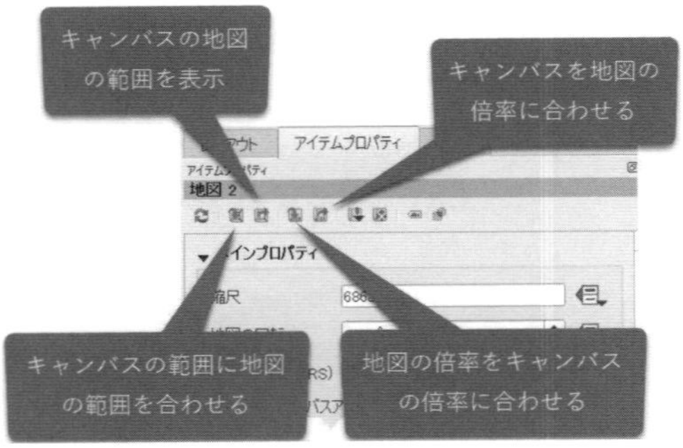

図 1-8-7 アイテムプロパティタブで利用できる地図の表示範囲調整ツール

図 1-8-8 地図の表示位置を調整するためのアイテムのコンテンツを移動ツール

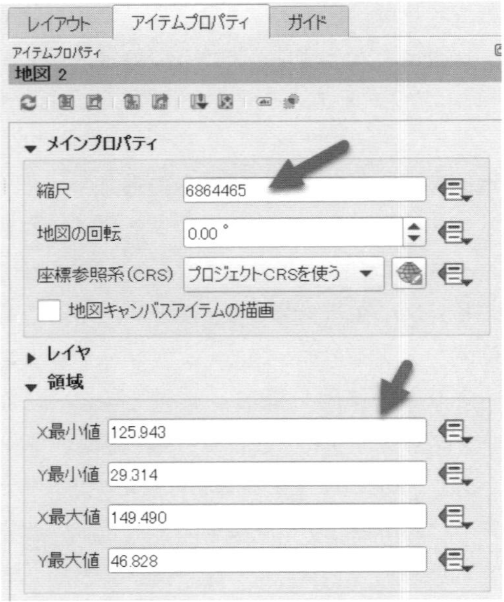

図 1-8-9 地図の表示範囲を調整できる縮尺と領域の設定

凡例の追加

各レイヤの凡例の追加は、「凡例を追加」アイコン（図 1-8-2）をクリックし、凡例を配置したい位置でマウスを左クリックします。初期状態では、思い通りに凡例が表示されず、凡例に含めたくない内容も含まれています（図 1-8-10）。また、必要な内容であっても表示内容を編集する必要がある場合もあります。そのため、次にキャンバスに貼り付けた凡例の編集を行います。

凡例の編集は、追加した凡例をアクティブにした後、アイテムプロパティパネルで行います。地図に表示されていても凡例に表示したくないレイヤを削除するには、まずはじめに「自動更新」チェックボックスを無効にします（図 1-8-11）。凡例アイテムリストの下にある各編集ツールボタンがアクティブになります。そのうえで凡例に項目を追加･削除したり、項目の順序を変更したり、さらに各項目をダブルクリックして、ラベルの内容やシンボルの色や種類も変更できます。例えば、もとは英語表記であったものを日本語表記にしたりすることもできますし、桁数の多すぎる数値を編集することもできます。凡例にタイトルを追加したり、ラベルとシンボルの配置を変更することもできます。

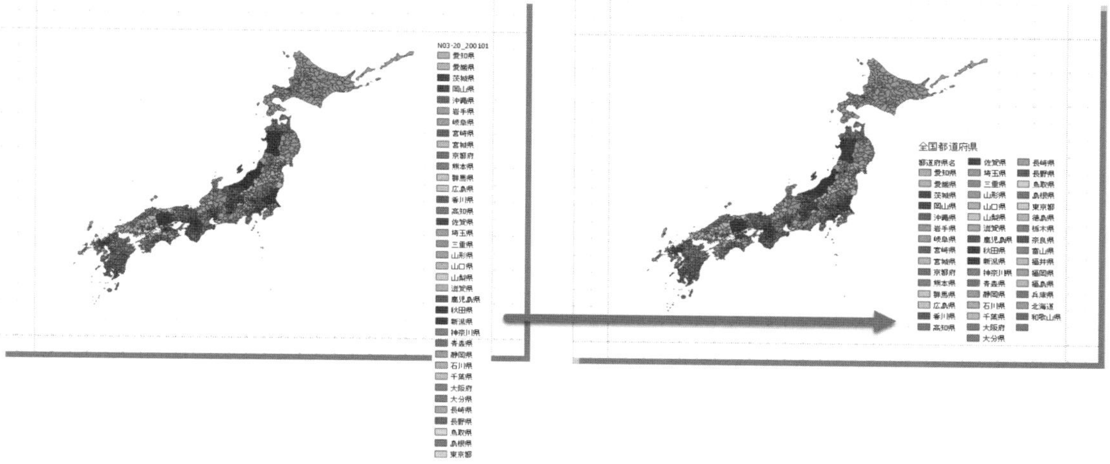

図 1-8-10 凡例の初期状態（左）と編集後の凡例（右）

凡例の内容が多すぎて複数列にしたい場合は、アイテムプロパティの「カラム」で設定します。例えば、3 列に分割して表示したい場合は（図 1-8-10）、「カウント（Count）」を 3、「レイヤを分割」チェックボックスを有効にします。区列の幅を均等にしたい場合は、「等幅」チェックボックスを有効にします。

凡例のプロパティ設定では、この他にフォント、シンボル、間隔、位置とサイズ、回転、背景、描画（レンダリング）など、数多くの設定ができます。

図 1-8-11 凡例の編集

スケールバーの追加

スケールバーは、地図を出力するための必須アイテムです。スケールバーをキャンバスに貼り付けるには、ツールバーから「スケールバーを追加」アイコンをクリックし（図 1-8-2）、キャンバス上の適当な位置でマウスの左ボタンをクリックした後、自動的に表示される「位置とサイズ」ダイアログボックスで設定するか、貼り付けた後、ドラッグして位置を微調整します。地図ビューの座標参照系が地理座標系であっても、スケールバーの単位はレイアウトの「単位」にある「スケールバーの単位」で調整できます。図 1-8-12 では、100 km 単位（固定幅）、右に 4 つのセグメント、そしてシングルボックススタイル（スタイルで設定）を使ってスケールバーを表示しています。わかりやすいように「単位のラベル」で km の文字を付け加えています。スケールバーの設定ではこの他にスケールバーの高さ、フォント、スケールバーの色など様々な設定を行うことができます。

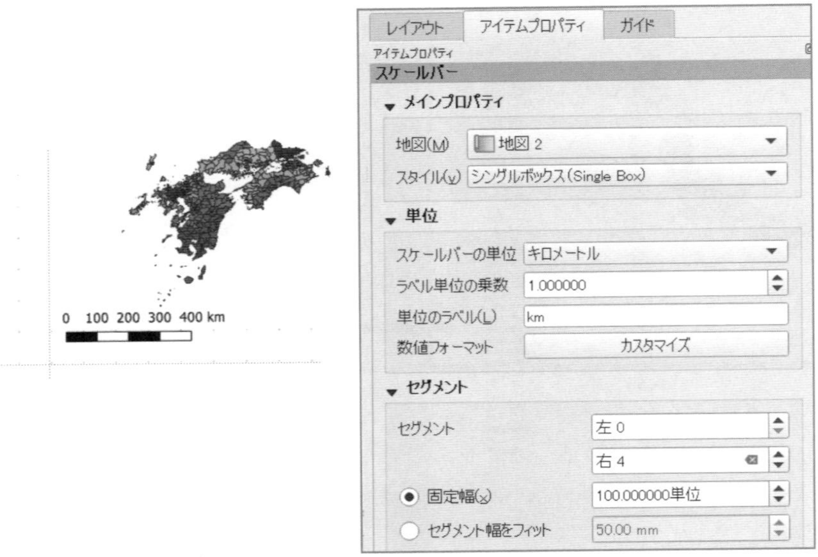

図 1-8-12 スケールバーの例とその設定

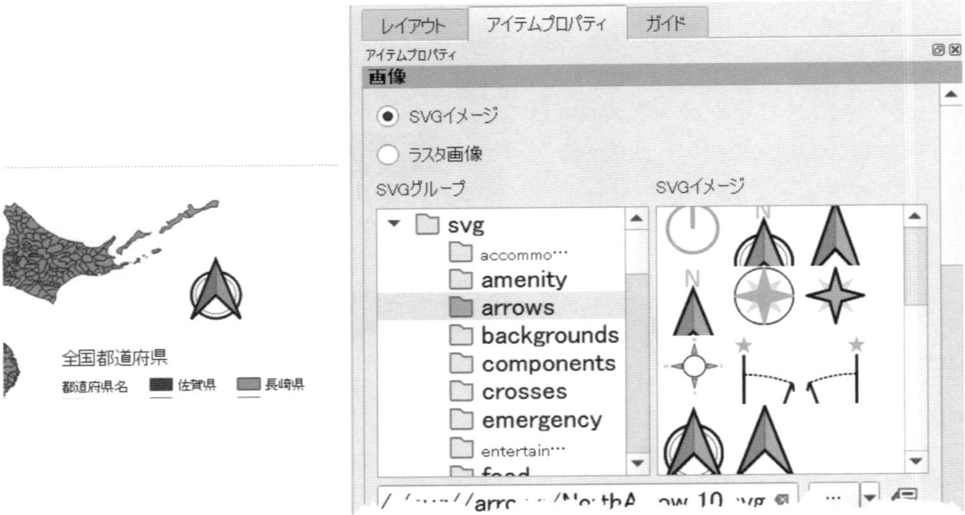

図 1-8-13 方位記号の追加

方位記号の追加

地図の向きを示す方位記号は、「方位記号を追加」アイコン（図 1-8-2）を選択し、キャンバス上の適当な位置に SVG 画像を貼り付けて配置します。デフォルトの方位記号以外を利用したい方は、SVG グループで arrows や wind_roses を選ぶと様々な記号が選べます（図 1-8-13)。SVG 形式で用意した独自で用意した方位記号も読み込むことができます。

地図のタイトルトとラベルの追加

地図のタイトルとラベルは、「ラベルの追加」を利用して地図に加えます。ツールバーから「ラベルの追加」アイコンを選択し（図 1-8-2)、キャンバスの適当な位置でラベルを配置するためのボックスを配置します。配置した直後は自動的に「ラベルのテキスト」という文字が、デフォルトのフォントとサイズで示されます。アイテムプロパティでラベルの内容を編集し、フォントの種類、サイズ、色などを指定します。

全体図や別の地図の追加

これまでに作成した地図の中にもう 1 つの地図を表示させたい場合があります。例えば一部拡大した範囲を地図化した場合に、全体図と呼ばれる全体との位置関係を示すための地図を挿入したり、日本地図を作成する際に、南西諸島を別の地図として表示させたい場合です。全体図を追加させたい場合は、「地図を追加」ボタンをクリックして、キャンバス上に新しい地図を追加します（図 1-8-14）。レイアウトでは、必要があればさらに多くの地図を追加することができます。追加した地図アイテムには「地図 2」のように自動的に名前がふられます。複数の地図を含むレイアウトで作業する際は、作業対象とする地図がどの地図か確認することが重要です。アイテムプロパティの一番上に作業対象の地図名が表示されるので、地図の内容を変更する前に確認してください。

追加した地図の表示範囲を調整し、メインとなる地図との関係がわかる範囲が表示できたら、全体図としたい地図のアイテムプロパティを下にスクロールし、「全体図」設定を展開します（図 1-8-14）。そのうえで、「＋」ボタンで全体図の名前を追加し、必要があれば名前を変更します。次に「全体図の描画」チェックボックスが有効であることを確認した後、この全体図と関連する地図を「地図フレーム」ドロップダウンリストで選択します。すると、全体図に関連する地図の表示範囲が表示されるようになります。地図内に別の地図を追加する際も、全体図と同じステップで地図を追加しますが、全体図の設定は行いません（図 1-8-15）。

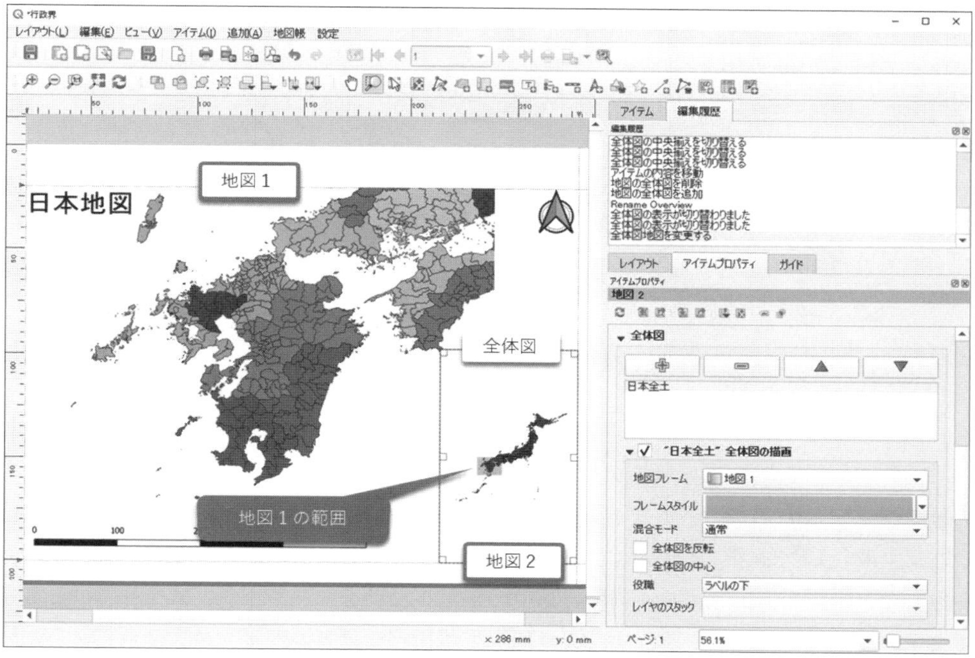

図 1-8-14　全体図の追加

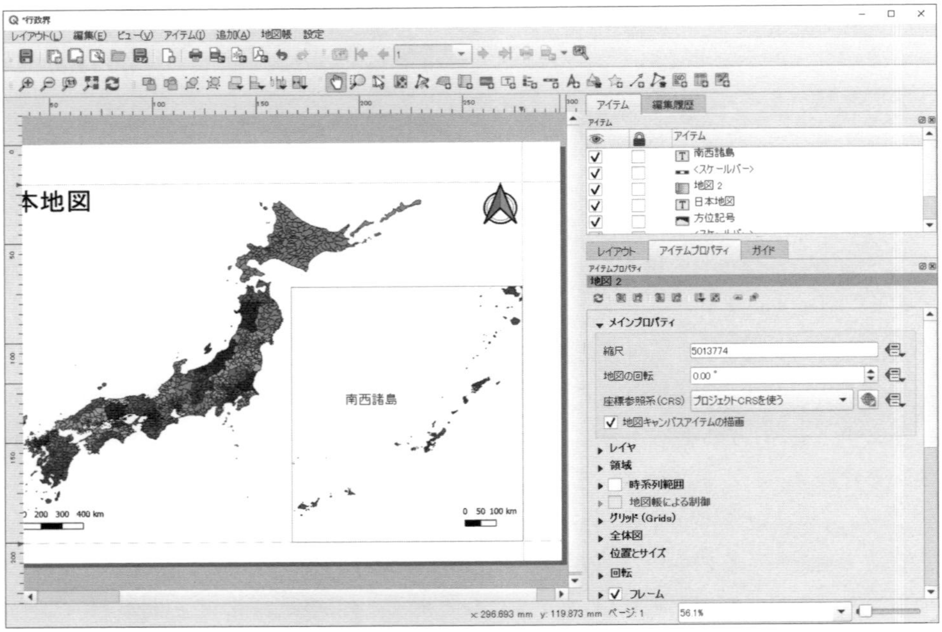

図 1-8-15　地図内への地図の追加

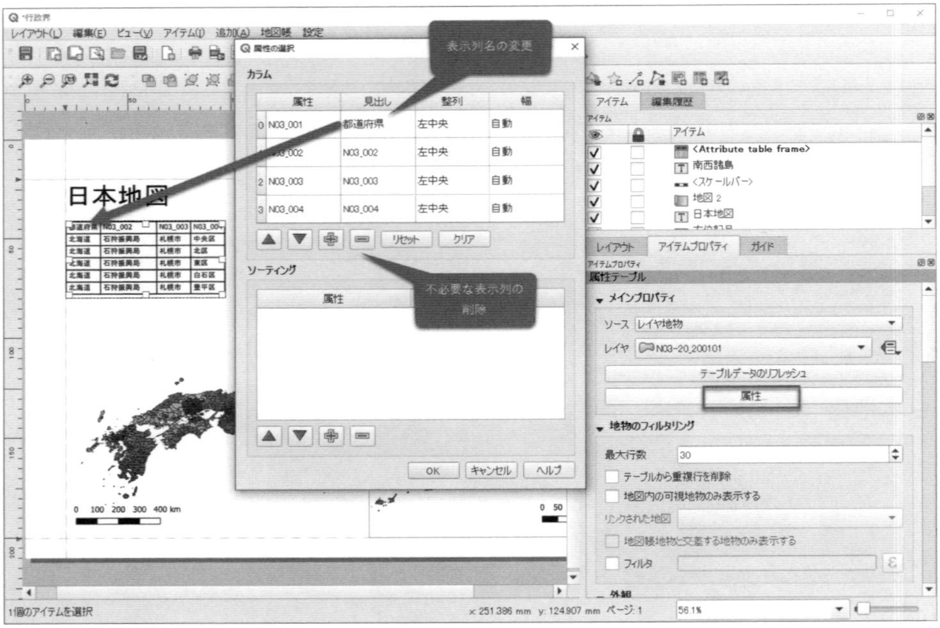

図 1-8-16　属性テーブルの追加

その他のアイテムの追加

ここまで解説した地図アイテムは、ほとんどの地図でも共通したものですが、この他にも楕円や方形などの図形、シンボル、矢印、属性テーブルなどをキャンバス上に貼り付けることができます。属性テーブルは、表示するフィールドの指定や列名の変更、最大行数、さらにテーブルの見た目などを細かく調節することができます（図 1-8-16）。

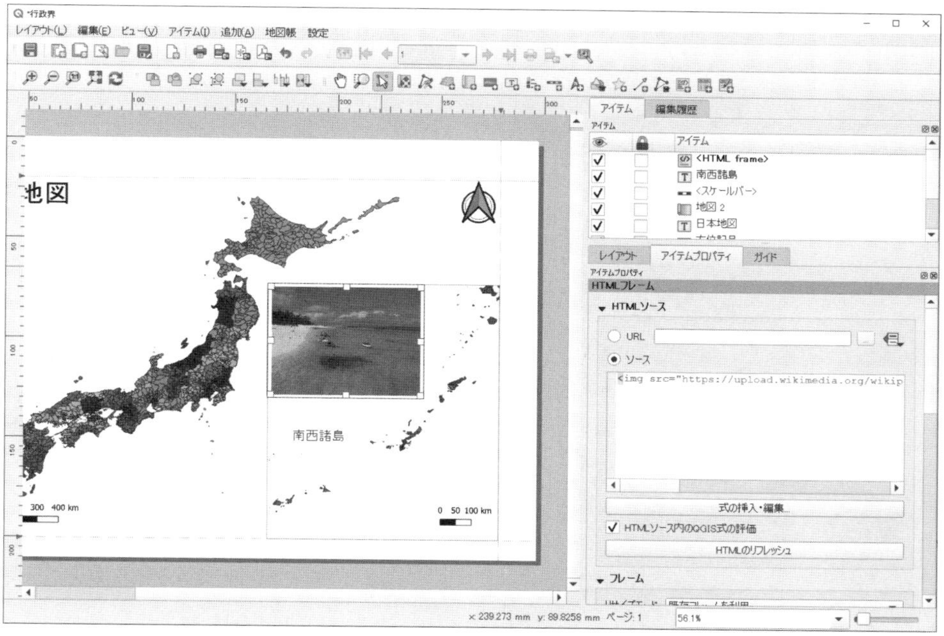

図 1-8-17 HTML アイテムを利用してオンライン上の画像を追加した例

HTML フレームの追加を利用すれば、簡単な HTML コードを書いてオンライン上の画像や文字情報を貼り付けたり、その他様々な情報を追加できます（図 1-8-17）。

地図の出力

地図に必要なすべてのアイテムをキャンバス上に配置したら、アイテムによっては、フレームと呼ばれる枠線を消したり、アイテムの背景色を半透明に設定したりして、最終的な見栄えを調整します。各アイテムの詳細な設定は、対象となるアイテムをキャンバス上で選択するか、アイテムタブで選択してから、アイテムプロパティ内の各設定で行います（図 1-8-18）。また、アクションツールバーを利用すれば、各アイテムの並びを調整したり、アイテムをロックして編集できなくしたり、複数のアイテムをグループ化したりして、効率的に見栄えを調整できます。

地図が完成したら、最終的に地図を画像、PDF、SVG 形式、または紙に印刷して地図を出力することができます。画像出力では、JPEG、PNG、TIFF、BMP などの代表的なフォーマットがカバーされています。画像出力では、あらかじめレイアウトタブで「ワールドファイルを保存する」をチェックしておくと、対象の地図フレームに合わせワールドファイルという出力画像を地理参照するための定義ファイルが同時に出力されます。出力画像はワールドファイルとセットで利用するとラスタデータとして利用できます。PDF は地図の出力を他の人と共有するために便利なフォーマットで、さらに出力時に Geospatial PDF 形式で出力できるようになりました。Geospatial PDF を地図データとして読み込みスマートフォンなどで利用できる Avenza Systems 社の Avenza Maps のようなアプリを利用すれば、作成した地図を屋外で GPS で自位置を示しながら利用できるようになります。SVG 形式は、画像をクリップするマスクなどで出力に多少問題がある場合がありますが、ドロー系のオープンソースソフト、

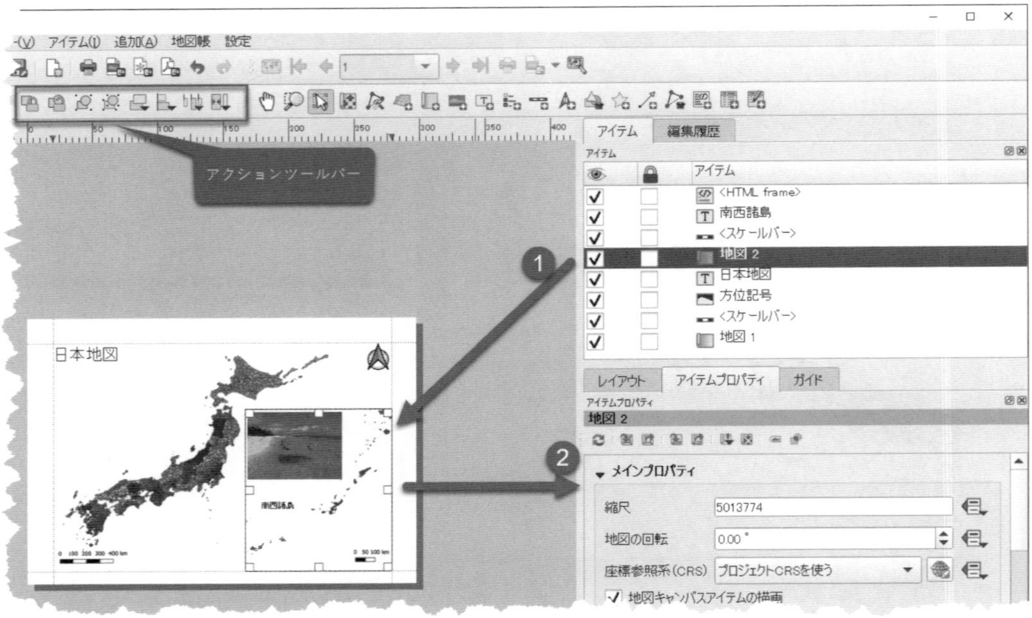

図 1-8-18 キャンバス上の各アイテムの最終調整

InkScape などで出力を開くことができるため、便利な出力フォーマットです。ラベルがあらかじめグループ化されて出力されたり、ベクタの透過度が設定通りに出力されます。

◆地図帳の作成

地図帳は、ベクタレイヤであらかじめ定義された範囲を順番にまわり、連続して地図出力するための機能で、例えば日本全国の土地利用図を各県ごとに地図として出力する場合などに利用できます。ポリゴンだけでなく、線や点レイヤも利用できるので、河川図を作成したり、全国の空港周辺の植生図を印刷するようなこともできます。

地図帳を作成するには、地図表示範囲を示すポリゴンレイヤをあらかじめレイアウトに追加しておいてください（図 1-8-19）。そのうえで地図帳メニューから、「地図帳の設定」を選択して「地図帳」タブを表示させ、「地図帳を作成する」チェックボックスを有効にします。次に「カバレッジ・レイヤ」で表示範囲設定のためのレイヤを選択し、出力地図に範囲指定用のレイヤを表示させたくない場合は、「カバレッジレイヤを隠す」をチェックします。「ページ名称」を利用すれば、作成する地図の各ページにつける名前を指定できます。フィルタは、例えば市町村ポリゴンを利用して各市町村の土地利用地図を作成する際、全国市町村のレイヤから宮城県のポリゴンだけを選択して地図帳を作成したい時などに利用できます。

次に、地図のアイテムプロパティパネルへ移動し、「地図帳による制御」チェックボックスがチェックされていることを確認します(図 1-8-20)。メニューを展開すると、地物周りの余白、事前定義縮尺、固定縮尺という、地図表示範囲を決める方法が指定できます。デフォルトでは、表示対象に対し、上下左右に 10%のマージンを設けるようになっています。

さらに一工夫して、地図帳パネルの「出力ファイル名の式」や地図につけるタイトルのラベ

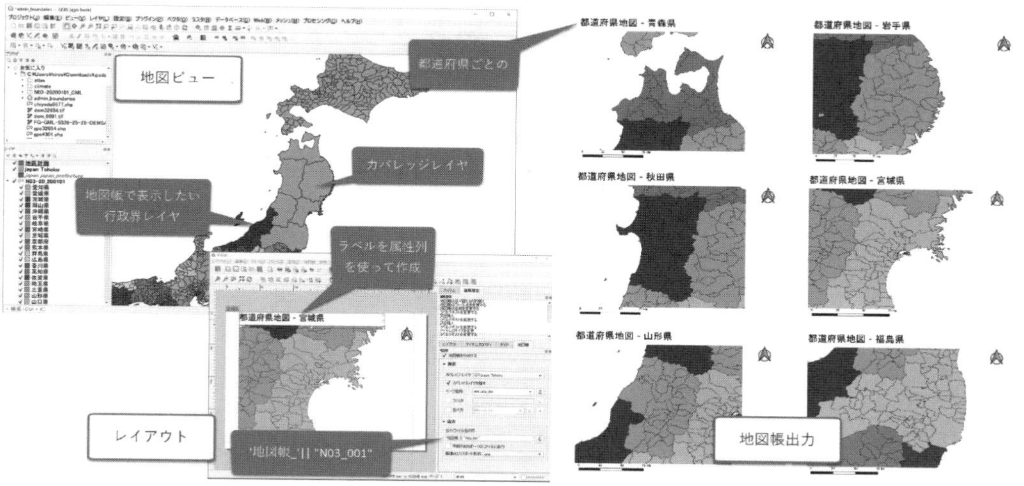

図 1-8-19 地図帳機能を使った地図の連続出力

ルのアイテムプロパティで「式の挿入・編集」を利用すれば、属性を利用して出力する地図ごとにファイル名やタイトル、ラベルなどを変更できます。例えば読み込んでいるカバレッジレイヤ（範囲を指定するベクトルレイヤ）の都道府県名を格納した列が「N03-001」という名前だとすると、

・地図帳の出力ファイル名の式
　' 地図帳 _'|| "N03_001"
・ラベルのメインプロパティ
　[%' 都道府県地図 - ' || "N03_001" %]

のように設定すると、出力する地図帳ごとに都道府県名を挿入できます。

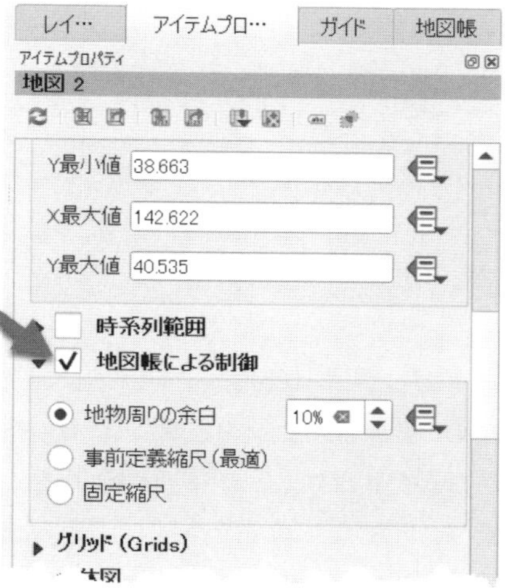

図 1-8-20 属性による地図の連続作成を有効にする「地図帳による制御」機能

設定が完了したら、地図帳メニューから「地図帳のプレビュー」を選択し、アクティブになった地図帳ツールバーの機能を使って、作成されるそれぞれの地図をプレビューします。プレビューで地図の内容を確認したら、最後に地図帳を、印刷、画像、SVG、PDF のいずれかの形式で出力します。

◆レポートの作成

レポートは地図帳機能をさらに高度化して、表紙や裏表紙、途中の見出しページなどを差しはさみ、地図帳をより完成した形で出力するための機能です。ただし、機能としては地図帳ほど成熟していないため、ここでは使い方の概略だけ説明します。

1. プロジェクトメニューから「新規レポート」を選択する。
2. 立ち上がったレポート作成ツールで、初期状態で表示されている「レポートヘッダを含む」、「レポートフッターを含む」を有効にし、それぞれを「編集」して、レポートの表紙と裏

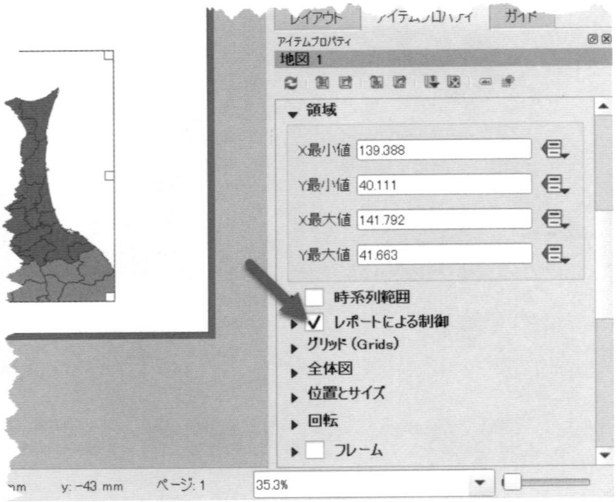

図 1-8-21 レポートの動的作成を有効にするレポートによる制御機能

表紙を作成する。この場合、主にツールバーから「ラベル追加」ツールを選択して、テキストを追加する。

3. 次に、左側のパネル中央部にある「＋」アイコンをクリックして、「フィールドグループセクション」を選択し追加する。フィールドグループセクションは、地図帳と同様に各都道府県ごとの出力を作るための動的な内容を追加するために利用し、「静的レイアウトセクション」は、連続して作成されるレポートページの間に、静的なページを差しはさむために使う。
4. 追加されたフィールドグループセクションの設定パネルで、レポートの対象としたいレイヤとフィールド（列名）を選択する。地図帳の設定と同じと考えて良い。例えば、東北 6 県のレイヤを「レイヤ」、そのレイヤの属性列で都道府県名を格納する列を「フィールド」に設定する。
5. 「ボディを含む」を有効にし、「編集」ボタンをクリックする。
6. 表示されたキャンバス上に、地図帳と同様に地図やタイトル、スケール、方位記号などを追加してレポート用の地図を作成する。
7. 張り付けた地図のアイテムプロパティで「レポートによる制御」を有効にする（図 1-8-21）。
8. 画像、SVG、PDF、または印刷してレポートを出力する。

現在のレポート機能では、地図帳のようにカバレッジレイヤの設定ができなかったり、細かい部分で使いにくい部分がありますが、今後は地図帳をより完成した形で出力するための機能としてより使いやすくなっていくと思われます。

第2部
解析ツールと外部連携

第1部では、QGISを使うために最初に知っておく必要のある基本を中心に説明しました。第2部ではさらに一歩進んで、読み込んだデータを解析するQGISにデフォルトで実装されている機能やプラグイン、そしてQGISをより有効に活用するための外部ツールとの連携について解説します。

最新のQGISには、プロセッシングメニューがデフォルトで利用できるようになっており、QGISネイティブ、GDAL、GRASS、SAGAといった他のGISソフトウェアの解析機能が利用できます。また、世界各地で開発・公開されているQGIS向けのプラグインを簡単にインストールして利用できる仕組みも備わっています。2021年12月の時点では、公式には800、実験的プラグインも含めると約1,000に及ぶプラグインがインストールできます。また、公式には登録されていないプラグインのリポジトリ（プラグインを提供しているサイト）も含めると,QGISにはさらに多くのプラグインが利用できます。

多種多様な解析機能が利用できるのがQGISの魅力ですが、その一方で自分の目的にあった機能を探したり、その使い方を学ぶには時間がかります。そこで第2部では、QGISでデフォルトで用意されているツールと筆者がおすすめする便利なプラグインを取り上げ、その機能と使い方について説明します。QGISのすべての機能とプラグインを紹介することはできませんが、QGISのプラグインはインストールも削除も簡単なので、読者の皆さんもぜひたくさんのプラグインを試してみてください。また、プロセッシングメニューから利用できる解析機能とグラフィカルモデラー、そして最後にQGISをさらに活用するための外部サービスとの連携について解説します。

第 1 章　デフォルトで用意されている各種機能

◆パネル追加機能

パネルから追加できる機能は、いわゆる GIS の解析機能ではありませんが、様々な便利な機能が備わっているのでここで簡単に触れておきます。デフォルトで用意されている様々な機能拡張は、パネルからアクティブにすることができます。ツールバーの空欄でマウスの右クリックをしてコンテクストメニューを表示させ、機能を読み込むか、ビューメニューの「パネル」から必要な機能を選択します（図 2-1-1）。

パネルからアクティブにできる機能のうち、初期状態でアクティブになっているのは、レイヤとブラウザだけで、その使い方はこれまでに解説しました。その他のパネルから読み込める機能としては、GPS 情報、タイルスケール、レイヤスタイル、レイヤ順序、ログメッセージ、全体図、統計量の出力、などをはじめとし、様々な機能があります。以下ではこれらのパネルからよく利用すると思われるパネルの機能を説明します。

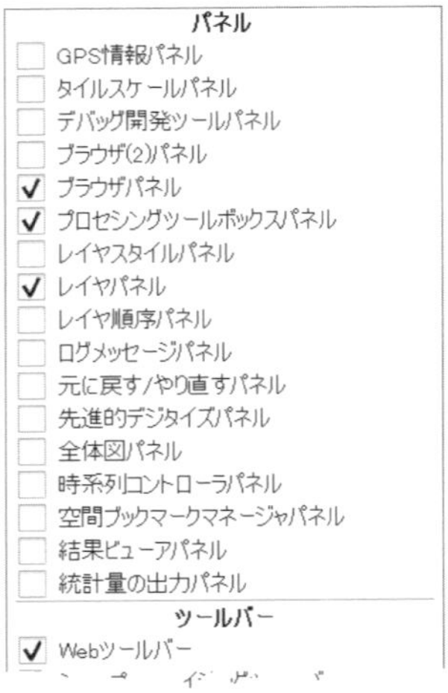

図 2-1-1　QGIS の機能を拡張するパネルを追加することで利用できる機能

GPS 情報

GPS デバイスをノートパソコンなどにつないで、直接 GPS のデータを QGIS に取り込むための機能を提供します。自動的に GPS ポイントを連続的に保存するための機能もあるため、車で移動しながら位置情報を集める時などにも使えます。すべての GPS デバイスで利用できるわけではなく、GPS デバイスが、National Marine Electric Association（NMEA）という GPS のデータをライブでやりとりするプロトコルに対応している必要があります。GPS に保存された GPX などのデータを QGIS で利用するための機能を提供する「GPS ツール」プラグインとは別のものです。対応する GPS デバイスなど詳しくは、QGIS のマニュアル、ライブ GPS 追跡を参照してください（https://docs.qgis.org/3.16/ja/docs/user_manual/working_with_gps/live_GPS_tracking.html）。

タイルスケール

WMTS や XYZ タイルなどのタイルデータを表示する際、ズームレベルと呼ばれる拡大縮小サイズをスライドバーで表示し、ズームレベルをコントロールするためのツールです。

レイヤ順序

通常、読み込んだレイヤは、レイヤパネルに上から順番にリストされ、重ね合わせの順序もリストの一番上が一番上になります。読み込むレイヤの数が少ない場合は、このレイヤリストでの順序と描かれるレイヤの重なりの順序が同じでも問題ないのですが、多数のレイヤを読み込んだ場合、レイヤをグループ分けすると管理しやすくなる場合があります。その際、レイヤパネル内のレイヤの構成と地図ビュー上のレイヤの表示順序が別々に設定できると便利で、そのための機能を提供するのが「レイヤ順序」パネルです。

ログメッセージ

一般情報とプラグイン、Python 警告タブがあり、ファイルパスの設定、ライブラリやプラグインの読み込み状況など、QGIS の裏側で起きていることを見ることができます。

全体図

地図ビューに表示されている範囲が、他のレイヤを含めた全域の中でどの範囲なのか表示します（図 2-1-2）。逆に、全体図内に表示されている赤枠を動かすことによって、地図ビューの表示範囲を変更することもできます。

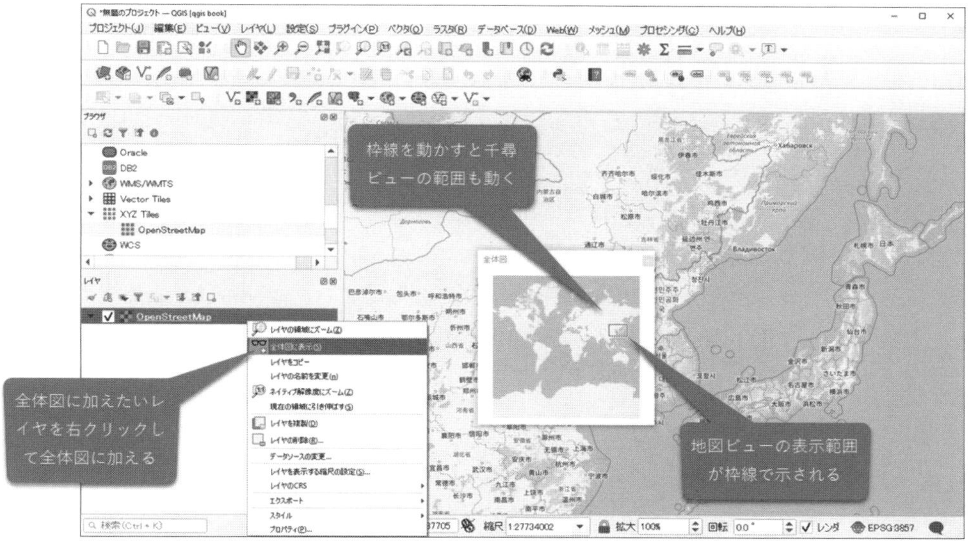
枠線を動かすと千尋ビューの範囲も動く
全体図に加えたいレイヤを右クリックして全体図に加える
地図ビューの表示範囲が枠線で示される

図 2-1-2　全体図パネルの追加

統計量出力

ベクタレイヤの属性列の件数、最大値、最小値、平均値などの統計量を計算するパネルです。最初に対象とするベクタレイヤを選択し、次に対象列を選択すると統計量が表示されます。「選択した地物のみ」チェックボックスを有効にすると、選択ツールで選択した地物についてのみ統計量を計算できるので、とても便利です。

◆式文字列ビルダー、フィールド計算機

式文字列ビルダーは、QGIS に用意されている関数を使ってベクタに関する様々な処理を行うためのツールです。本書では、「式文字列ビルダー」という名前が長いので、「式ビルダ」と呼ぶことにします。式ビルダは主に以下の場合に利用します。

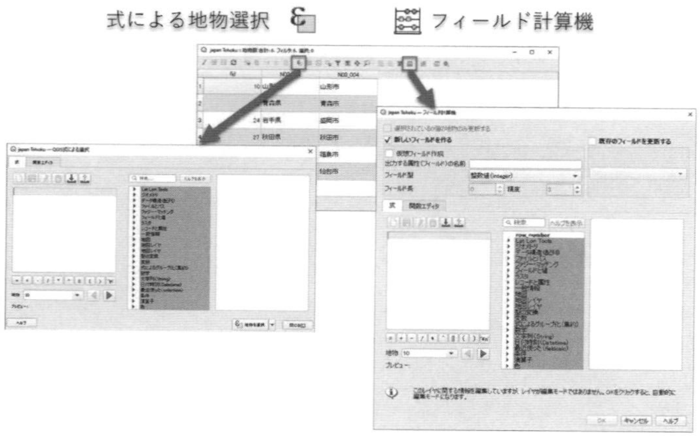

図 2-1-3　属性テーブルから利用する 2 つのタイプの式ビルダ

・式による地物の選択：属性値を利用して地物を選択（図 2-1-3）
　例：人口 10 万人以上の自治体のポリゴンを選択
・フィールド計算機：ベクタのジオメトリ、属性値を使った演算結果を属性テーブルへ格納
　例：自治体ポリゴンの面積を計算し、属性テーブルに格納
　例：自治体ポリゴンの属性テーブルの人口列と面積列を使って人口密度を計算し、新しい列として格納

この他にも、ジオプロセッシングやシンボルの生成などの際にも登場しますが、ここでは式による地物の選択とフィールド計算機での利用について解説します。また、QGIS には「関数エディタ」と呼ばれる Python を利用した独自の関数を作成し、フィールド計算機から利用するという方法もありますが、本書では取り扱いません。詳しくは、QGIS のマニュアルを参照してください。

フィールド計算機の使い方

式による地物選択とフィールド計算機の使い方は基本的に同じなので、より複雑なフィールド計算機を使って、式ビルダの使い方を説明します。フィールド計算機には、属性テーブルの値やジオメトリを利用した計算のための各種機能が含まれます。以下では、図 2-1-4 の各番号に対応させ、フィールド計算機の機能を説明します。

① 対象とするレイヤの一部の地物が選択されている場合、「選択されている X 個の地物のみ更新する」がアクティブになり、対象の地物のみに計算を適用することができる。
②「新しいフィールドを作る」がチェックされていると、計算結果を新規列として追加される。
③「新しいフィールドを作る」際の新しいフィールドの定義。フィールド名、フィールドのデータタイプ、フィールドの長さなどを定義する。
④ 式または関数エディタのタブ切り替え。各種アイコンはユーザー定義関数に関して利用する。
⑤ 計算式は、式ボックスに記入する。既存の関数やフィールド名は、関数リストからダブルクリックすると自動挿入される。

図 2-1-4　フィールド計算機の各機能

⑥ 演算子を式ボックスに挿入することができる。

⑦ 演算結果のプレビューを表示する。左、右向きアイコンをクリックすると演算の対象行を変えられる。

⑧ 関数や対象フィールドを選択する。関数はグループにまとめられているので、グループ名の左にある三角形アイコンをクリックするとグループが展開する。関数やフィールド名はダブルクリックして式ボックスに挿入する。

⑨ 新しいフィールドではなく、既存のフィールドに上書き保存する際にチェックする。オプションをチェックするとその下のドロップダウンリストで対象列を選べるようになる。

⑩ 関数のヘルプを表示する。「フィールドと値」を関数リストで選んだ際は、フィールド列内の値をリストするように変化する。

実際には、以下の流れでフィールド計算機を使うようになると思います。

1. 計算結果を「新しいフィールドを作る」か「既存のフィールドを更新する」にするか決め、それぞれフィールド名などを指定する。
2. 関数リストを利用し、式ボックスに式を作成する。
3. プレビューで思った通りの結果が出ているか確認する。
4. 「OK」ボタンを押して実行する。

式ボックスに式で式を作る際には、文法上いくつかの決まりごとがあります。

・フィールド名は、ダブルクォーテーションで囲む

・文字列はシングルクォーテーションで囲む

関数にはいくつか特殊な文字が頭についたものがあります。

・$ が頭についた関数は、対象レイヤの地物のジオメトリ属性値（面積、長さ、座標）、レコードの属性値を取り出す

・@row_number は、各行が重複しない行番号を返すので、各行にユニークなキーを追加できる

また、「フィールドと値」グループは、関数ではなく、属性テーブルのフィールド名のリストで、各フィールド名をクリックすると右側にフィールド内の値を表示するボックスが表示されます。例として、行政界ポリゴンの都道府県名を示す「N03_001」列の値が「宮城県」である場合、正解である「1」を返す式を作る場合の手順で「フィールドと値」の使い方を説明します（図 2-1-5）。

①「フィールドと値」グループを展開して、フィールド名のリストを表示

② 対象とする「N03_001」をダブルクリックし、式ボックスに貼り付ける

③ イコールボタンをクリックして「＝」を張り付ける

④「全ユニーク」ボタンをクリックして対象列のユニークな値をリストする

⑤「宮城県」をダブルクリックし、式ボックスに値を貼り付ける

⑥ 式を確認する

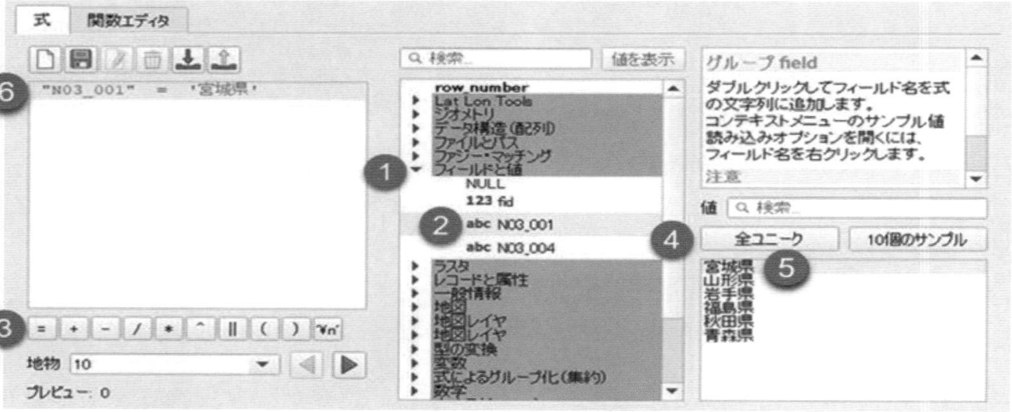

図 2-1-5 フィールド計算機の「フィールドと値」の使い方

以上でフィールド計算機の使い方と決まりごとをほぼ説明したので、次は図 2-1-6 の例を使って、式の作り方を説明します。ちなみに population 列には適当な数字を入れています。

＜式の例＞

・ポリゴンの面積を計算する。

$area

・面積を平方キロメートルで計算する。

$area / 1000000

・ポリゴンの外周長を計算する。

$perimeter

・人口密度を計算する。

"population" / $area

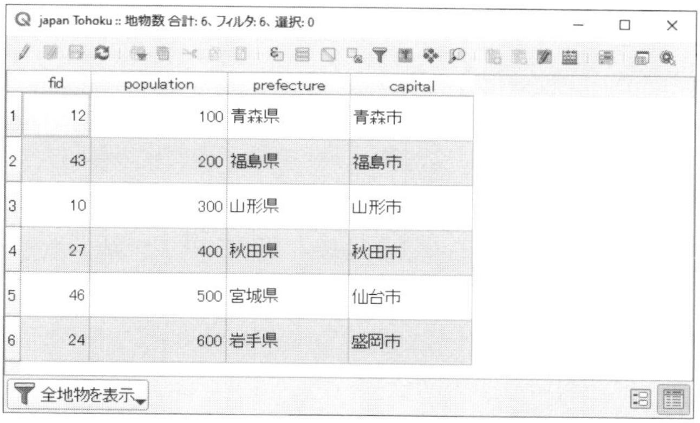

	fid	population	prefecture	capital
1	12	100	青森県	青森市
2	43	200	福島県	福島市
3	10	300	山形県	山形市
4	27	400	秋田県	秋田市
5	46	500	宮城県	仙台市
6	24	600	岩手県	盛岡市

図 2-1-6 フィールド計算機で式を作成するためのサンプルテーブル

・都道府県名と市町村名をつなげる（例：宮城県仙台市）。
"prefecture" || "capital"
・都道府県名から「県」を除く（この例ではどちらでも良い）。
left ("prefecture" , 2)
replace ("prefecture" , ' 県 ', '')
・人口が300より多い県を「多い」、少ない県を「少ない」とする。
if ("population" > 300, ' 多い ', ' 少ない ')
・人口が200より少ない県を「少ない」、200から400までを「中ぐらい」、400より多い場合を「多い」とする。
CASE
WHEN "population" <= 200 THEN ' 少ない '
WHEN "population" > 200 AND "population" <= 400 THEN ' 中ぐらい '
WHEN "population" > 400 THEN ' 多い '
END
・フィールドの値がNULL（値がない）の場合、0にする。
coalesce ("population" , 0)
・データタイプがテキストの列を整数に型変換する。
to_int ("population_ga_text")

フィールド計算機にはこの他たくさんの関数が用意されています。QGISの公式ドキュメントでは、すべての関数をリストして説明していますが、現在のところ英語での説明なので、むしろフィールド計算機の関数リストから該当しそうな関数をクリックしてヘルプを表示させる方が関数を見つけるのに役立つかもしれません。

◆プロセッシング

プロセッシングは、QGISネイティブ、またはサードパーティーのデータ処理アルゴリズムを呼び出すための窓口となります。サードパーティーのソフトウェアとして、GDAL、GRASS、SAGA、OTB（画像解析ソフトのOrfeo）がプロセッシングにデフォルトで組み込まれていますが、統計ソフトの R、LiDAR 解析の LASTools などもプラグインとして読み込むことでそれらの機能を利用できるようになります。さらに解析系のプラグインの多くは、インストール後、プロセッシングツールボックスからも利用できるようになります。

プロセッシングから利用できる機能は、各ソフトウェアの使い方に依存するため、本書ではそれぞれを詳しく解説できませんが、簡単な例を使ってプロセッシングメニューの活用方法を紹介します。それぞれのソフトウェアの詳しい使い方は、各ホームページや Web 上の情報を参照してください。

- GDAL/OGR（ラスタ、ベクタライブラリ）：http://gdal.org/
- GRASS（デスクトップ GIS）：http://grass.osgeo.org/
- Orfeo（リモートセンシング）：http://www.orfeo-toolbox.org/otb/
- R（統計）：http://www.r-project.org/
- SAGA（デスクトップ GIS）：http://www.saga-gis.org/
- Fusion（LiDAR データ処理）：http://forsys.cfr.washington.edu/fusion/fusionlatest.html
- LAStools（LiDAR データ処理）：http://www.cs.unc.edu/~isenburg/lastools/

プロセッシングメニュー

プロセッシングメニューからは、ツールボックス、モデルデザイナーなどの機能にアクセスできます。また、「履歴」を利用すると、これまでにプロセッシングで実行したコマンドの一覧を見ることができます。履歴にリストされる各実行結果は、ダブルクリックすると実行した際のパラメータを設定した状態で各ダイアログボックスが開きます。また、履歴をログファイルとして保存しておくこともできます。「結果ビューア」は、プロセッシングの結果を出力するためのパネルです。結果が地図レイヤの場合は地図ビューに出ますが、グラフなどはこの結果ビューアから結果を表示させます。メニューの一番下にある「In-Place 編集」は、クラウドファンディングで実装された面白い機能です。地図ビューで選択したベクタの地物に対してプロセッシングの各ツールを適用する機能で、例えば、線の方向を一部の線分で逆向きにしたい場合など、インタラクティブに作業できるようにしてくれます。「In-Place 編集」については NORTH ROAD（https://north-road.com/edit-features-in-place-using-qgis-spatial-operations-campaign/）に詳しく使い方が解説されています。

プロセッシングツールボックス

プロセッシングメニューからツールボックスを選択すると、「プロセッシングツールボックス」パネルが開きます。プロセッシングで利用する各機能は、すべてこのパネルからアクセスすることができます。各機能にアクセスするもう 1 つの方法は、ステータスバーの左隅にあるクイック検索にキーワードを入力して検索した後、Enter キーを押してダイアログを開く方法です。プロセッシングツールボックスの上の方にある「検索」ボックスでも同様の検索ができます。どのようなツールがあるか、また利用したいかある程度分かってくるとクイック検索は大変便利な機能です。

プロセッシングツールボックスパネルの一番上のツールバーからは、ツールボックスの設定

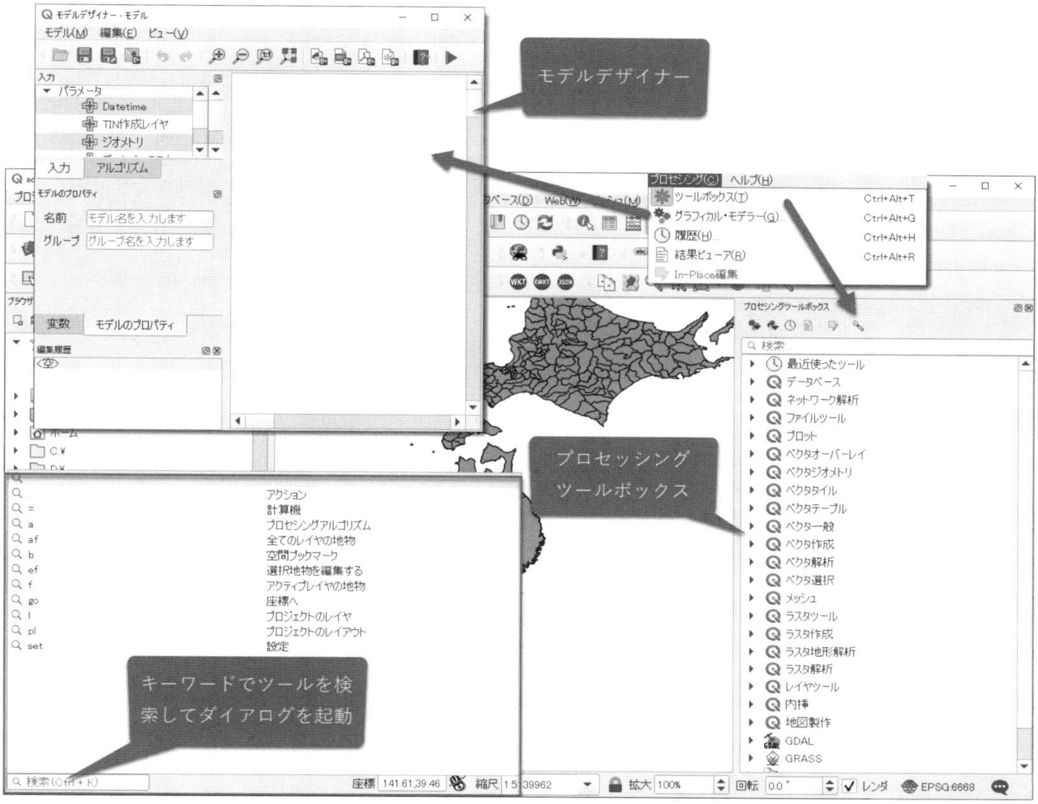

図 2-1-7 プロセッシングメニューと関連機能へのアクセス

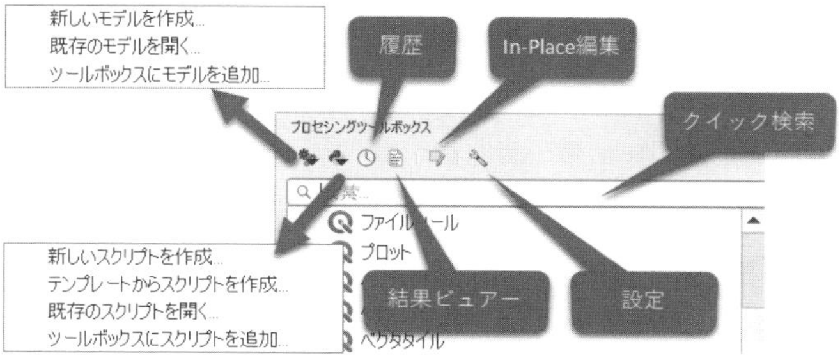

図 2-1-8 プロセッシングツールボックスのツール群

など、ツールボックスを利用するための機能にアクセスできます（図 2-1-8）。

「設定」アイコンをクリックすると、プロセッシングのオプションを設定するためのダイアログが表示されます。プロセッシングの設定では、プロセッシングから利用できる外部ソフトウェア（プロバイダ）を有効にしたり、モデルやスクリプトの保存先のディレクトリを設定したり、デフォルトの出力ファイル形式を設定したりすることができます。最初は特に設定を変更する必要はありませんが、プロセッシングを使いこなしてくるとお世話になるダイアログボックスです。

プロセッシングメニューには大変多くの機能が揃っています。すべての機能を解説するのは本書の目的を超えているので、ここでは簡単な例を用意してプロセッシングツールの使い方を説明します。また、第 3 部の解析事例では、様々なプロセッシングツールを利用しているので、使い方の参考にしてください。

例として、宮城県の各自治体にある公共施設数について、プロセッシングツールを使って求めてみます（図 2-1-9）。はじめは手動でツールを選択して解析を行いますが、最後は「モデルデザイナー」を使って解析を自動化します。

図 2-1-9 プロセッシングツールの使い方を説明するために利用する自治体ポリゴンと公共施設ポイント

最初に出会う壁は、どのツールを使ってポリゴン内の公共施設数を求めるかという問題です。GIS の解析を始めたばかりの方や、他の GIS に慣れ親しんだ方は、QGIS のボキャブラリーが十分ではないため、なかなか思い通りのツールを見つけることができないかもしれません。この場合は、まずはベクタに関する解析なので、ツールボックスにある「ベクタ」が名前の頭に付いたツールグループを見てみます。最初は 1 つずつツールの名前を見ながら検討を付けます。「ベクタ解析」まで行くと、その中に「ポリゴン内の点の数」というツールがあることがわかります。「ポリゴン内の点の数」をリスト内からダブルクリックをして、まずはツールのダイアログボックスを開いてみてください（図 2-1-10）。

するとダイアログのヘルプボックスに機能の説明が表示されています。この説明を読むと、このツールを実行すると自治体ポリゴンが新しく作成されそのポリゴンの属性として各ポリゴン内に落ちる公共施設ポイントの数が格納されることがわかります。オプションで、重みづけした集計や、ユニークなデータの数を数えられることもわかります。ユニークなデータの数オプションを利用すると、例えば何種類の公共施設がポリゴンに含まれるか求めることができます。

プロセッシングツールのダイアログを詳しく見ると、いくつか事前に使い方を知っておいた方が良いオプション機能があります（図 2-1-11）。

① 地図ビュー上で選択済みの地物のみに適用したい場合にチェックします。地物が選択されていない場合はグレーアウトしています。

② すでに読み込んであるレイヤはドロップダウンリストで選択できますが、まだ読み込んでいないデータは、「ファイルを選択」か「レイヤを閲覧」で解析の対象にすることができます。

③「詳細オプション」では、無効な地物（ジオメトリに問題がある地物）を無視するなど、解析に関連する設定を調整できます。はじめはデフォルトのままで問題ありません。

④ 反復処理するオプションをアクティブにすると、レイヤ全体ではなく、レイヤの各地物に対して処理を行い、結果をそれぞれ別のレイヤ、またはファイルとして出力します。行政界の例でいえば、結果を各県ごとのファイルとして出力することになります。地物数の多いポイントデータなどで利用すると膨大な量のレイヤが生成されることがあるので気を付けてください。

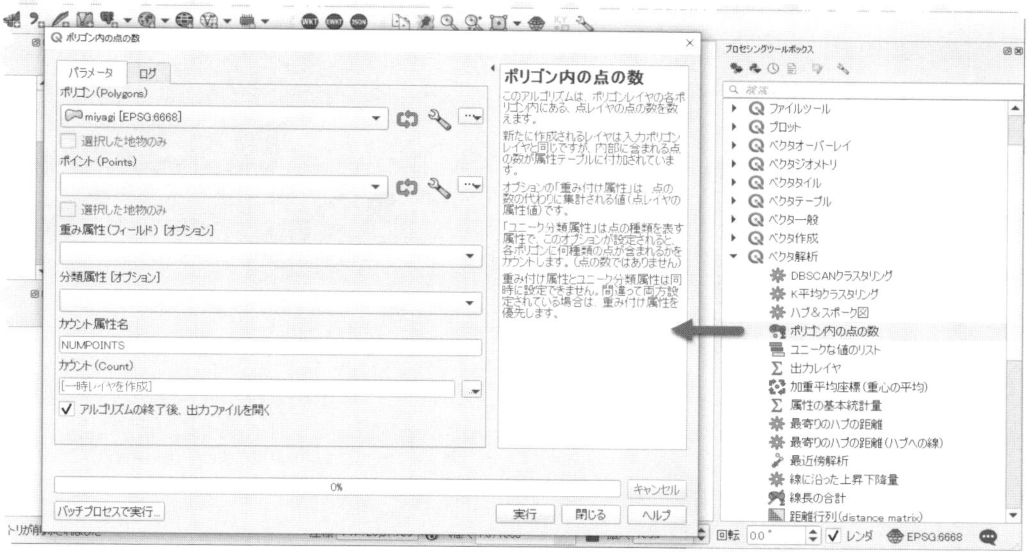

図 2-1-10 ポリゴン内の点の数ツール

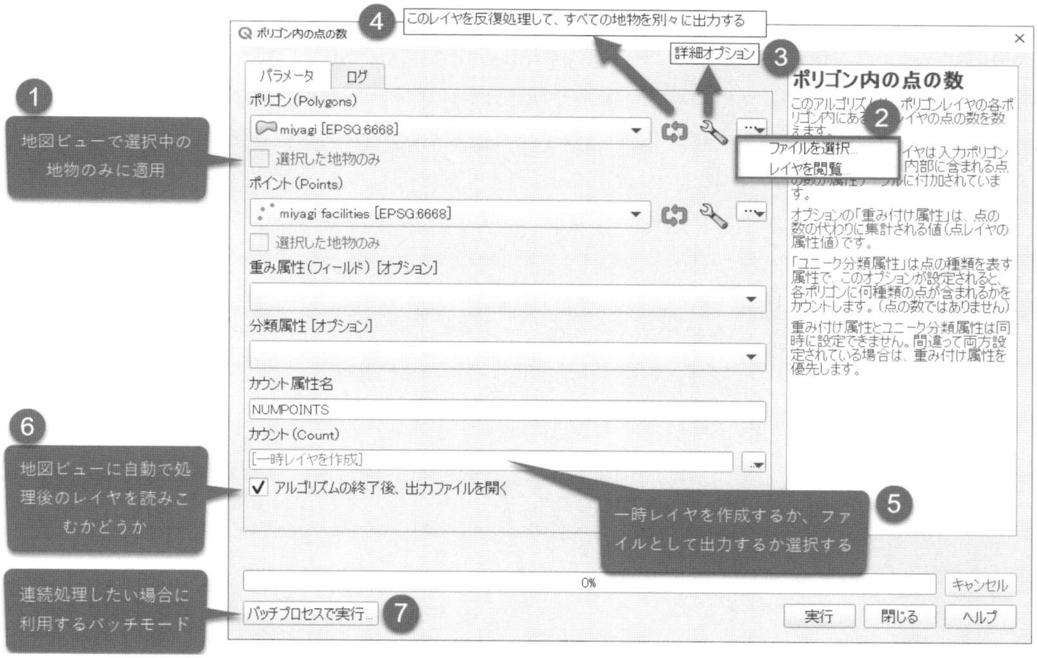

図 2-1-11 ツールをより効率的に使うための各種オプション機能

⑤ 出力は、デフォルトでは「一時レイヤを作成」となっており、一時的ファイルとして作成されます。最終的なデータをしてファイル保存したい場合は、ドロップダウンリストから「ファイルに保存」などを選んで保存してください。一時レイヤとして地図ビューに表示させ、内容を確認してからレイヤパネルで対象を右クリックして「保存」するやり方もあります。

⑥ デフォルトでは出力した結果を自動的に地図ビューに読み込みますが、読み込みたくない場合はチェックを取ります。

⑦「バッチプロセスで実行」は高度なオプションですが、同じ解析を複数のレイヤやファイルに対して行いたい際に便利です。

行政界ポリゴンと公共施設ポイント間で「ポリゴン内の点の数」ツールを実行し、結果により塗り分け、ラベルの表示を行うと図 2-1-12 のようになります。

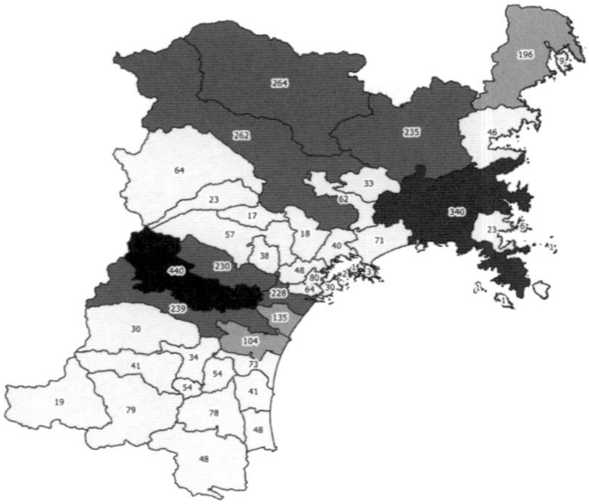

図 2-1-12 ポリゴン内の点の数ツールを実行した結果

グラフィカルモデラー

グラフィカルモデラーは、プロセッシングで用意されているツールを数珠つなぎにして一連の解析を自動化するための仕組みを提供します（図 2-1-13）。例えば、国土交通省の国土数値情報ダウンロードサービスのサイト（http://nlftp.mlit.go.jp/ksj/）には、施設データとして福祉施設、学校、医療機関、消防署などたくさんのポイントデータがあります。これらのポイントデータを行政界ポリゴンで集計したい場合は、行政界ポリゴンとそれぞれのポイントデータ間で、手作業で「ポリゴン内の点の数」ツールを３回実行してもできますが、グラフィカルモデラーを使えば一連の作業を自動化できます。より複雑な作業や解析もグラフィカルモデラーを使えば作業が効率的になります。さらにモデルを保存すると、汎用ツールとしてプロセッシングツールボックスに登録されるため（図 2-1-13）、例えば次回別の組み合わせで岩手県で同じ作業を行う場合、自作のツールを利用できます。

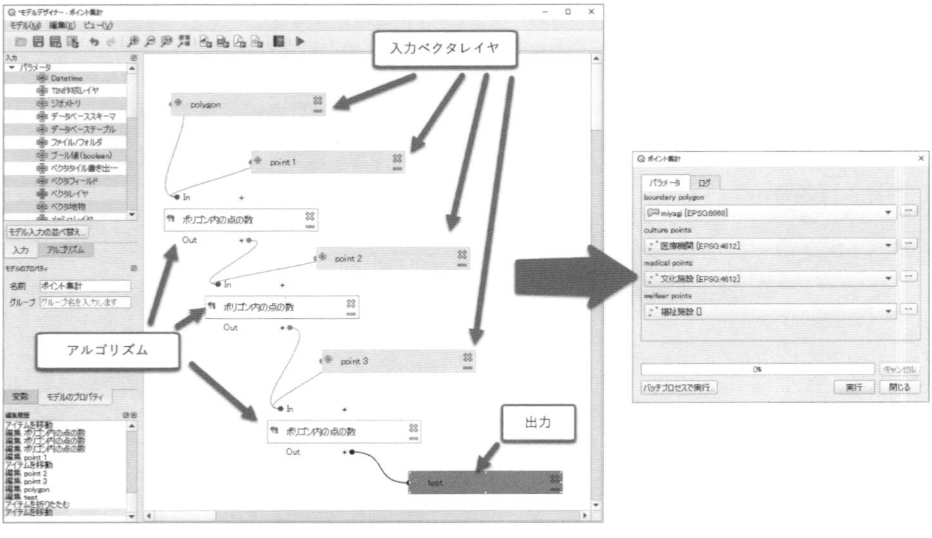

図 2-1-13 モデルを作成するためのモデルデザイナー（左）と作成したモデルを保存して作成したツールのダイアログ（右）

次に、宮城県の行政界ポリゴンを引き続き利用して、福祉施設、医療機関、文化施設の数を集計する作業をグラフィカルモデラーで自動化するステップを説明します。

モデルデザイナー

プロセッシングメニューから「グラフィカル・モデラー」を選択すると、モデルの作成を行う「モデルデザイナー」が表示されます（図 2-1-14）。今回の例では、モデルデザイナーの以下の機能を利用します。

① キャンバス：モデルをインタラクティブに作る画面
② 入力：モデルを構成するデータを選択、定義
③ アルゴリズム：データを処理するためのアルゴリズム、ツールを選択
④ モデルのプロパティ：モデルの名前やグループを定義
⑤ 実行：モデルを実行
⑥ モデルを保存：プロジェクトレベルの保存と、いつでも使える保存方法がある

モデルを作成する作業は、具体的な自分のデータに基づいて解析の流れを作ることもできますし、いつでも使える汎用ツールを作成することもできます。今回は宮城県の行政界のポリゴンと施設関係の 3 つのポイントレイヤを使った解析を念頭に置いていますが、作成するのは 1 つのポリゴンレイヤと 3 つのポイントレイヤで集計を行い、結果をポリゴンとして出力するツールを作成します。

はじめに「入力」タブから「ベクタ地物」を選び、地図キャンバスにドラッグ&ドロップしてください。すると、「ベクタ地物パラメータ定義」ダイアログが開くので、説明欄に、英数

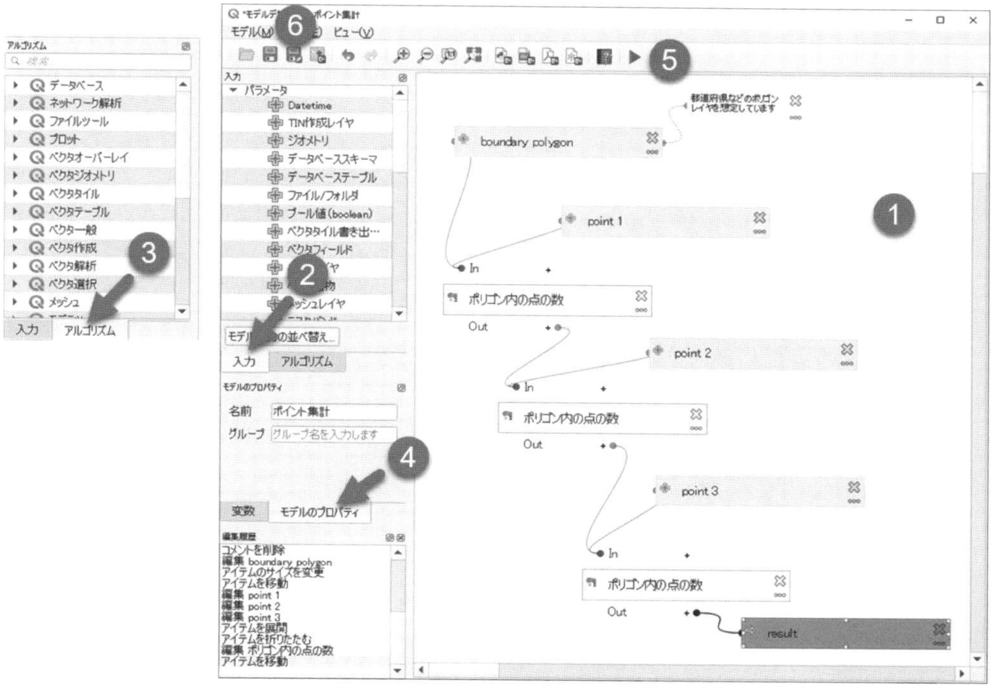

図 2-1-14　モデルデザイナーのユーザーインターフェース

半角で例えば、「boundary polygon」と入力し、ジオメトリタイプとして「ポリゴン」を選択し、OK をクリックします。説明欄に日本語を入力するとモデルが上手く作成できない場合があるので、英数半角で入力してください。また、説明については、具体的なレイヤ名（例えば、miyagi）ではなく、できるだけ一般的な名前（例えば、boundary polygon）を入れてください。そして同様に、3 つのベクタ地物をポイントジオメトリとしてキャンバスに貼り付けてください。ポイント入力の「説明」に入力する名前は、例えば、point 1、point 2、point 3、でも良いと思います（図 2-1-15）。

次に「アルゴリズム」タブを開き、検索ボックスに「ポリゴン内の」と入力し、「ポリゴン内の点の数」を表示させ、キャンバスにドラッグ＆ドロップします（図 2-1-16：①）。自動的に開いた「ポリゴン内の点の数」ダイアログの「ポリゴン」の下にある入力データタイプのドロッ

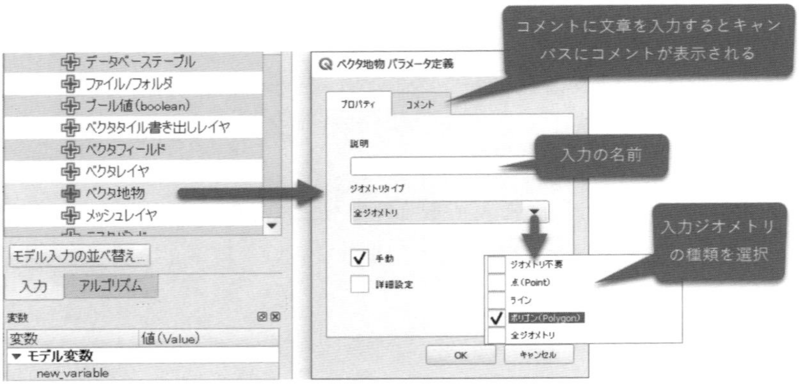

図 2-1-15 ベクタ地物入力の設定

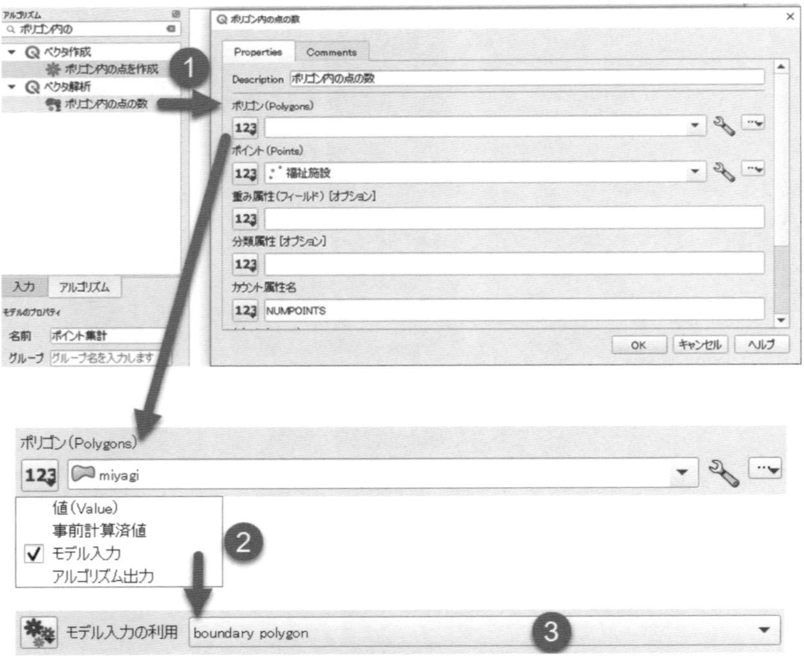

図 2-1-16 モデラーへのアルゴリズムの追加

プダウンリスト（デフォルトでは、123 と書かれたアイコン）で「モデル入力」を選択し（②）、モデラーにすでに配置済みのポリゴン入力（この場合、boundary polygon が自動的に選択される）を指定してください（③）。同様に「ポイント」に対し、モデル入力で「point 1」を指定して、結果を収める列名にあたる「カウント属性名」に適当な名前を入力し、「OK」をクリックしてください。すると自動的に、2 つの入力と「ポリゴン内の点の数」アルゴリズムが線でつながるようになります（図 2-1-17）。

次にもう一度「アルゴリズム」タブに戻り、「ポリゴン内の点の数」をキャンバスに追加してください。今度は入力ポリゴンとして、先ほど設定したアルゴリズムの結果を指定するため、ポリゴンの入力タイプに「アルゴリズム出力」をドロップダウンリスト選択し、そのうえでドロップダウンリストから、先ほどの出力を選択します（図 2-1-18）。ポイントの入力としては、「モデル入力」で「point 2」入力を選択し、結果を保存する属性列名（カウント属性名）を前回と異なる名前に設定し、OK をクリックします。カウント属性名を 1 つ前のプロセスと同じにすると、属性列が上書きされてしまうので、1 つ前のプロセスの結果が保存されなくなるので気を付けてください。

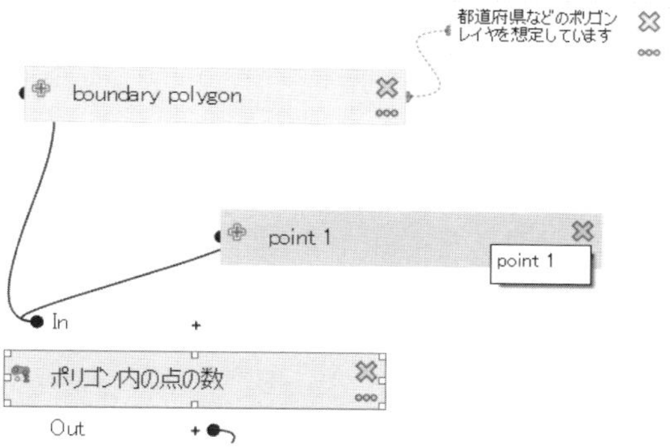

図 2-1-17 アルゴリズムで入力を指定するとそれらが連結するようになる

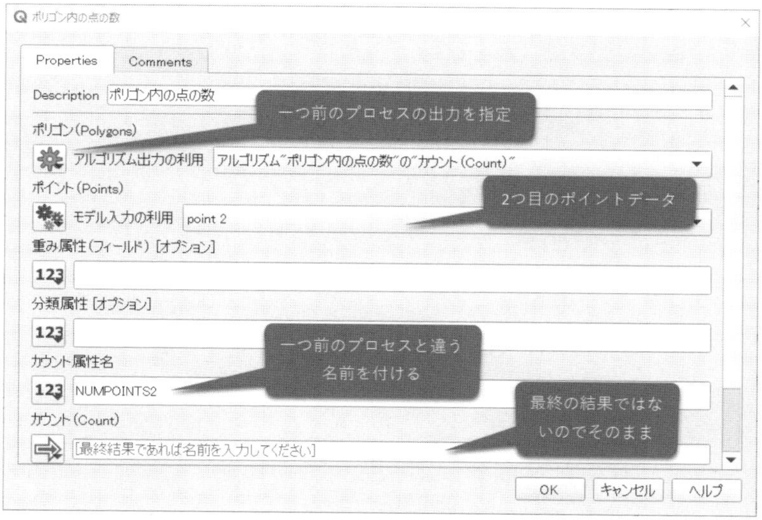

図 2-1-18 1 つ目のアルゴリズムの結果を受けた 2 つ目のアルゴリズムの設定

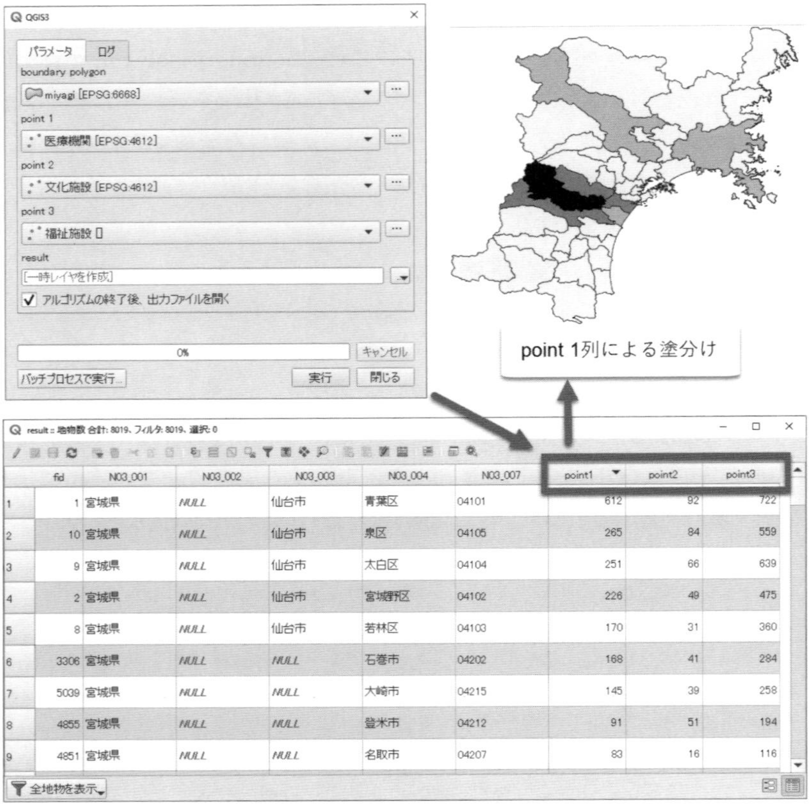

図 2-1-19　作成したモデルの実行と実行結果の表示

同様の作業を 3 つ目のポイントデータについても行いますが、3 つ目のアルゴリズムの出力は、最終結果となるため、図 2-1-18 の一番下の欄にあたるテキストボックスに例えば「result」と入力してください。最終出力を指定すると自動的にアルゴリズムの「out」に出力を示すボックスが表示されます。デフォルトでは最終出力は一時レイヤになっています。

以上でモデルが完成したので（図 2-1-14 が完成図）、三角形のアイコン「実行」をクリックして実際のモデルを走らせてみます。出力結果は一時レイヤとして、モデラ―で指定した「result」という名前でレイヤパネルに追加されます。属性テーブルを開いて意図した 3 つの属性列が追加されているか確認し、属性列の値でポリゴンを塗り分けたりしてみてください（図 2-1-19）。

モデルの保存

作成したモデルは、名前を付けて保存することで再利用することができるようになります。モデルデザイナーの「モデルのプロパティ」タブの「名前」にモデル名を入力してから「モデル」メニューの「モデルを保存」を選択するか、「モデルを保存」アイコンをクリックして、保存するモデルのファイル名（拡張子 .model3）を指定して保存してください。今回の例では、モデルに「ポイント集計」という名前を付けて保存したので、プロセッシングツールボックスの「モデル」グループの下に、「ポイント集計」というツールが追加されたことが確認できます（図 2-1-20）。

モデルの保存方法には、「保存を保存」と「モデルをプロジェクトに保存する」がありますが、前者はユーザーの環境でいつでも作成したモデルが使えるようになるのに対し、後者は作業しているプロジェクトの中でモデルを利用できるように保存するので、モデルを含めてプロジェクトを共有したい時に利用できます。モデルをプロジェクトに保存すると、プロセッシングツールボックスでは、「プロジェクトモデル」の下にツールが表示されるようになります（図 2-1-20）。

図 2-1-20　作成したモデルを保存すると「モデル」の下に追加される

バッチプロセス

バッチ処理とは、繰り返しの作業を自動化するための処理のことで、作業全体の速度を上げるだけではなく、手入力による間違いが起きる可能性を減らせるため、大変便利な仕組みです。QGIS の各ツールでは、バッチ処理が利用できます。

例えば、宮城県で行った作業を全国の都道府県に対して行いたい場合を想像してみてください。この作業をもし手作業でやろうとしたら、大変な手間がかかることがわかるだけでなく、途中でファイル名の入力やファイルの保存先を間違ったりしそうなことは想像できると思います。

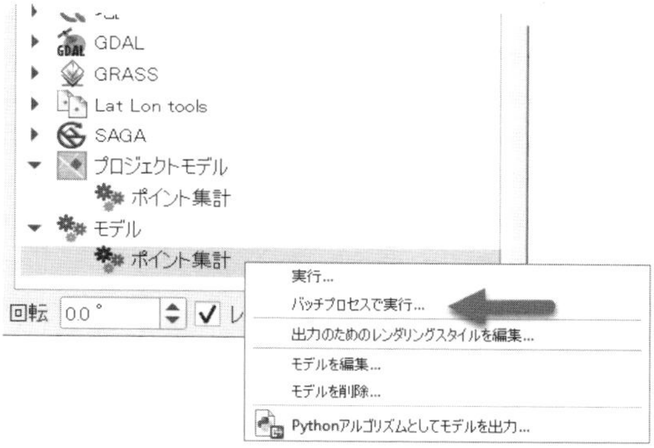

図 2-1-21　ツールのバッチプロセスの設定

先ほどの例で作成した「ポイント集計」ツールでバッチ処理をするには、プロセッシングツールボックスに保存したモデルを右クリックして、「バッチプロセスで実行」を選択します（図 2-1-21）。ちなみにデフォルトで利用できるツールのバッチ処理は、同様にツールの名前の上でマウスの右クリックをするか、図 2-1-11 の⑦で示したようにツールのダイアログで「バッチプロセスで実行」ボタンをクリックします。

すると「バッチ処理」ダイアログボックスが開くので、各入力レイヤと出力結果名を指定してバッチ処理を実行すると、あとは QGIS が自動的にデータ処理をしてくれます。図 2-1-22 では、宮城県で行った処理を福島県、山形県でも行うように設定しています。さらにモデラーや式を組み合わせていけば、日本全国の行政界ポリゴンレイヤを 1 つだけ用意して、都道府県ごとのデータに切り分けながら各種施設数を集計するような解析もできます。

QGIS はバージョン 3 になってから、プロセッシングツールボックスを中心に、解析機能が大幅に強化され、現在も機能が拡充され続けています。次章で紹介する各種プラグインとデフォルトの解析機能、さらに Python を使ったスクリプト機能を組み合わせることでかなり高度な

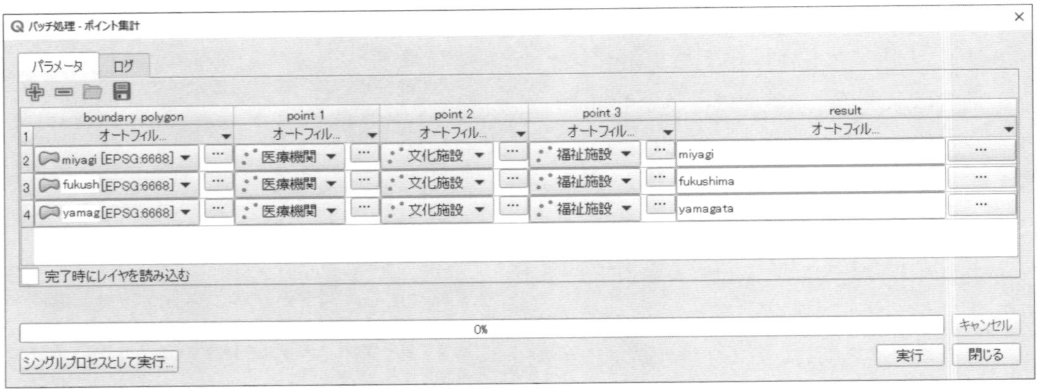

図 2-1-22　ツールのバッチ処理の例

空間解析ができることが想像できるのではないでしょうか。ここでは紹介しきれなかった機能も含め、ぜひ様々なことにチャレンジしてみてください。

Memo

第 2 章 プラグイン

プラグインは QGIS に様々な機能を追加するための仕組みで、QGIS と同様、オープンソースのプラグインが世界各地で開発されています。公開されているプラグインは、プラグインマネージャを使ってすぐに利用し始めることができます。2021 年 12 月現在、デフォルトでは、800 のプラグインがプラグインマネージャからインストールできるようになっています。

バージョン 3 になってから、QGIS 機能が大幅に強化され、以前はプラグインでインストールして利用した機能の多くが標準で利用できるようになりました。そのため現在のプラグインは、各国や特定の研究分野のニーズに合わせたプラグイン、有償･無償の外部サービスと連携するためのプラグイン、リモートセンシング関連のプラグイン、そして実験的なプラグインが多くみられます。

本章では、これらのプラグインの管理方法、そして QGIS を使い始めたばかりのユーザーに役立ちそうなプラグインを取り上げ解説します。

◆プラグインの管理

QGIS にプラグインをインストールしたり、すでにインストール済みのものを確認したり、使用･不使用状態の切り替えるには、プラグインメニューの「プラグインの管理とインストール」で表示されるプラグインマネージャ（図 2-2-1）を使います。プラグインマネージャには、インストール可能なすべてのプラグインがリストされる「すべて」タブに加え、「インストール済」、「未インストール」、「ZIP からインストールする」、「設定」といったタブが用意されています。「設定」タブの設定により、リストされるプラグインの数は変わります。「実験的プラグインも表示する」を選択した場合、2021 年 12 月時点では、約 1,000 のプラグインがリストされました。

新規にプラグインをインストールするには、「すべて」または「未インストール」タブで、

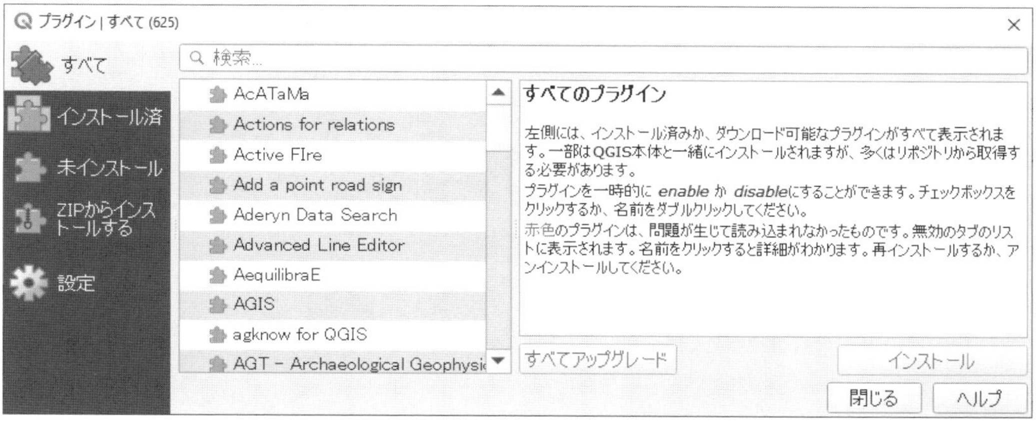

図 2-2-1 プラグイン管理を行うプラグインマネージャ

図 2-2-2 ステータスバーに表示されるアップグレード可能なプラグインを知らせるアイコン

対象のプラグイン名をクリックしてアクティブにしたのち、「インストール」ボタンをクリックします。逆にアンインストールするには、「インストール済」タブで対象のインストール済みプラグインを選択し、「アンインストール」をクリックします。

インストール済みのプラグインがアップグレードされることがありますが、その際は「アップグレード可能」タブが自動で追加されます。このタブでアップグレード対象のプラグインを選択し、「プラグインのアップグレード」ボタンか、「すべてアップグレード」ボタンをクリックしてください。「設定」タブで「起動時に更新を確認する」を有効にしておくと、QGISを起動するたびにアップグレード可能なプラグインがある際には、ステータスバーの右下にアイコンが表示されるようになります（図 2-2-2）。

プラグインを追加していくと、どこからプラグインにアクセスするかわからなく場合があります。多くの場合、ツールバーにアイコンとして追加されますが、メニューとして追加されたり、ベクタメニューやラスタメニュー、さらにプロセッシングツールボックスからアクセスする場合もあります。特に、「インストール済」タブで各プラグインを選択した際に表示されるアイコンは、プラグインが見つけるためのヒントとなります。

◆ベクタ解析系プラグイン

Area Along Vector

ラインベクタデータの両脇にポリゴンを発生させるプラグイン。線の左右を区別してポリゴンを作成できます。例えば、河川のラインデータにポリゴンを発生させ、河川の左岸と右岸の土地利用を集計する際のポリゴンを生成する際に使えます。

Attribute based clustering

ベクタデータの属性値に対し、k-meansを使ってクラスタリングを行えます。例えば、国勢調査のように各列に性別、年齢帯ごとの人口が国勢調査の小地域ごとに入っている属性テーブルに対し、人口構成が似ている小地域をクラスタリングする時などに使えます（図 2-2-3）。

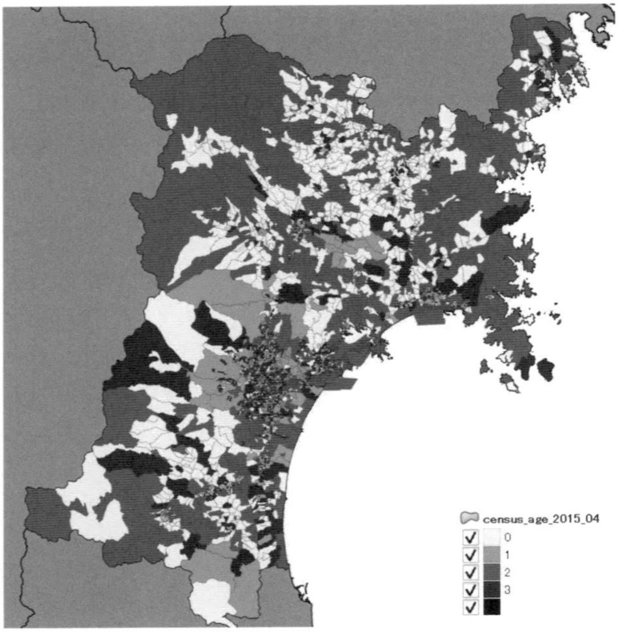

図 2-2-3 国勢調査の年齢帯別人口でクラスタリングした宮城県の人口特性地図

Closest Points

名前の通り、ポイントレイヤと対象ベクタレイヤ間で、対象ベクタの地物に一番近いポイントをポイントレイヤから抽出できます。

ClusterMap

先に紹介した Attribute based clustering と同様に、ポリゴンデータに対し属性データを使ったクラスタリングを行います。Python のライブラリをインストールするよう促される場合がありますが、筆者の環境ではそのまま利用できました。K-means の他、階層クラスタリングも利用できます。

Color to Attribute

ベクタレイヤの属性列の値に基づき、色を割り振ります。割り当てられた色は、ヘキサデシマル形式のテキストで新しい列に格納されます。この列を使って地物の塗り分けを行います。

Concave Hull

ポイントデータから、最小凹型多角形を生成します。

Coordinate Capture

地図キャンバスから指定した座標参照系で座標値をインタラクティブに取得できます。

Coordinator

Coordinate Capture とほぼ同様の地図ビューからの座標値取得機能を提供します。

Dissolve with stats

ポリゴンレイヤの属性を使って、同じ値を持つ地物同士のジオメトリを溶融（Dissolve）すると同時に、溶融するポリゴンの平均、最大、最小値などの統計値を計算します。例えばクラスタリングのプラグインで Attribute based clustering で追加したクラス番号列を使ってポリゴンを溶融できます（図 2-2-4）。

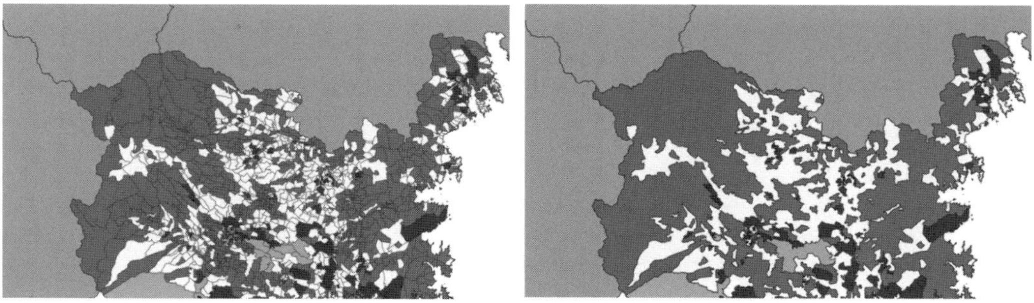

図 2-2-4 クラスタリング後（左）、クラスを使って溶融した国勢調査ポリゴン（右）

Distribution Map Generator

分布を示すポイントデータから、連続して分布地図を作成するためのプラグイン。

dzetsaka：classification tool

ラスタレイヤを使った分類を行うためのプラグイン。ラスタレイヤと対象とする範囲を示すポリゴンレイヤが必要。例えば土地被覆ラスタと市町村ポリゴンを使って、市町村ごとの土地利用の分類を行いたい場合に利用できます。Gaussian mixture model に加え、SVM や Random Forest などのアルゴリズムも利用できます。利用にあたっては、Python の scikit-learn ライブラリが必要なので、インストール方法については、ライブラリのサイト（https://github.com/nkarasiak/dzetsaka）を参照してください。

Feature Grid Creator

ポリゴン内、またはライン上に規則的な点（グリッド）または方形のポリゴン（トレンチ）を発生させます。グリッド生成の規則を調整できる。野外調査で調査計画を作成する時に便利です。

Field find / replace

ベクタの属性テーブルに対し、テキストの検索・置換を行えます。

Generalizer3

ラインレイヤの単純化、スムーズ化のための多様なアルゴリズムを提供します（図 2-2-5）。

GetWKT

選択した地物のジオメトリを WKT、EWKT、JSON 形式で表示させます（図 2-2-6）。

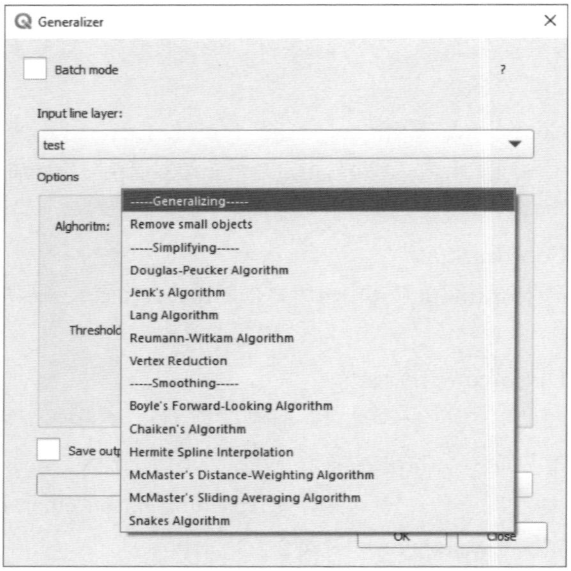

図 2-2-5 Generalizer3 のダイアログ特性地図

図 2-2-6 GetWKT を使ってポリゴンのジオメトリを表示させた例

Group Stats

属性テーブルをもとにピボット集計を行うための便利なプラグイン。属性テーブルにポリゴンの面積や、線の長さなどあらかじめ計算しておかなくても、集計時に計算に含めることもできます。集計関数として、サンプル数、最大、最小、合計、平均、メディアン、標準偏差、分散などが計算できます（図 2-2-7）。

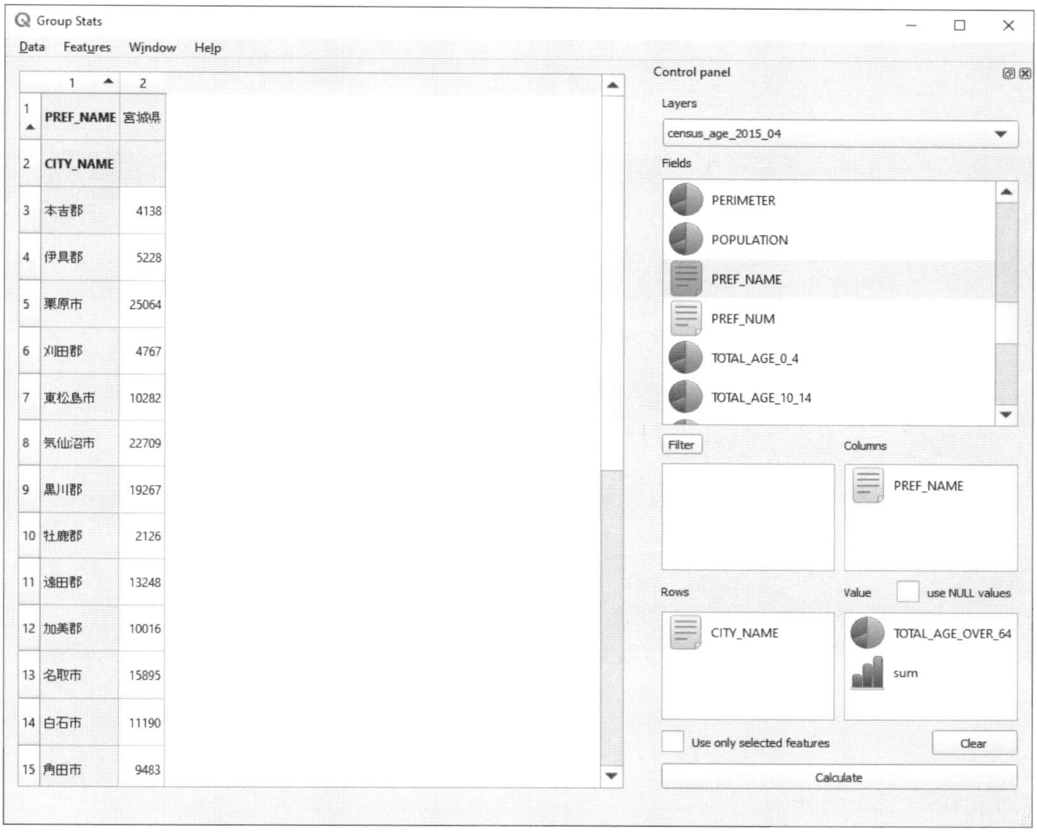

図 2-2-7 属性テーブルのピボット集計ができる GroupStats

ImportPhotos

ジオタグ付きの写真を QGIS 上にポイントレイヤとして読み込むプラグイン。フォルダを指定して一括読み込みも可能です。写真に撮影日やカメラに関する情報が含まれている場合は、それらを属性ファイルに格納します。

Lat Lon Tools

地図ビュー上の任意の点の座標値、ビューやレイヤの範囲の角座標値などを簡単に取得できます。任意の場所をクリックすると、オープンストリートマップのような外部サービスでその位置を表示させることもできる便利なプラグイン。

Layer From Clipboard

Excel などのデータをコピーして簡単に QGIS のレイヤに変換できるプラグイン。メモリ上だけの作業で済むので、気軽に外部のデータを QGIS 上に表示できます。

Layer2kmz

QGIS のレイヤをスタイル付きで KML の ZIP 形式である KMZ 形式でエクスポートするためのプラグイン。現在のところ「単一定義」と「カテゴリ値による定義」の塗り分けのみに対応しています（図 2-2-8）。

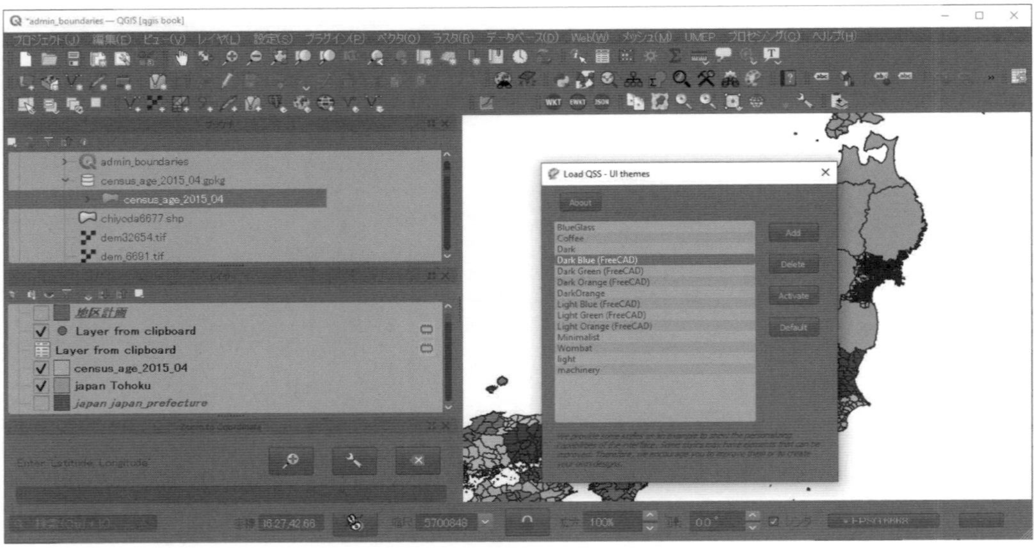

図 2-2-8　Load QSS を使って UI のテーマを変更した例

Load QSS - UI themes

QGIS のスキン（UI の見た目）を変更するためのプラグイン。あらかじめ用意されているスキンから選ぶことができるほか、.qss として用意したファイルを読み込むこともできます。

MapSwipe Tool

複数の重なったレイヤから対象レイヤを選び、スワイプ操作でレイヤを表示、非表示させるプラグイン。時系列に沿ったデータを重ね合わせ、レイヤを比較表示する際に便利です。

MMQGIS

QGIS の標準プラグインの機能が充実するに従って、重複する機能もありますが、アニメーション作成機能など面白い独自の機能もあります。インストールすると、プラグインメニューの MMQGIS から各種機能にアクセスすることができます。ファイル名や属性値に日本語を利用していると上手く機能しないことがあります。以下では各機能を簡単に説明しましたが、詳しい解説は、http://michaelminn.com/linux/mmqgis/ を参考にしてください。

表 2-2-1 MMQGIS から提供される各種機能の概要

グループ	コマンド	コマンド解説
Animate	Animate Columns	属性値を利用して動画用の連続イメージを作成。
	Animate Rows	複数のレイヤを使って動画用の連続イメージを作成。
Combine	Attributes Join from CSV File	外部 CSV ファイルをベクタレイヤの属性テーブルに結合する。CSV のレコードのうち、結合に使われなかったレコードをファイルとして保存できる。
	Merge Layers	レイヤリストにある複数の同じジオメトリタイプのレイヤを結合する。
	Spatial Join	地物の位置関係を使った属性値の結合。ベクタメニューの「場所で属性を結合する」と同じ機能だが、結合する属性列を選択できる。
Create	Create Buffers	地物にバッファを発生する。バッファの距離の単位を選択できる。
	Create Grid Layer	グリッドラインのシェープファイルを作成。正方形の線だけではなく、長方形、菱型、六角形のポリゴンも作成できる。中心となるポイントからグリッドを発生させる。
	Create Label Layer	属性値を利用して、ラベルを表示するためのレイヤを作成する。同じ属性値が複数ある場合、最初に出会った地物にのみラベルを作成。線や点に対しても適用できる。
	Hub Distance	ソースポイントレイヤと目的地を示すベクタレイヤ間の最短直線距離を計算し、その 2 点を結ぶ直線を発生させる。距離は、回転楕円体に沿った距離が計算される。
	Hub Lines	2 つの点レイヤ間で、共通の ID をもとに点間を直線でつなげる。中心点と周辺点の直線ネットワークが自転車のハブとスポークのようになる。
	Voronoi Diagram	いわゆるボロノイ図を点群から発生させる。
Geocode	Geocode CSV with Google/ OpenStreet Map	Google が提供するジオコーディングエンジンを使って CSV ファイルの住所から緯度経度を求める。
	Geocode from Street Layer	道路中心線と各地物がその線からどの範囲にあるのか示された属性値を使ってジオコーディングする機能。
Search/ Select	Search	属性情報の検索を行う。And 検索が手軽に行える。
	Select	選択条件に合致した地物とその属性情報を新しいシェープファイルとして出力。
Import/ Export	Attributes Export to CSV File	属性テーブルを CSV テキストファイルとして出力。出力する列が選択できる。
	Geometry Export to CSV File	ジオメトリを構成するノードの位置座標と属性テーブルの値を CSV テキストファイルとして出力。
	Geometry Import from CSV File	Geometry Export to CSV File と逆の機能で、CSV ファイルからジオメトリを発生させる。
	Google Maps KML Export	レイヤを KML 出力する。NameField と Description 属性を指定した KML 出力ができる。
Modify	Color Ramp(Map)	ベクタとラスタの値を利用して、連続的に変化するカラーマップを自動作成する。
	Convert Geometry Type	ジオメトリタイプの変換。
	Delete Column(s)	属性テーブルの列を削除。列が削除されたレイヤは新しいシェープファイルとして保存。
	Delete Duplicate Geometries	重複するジオメトリを削除する。
	Float to Text	QGIS に浮動小数点を表示させる際のフォーマット機能が充実していない点を補う機能。
	Gridify	点、線、ポリゴンを構成するノード(点)を指定したグリッドに吸い付けることにより、ジオメトリを単純化する機能。
	Sort	属性テーブルをソートする。シェープファイルの属性値を保存する DBF ファイルの特性を考慮したソート機能。
	Text to Float	属性テーブルでテキストデータタイプとして読み込まれてしまった列を浮動小数点タイプに変更する。

Point sampling tool

点レイヤの各点と重なるラスタの情報を取得するプラグイン。もとの点レイヤにラスタの属性が付加されるのではなく、指定したラスタの属性値を持つ新しい点レイヤを作成します。複数のラスタを同時に処理することができ、作成される点レイヤの属性値の名前も指定して取り込める便利なプラグインです。

PostGIS geoprocessing tools

PostGIS のジオメトリ解析機能を利用するプラグイン。インプットとアウトプットレイヤは PostGIS のレイヤであることが必要です。

Processing R Provider

以前は標準で実装されていた、統計ソフトウェア R との連携プラグイン。R を利用した高度なデータ解析が可能になります。環境設定は、プロセッシングツールボックスのオプション設定から行います（図 2-2-9）。

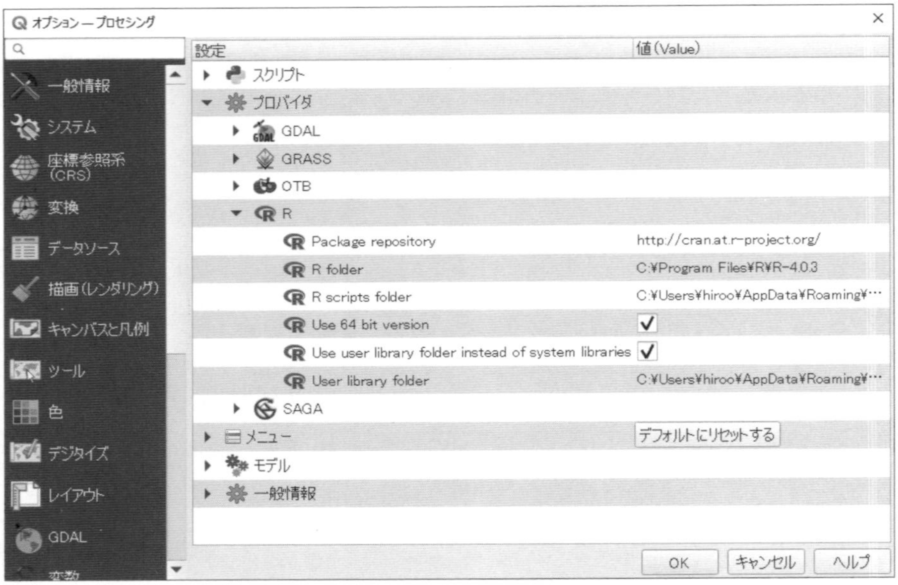

図 2-2-9 統計ソフト R の機能を QGIS で利用できるようにする Processing R Provider

qgis2web

ローカル環境で OpenLayers や Leaflet を使ったウェブマップを簡単に作製できるプラグイン。作成したプロジェクトをサーバーにアップロードすれば QGIS で作成した地図を公開できます。

QNEAT3

道路ネットワークデータを使ったネットワーク距離や OD マトリックス、最短経路を計算するプラグイン。使い方は https://root676.github.io/index.html を参照してください。

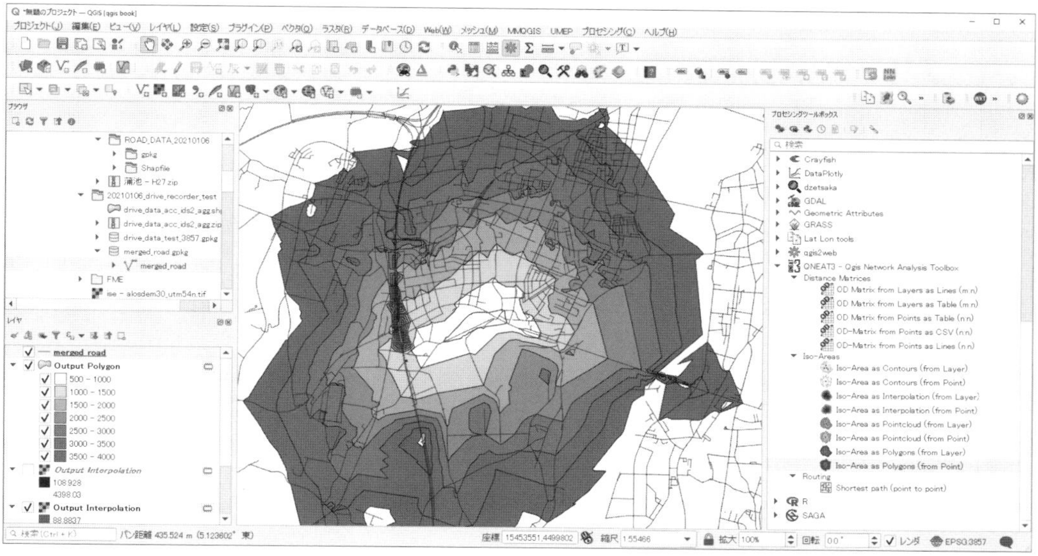

図 2-2-10 QNEAT3 を利用したネットワーク解析の例

QuickMapServices

QGIS にタイルベースマップを追加するためのプラグイン。開発している NEXTGIS では、独自のタイルサービスカタログを用意しているので、検索機能を使って目的のタイルサービスのベースマップを読み込むこともできます。

refFunctions

フィールド計算機を使って高度なジオメトリ計算を可能にするプラグイン。利用できる関数は、https://github.com/enricofer/refFunctions にリストされています。

Select Within

ポリゴンにセントロイドや Point on Surface（ポリゴン内に必ず落ちる点）、到達不能極点（pole of inaccessibility）を生成するプラグイン。使い方は https://gisforthought.com/qgis-select-within-plugin/ を参照してください。

Shape tools

測地線（地中面に沿った直線）に関する各種ツールを提供します。ウェブマップで経度 180 度線を越えた線を描くと思い通りの測地線が描けない場合に対処するツールなど多様なツールが揃っています。使い方は https://github.com/NationalSecurityAgency/qgis-shapetools-plugin を参照してください。

Sort and Number

ベクタの属性に基づいて行を並べ替えるための列を追加するプラグイン。複数列の属性に基づく並べ替えにも対応しています。

Spreadsheet Layers

Excel や OpenOffice のワークシートを QGIS で開くためのプラグイン。

Street View

Google のストリートビューで QGIS 上の位置を確認するツール。アイコンをクリックしてから地図をクリックすると、その場所にストリートビューの画像がある場合、デフォルトのブラウザでストリートビューの画像を表示します。地図上をクリックしたままマウスをドラッグして線を描くと、その方向でストリートビュー画像を表示してくれるので便利です。

Zoom Level

ステータスバーにタイルマップで使うズームレベルを表示します。

◆ラスタ、リモートセンシング画像解析系プラグイン

Freehand raster georeferencer

インタラクティブに画像データをジオリファレンシングできます。

Google Earth Engine

Google Earth Engine を QGIS から利用するための環境を提供するプラグイン。現在のところ UI はなく、コードエディタを使わなければ利用できません。詳しくは https://gee-community.github.io/qgis-earthengine-plugin/ を参照してください。

Semi-Automatic Classification Plugin

衛星画像の教師付き画像分類を行うためのプラグイン。画像の検索から前処理、画像分類、後処理までを一貫して行えます。

Serval

インタラクティブにラスタの一部を選択してデータを編集できるプラグイン。ラスタデータ全体ではなく、一部だけを対象にしている点がこのツールのユニークな点です。使い方は https://github.com/lutraconsulting/serval/blob/master/Serval/docs/user_manual.md を参照してください。

Terminus

衛星画像などのセグメンテーションを行うプラグイン。使い方は https://github.com/ikotarid/Terminus を参照してください。

Terrain Shading

DEM を使った陰影図を作成する際に、さらに影の影響も表現できるプラグイン。使い方は https://landscapearchaeology.org/2019/qgis-shadows/ を参照してください。

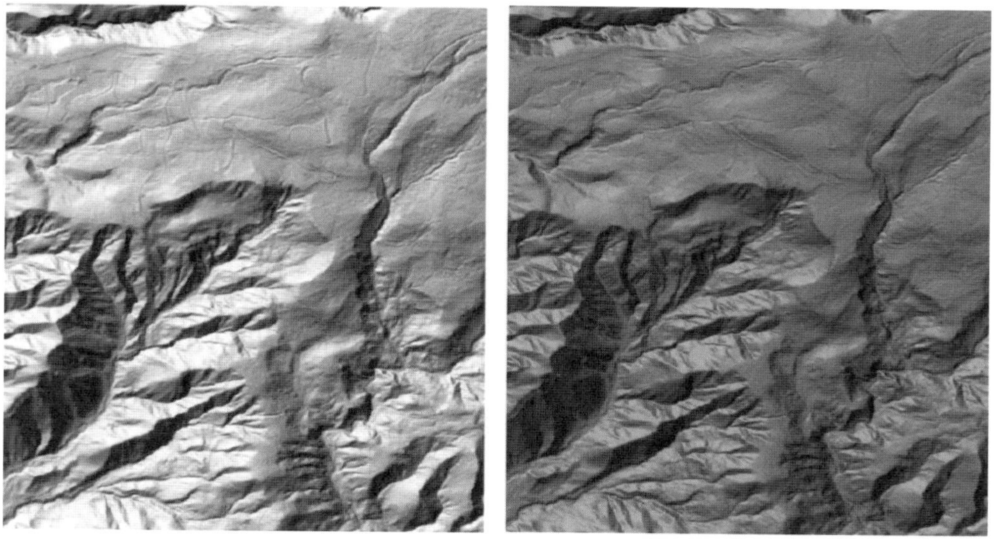

図 2-2-11 ラスタメニューの「陰影図（hillshade)」を使って作成した陰影図（左）とTerrain Shadingによる陰影図（右）

◆ 3D、メッシュデータ関連プラグイン

Crayfish

メッシュ形式のデータを使って、アニメーション、ラスタ、ベクタ、そしてグラフを出力するためのプラグインです。気象、海洋データなどのメッシュデータを視覚化したりできます。詳しくは、https://www.lutraconsulting.co.uk/projects/crayfish/ を参照してください。

FUSION for Processing

LiDARデータの可視化、解析のためのツールがそろっています。このプラグインを利用する前に、LiDAR解析ソフトFUSION（http://forsys.sefs.uw.edu/FUSION/fusionlatest.html）を事前にインストールする必要があります。設定が完了するとプロセッシングからLiDARデータの可視化、解析ができるようになります。Windowsユーザーのみ利用可。

GMSH

独自の.geo形式の3Dメッシュデータを作成、メッシュデータをシェープファイルへコンバートすることができるプラグイン。単独のGMSHをインストールすると、メッシュデータの表示、変換、解析などができます。GMSHのインストールやチュートリアルはhttps://gmsh.info/ を参照してください。

Go2mapillary

ストリートレベルの画像を共有するサービス、mapillaryの画像をQGIS上で検索、表示できるプラグイン。

LAStools

ポイントクラウドデータを取り扱うライブラリ、LAStool の機能を QGIS から利用するためのプラグイン。プラグインのインストールに加え、LAStools を別にインストールする必要があります。使い方は https://www.geodose.com/2020/01/tutorial-lidar-data-processing-lastools-qgis.html を参照してください。

Qgis2threejs

Three.js を利用して手軽にデータを 3D 表示できる強力なプラグイン（図 2-2-12）。3D に立ち上げたデータを 3D データ形式である gltf に出力することもできます。使い方は https://qgis2threejs.readthedocs.io/ を参照してください。

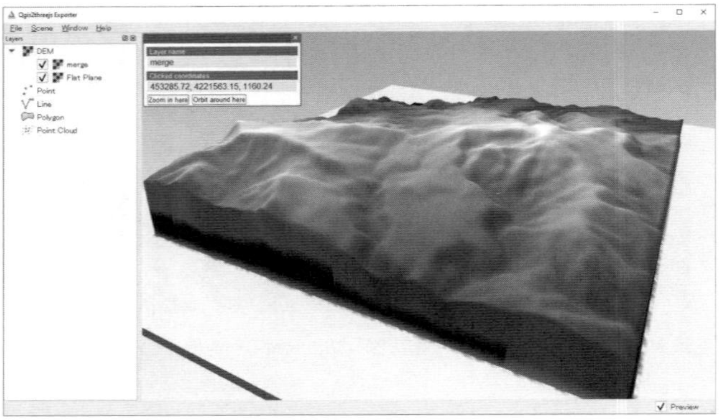

図 2-2-12 DEM を Qgis2threejs で 3D 表示した例

◆データダウンロード、カタログ関連プラグイン

CKAN-Browser

CKAN を使ったデータカタログサービスに接続して、データを検索、読み込みするためのプラグイン。

OSMDownloader

OpenStreetMap のデータを QGIS で利用できるようにダウンロードするためのプラグイン。

QGribDownloader

Opengribs（https://opengribs.org/en/）から気象の GRIB データをダウンロードするプラグイン。ダウンロードした GRIB データは、メッシュデータとして読み込んで表示解析できます（図 2-2-13）。

QuickOSM

OpenStreetMap のデータを簡単にダウンロードできるプラグイン。

SRTM-Downloader

NASA のサーバーから SRTM（Shuttle Radar Topography Mission）の DEM をダウンロードするためのプラグイン。

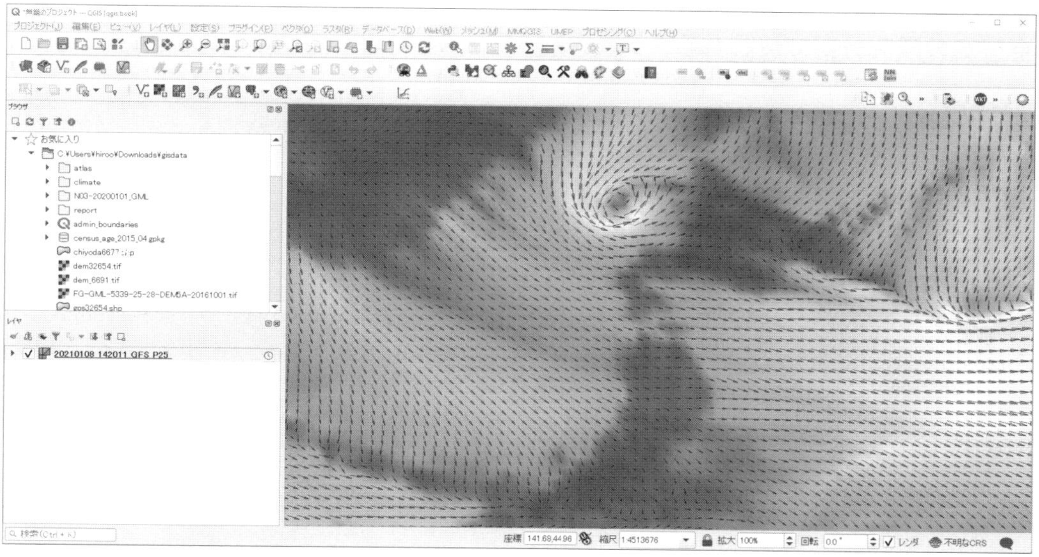

図 2-2-13　Opengribs からダウンロードしたデータで風向をメッシュデータとしてベクトル表示した例

◆日本のユーザー向けのプラグイン

GSI-VTDownloader

地理院ベクトルタイルをダウンロードしベクタレイヤとして読み込むためのプラグイン。

JapanElevation

国土地理院が提供する標高 API を利用するためのプラグイン。地図上でクリックした場所の標高値が得られます。

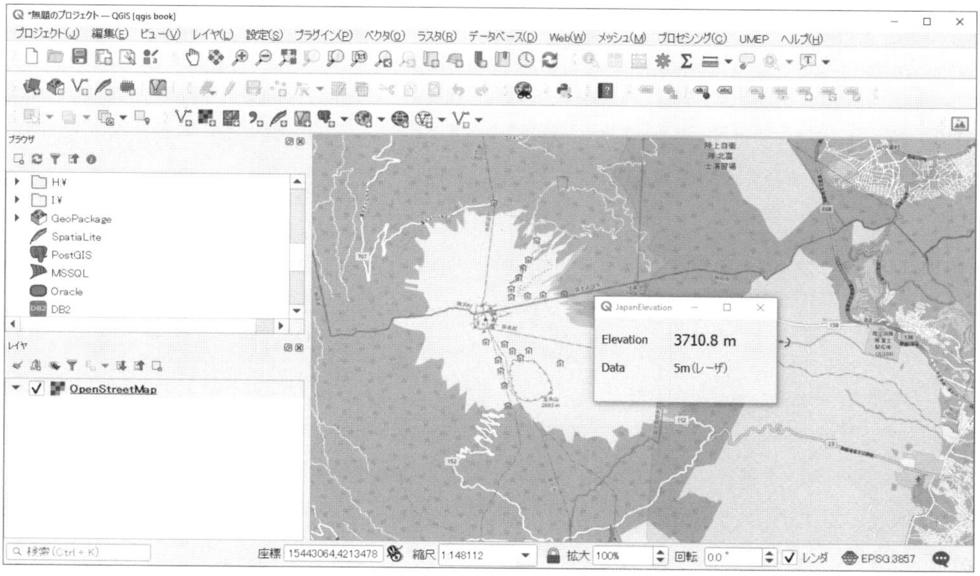

図 2-2-14　JapanElevation プラグインで富士山の山頂付近の標高を取得

◆特定の研究分野で使われるプラグイン

UMEP

都市環境の解析を行うためのプラグイン。構造物の高さから日影となる場所を計算させたり、都市の微気象を計算させる多様な機能が揃っています。

GBIF Occurrence

生物の分布情報を GBIF（Global Biodiversity Information Facility）の Occurrence API（https://www.gbif.org/developer/occurrence）を使って利用するためのプラグイン。

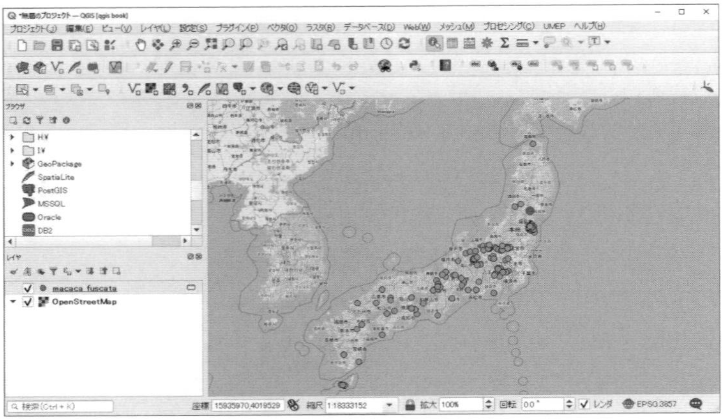

図 2-2-15　GBIF Occurence プラグインでニホンザル（Macaca fuscata）の分布データを読み込んだ例

LecoS - Landscape Ecology Statistics

景観生態学で有名な FRAGSTATS（https://www.fs.usda.gov/treesearch/pubs/3064）を QGIS で利用できるプラグイン。ベクタ、ラスタ両方のデータから様々な指標を計算できます。ラスタの画像分類の機能も備えています。

BioDispersal

動物の分散地をランドスケープの permeability で推定するためのプラグイン。

WaterNetAnalyzer

河川のラインデータから、河川ネットワークデータを作成するためのプラグイン。

Flow Trace

河川ラインデータのネットワークとしてのジオメトリの連続性を確認できるプラグイン。指定した開始点から、上流にさかのぼり、ラインセグメントを選択できます。

Profile tool

DEM や標高値が含まれるポイントデータ（GPS データなど）から、プロファイルデータを作成するためのプラグイン。

FloodRisk2

洪水リスク評価のためのプラグイン。

GIS4WRF

Weather Research and Forecasting（WRF）モデリングのためのプラグイン。詳しくはhttps://gis4wrf.github.io/を参照してください。

QMarxan Toolbox

生物多様性保全のための適地選定を行うためのプログラム、Marxanを利用するためのデータの準備をサポートするためのプラグイン。詳しくはhttps://aproposinfosystems.com/en/solutions/qgis-plugins/qmarxan-toolbox/を参照してください。

◆外部サービスとの連携プラグイン

有償のサービスのインターフェースとして多数のQGISのプラグインが用意されています。QGIS上でデータを解析し、スタイルの設定をした後、各種サービスにパブリッシュしたり、外部サービスで解析した内容をQGISで利用したりできます。特に有償の外部サービスはそれだけでサービスが成り立っているため、QGISと連携することでウェブサービスだけでは不可能、または操作しにくい作業が格段に使いやすくなります。

CARTO

ロケーションインテリジェンスのためのクラウドサービス、CARTOがQGISで利用できます。専用のプラグインは用意されていませんが、Direct SQL Connectionを設定することでCARTOのPostGISに格納したデータをQGISで利用できるようになります（https://carto.com/blog/integrate-carto-qgis-direct-sql-connection/）。

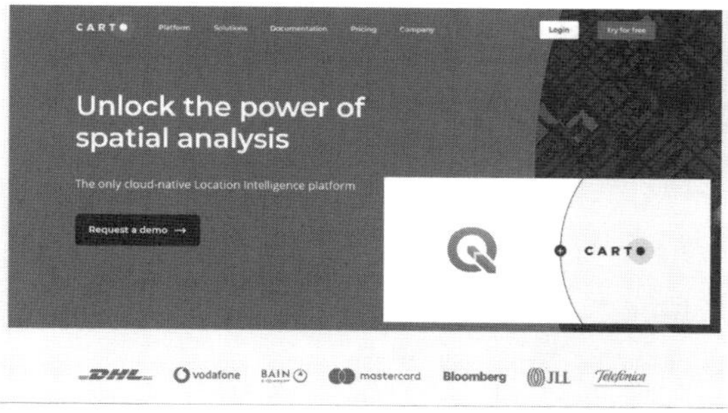

図 2-2-16 ブラウザだけで巨大な地理情報も視覚化、解析可能なCARTO

eKMap Server Publisher

オープンソースのWebGIS、eKMap（https://github.com/eKMap/ekmap-client）との連携プラグイン。独自のウェブマッピング地図アプリケーションを立ち上げた上で、QGISを活用してウェブマップをパブリッシュできます。無償で利用できますが、ウェブマッピングサービスは自分で立ち上げる必要があります。

GeoCatBridge

GeoServer、GeoNetwork などのオープンソースサービスを有償で提供する GeoCat（https://www.geocat.net/）へ QGIS のレイヤをパブリッシュするプラグイン。GeoCat は、データをホストする GeoServer、データカタログの GeoNetwork を組み合わせた有償のサービスで、自分でサービスをホストすることなく、データカタログとウェブマッピングサービスを利用することができます。Multistyler を使えば、GeoStyler、SLD、MapboxGL、MapServer などの形式でスタイル定義を表示させることができます。

GeoCoding

Nominatim（OpenStreetMap）と Google（API キーが必要）を利用したジオコーディングが行えます。Nominatim を利用したジオコーディング（地名から位置を検索）とリバースジオコーディング（位置から地名を検索）は無料で利用できますが、英語での利用が基本となっています。

GIS Cloud Publisher

iOS、Andoroid のスマートフォンを使った屋外データ収集ができる有償の WebGIS サービスとの連携プラグイン（図 2-2-17）。このプラグインを使うと、QGIS で作成した地図を Map Editor にそのままパブリッシュして Web 上、またはスマートフォンアプリ Mobile Data Collection 上で利用できます。

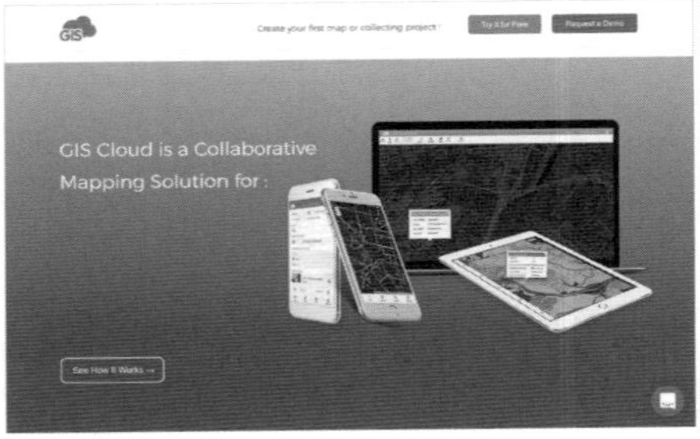

図 2-2-17 屋外データ収集、ウェブマッピングサービスを提供する GIS Cloud

Gisquick plugin

QGIS で作成したプロジェクトを簡単に Web 上で公開できる Gisquick との連携プラグイン（図 2-2-18）。GISquick はオープンソースツールとして開発されています。WMS、WMTS、WFS で地理情報を配信できます。

図 2-2-18 オープンソースのウェブマッピングプラットフォーム GISQuick

Iso4app

Isochrone（歩行や運転で到達可能な範囲）を計算する有償サービス、iso4app を QGIS から利用するためのプラグインで、歩行時間、運転時間など詳細な設定が可能です（図 2-2-19）。道路ネットワークデータとして OpenStreetMap を利用しており、日本全国のネットワークをカバーしています。

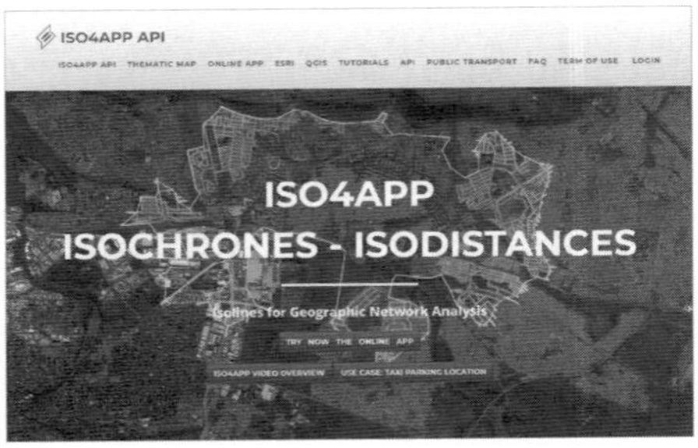

図 2-2-19 isochrone など道路ネットワークを利用した到達圏を計算するサービス Iso4App

Location Lab

HERE や OpenRouteService の isochrone やジオコーディングのサービスを利用するためのプラグイン。API キーの取得が必要ですが、OpenRouteService を利用する場合は、非商用の無料プランが用意されています。

MapTiler

地図タイル作成、配信サービスの MapTiler のサービスを利用するためのプラグイン。API キーの取得が必要です。MapTiler が用意したデフォルトの地図を背景図として利用することもできます。Google Maps や Mapbox と同様のサービスを有償で提供しますが、価格がより低く抑えられています。

MongoConnector

地理空間データベースとしても使える MongoDB への接続プラグイン。MangoDB（https://www.mongodb.com/）自体は有償のサービスです。

Nominatim Locator Filter

OpenStreetMap プロジェクトによって進められている無償のジオコーディングサービス Nominatim を QGIS から利用するためのプラグイン。テスト用にジオコーディングのための無償の API が用意されていますが、ヘビーユーザーは独自にジオコーディングサービスを立ち上げられるようになっています。

Online Routing Mapper

Google Directions、Here、Mapbox、OSRM などの外部の経路検索サービスを利用して、経路ラインデータを取得するためのプラグイン。

ORS Tools

OpenStreetMap のデータを利用した OpenRouteService の経路検索、isochrone、OD マトリックスなどのサービスを利用するためのプラグイン。

Pelias Geocoding

オープンソースのジオコーディングエンジン Pelias (https://pelias.io/) を使ったジオコーディングができるプラグイン。利用には、OpenRouteService (https://openrouteservice.org/sign-up) または geocode.earth (https://geocode.earth) の API キーが必要となります。

pgRoutingLayer

PostgreSQL 上で動く経路検索サービス、pgRouting を QGIS から利用するためのプラグイン。pgRouting が外部で稼働している必要があります。

Planet_Explorer

独自の衛星画像サービスを展開する Planet の画像データを利用するためのプラグイン。

TravelTime platform Plugin

TravelTime が提供する isochrone サービスを利用するためのプラグイン（図 2-2-20）。歩行、自転車、自動車など移動手段により到達圏を計算できます。経路検索も可能。日本もサービス範囲に含まれています。有料サービスなので、アカウント契約が事前に必要となります。詳しくは https://traveltime.com/ を参照してください。

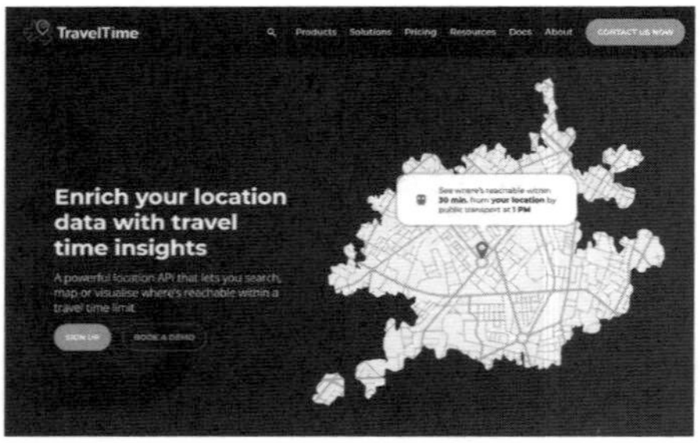

図 2-2-20 isochrone などの道路ネットワークを使った到達圏を計算できる TravelTime

Valhalla

オープンソースの経路検索エンジンである Valhalla を QGIS で利用できるようにするプラグイン。isochrone による到達圏の推定も可能です。ローカルに Valhalla の docker image を設定するか、Mapbox のアカウントが必要となります。詳しくは https://gis-ops.com/valhalla-qgis-plugin/ を参照してください。

◆ジオメトリ編集、生成プラグイン

Geofabryka Toolbox

2 つのレイヤ間の重複部分の抽出、バッファの生成、ポリゴンレイヤとラインレイヤの間の空間を埋めるツールなどを提供。詳しくは https://github.com/abocianowski/Geofabryka-Toolbox- を参照してください。

Geometric Attributes

ポリゴンの中心線を求めたり、ラスタの細線化などジオメトリの計算、操作にかかわる面白いツールがそろったプラグイン（図 2-2-21）。インストールするとプロセッシングツールボックスにメニューが加わります。

Locate points along lines

線データに沿って、設定したオフセットと間隔で点を発生させるプラグイン。河川や道路ラインデータに関する解析をする際に便利です。

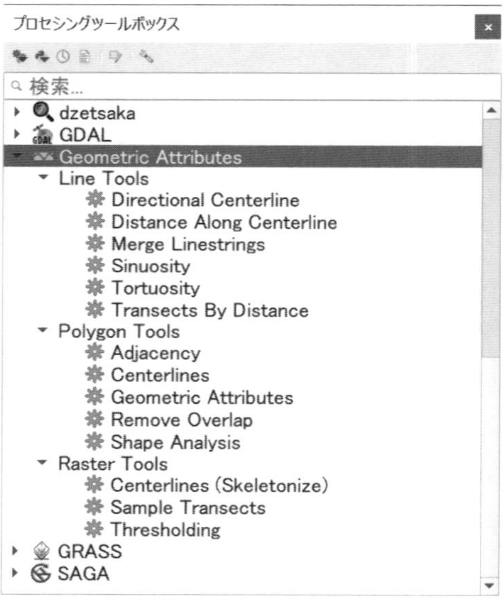

図 2-2-21 Geometric Attributes プラグインをインストールすると追加されるメニュー

Moving Features

4 つの方法でベクタレイヤの地物を移動させるためのツールを提供します。参照するレイヤがある場合、2 つのレイヤが同じ座標参照系に揃える必要があります。ベクタの地物を正確に移動させ必要がある場合に便利です。

Move lines on points by attribute

ラインとポイントレイヤ間で、片方のレイヤを他方のレイヤの位置に合わせるように移動させるプラグイン。利用にあたり、2 つのレイヤ間で一致する属性値を持たせる必要があります。

Multipart Split

地物の編集ツールバーに、マルチパートポリゴンをシングルパートポリゴンに変換するための機能を追加します。

NNJoin

2 つの同じジオメトリタイプ間で、最近傍の地物の属性を結合させるプラグイン。結果は新しいレイヤとして作成され、その際に最近傍の地物への距離も属性として格納されます。詳しくは http://arken.nmbu.no/~havatv/gis/qgisplugins/NNJoin/ を参照してください。

Offline-MapMatching

Map matching を行うためのプラグイン。Map matching とは、例えば自動車走行の GPS ログを道路のラインデータに合わせるようにポイントデータを移動させる作業のことです。Hidden Markov モデルと Viterbi アルゴリズムを使った高度なスナッピングが行えます。

Polygon Divider

ポリゴンレイヤの地物を分割するためのプラグイン。環境データのサンプリング計画を作成する際などに便利です。

Split Features On Steroids

ポリゴンを編集する際に、切断する線の左右の面積を表示したうえで切断を行うことができます。切断のために描画した線を後から編集することも可能となっています。

Vector Bender

ベクトルレイヤのインタラクティブな幾何補正のためのツール。参照元となるすでに地理参照されたベクトルレイヤを使って、対象のレイヤを補正できます。ノードごとの補正も可能です。

Memo

第3部

QGISによる空間情報解析事例

第3部では、これまでに紹介したQGISの様々な機能とプラグインを使って、実習形式でQGISの使い方を学びます。

最初の実習では、オープンデータをダウンロードして基本的なデータ解析と地図の作成を行います。2つ目の実習では、栃木県日光市におけるサルの生息環境解析を行います。この実習では、実際にニホンザルの調査で集めたデータを使って、ニホンザルを観察した位置と自然環境の関係を解析します。3つ目の実習では、新型コロナウイルスの感染者数の推移をアニメーション表示する方法を通してQGISの使い方を学びます。4つ目の実習では、QGIS以外のソフトウェアとの連携の方法を紹介します。ダウンロード可能なGISデータや無償のソフトウェアやサービスを使い、パソコンがインターネットに繋がっていれば、どなたでもQGISの使い方を学べるようにしました。

第 1 章 オープンデータを使った空間情報解析

本章では、GIS を使って様々な分析をする下準備として、背景図の設定、各種オープンデータの入手と重ね合わせの方法について解説します。背景図としては国土地理院が提供している地理院タイルを、オープンデータとしては、国土数値情報、基盤地図情報、e-stat の各種データの利用方法を扱います。

◆オープンデータを用いてベースとなる地図の作り方

背景図の利用

国内の地図表示の背景図として使えるデータの 1 つに国土地理院の「地理院タイル」があります（https://maps.gsi.go.jp/development/ichiran.html）。各種地図が用意されているので詳細はウェブサイトを確認していただくとして、ここでは 2 万 5 千分の 1 の地形図である「標準地図」と「淡色地図」、および標高データをもとに生成された「陰影起伏図」を QGIS で表示してみます。まず、上記の地理院タイルのサイトにアクセスして、タイル一覧から標準地図をクリックし（図 3-1-1）、遷移先に表示される URL をコピーします（図 3-1-2）。

次に QGIS で新規プロジェクトを開いて、ブラウザの XYZ Tiles を右クリックして「新規接続」を選ぶと（図 3-1-3）、XYZ 接続（タイルの読み込み設定）ウィンドウが表示されます（図 3-1-4）。

XYZ 接続画面では、図 3-1-4：①にタイルの名称（自分がわかる名前であれば何でも問題ありません

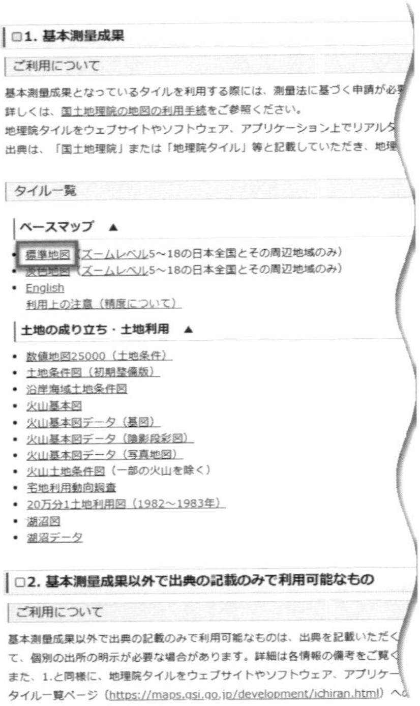

図 3-1-1　地理院タイルウェブサイトのタイル一覧

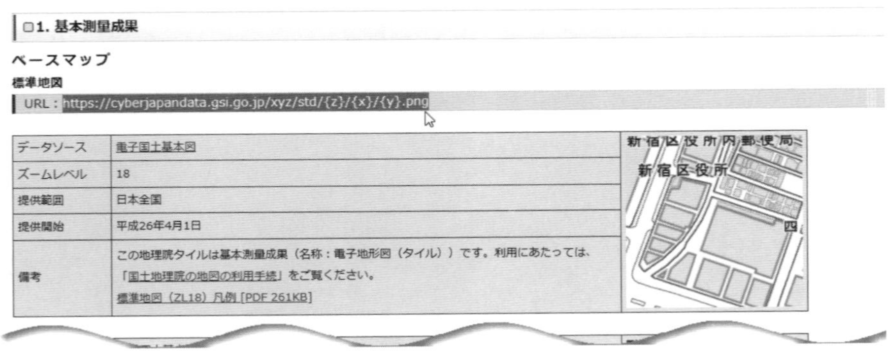

図 3-1-2　URL の取得

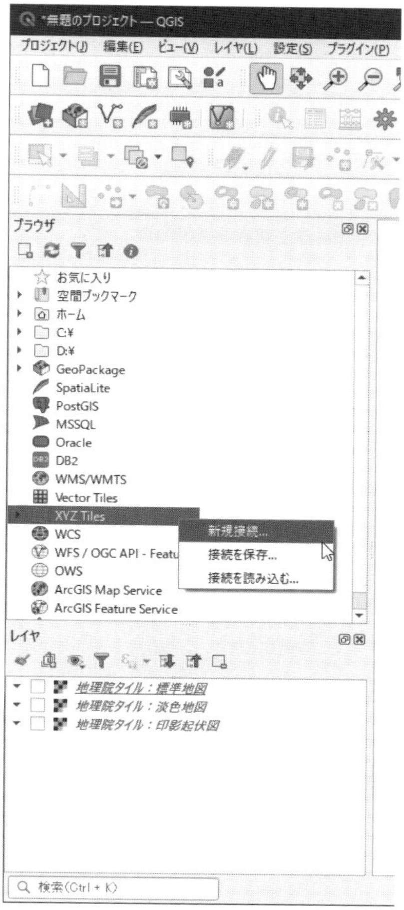

図 3-1-3　タイルの登録

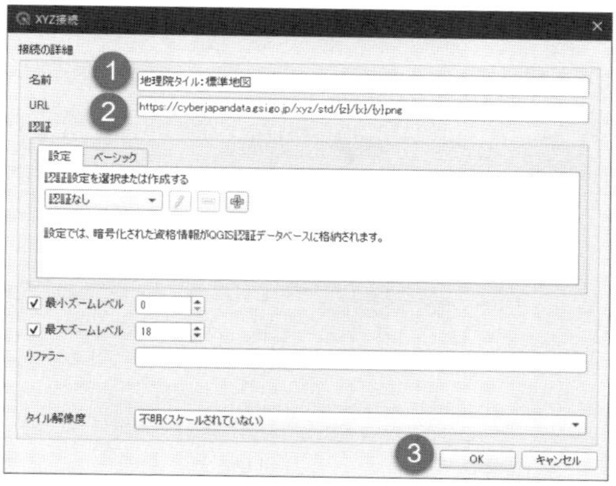

図 3-1-4　XYZ 接続（タイル読み込みの設定）ウィンドウ

が、ここでは「地理院タイル：標準地図」とします)、②に先ほどコピーした URL を入力し、後はデフォルトの設定のままで、③の OK をクリックすれば完了です。登録ができるとブラウザの XYZ Tiles の下に今作成した「地理院タイル:標準地図」が表示されるので(図 3-1-5：①)、ダブルクリックしてレイヤセクションに追加します（②)。国内の任意の場所を拡大表示すると（③)、おなじみの 2 万 5 千分の 1 地形図が表示されるはずです（図 3-1-6)。地理院タイルのサイトに掲載されているマップは同じ方法で QGIS に追加することができますので、いろいろ追加してみてください。

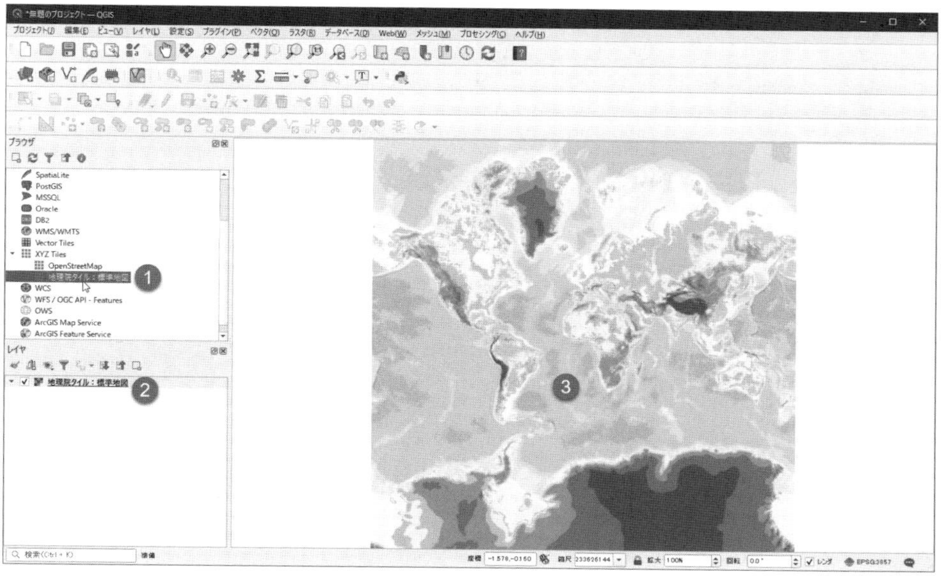

図 3-1-5　地理院タイルの標準地図の読み込み（地理院タイル）

地形図は等高線から地形を読み取るのに適していますが、OpenStreetMap や Google Maps の方が見やすい方もいるかもしれません。そんな時も先ほどと同じ方法で、OpenStreetMap の場合は（http://tile.openstreetmap.org/{z}/{x}/{y}.png）を、Google Maps は（https://mt1.google.com/vt/lyrs=m&x={x}&y={y}&z={z}）を XYZ Tiles として登録すれば QGIS 上に表示することができます。

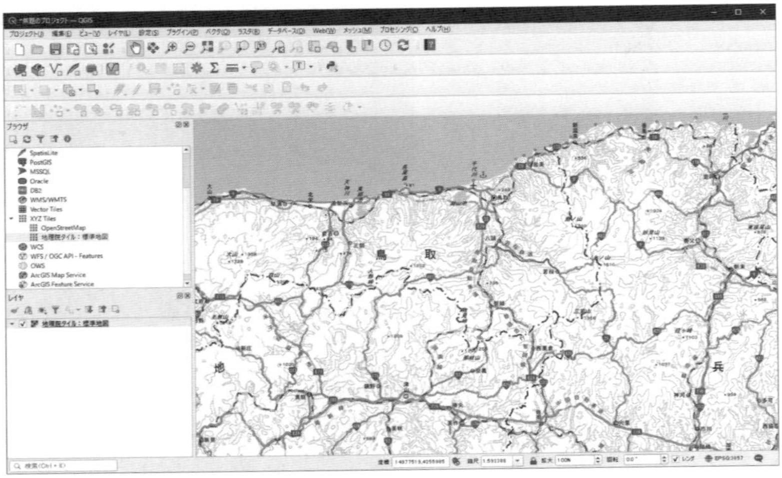

図 3-1-6　地理院タイルの標準地図を拡大して表示（地理院タイル）

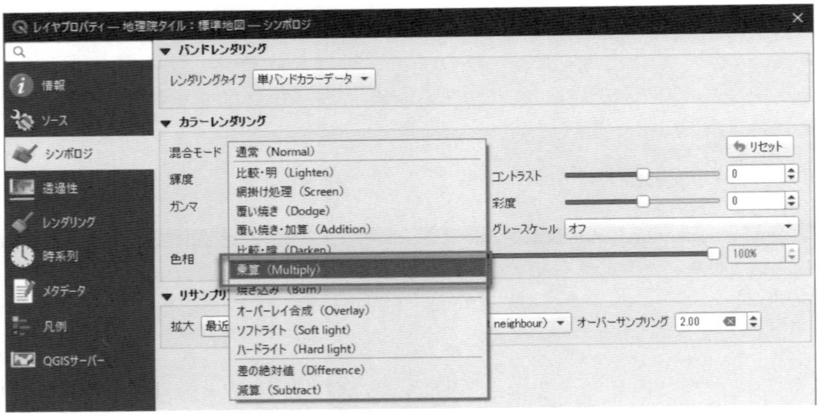

図 3-1-7　標準地図の表示設定の変更（乗算）

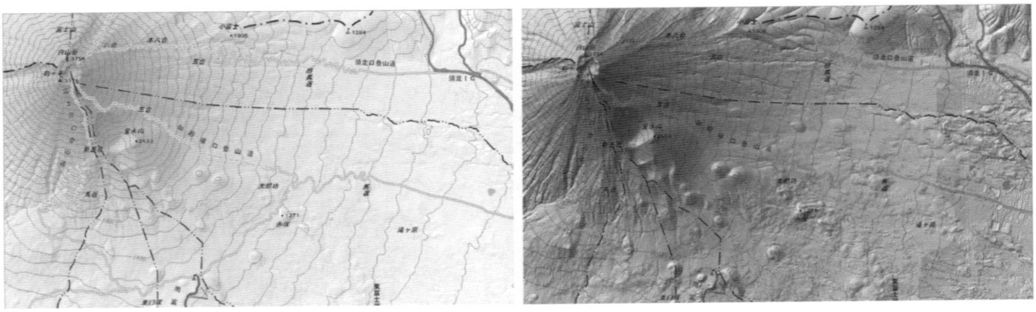

図 3-1-8　左：地理院タイル「標準地図」、右：標準地図に乗算を設定して下に陰影起伏図を配置

また、背景図を立体的に見せる工夫の 1 つとして陰影起伏図がありますが、これも地理院タイルから追加することができます。先ほどの標準地図の下のレイヤに追加して、地形図の起伏を読み取りやすくすることができます。標準地図のプロパティを開き、シンボロジのタブ、カラーレンダリングの項、混合モードで「乗算（Multiply）」を選択して「適用」をクリックすると下のレイヤと合成した背景図として表示できます（図 3-1-7）。陰影起伏図の透過度や色を変更して見やすい背景図を作ってみてください（図 3-1-8）。

オープンデータの利用（基盤地図情報）

国内の GIS で使えるオープンデータの 1 つに、国土地理院が公開している基盤地図情報があります。基盤地図情報としては、基本項目と数値標高モデル（DEM）、ジオイド・モデルのデータが提供されています。このうち基本項目として整備されているデータは、測量の基準点、標高点、海岸線、水崖線、行政区画の境界線および代表点、建築物の外周線、道路縁、市町村の町もしくは字の境界線及び代表点、軌道の中心線、街区の境界線及び代表点の 10 項目で、これらは直接 QGIS で利用することができます。利用を始めるためには、基盤地図情報サイト（https://www.gsi.go.jp/kiban/index.html）にアクセスしてデータをダウンロードするため、「基盤地図情報のダウンロード」ボタンをクリックします（図 3-1-9）。

図 3-1-9　基盤地図情報サイト

次に基本項目の「ファイル選択へ」ボタンをクリックして、ダウンロードするデータの種類と範囲を設定するデータ検索画面に移動します（図 3-1-10）。データ検索画面では、デフォルトで全項目にチェックが入っているため、データを指定してダウンロードする場合はチェックを

図 3-1-10　基本項目のダウンロード選択画面

外してから対象のデータにチェックを入れます。今回は、建築物の外周線だけにチェックマークを入れてください。また、必要な範囲は地図上でクリックして選択するか、左側のパネルで市町村を指定して絞り込みます（図 3-1-11）。今回は、鳥取県の鳥取市のデータをダウンロードしますので、選択してください。データの項目と場所を選択して「選択リストに追加（①）」ボタンをクリックすると該当の場所が右側の地図に表示され、選択リストに対象のメッシュコードが表示されるので、「ダウンロードファイル確認へ（②）」をクリックして次に進みます（図 3-1-12）。

選択したファイルは一覧表の形でリストされるので、リストの上にある「すべてをチェック」ボタンをクリックしてから「まとめてダウンロード」をクリックすると PackDLMap.zip のように ZIP 形式で圧縮されてダウンロードされてきます（図 3-1-13）ので解凍してください。解凍すると「FG-GML-523377-11-20211001.zip」というようにさらに圧縮されたファイルが出てきますので、もう一度解凍して、FG-GML-xxxxxx-BldA-xxxxxxxx-0001.xml のような拡張子が「.xml」のファイルが選択できるようにしてください（図 3-1-14）。

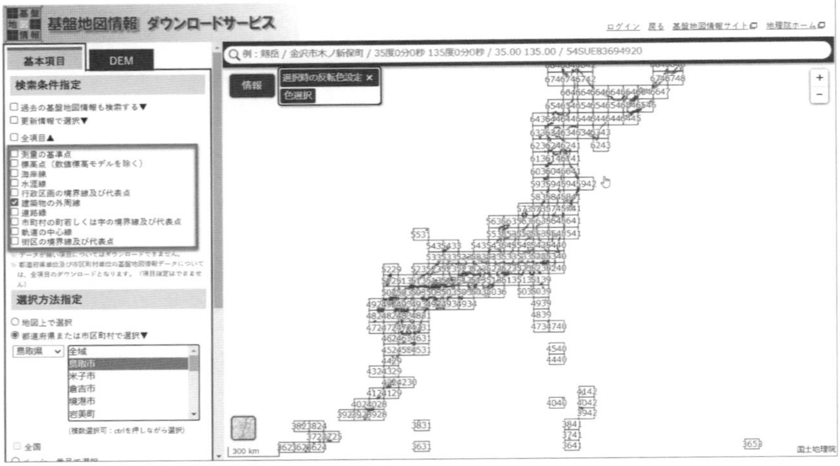

図 3-1-11 データ検索画面（ここでは鳥取市の建物の外周線を選択）

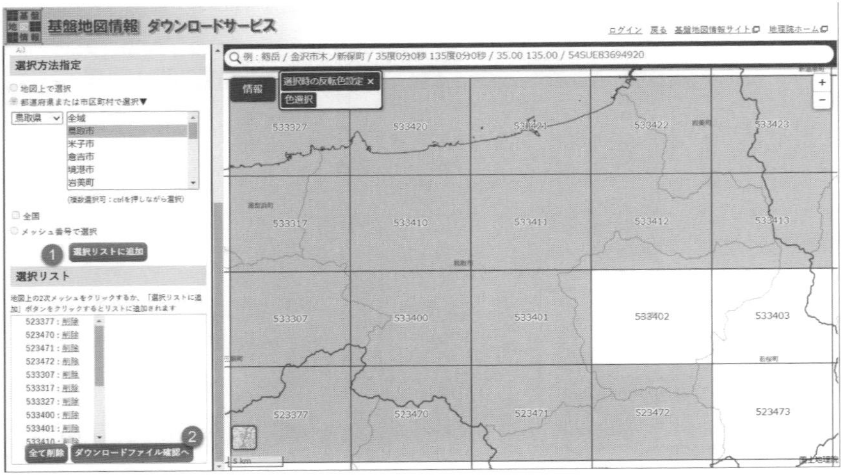

図 3-1-12 検索結果のデータ選択画面

解凍ができたら、早速 QGIS に表示してみましょう。レイヤメニューからデータソースマネージャを開き、「ベクタレイヤを追加（図 3-1-15：①）」から解凍された XML 形式のファイルを読み込みます。建物境界のデータはラインデータとポリゴンデータの 2 種類用意されていますが、XML ファイルの名前で識別することができます。ファイル名に「BldA」が含まれる方がポリゴンデータ、「BldL」が含まれる方がラインデータです。今回は BldA のついたポリゴンデータを使用します。

FG-GML-523470-BldA-20210401-0001.xml・・・ポリゴンデータ

FG-GML-523471-BldL-20211001-0001.xml・・・ラインデータ

図 3-1-15：②からデータセットを選択するダイアログを開いて、BldA という文字列の含ま

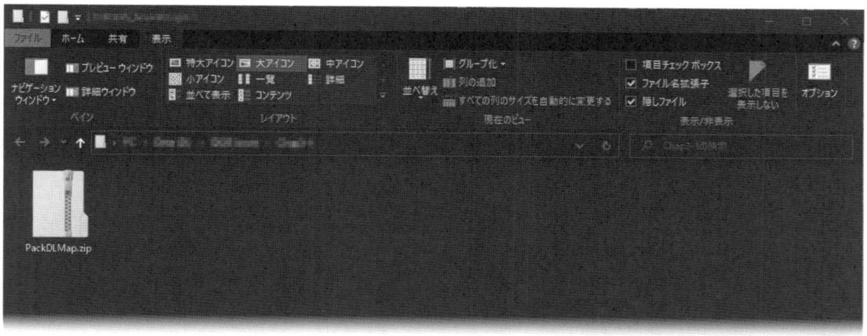

図 3-1-13 ダウンロードしたファイル

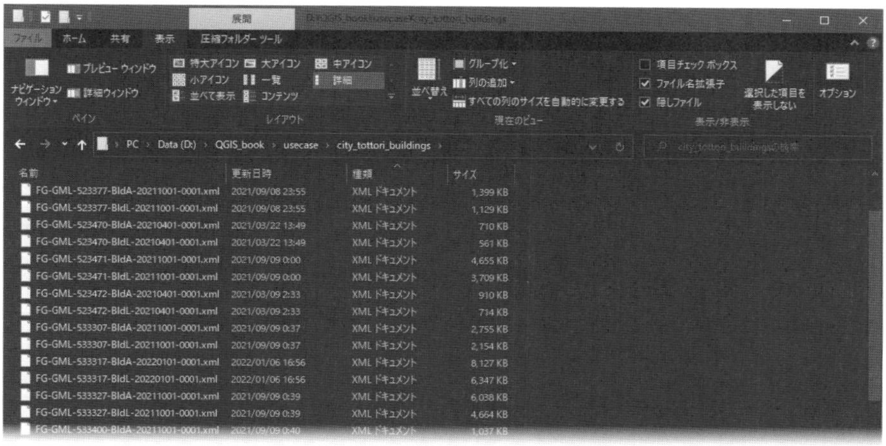

図 3-1-14 解凍されたファイル

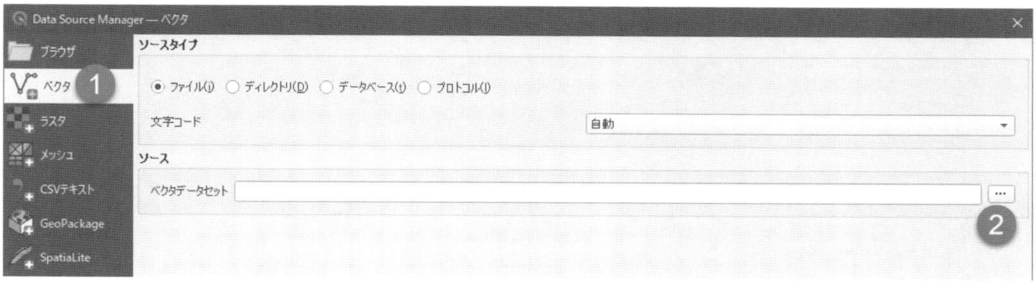

図 3-1-15 ベクタレイヤを追加

れる XML ファイルを選択します（図 3-1-16)。エクスプローラの右上にある検索ボックスに「BldA」と入力すると選択が簡単にできます。検索ボックスによる絞り込みがうまくいかない場合は、Ctrl キーを押したまま、対象のファイルをすべてクリックしてファイルを追加してから、データソースマネージャで「追加」ボタンをクリックしてください。

図 3-1-17 のように建物の外周ポリゴンが追加されたでしょうか？この建物の外周ポリゴンは JGD2011 の座標系で作られていますので、以前の処理を他の座標系で実行していた場合、図 3-1-18 のようなダイアログが出てきますが、今回はすべて JGD2011 の座標系を持つファイルを使用しますので、OK（①）を押して次に進んでください。このままだとファイルが複数に分かれていて処理がしづらいので、「ベクタレイヤのマージ」機能（図 3-1-19）を使ってファイルを 1 つにまとめます。

図 3-1-16　建物境界のポリゴンデータ（BldA）のみを選択して追加

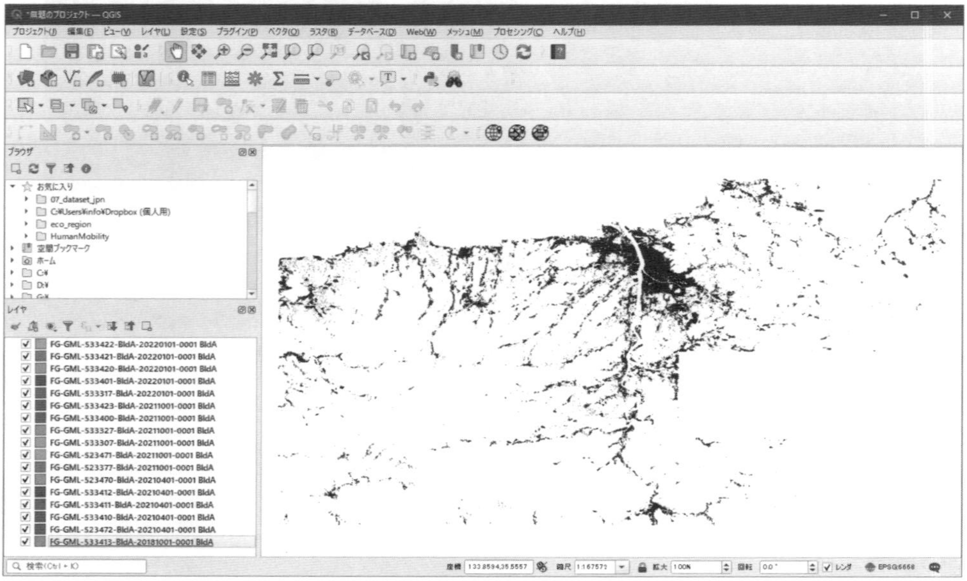

図 3-1-17　XML ファイルを QGIS で表示

ベクタレイヤのマージ機能（図 3-1-20）では①で対象とするレイヤをすべて選択し（図 3-1-21）、②で保存先とファイル名（ここでは、city_tottori_buildings.shp という名前で保存しましょう）を指定し、③実行で 1 つのファイルを生成します。図 3-1-22 のように新たに追加された city_tottori_buildings のみにチェックを入れ、もともと追加していた FG-GML で始まるレイヤのチェックを外して、鳥取市全域の建物データが追加されていれば成功です。

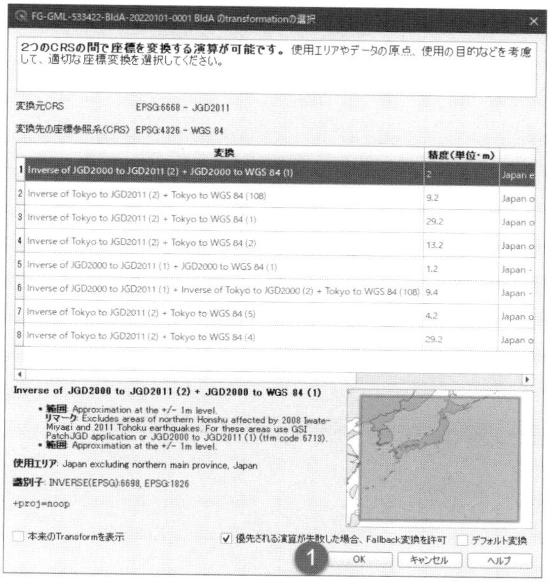

図 3-1-18 座標系の変換ダイアログ

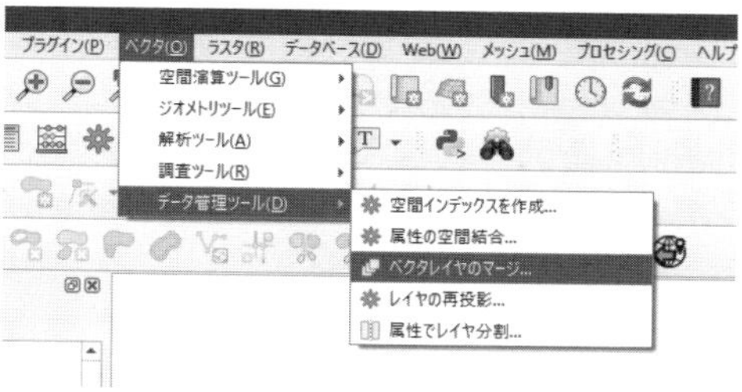

図 3-1-19 ベクタレイヤのマージ機能の起動

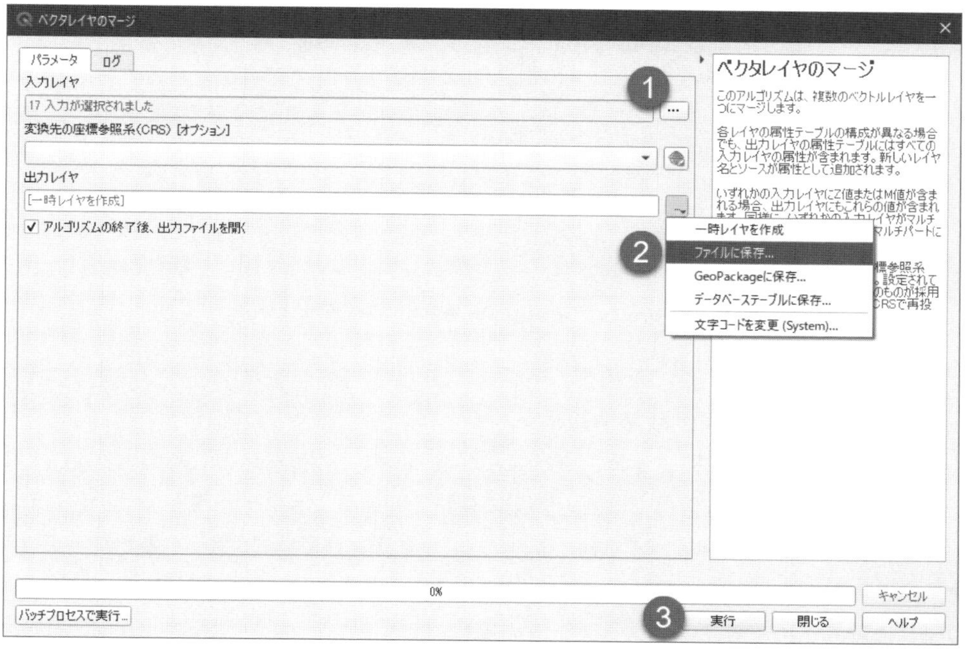

図 3-1-20 ベクタレイヤのマージ機能の設定

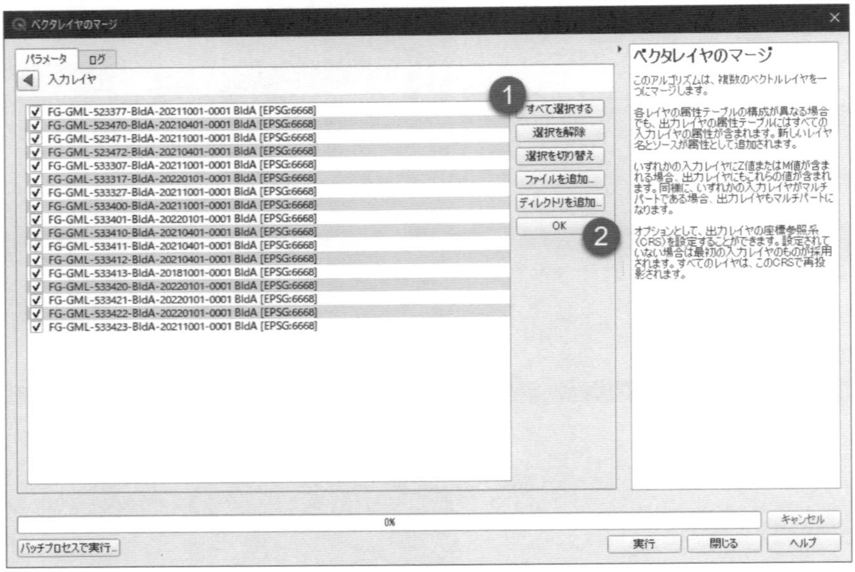

図 3-1-21　対象とする XML ファイルを選択

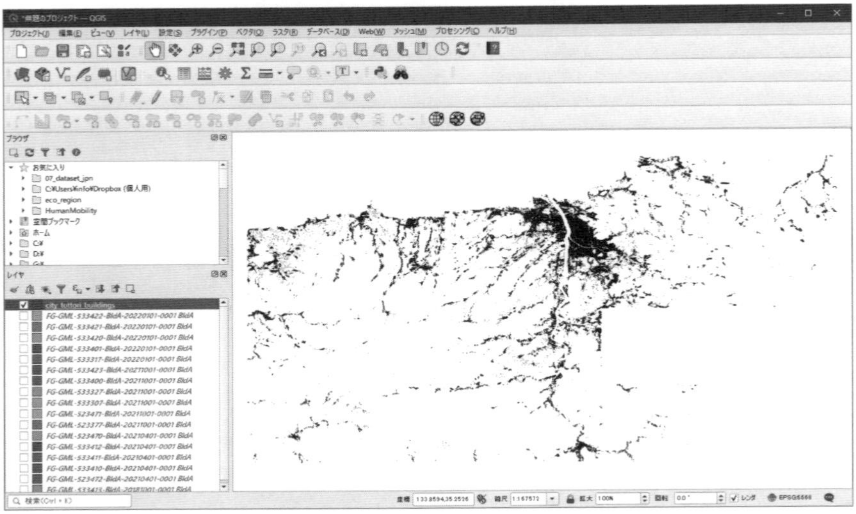

図 3-1-22　QGIS に建築物のポリゴンを追加

オープンデータの利用（国土数値情報）

基盤地図情報が地形や道路、建物、海岸線など地形図などのベースとなるデータを提供していたのに対して、国土数値情報では、その上に重ね合わせるようなデータが多く提供されています。収録されているデータは比較的早いサイクルで更新されていますが、本書執筆時点のデータ種類は表 3-1-1 のように多岐にわたります。すべて、ダウンロードして解凍すれば、そのまま QGIS に読み込める形式（ベクタデータの場合はシェープファイル形式か GeoJSON 形式）となっていますので、この実習では特に基盤地図情報のデータは利用しませんが、気になるデータがあれば取得してみてください。

表 3-1-1 国土数値情報に収録されているデータ一覧（2021 年 5 月時点）

1. 国土（水・土地）	
水域	海岸線（ライン）
	海岸保全施設（ライン・ポイント）
	湖沼（ポリゴン）
	流域メッシュ
	ダム（ポイント）
	河川（ライン・ポイント）
地形	標高・傾斜度 3 次メッシュ
	標高・傾斜度 4 次メッシュ
	標高・傾斜度 5 次メッシュ
	低位地帯（ポリゴン）
土地利用	土地利用 3 次メッシュ
	土地利用細分メッシュ
	土地利用細分メッシュ（ラスタ版）
	都市地域土地利用細分メッシュ
	土地利用詳細メッシュ
	森林地域（ポリゴン）
	国有林野（ポリゴン）
	農業地域（ポリゴン）
	都市地域（ポリゴン）
	用途地域（ポリゴン）
地価	地価公示（ポイント）
	都道府県地価調査（ポイント）
2. 政策区域	
行政地域	行政区域（ポリゴン）
	DID 人口集中地区（ポリゴン）
	中学校区（ポリゴン・ポイント）
	小学校区（ポリゴン・ポイント）
	医療圏（ポリゴン）
	景観計画区域（ポリゴン・ポイント）
	景観地区・準景観地区（ポリゴン・ポイント）
	景観重要建造物・樹木（ポイント）
	歴史的風土保存区域（ポリゴン）
	伝統的建造物群保存地区（ポリゴン）
	歴史的風致維持向上計画の重点地区（ポリゴン）
大都市圏・条件不利地域	三大都市圏計画区域（ポリゴン）
	過疎地域（ポリゴン）
	振興山村（ポリゴン）
	特定農山村地域（ポリゴン）
	離島振興対策実施地域（ポリゴン）
	離島振興対策実施地域統計情報（ポリゴン）
	小笠原諸島（ポリゴン）
	小笠原諸島統計情報（ポリゴン）
	奄美群島（ポリゴン）
	奄美群島統計情報（ポリゴン）
	半島振興対策実施地域（ポリゴン）
	半島振興対策実施地域統計情報（ポリゴン）
	半島循環道路（ポリゴン・ライン）
	豪雪地帯（ポリゴン）
	豪雪地帯（気象データ）（ポリゴン・ポイント）
大都市圏・条件不利地域	豪雪地帯統計情報（ポリゴン）
	特殊土壌地帯（ポリゴン）
	密集市街地（ポリゴン）
災害・防災	避難施設（ポイント）
	平年値（気候）メッシュ
	竜巻等の突風等（ポイント）
	土砂災害・雪崩メッシュ
	土砂災害危険箇所（ポリゴン・ライン・ポイント）
	土砂災害警戒区域（ポリゴン・ライン）
	地すべり防止区域（ポリゴン）
	急傾斜地崩壊危険区域（ポリゴン）
	洪水浸水想定区域（ポリゴン）
	津波浸水想定（ポリゴン）
	高潮浸水想定区域（ポリゴン）
	災害危険区域（ポリゴン）（ポイント）
3. 地域	
施設	国・都道府県の機関（ポイント）
	市町村役場等及び公的集会施設（ポイント）
	市区町村役場（ポイント）
	公共施設（ポイント）
	警察署（ポリゴン・ポイント）
	消防署（ポリゴン・ポイント）
	郵便局（ポイント）
	医療機関（ポイント）
	福祉施設（ポイント）
	文化施設（ポイント）
	学校（ポイント）
	都市公園（ポイント）
	上水道関連施設（ポリゴン・ポイント）
	下水道関連施設（ポイント）
	廃棄物処理施設（ポイント）
	発電施設（ポイント）
	国・都道府県の機関（ポイント）
	燃料給油所（ポイント）
	ニュータウン（ポイント）
	工業用地（ポリゴン）
	研究機関（ポイント）
	地場産業関連施設（ポイント）
	物流拠点（ポイント）
	集客施設（ポイント）
	道の駅（ポイント）
地域資源・観光	都道府県指定文化財（ポイント）
	世界文化遺産（ポリゴン・ライン・ポイント）
	世界自然遺産（ポリゴン）
	観光資源（ポリゴン・ライン・ポイント）
	宿泊容量メッシュ
	地域資源（ポイント）
保護保全	自然公園地域（ポリゴン）
	自然保全地域（ポリゴン）
	鳥獣保護区（ポリゴン）

表 3-1-1　つづき

4. 交通	
交通	高速道路時系列（ライン・ポイント）
	緊急輸送道路（ライン）
	道路密度・道路延長メッシュ
	バス停留所（ポイント）
	バスルート（ライン）
	鉄道（ライン）
	鉄道時系列（ライン・ポイント）
	駅別乗降客数（ライン）
	交通流動量 駅別乗降数（ポリゴン・ポイント）
	空港（ポリゴン・ポイント）
	空港時系列（ポリゴン・ポイント）
	空港間流通量（ライン）
交通	ヘリポート（ポイント）
	港湾（ライン・ポイント）
	漁港（ライン・ポイント）
	港湾間流通量・海上経路（ライン）
	定期旅客航路（ライン・ポイント）
パーソントリップ・交通変動量	発生・集中量（ポリゴン・ライン）
	OD 量（ポリゴン・ライン）
	貨物旅客地域流動量（ポリゴン・ライン）
5. 各種統計	
1 km メッシュ別将来推計人口（H29国政局推計）（shape 形式版）	
500 m メッシュ別将来推計人口（H29国政局推計）（shape 形式版）	
1 km メッシュ別将来推計人口（H30国政局推計）（shape 形式版）	
500 m メッシュ別将来推計人口（H30国政局推計）（shape 形式版）	

オープンデータの利用（e-Stat）

最後に追加するデータがダウンロードできる e-Stat は「政府統計の総合窓口」で、各府省が公表している統計情報を取得することができます。調査結果のうち、GIS のデータとして表現可能なものが「地図で見る統計（統計 GIS）」（https://www.e-stat.go.jp/gis）として整理されており、jSTAT MAP を使えばウェブマップサービスでこれらのデータを閲覧することもできます（図 3-1-23）。

jSTAT MAP へのリンクの次に出てくるのが「統計データのダウンロード」と「境界データダウンロード」で、この 2 つを使って、QGIS に各種統計情報を表示することができます。具体的には、統計データとそのデータに合う境界データをそれぞれ選択してダウンロードし、QGIS 上でこれら 2 つのデータを結合します。

統計データとして、利用可能なデータは「国勢調査」、「事業所・企業統計調査」、「経済センサス - 基礎調査」、「経済センサス - 活動調査」、「農林業センサス」の 5 つあります（図 3-1-24）。利用したい調査・センサスを選択すると、調査年の選択画面となり（図 3-1-25）、さらに調査年度を選択すると、集計単位を選択することができます（図 3-1-26）。図 3-1-25 の例では国勢調査の 2015 年度の成果を表示していますが、集計単位としては、小地域（町丁・字等別）、3 次メッシュ（1 km メッシュ）、4 次メッシュ（500 m メッシュ）、5 次メッシュ（250 m メッシュ）がリストされていますので、表示したい解像度に合わせて選択します。さらに集計単位をクリックすると、調査結果の一覧が表示されます。最後に、調査結果をクリックすると、都道府県の一覧が表示されるので、必要に応じて右側の「CSV」ボタンをクリックしてデータをダウンロードできます（図 3-1-27）。

ここでは、例として 2015 年度の国勢調査の成果について、小地域（町丁・字等別）、男女別人口総数及び世帯総数の鳥取県のデータをダウンロードしてください（図 3-1-27）。ダウンロードした男女別人口総数及び世帯総数のデータは、tblT000848C31.zip のように圧縮されたファイルとなっています。ダウンロードしたファイルを解凍し、中身の tblT000848C31.txt というテキストファイルを Excel などで開くと図 3-1-28 のようなテーブルが確認できると思います。

テーブルを見てみると、1 行目と 2 行目に分かれて行タイトルが入れられていることがわか

図 3-1-23　地図で見る統計（統計 GIS）のページ（赤枠が jSTAT MAP へのリンク）

図 3-1-24　統計情報一覧

図 3-1-25　調査年度の一覧

図 3-1-26　集計単位の一覧

ります。1 行目の H 列から K 列に示された記号ではデータの意味が分かりませんが、2 行目の日本語での説明を見れば理解できます。ただし、QGIS に読み込む際にはタイトルが 2 行にわたって書かれていると読み込みが正常に行えないため、2 行目を削除しておきましょう。作業した結果を新しく tblT000848C31.csv という名前の CSV ファイルとして保存してください。

次に、このテーブルを結合させる境界データを取得します。地図で見る統計（統計 GIS）のページに戻って、「境界データダウンロード」をクリックして境界一覧を表示します（図 3-1-29）。境界データのうち、小地域だけは調査項目と調査年度によってその内容が異なるため、以下に示すように結合する年度、調査項目から選択するようになっています。図 3-1-29 の画面で小地域を選択するとデータ形式一覧（図 3-1-33）に遷移します。

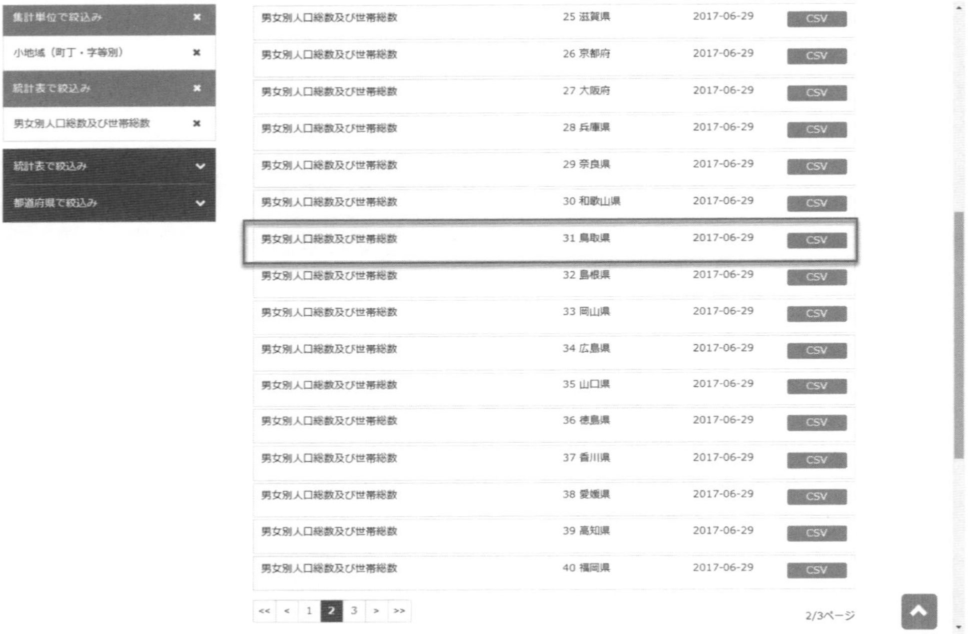

図 3-1-27 都道府県の一覧

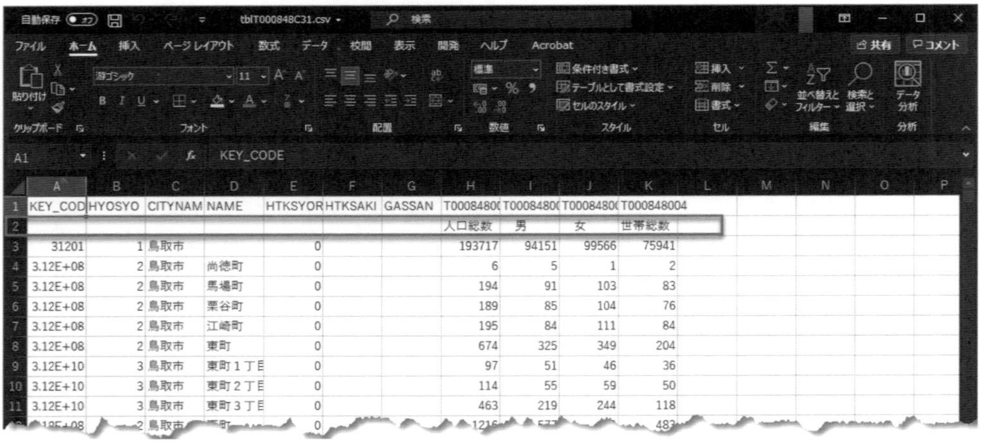

図 3-1-28 ダウンロードした国勢調査（男女別人口総数及び世帯総数）データ

図 3-1-29 境界一覧

図 3-1-30 統計名の選択

図 3-1-31 年度の選択

図 3-1-32 集計単位の選択

図 3-1-33 データ形式一覧

先ほどダウンロードした統計データは、2015年度の国勢調査、小地域（町丁・字等別）、男女別人口総数及び世帯総数の鳥取県のデータですので、その内容に沿って選択を進めます（図 3-1-30 ～ 35）。最後のデータ形式では、シェープファイルの他、KML、GML が選択できますが、QGIS で利用する際にはシェープファイルが使いやすいため、これを選択してください。またデータの座標系については、緯度経度（世界測地系）と平面直角座標系（世界測地系）から選択できるので、ここでは緯度経度（世界測地系）を選択します。

図 3-1-34 都道府県の選択

図 3-1-35 市区町村の選択

ダウンロードしたファイルは、A002005212015DDSWC31201.zip のように圧縮されているので、適当な場所に解凍してください。解凍した中身は、h27ka31201.shp となっているはずです。

ダウンロードした統計データと境界データを結合して描画してみます。まず、先ほど作成した統計データの CSV ファイル（tblT000848C31.csv）と境界データのシェープファイル（h27ka31.shp）を QGIS に追加します。次に、読み込んだ

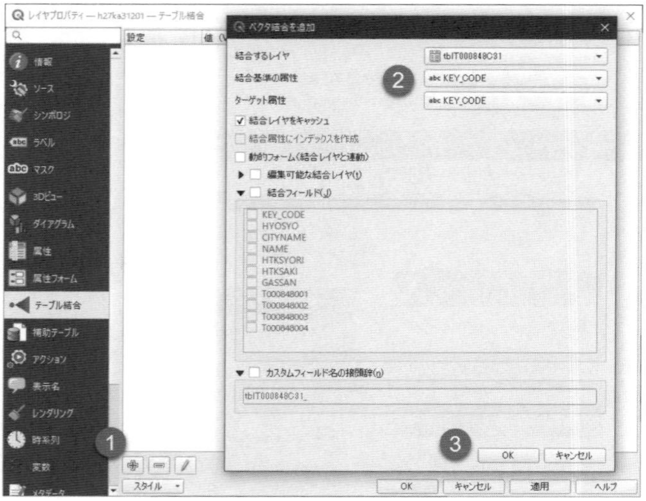

図 3-1-36 テーブル結合

図 3-1-37 テーブル結合後の属性テーブル

h27ka31201 を右クリックしてプロパティを開き、「テーブル結合」タブをクリックします（図 3-1-36:①）。次に結合するレイヤとして tblT000848C31 を選択し、結合基準の属性およびターゲット属性はそれぞれ「KEY_CODE」を選択し（②）、OK をクリックして完了です（③）。

ここまでで、国土地理院の配信している背景図の上に、基盤地図情報の建物データと 2015 年度の国勢調査データを重ね合わせることができました。次に、ここまで重畳してきたデータを使った簡単な分析をしてみましょう。分析に使えるデータとしては、建物データと、国勢調査の小地域ごとの男女別人口総数及び世帯総数データがあります。地方では空き家の増加が問題となっていますので、潜在的に空き家の多い場所を推定してみようと思います。

データが限られているのでかなり大胆な前提を置くことになりますが、すべての建物が住居であり、1 戸につき 1 世帯が利用しているということにします。もちろん商用の施設や公共の施設なども建物には含まれますし、アパートやマンション、あるいは二世帯住宅など複数の世帯が 1 つの建物を利用するケースもありますが、幸い高層マンションが立ち並ぶ都会ではないので、大まかな傾向はみることができそうです。

小地域ごとの世帯数は先ほどの国勢調査のデータが使えるので、小地域に含まれる建物の数を数えるところから始めましょう。手順は次の通りです。

1. 使用するデータ（建物データ、小地域境界データ）の読み込み
2. 分析範囲にデータをフィルタリング
3. 建物データのジオメトリ修復
4. 建物データ、小地域境界データの空間インデックス作成
5. 空間結合（集計つき）の実行

これまでに読み込んだレイヤのうち、以下のレイヤだけを残し、他は削除してください。

- city_tottori_buildings（基盤地図情報建物）
- tblT000848C31（2015 年度男女別人口総数及び世帯総数）
- h27ka31（2015 年度国勢調査小地域）
- 地理院地図のタイルレイヤ（背景図）

国勢調査結果は鳥取県全域分を用意していますが、建物データはファイルサイズが大きいため、鳥取市分のみをダウンロードしましたので、国勢調査結果も鳥取市にかかる部分に限定し

て分析をしたいと思います。そのためには、レイヤのプロパティの「ソース」タブのプロバイダ地物フィルタを使ってデータを絞り込みます。地物フィルタの右下のクエリビルダを開いて、フィルタに使用する属性「CITY_NAME」をダブルクリック（図 3-1-38：①)、演算子で「=」をクリック（②)、CITY_NAME が選ばれた状態で右側の③すべてをクリックすると④に値一覧が表示されるので「鳥取市」をダブルクリックします。そうするとウィンドウ下部の「プロバイダ特有のフィルタ式」のところに以下の式が完成しているはずです。上記の手順でできない場合は、直接入力しても同じです。文字列の前後にスペースが含まれないようにしてください。

```
"CITY_NAME"=' 鳥取市 '
```

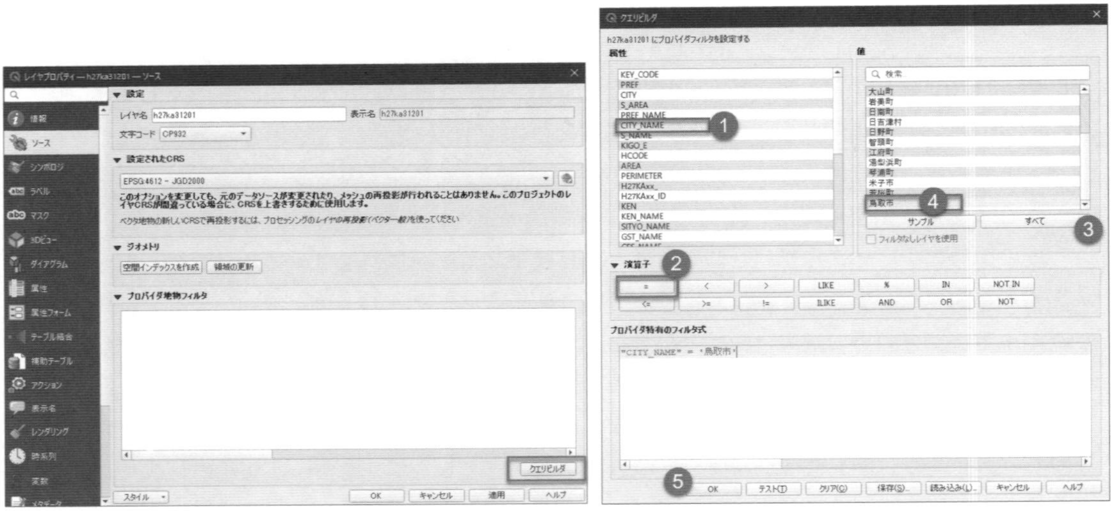

図 3-1-38　地物フィルタの設定

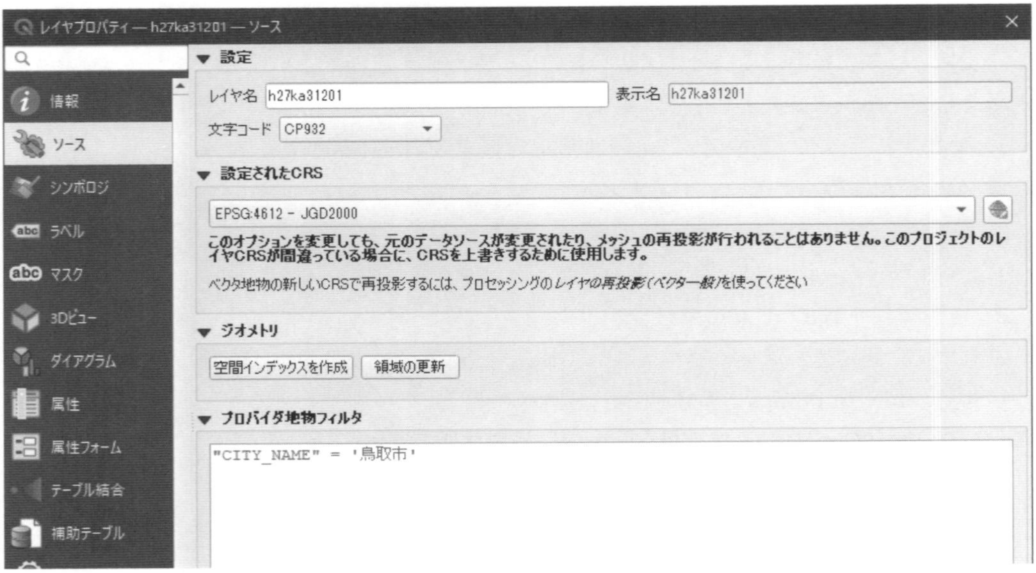

図 3-1-39　フィルタがかかった状態のプロバイダ地物フィルタの設定画面

プロパティのプロバイダ地物フィルタに図 3-1-39 のように表示されていれば完成です。「OK」をクリックして（⑤）、地図上の小地域が鳥取市だけになっていることを確認してください。

基盤地図情報の建物データは変換の際にジオメトリに問題がおきることが多いので、事前に「ジオメトリの修復」を実行することをおすすめします。この手順を飛ばして処理を進めてもかまいませんが、ジオメトリに問題がある場合は、空間的な処理を実行した時にエラーメッセージが出ることがあるので、その場合はこの処理を行ってください。ジオメトリの修復は、プロセシングツールボックスにあるツールを利用して行います。もしプロセシングツールボックスが表示されていない場合は、メニューの「プロセシング」の「ツールボックス」で表示してください（図 3-1-40）。

プロセシングツールボックスの検索機能を使って、「ジオメトリの修復」ツールを探してください。「ベクタジオメトリ」の「ジオメトリの修復」でジオメトリの修復ウィンドウを開き、入力レイヤとして建物レイヤを選択し（図 3-1-41:①）、保存先を設定して（②）、実行をクリッ

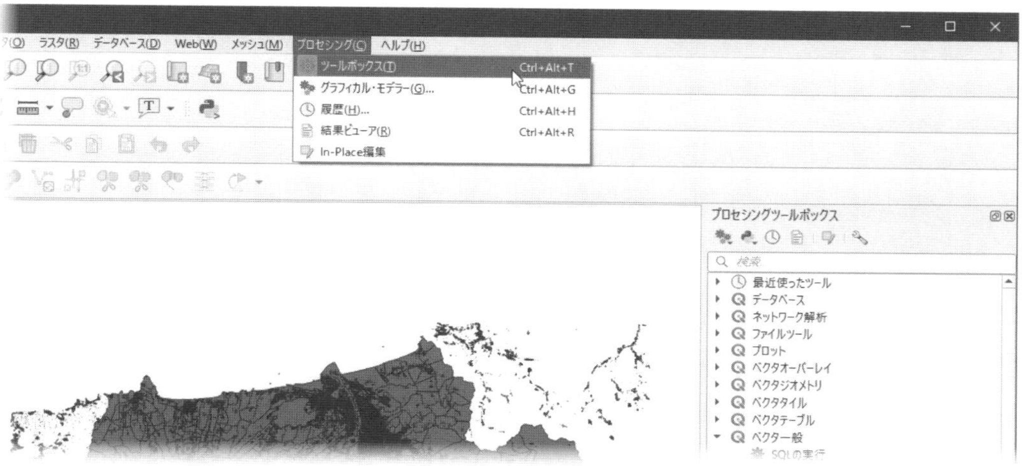

図 3-1-40　プロセシングツールボックスの表示

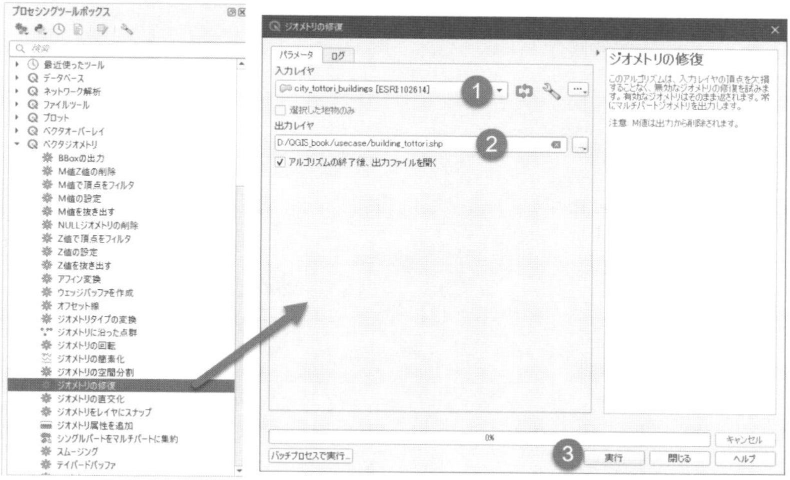

図 3-1-41　ジオメトリの修復ウィンドウ

クしてください（③）。以降は、ここで修復済みのテーブルを使って処理を続けます。

もう 1 つ空間的な処理をする前にやった方が良い処理として、空間インデックスの作成があります。空間インデックスがあると、今回のようにあるポリゴンに含まれる他の地物の数を数えるといった地物の重なりの検索を効率化することができます。生成しなくても処理自体は問題なく行えますが、特に対象とする地物数が多い場合に処理時間が長くなってしまうため、先に空間インデックスを作っておくことをおすすめします。作り方は非常に簡単で、レイヤのプロパティのソースタブにあるジオメトリの項を開いて、「空間インデックスを作成」ボタンをクリックするだけです（図 3-1-42）。

前処理が長くなりましたが、小地域内の建物を数えましょう。小地域というポリゴンの中に含まれる建物ポリゴンを数えるという処理ですが、ここでは空間結合の処理を応用した方法で答えを出したいと思います。通常の空間結合では、属性値を付与するだけですが、プロセシングツー

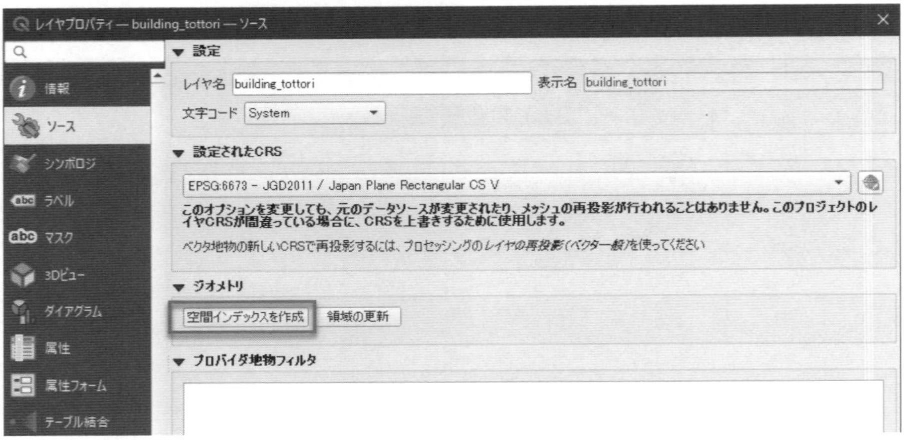

図 3-1-42 空間インデックスの作成

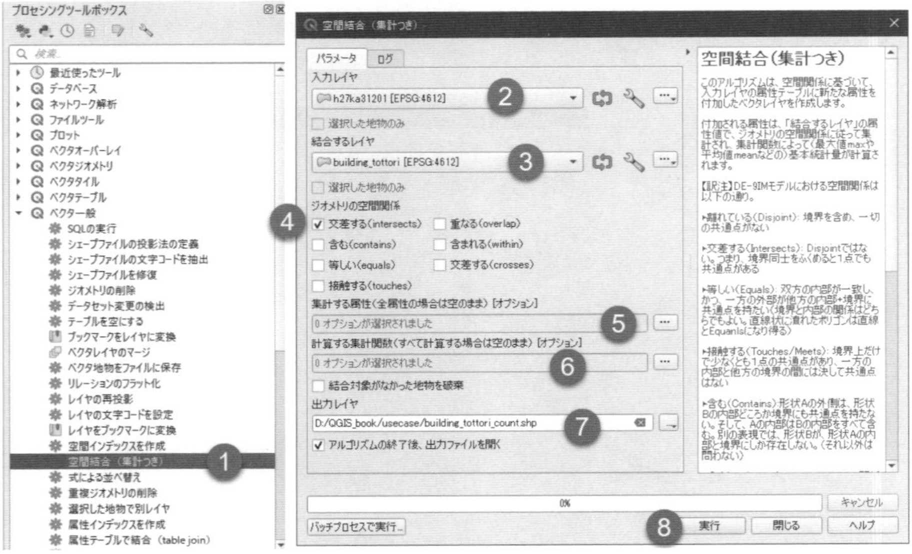

図 3-1-43 空間結合（集計つき）ウィンドウと設定項目

ルバーにある「空間結合（集計つき）」（図 3-1-43：①）を使用すれば、取得した属性値にさらに集計をかけることができます。ここでは、個数を集計する機能を使って、建物ポリゴン数を求めます。入力レイヤ（②）では集計したい単位となるポリゴン（今回は小地域、h27ka31201）を選択、結合するレイヤ（③）は集計対象となるポリゴン（今回は建物、building_tottori）を選択、ジオメトリの空間関係は「交差する」を選択します（④）。集計する属性（⑤）は今回は数を数えるだけなのでどの属性でも良いですが「gml_id」を選択しておきます（図 3-1-44：左側）。計算する集計関数（⑥）は様々用意されていますが、今回は「個数」を選択します（図 3-1-44：右側）。あとは出力先のファイルを設定（⑦）して、実行（⑧）を押せば完了です。

新しく生成された小地域ポリゴンの属性テーブルを開いて、一番右端に「gml _id_cou」（文字数の制限で、count が cou と省略）という列に小地域ポリゴンに含まれる建物数が格納されているのを確認してください（図 3-1-45）。

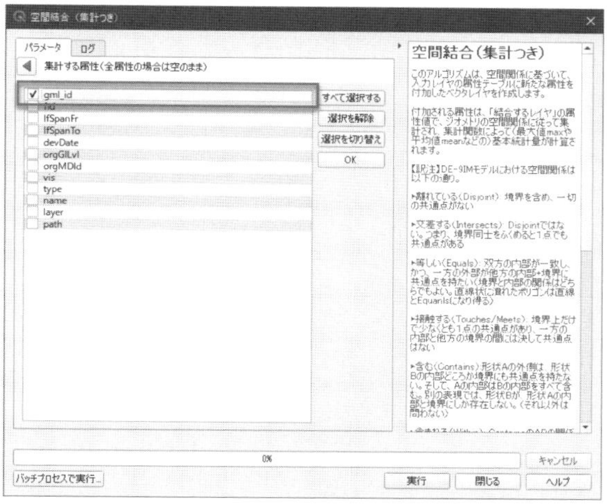

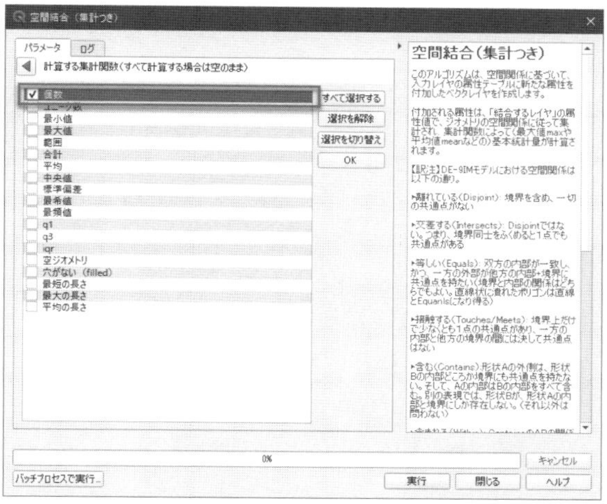

図 3-1-44　集計属性および集計関数の設定

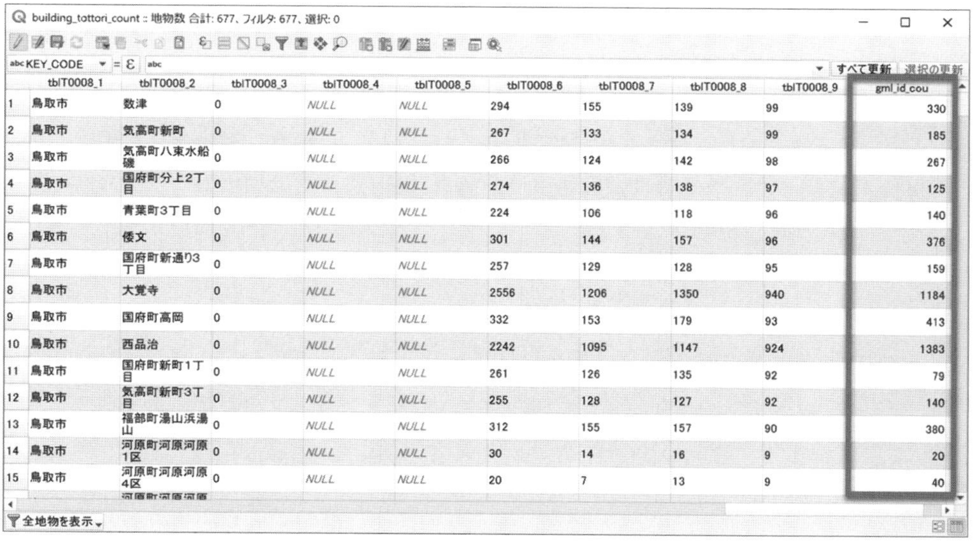

building_tottori_count :: 地物数 合計: 677、フィルタ: 677、選択: 0

	tblT0008_1	tblT0008_2	tblT0008_3	tblT0008_4	tblT0008_5	tblT0008_6	tblT0008_7	tblT0008_8	tblT0008_9	gml_id_cou
1	鳥取市	数津	0	NULL	NULL	294	155	139	99	330
2	鳥取市	気高町新町	0	NULL	NULL	267	133	134	99	185
3	鳥取市	気高町八束水船磯	0	NULL	NULL	266	124	142	98	267
4	鳥取市	国府町分上2丁目	0	NULL	NULL	274	136	138	97	125
5	鳥取市	青葉町3丁目	0	NULL	NULL	224	106	118	96	140
6	鳥取市	倭文	0	NULL	NULL	301	144	157	96	376
7	鳥取市	国府町新通り3丁目	0	NULL	NULL	257	129	128	95	159
8	鳥取市	大覚寺	0	NULL	NULL	2556	1206	1350	940	1184
9	鳥取市	国府町高岡	0	NULL	NULL	332	153	179	93	413
10	鳥取市	西品治	0	NULL	NULL	2242	1095	1147	924	1383
11	鳥取市	国府町新町1丁目	0	NULL	NULL	261	126	135	92	79
12	鳥取市	気高町新町3丁目	0	NULL	NULL	255	128	127	92	140
13	鳥取市	福部町湯山浜湯山	0	NULL	NULL	312	155	157	90	380
14	鳥取市	河原町河原河原1区	0	NULL	NULL	30	14	16	9	20
15	鳥取市	河原町河原河原4区	0	NULL	NULL	20	7	13	9	40

全地物を表示

図 3-1-45　集計結果の確認

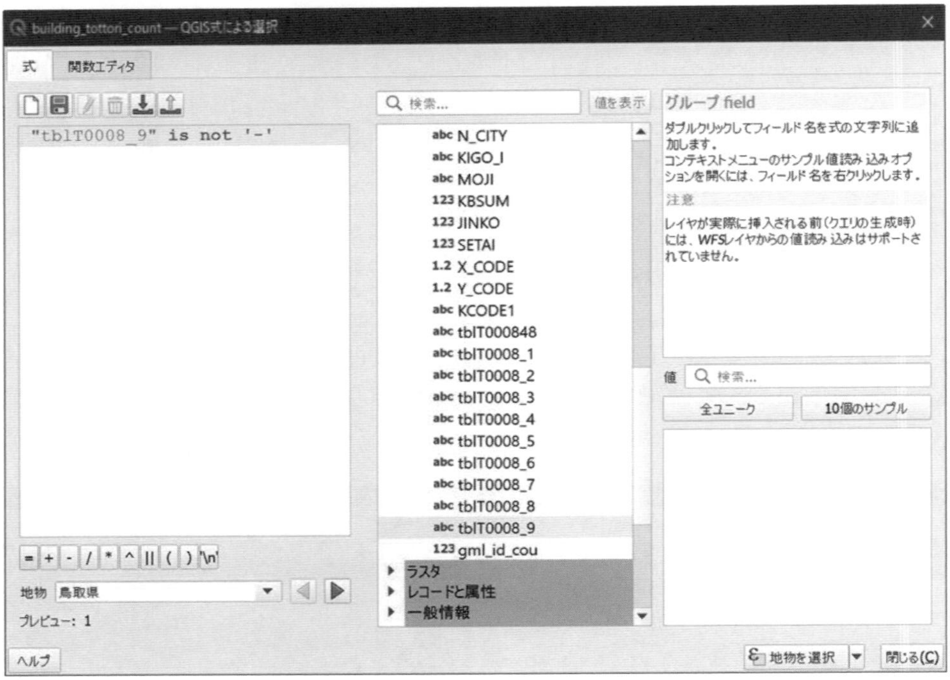

図 3-1-46 式による選択で「-」を除外する（式："tblT0008_9" is not '-'）

それでは最後に建物数と小地域の総世帯数を比較して、どのエリアで建物が世帯数を上回っているか（＝潜在的な空き家が多いか）を求めてみましょう。国勢調査の世帯数はこれまでの作業ですでに tblT0008_9 として、建物数は先ほどの作業の結果 gml_id_cou という列に格納されています。あとはフィールド演算を使ってこれらの差を計算します。データを見るとわかるのですが、国勢調査の総世帯数は数値ではなく文字列として格納されています。これは、調査したが該当がなかった場合や秘匿処理を行った場合に「-」や「x」などの記号が含まれているためです。データ処理上はいくつか対策が考えられますが、今回はひとまずエラーを出さずに計算できれば良いので、「-」以外を選択した状態でフィールド演算を行うことにします。

属性テーブルで「式による地物の選択」ツールを開き、図 3-1-46 と同じように「"tblT0008_9" is not '-'」という式を作成し、「地物を選択」ボタンをクリックします。次に属性テーブルからフィールド計算機を開き、建物数から世帯数を引いた値を「akiya」列に納めます。この時「選択されている○○個の地物のみを更新する」にチェックが入っていることを確認してから実行するようにしてください。計算式では、文字列として格納されている総世帯数の列を「to_int」関数を使って整数に変換してから引き算を実行します（図 3-1-47）。

では「akiya」列の値を使って、結果を地図上に表現してみましょう。シンボルは相対的な空き家数を把握したいので、シンボロジの連続値による定義で「等量分類」を使ってみましょう（図 3-1-48）。駅周辺の値が小さくなるのは予想通りですが、駅から離れた地域でも比較的値が小さくなっています。今回は基盤地図情報の建物データと国勢調査の世帯数を使って 2015 年の空き家の分布を見てみましたが、国土数値情報には将来人口の推計値などのデータもあるので、重ねてみると面白いかもしれません。また、今回は使わなかった国土数値情報の

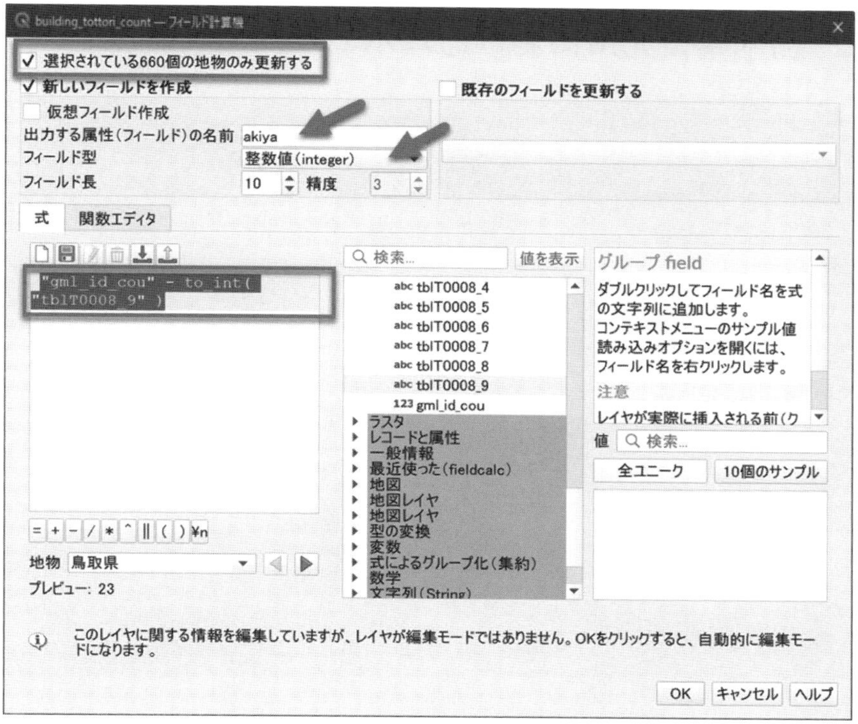

図 3-1-47 フィールド計算機で建物数と世帯数の差を求める(式:"gml_id_cou" - to_int("tblT0008_9"))

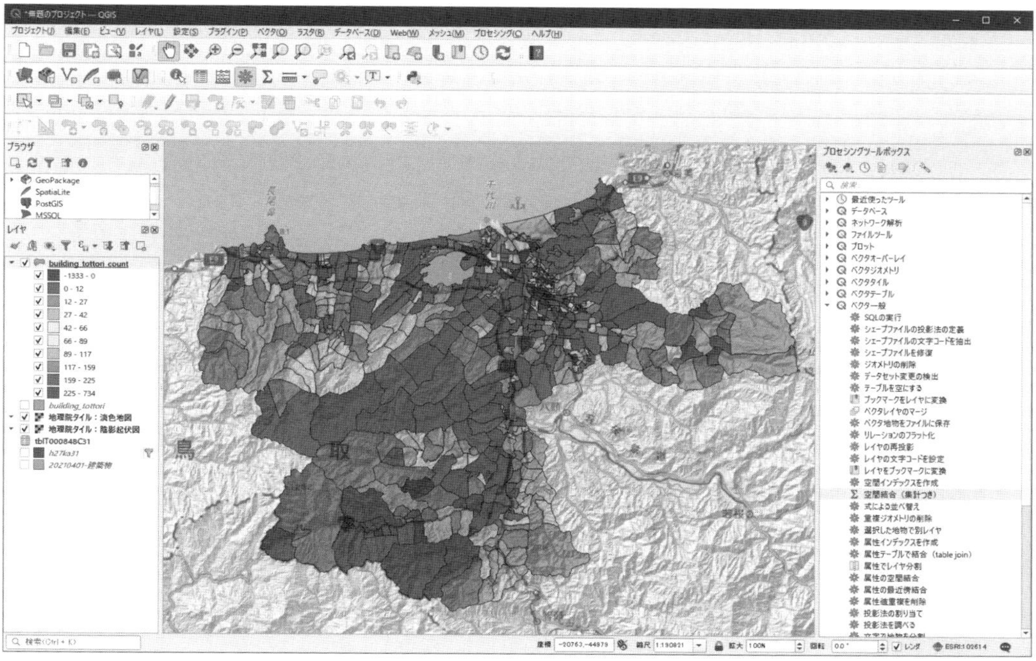

図 3-1-48 潜在的な空き家数にもとづいた鳥取市の評価

道路密度や鉄道などのデータを重ね合わせれば、結果をより深く読み込めるかもしれません。ぜひいろいろチャレンジしてみてください。

第 2 章 栃木県日光市におけるニホンザルの行動圏と環境選択

1970 年頃から全国各地で報告されるようになったニホンザルによる農作物被害は、2021 年現在でも山間地の農業に大きな影響を与え続けています。農作物被害の対策を行うと同時に日本の固有種であるニホンザルを保全していくためには、被害に関わるニホンザルの生態を知り、なぜ、どのようにして農作物被害が発生しているのか理解する必要があります。また同時に、被害の発生を防ぐことができない地域社会の構造的な問題も理解する必要があります。このような問題意識のもと、筆者は 1993 年から 1996 年までの間、栃木県日光市（旧今市市を含む）においてニホンザル 6 群を対象にラジオトラッキング調査（サルに発信機を装着し、その位置を追跡する調査）を行いました。今回は、QGIS の具体的な使い方を解説するため、その当時のラジオトラッキングデータを利用し、ニホンザルの生息地利用の簡単な解析実習を行います。具体的には、① GIS データを入手し、追跡した 6 つの群れから C 群と呼ばれる群れを対象に、②行動圏の推定、環境選択性の解析を行い、③最後にレイアウトによる地図の作成を行います。この実習は、QGIS のツールの使い方を解説をすることが目的なので、解析の結果については大きく取り上げません。

◆実習で用いる GIS データ

実習のデータは公的機関から入手可能か、オンラインでダウンロードできるようにしました。データのダウンロード方法と座標参照系の統一のような解析の前処理は、それぞれのデータに関する箇所を参照してください。データの解析には、以下にリストしたデータを使います。データファイルの名前は各自で自由につけていただいて結構ですが、本書では以下の名前を用います。

・10mDEM（Digital Elevation Model：数値標高モデル、ラスタ）
　ファイル名：merge.tif および地形陰影図 merge_sh_img.tif
　国土地理院が提供する 10m 解像度の数値標高モデル
　ダウンロード先：http://fgd.gsi.go.jp/download/

・植生図（ポリゴン）
　ファイル名：vege_32654.shp
　環境省が提供するの 2.5 万分の 1 現存自然植生図
　ダウンロード先：http://gis.biodic.go.jp/webgis/index.html

・ニホンザル C 群のラジオトラッキングデータ（点）
　ファイル名：monkey_32654.shp
　筆者が提供する、栃木県日光に生息するニホンザル 1 群（C 群）の位置データ
　ダウンロード先：https://github.com/imakihi/qgis_book/

GIS データのダウンロードと前処理

実習を始めるにあたり、データを各自でインターネット経由でダウンロードし、前処理を行

う手順を解説します。そのため、皆さんのパソコンがインターネットに接続されている必要があります。ダウンロードするデータは ZIP 形式で圧縮されているため、各自のパソコンに新しくフォルダを作成し（例えば、C: ¥gisdata)、解凍してください。新しくフォルダを作成する際、パス（フォルダの所在を示す文字列）に日本語を含まないディレクトリにデータやプロジェクトファイルを保存してください。QGIS では、パスに日本語を含むと思わぬところで作業が進まないことがあります。以下の解説の文章では、C:¥gisdata¥dem をフォルダに指定しています。ZIP 形式のファイル解凍には、7-ZIP（http://sevenzip.sourceforge.jp/）がおすすめです。

今回の実習では、サルの行動圏面積を求めるため、座標参照系は地理座標系ではなく、距離をメートルで計測できる WGS84 / UTM54N (EPSG:32654) で座標参照系を統一しました。また、データの読み込みや保存の際、日本語エンコーディング（パソコンで利用する日本語の文字セット）は、すべて SHIFT-JIS に指定してください。

DEM のダウンロードからインポートへの流れ

DEM は、国土地理院の基盤地図情報ダウンロードサービス（http://fgd.gsi.go.jp/download/）からダウンロードすることができます。このサイトからは、日本全国をカバーする 5 m と 10 m の DEM の他、基本項目などのをダウンロードすることができます（図 3-2-1)。

このサイトからデータをダウンロードには、ユーザー登録する必要があります。登録後は、データは自由に無料でダウンロードすることができます。ログイン情報は、ダウンロード対象を選び、ダウンロードを行う段階で聞かれますので、未登録の方はその際にユーザー登録してください。ダウンロードするデータは、JPGIS（GML）形式で、そのままでは QGIS には読み込めません。そのため今回は、株式会社エコリス（http://www.ecoris.co.jp/contents/demtool.html）が提供する、DEM のコンバージョンツールを利用して JPGIS（GML）形式のファイルを GeoTiff に変換してから QGIS に読み込みます。

図 3-2-1 基盤地図情報ダウンロードサービスのホームページ

DEM データのダウンロード

ダウンロードサイトではまず、「数値標高モデル」を選んでください（図 3-2-1）。すると日本地図が表示され、ダウンロードするデータを選択する画面に遷移します（図 3-2-2）。データ選択画面では、最初に画面左上の「検索条件指定」で 10 m メッシュの 10B を選択してください（図 3-2-2：①）。5 m メッシュもダウンロードできますが、今回は 10 m メッシュを使います。そのうえで、日本地図の栃木県西部をズームして「553904」というメッシュを探し出し、クリックしてから（②）「ダウンロードファイル確認へ」というボタンをクリックします（③）。するとダウンロード可能なファイルのリスト画面に移動するので、「FG-GML-5539-04-DEM10B.zip」というファイル名のチェックボックスをチェックして（④）、「ダウンロード」ボタンをクリックしてください（⑤）。

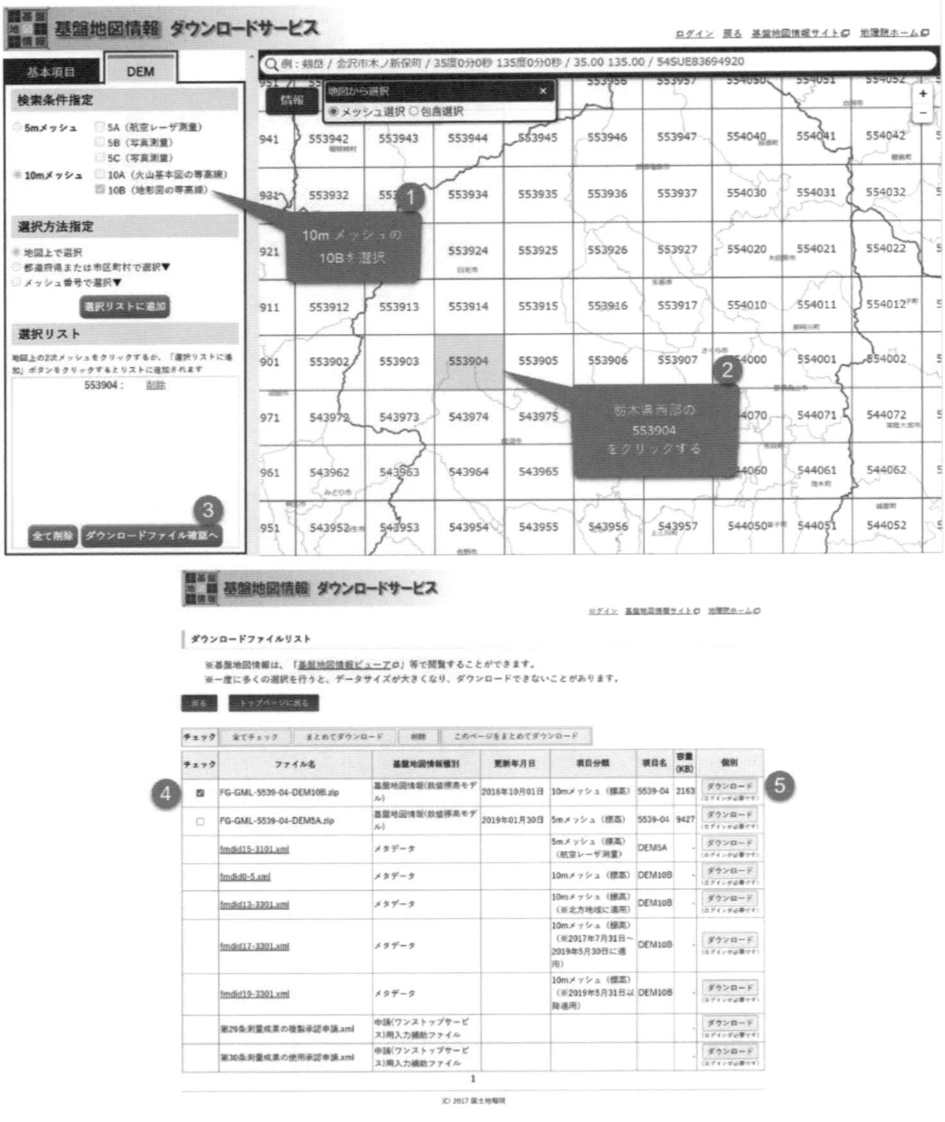

図 3-2-2 基盤数値情報数値標高モデルダウンロードデータの解像度選択

するとサービスへのログイン画面が表示されるので（図 3-2-3）、はじめてサービスを利用する方は新規登録して、ログイン ID とパスワードを取得してください。ログイン ID とパスワードが取得できたら、それらを入力してログインし、簡単なアンケートに答えると、データのダウンロードが自動的に始まります。

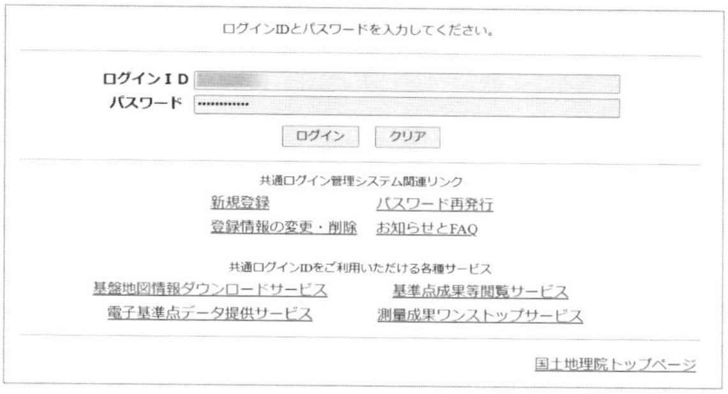

図 3-2-3 基盤地図情報ダウンロードサービスのログイン画面

DEM のファイルフォーマットと座標参照系の変換

ダウンロードしたデータは、ZIP 形式で圧縮した XML 形式の標高データです。まずは標高データ専用のフォルダを作成して、ファイルを解凍してください。この XML ファイルはそのままでは QGIS で開くことができません。QGIS のバージョンが進めば、この XML 形式のファイルも直接 QGIS に読み込むことができるようになると思いますが、現時点ではその機能は組み込まれていません。そのため、XML 形式のファイルを QGIS が認識できるフォーマット、例えば GeoTIFF 形式に変換する必要があります。またその際、複数の図葉から成る DEM をつなぎあわせたり、座標参照系を変更する必要があります。このような状況で筆者がおすすめするツールが、株式会社エコリス（http://www.ecoris.co.jp/）が無料で提供している「基盤地図情報 標高 DEM データ変換ツール」です（図 3-2-4）。このツールを使うと、複数のタイル

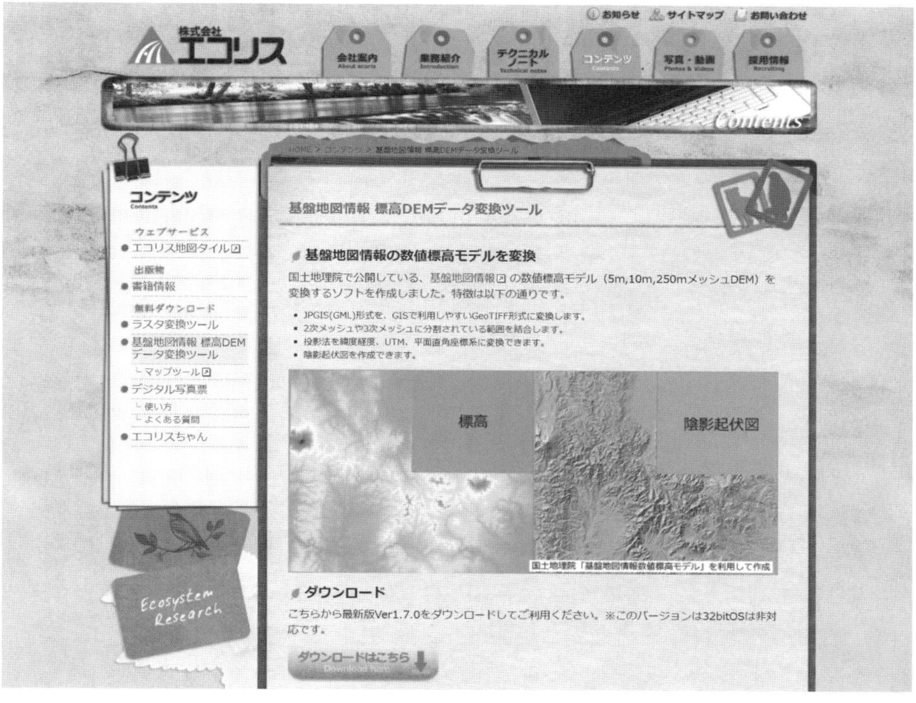

図 3-2-4 株式会社エコリスが提供する「基盤地図情報 標高 DEM データ変換ツール」のダウンロードサイト

のつなぎあわせ、ファイルフォーマットの変換、座標参照系の変換が一度にできます。

この DEM 変換ツールを使ってデータを変換するには、エコリスのサイトからダウンロードしたファイル（demtool.zip）を適当な場所に解凍し、フォルダ内にある「変換結合 .vbs」をダブルクリックして作業を開始します。プログラムが起動したら、座標参照系（今回は UTM 投影なので、1 を選択）、UTM のゾーン 54 を指定します。次に、陰影起伏図作成を選択（Yes を選択）して、XML 形式のファイルを保存したフォルダを指定します。最後にデータがない部分に 0 か -9999 のどちらを割り振るかを聞かれるので、「Yes」をクリックして作業を変換作業を開始します。複数のコマンドウィンドウが立ち上がり作業が上手く進むと、最終的に作業を完了した旨を知らせるウィンドウが出るので、「OK」をクリックして、作業を終了させます。詳しい DEM データ変換ツールの使用方法は、エコリスのサイトか、解凍したフォルダに含まれる使用法に関するファイルを参照してください。

一連の作業が問題なく終われば、ファイルフォーマットが GeoTiff 形式（拡張子 .tif）で、座標参照系が、EPSG:32654 に変換された 553904.tif、merge.tif、陰影図の merged_shade.tif、などのファイルが、ダウンロードした DEM ファイルを解凍した先のフォルダに作成されます。今回は、図葉 1 枚分だけの DEM をダウンロードしましたが、「変換結合 .vbs」を使えば、隣接するメッシュの XML ファイルをを同じフォルダに置くことで今回と同様の手順で複数の図葉を 1 つに結合することができます。複数のメッシュの DEM を結合・変換したファイルが merge.tif となります。

植生図のダウンロードとデータの下準備

環境省の提供する現存植生図は、「自然環境調査 Web-GIS」（http://gis.biodic.go.jp/webgis/index.html）からシェープファイルとしてダウンロードすることができます（図 3-2-5）。

データのダウンロードは、最初に地図画面でデータの種類として「植生調査（1/2,5000）」の「整備済みメッシュ」をチェックしてから（図 3-2-5：①）、栃木県西部のメッシュ番号 553904 を地図上でクリックし（②）、データダウンロードページへのリンクを表示させます（③）。直接ダウンロード画面に行きたい方は、http://gis.biodic.go.jp/webgis/sc-002.html#webgis/553904 へ行ってください。ダウンロードページでは、表示された植生図ダウンロード画面の「植生調査（1/25,000）（都道府県）」と書かれたリンクをクリックし（④）、アンケートに回答するとデータをダウンロードを開始できます。

ダウンロードしたファイル（vg67-09.zip）は、ZIP 形式で圧縮されているので、適当なフォルダ（例えば「vegetation」という新しいフォルダを作る）に解凍すると、栃木県の植生図の各図用が ZIP 形式でリストされます。その中から「shp553904.zip」を見つけてさらに解凍してください。すると「p553904.shp」というシェープファイルを確認することができます。ダウンロードした植生図の座標参照系は、JGD2000（EPSG:4612）なので、QGIS の「レイヤを別名で保存」を利用して、座標参照系を EPSG:32654 に統一します（第 1 部 4 章座標参照系を参照）。この実習では、座標参照系を変換した植生図ファイル名を「vege_32654.shp」とします。

図 3-2-5 環境省生物多様性センターの植生図 GIS ダウンロードサイトとダウンロードファイル選択画面

ニホンザルの位置データ

サルの位置データは、筆者が https://github.com/imakihi/qgis_book/ にアップロードしたので、個人的な実習に限りご自由にお使いください。このデータは、座標参照系を EPSG:32654 にあらかじめ統一したシェープファイルを ZIP 形式で圧縮してあります。解凍すると、monkey_32654_utf8.shp が確認できます。

◆データ解析

実習用のデータの読み込みと確認

実際にデータを解析する前に、必要とする以下のデータが QGIS に読み込まれている状態にします（図 3-2-6）。読み込んだすべてのレイヤが地図ビュー上で重なり、座標参照系が EPSG:32654 で統一されていることを確認してください。そのうえでプロジェクトを monkey.qgz として保存してください。

- monkey_32654_utf8.shp：ニホンザル C 群の位置データ（点）
- vege_32654.shp：環境省の 25000 分の 1 植生図（ポリゴン）
- merge.tif：数値標高モデル（ラスタ）

最外郭法（MCP）による行動圏推定

最初のデータ解析では、ニホンザルの位置を示す点データを使ってサルの行動圏を描きます。以下の手順で、最外郭法による C 群の行動圏を示すポリゴンを発生させます（図 3-2-7）。

1. ステータスバーのクイック検索に「convex」と入力し、「最小境界ジオメトリ」を選択する。
2. 「最小境界ジオメトリ」ダイアログで以下のように設定し、コマンドを実行。
   a. 入力レイヤ（入力ラスタとなっていますが、正しくは入力レイヤです）: monkey_32654_utf8
   b. 選択地物のみを利用する：非選択

c. 属性（地物をグループ化する場合）：非選択

d. ジオメトリタイプ：凸包（convex hull）

e. 出力レイヤ：ファイルに保存を選択し、各自で設定した保存先を指定したうえで、c_range.shp を出力名として指定

f. 「アルゴリズムの終了後、出力ファイルを開く」をチェック

「実行」をクリックしてコマンドを実行すると、すべての点を含むような多角形が作成されます（図 3-2-8）。

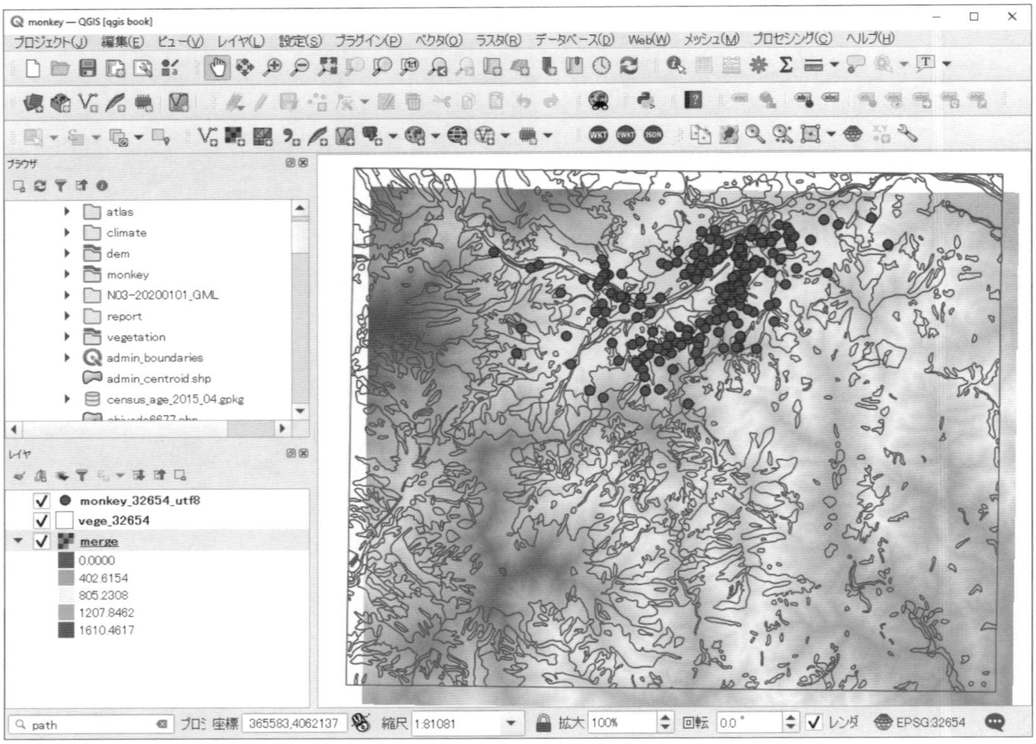

図 3-2-6 実習で利用するデータ

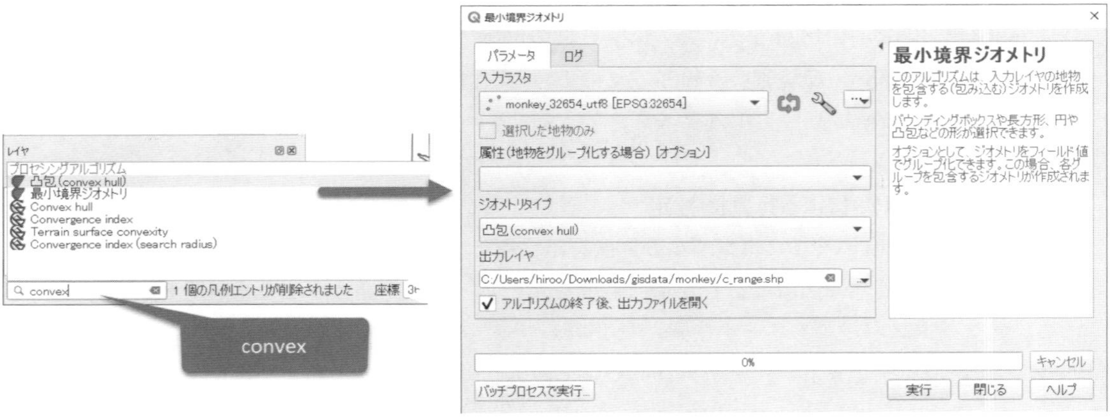

図 3-2-7 最小境界ジオメトリツールによるニホンザルの行動圏ポリゴンの作成

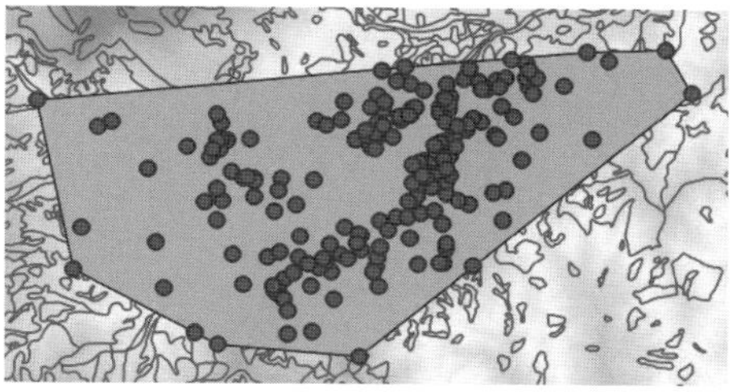

図 3-2-8 ニホンザルの位置データ（点）をもとに推定した最外郭法による行動圏
（線：植生ポリゴンのアウトライン、点：サルの位置）

行動圏内の植生タイプの割合計算

次に、得られた行動圏ポリゴンを使い、植生図を切り取り、行動圏内の各植生タイプの面積を求めます。そのために、前のステップで作成した「c_range」と「vege_32654」がレイヤリストにあることを確認してください。そのうえで、以下の手順で植生図を行動圏ポリゴンで切り取ってください（図 3-2-9）。

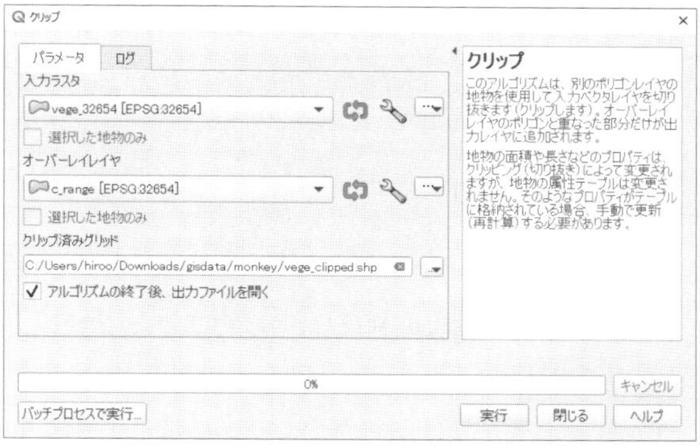

図 3-2-9 空間演算ツールのクリップによる植生図の切り抜き
（※「入力ラスタ」は、「入力レイヤ」の間違い）

1. 「ベクタ」メニューから「空間演算ツール」の「クリップ」を選択。
2. 「クリップ」ウィンドウで以下のように設定し、コマンドを実行。
   a. 入力レイヤ（入力ラスタとなっていますが、正しくは入力レイヤです）: vege_32654
   b. 選択地物のみを利用する：非選択
   c. オーバーレイレイヤ：c_range
   d. 選択地物のみを利用する：非選択
   e. 出力レイヤ（クリップ済みグリッド）：ブラウズボタンをクリックし、保存先を指定したうえで、vege_clipped.shp を出力名として指定

「実行」をクリックしてコマンドを実行すると、行動圏ポリゴンで切り抜かれた植生ポリゴンが作成されます（図 3-2-10）。

図 3-2-10 行動圏ポリゴンで切り抜いた植生図とサルの利用

切り抜かれた各植生ポリゴンの面積などを求める

次に、行動圏によって切り抜かれた植生ポリゴンの植生タイプごとの面積合計、ポリゴン数、最大ポリゴンの面積を求めます。このような面積の集計に便利なのが、第 2 部第 2 章でも紹介した Group Stats プラグインです。このプラグインは、Microsoft 社の Excel のようなスプレッドシートソフトのピボットテーブル集計機能を提供し、ポリゴンの面積や外周長も計算することができます。以下の手順に従って「Group Stats」プラグインをインストールします。

1. 「プラグイン」メニューから「プラグインの管理とインストール」を選択。
2. 「検索」に、「Group Stats」と入力し、該当プラグインを選択したうえで、「プラグインをインストール」ボタンをクリック。

以上で「Group Stats」プラグインがインストールされるので、プラグインツールバーに「Group Stats」のアイコンが追加されたことを確認してください（図 3-2-11）。

図 3-2-11 Group Stats プラグインのアイコン

各ポリゴンの面積集計は、インストールしたばかりの「Group Stats」プラグインを呼び出し、以下の手順で行います。

1. 「Layers」ドロップダウンリストから、「vege_clipped」を選択。
2. 「Fields」欄にリストされる属性名と関数を選び、それぞれ以下のように「Columns」、「Rows」、「Value」欄にドラッグする。
   a. 「Columns」欄：max、sum、count
   b. 「Rows」欄：HANREI_N
   c. 「Value」欄：Area
3. 「Calculate」ボタンをクリックする。

すべて設定が正しければ、図 3-2-12 のように植生タイプごとのポリゴンの個数及び面積が計算されます。Group Stats プラグインの集計結果テーブルでは、各列のタイトルをクリックするとデータの並べ替えができるので、例えば図 3-2-12 では「sum」の収められている第 4 列の「4」をクリックすると、面積合計の大きい順、または小さい順にデータを並べ替えられます。この例では、行動圏内で最大の面積を占める植生タイプは「スギ・ヒノキ・サワラ植林」(6.09456e+06 m^2) で、ポリゴン数が一番多いのは「フクオウソウ - ミズナラ群集」(47 ポリゴン) です。

表 3-2-1 ニホンザル C 群の行動圏内の植生タイプ面積

植生タイプ	面積合計 (km^2)
スギ・ヒノキ・サワラ植林	6.09
フクオウソウ - ミズナラ群集	3.91
アブラツツジ - イヌブナ群集	0.87
市街地	0.81
工場地帯	0.43

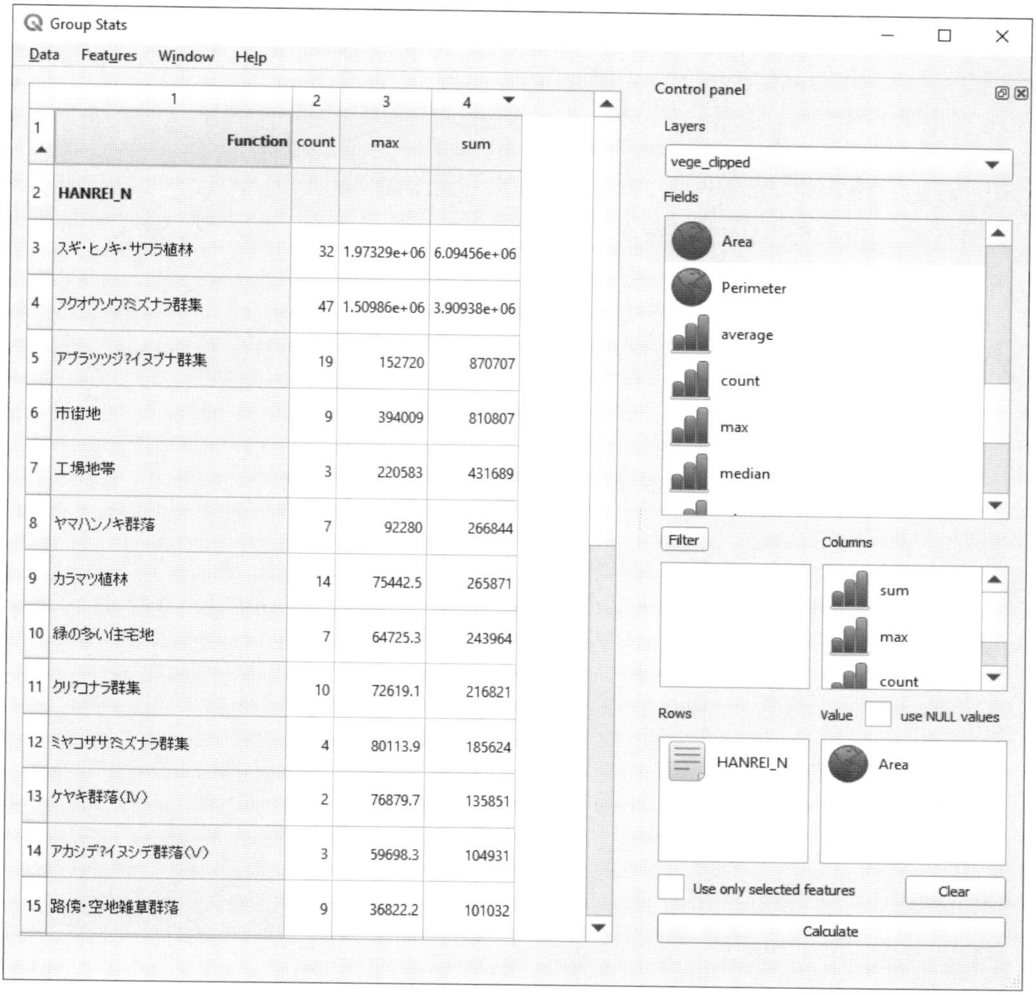

図 3-2-12 Group Stats プラグイン

実際にサルのいた地点の植生タイプの頻度分布

次に行動圏内の植生タイプの割合と、実際サルが利用していた植生タイプの割合を比較するため、サルの位置（点）にある植生の頻度を求めます。そのために、サルの位置（点）をもとにその地点の植生タイプ属性を求めますが、属性値の空間結合という方法を用います。この方法は、2 つのベクタレイヤ間で、片方のレイヤの属性値を 2 つのレイヤの地物間の位置関係を使ってもう一方に移します。QGIS では、ベクタメニューの「場所で属性を結合する」がそれにあたります。この機能では、結合の結果は新しいシェープファイルとして作成されます。実際の作業は以下の手順で行います。

1. 「ベクタ」メニューの「データ管理ツール」から「属性の空間結合」を選択する。
   a. ベースレイヤ：monkey_32654_utf8
   b. 結合レイヤ：vege_32654
   c. ジオメトリの空間関係：交差する
   d. 結合のタイプ：最初に合致した地物の属性のみを取得（1 対 1 結合）

e. 結合対象がなかった地物を破棄：チェック

f. 出力レイヤ：ブラウズボタンをクリックし、保存先を指定したうえで、monkey_vege.shp を出力名として指定

g. その他のオプションはデフォルトのまま

実行結果は見かけ上、元々のサルの位置データと同じに見えますが、属性テーブルを見ると植生図の属性値が結合されています。そのうえで「Group Stats」プラグインを呼び出し、以下のように設定してサルの植生タイプの利用頻度を求めます。

1. 「Layers」ドロップダウンリストから「monkey_vege」を選択する。
2. 「Fields」欄にリストされる属性名と関数を選び、それぞれ以下のように「Rows」、「Value」欄にドラッグする。
   a. 「Rows」欄：HANREI_N
   b. 「Value」欄：dummy、count
3. 「Calculate」ボタンをクリックする。

フクオウソウ - ミズナラ群集の利用頻度が最も高く、行動圏内の面積が最も大きかったスギ・ヒノキ・サワラ植林は 2 番目の利用頻度、面積的には僅かであった市街地は 3 番目によく利用されていました（表 3-2-2）。

表 3-2-2 ニホンザル C 群の植生タイプ利用頻度

植生タイプ	利用頻度
フクオウソウ - ミズナラ群集	67
スギ・ヒノキ・サワラ植林	60
市街地	28
アブラツツジ - イヌブナ群集	20
工場地帯	9

◆サルの生息地地図作成

実習の仕上げとして、ニホンザル C 群の生息地地図をコンポーザを使って作成しました。地図を作成には、多くの手順を踏まなければならないため、一つ一つをここで解説することはできませんが、地図を作成するにあたり注意した項目を以下に列挙しました。

・地図を作る目的は、ニホンザル C 群の生息地とその利用の様子がわかるようなものにする。
・地図の塗り分けは、植生クラスをわかりやすく表示する。
・凡例、スケールバー、方位記号、タイトルなどの必要最低限の地図アイテムを加える。

◆まとめ

行動圏内と実際にサルが利用していた植生タイプの割合からは、対象とした群れは、植林地を避け、落葉広葉樹林をより利用する傾向があることが示されました。また、市街地は、行動圏内にわずかしかないにもかかわらず、比較的多くサルが利用している実態もつかめました。これらの数値に基づく情報だけではなく、作成した地図からは、サルが南向き斜面の落葉広葉樹林帯を主に利用し、標高の低いところにある市街地付近にも頻繁に出没していたことが視覚

栃木県日光に生息するニホンザルC群の行動圏と生息環境

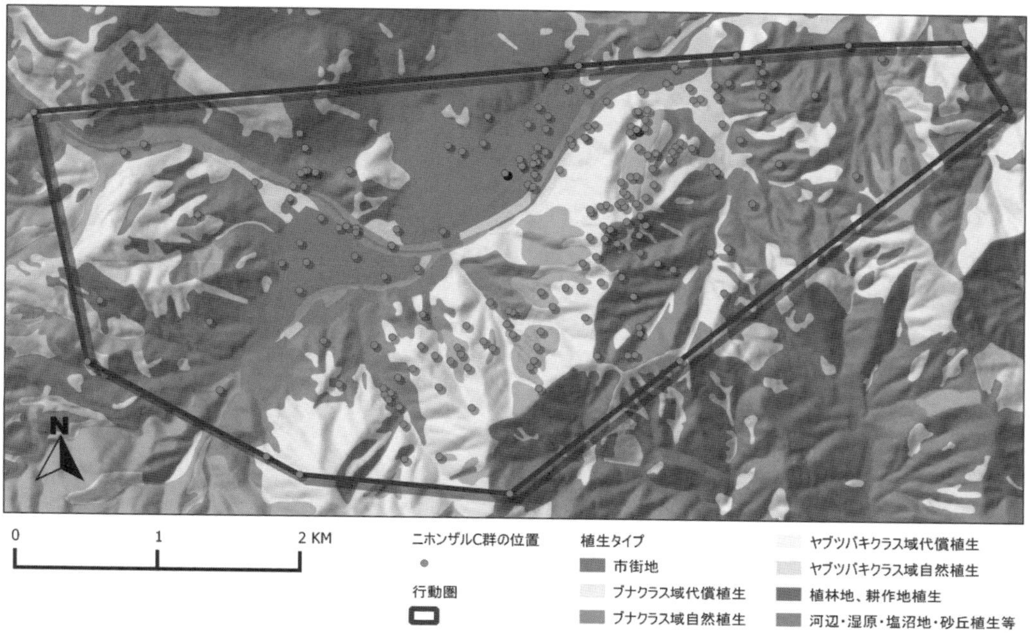

図 3-2-13　ニホンザル C 群の行動圏と生息環境を示す地図
植生は細かい区分ではなく大区分で表示し、サルが行動圏内に多く分布するスギ・ヒノキ・サワラ植林をあまり利用していないことがわかるようにし、逆に市街地周辺の利用が普通に見られることがわかるような色使いにした。

的に理解できます。今回の簡単な実習からだけでも、日光に生息するニホンザルの生態の一部がつかめます。これらは QGIS が提供する機能のほんの一部を使った簡単な解析です。

インターネット経由で提供される基本的な GIS データと自分で集めた位置情報に基づき、QGIS で様々な分析を始めることができることが今回の実習を通して実感できたのではないでしょうか。オープンデータと QGIS を利用すれば、これまで高額のソフトウェアがなければできなかったような解析や地図の作成ができるようになります。皆さんもぜひ手元にあるデータ、オープンデータ、そして QGIS を使って面白い解析をしてみてください。

第 3 章 新型コロナウイルス感染者数の変化を視覚化する

2020 年 1 月に世界保健機構が公式に新型コロナウイルス感染症の情報を公開してから、新型コロナウイルスはあっという間に世界中に広がり、私たちの日常生活を大きく変えてしまいました。日本においても 2021 年 8 月には「デルタ株」の感染拡大が止まらず、東京、埼玉、千葉、神奈川、大阪、沖縄では緊急事態宣言が出されました。このような状況下、世界各地で新型コロナウイルスの感染者数、ワクチン接種者数などを地図として視覚化する取り組みが行われています。

この実習では厚生労働省からオープンデータとして提供されている、新型コロナウイルス新規陽性者数の推移（日別）のデータを時系列アニメーションとして表示する方法を説明します。地理情報を時系列で動的に視覚化するには、データ自体を時系列データとして取り扱う必要があります。そのため、これまでの実習で学んだ静的な地図作成とは異なるデータの作り方と視覚化の方法を学びます。今回は新型コロナウイルスに関するデータを用いましたが、同じ手法は時系列で変化するあらゆるデータの視覚化に利用できます。

なおこの実習のアイデアを形にするために、Bird's Eye View GIS 社のブログの記事（https://www.birdseyeviewgis.com/blog/tag/COVID-19）を参考にしました。

◆データのダウンロード

この実習を行うためには、新型コロナウイルス新規陽性者数、都道府県境界のデータをダウンロードします。それぞれ以下のサイトからデータをダウンロードしてください。

・新型コロナウイルス新規陽性者数の推移（日別）
　ダウンロード先：https://www.mhlw.go.jp/stf/covid-19/open-data.html
・行政界 第 2.1 版ベクタ（2015 年公開）（シェープファイル）
　ダウンロード先：https://www.geospatial.jp/ckan/dataset/103

新規陽性者数のデータは CSV 形式、行政界データは ZIP 形式でダウンロードされるので、作業するフォルダにファイルを移動させ、ZIP 形式のファイルは解凍してください。以下のファイルが揃っていることを確認してください。

・新型コロナウイルス新規陽性者数の推移（日別）
　ファイル名：newly_confirmed_cases_daily.csv
・地球地図日本　行政界
　ファイル名：polbnda_jpn.dbf、polbnda_jpn.prj、polbnda_jpn.shp、polbnda_jpn.shx

ダウンロードした行政界 ZIP ファイルは解凍すると、polbnda_jpn.shp の他にもいくつかありますが、今回の実習ではポリゴンデータである polbnda_jpn.shp だけを使います。解凍したシェープファイルは QGIS に読み込んでみてください（図 3-3-1）。

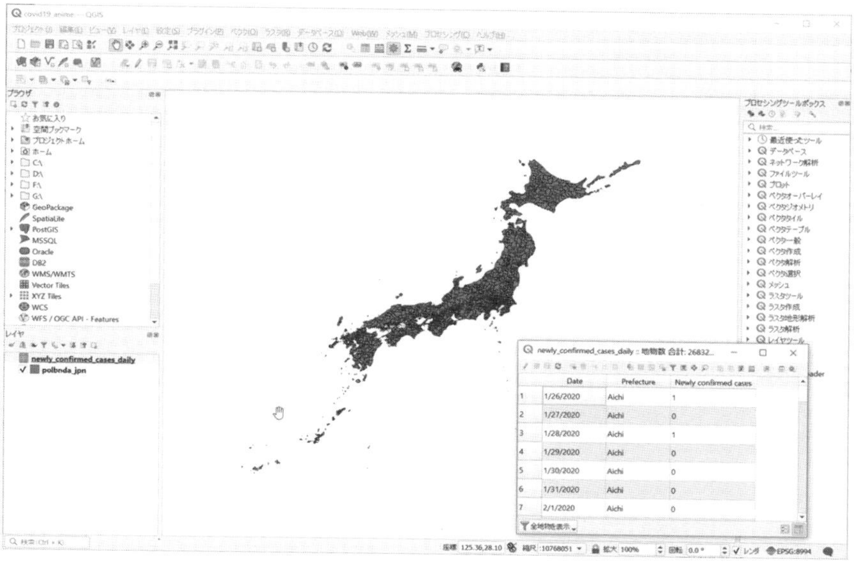

図 3-3-1　QGIS に読み込んだ行政界と新型コロナウイルス新規陽性者数

属性データの中身

ダウンロードした新型コロナウイルス新規陽者数のデータの中身を見ると、日付（Date）、陽性者数合計（ALL）に続き、陽性者数が県ごとにまとめられています。この表形式は、陽性者数を各県ごとに集計した後の集計されたデータ形式、いわゆるピボット集計されたデータです。時系列データとして取り扱うためには、ピボット解除またはメルト処理というデータの整然化の処理を行います。データの整然化は様々なソフトウェアで行えますが、今回は Microsoft 社の Excel を使います。

	A	B	C	D
1	Date	ALL	属性	値
2	1/16/2020	1	Hokkaido	0
3	1/16/2020	1	Aomori	0
4	1/16/2020	1	Iwate	0
5	1/16/2020	1	Miyagi	0
6	1/16/2020	1	Akita	0
7	1/16/2020	1	Yamagata	0
8	1/16/2020	1	Fukushima	0

図 3-3-2　新型コロナウイルス新規陽性者数の推移データ

まずダウンロードした CSV ファイルを Excel で開いてください。そのうえで「データ」の「データの取得と変換」から「テーブルまたは範囲から」を選択し、Power Query エディタを開きます。Power Query エディタで、Hokkaido 列から Okinawa 列までを選ぶため、Hokkaido と書かれている列名をクリックし、テーブルを右にスクロールし、Okinawa 列を表示させ、シフトキーを押した状態で Okinawa と書かれている列名をクリックし、県のデータをすべて選択します。そして「変換」メニューから「列のピボット解除－列のピボット解除」を選んでください。すると新しいワークシートに Date、ALL、属性、値、という 4 列のデータが作成されます。Date 列は、自動的に時間列を含むタイムスタンプになっているため、Date の左にあるアイコン（表と時計のマーク）をクリックをして日付タイプにデータタイプを変更してください。そのうえで「ホーム」の「閉じて読み込む」ボタンをクリックすると目的のデータが作成されます(図 3-3-2)。今回は Excel が利用できない方のために、変換後のデータをダウンロードできるようにしました（https://github.com/imakihi/qgis_book/raw/main/newly_confirmed_cases_daily.zip）。

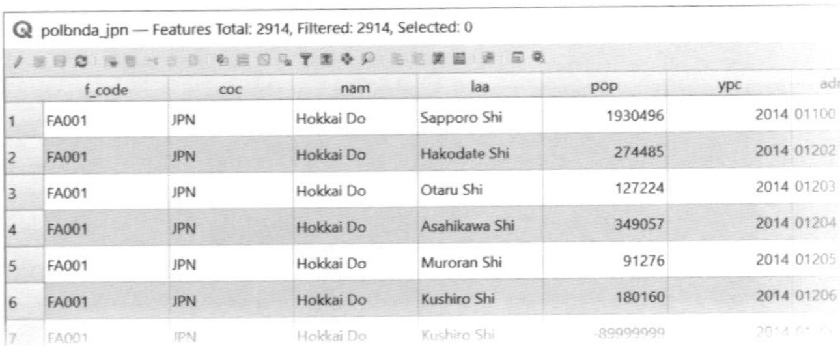

polbnda_jpn — Features Total: 2914, Filtered: 2914, Selected: 0

	f_code	coc	nam	laa	pop	ypc	adm_
1	FA001	JPN	Hokkai Do	Sapporo Shi	1930496	2014	01100
2	FA001	JPN	Hokkai Do	Hakodate Shi	274485	2014	01202
3	FA001	JPN	Hokkai Do	Otaru Shi	127224	2014	01203
4	FA001	JPN	Hokkai Do	Asahikawa Shi	349057	2014	01204
5	FA001	JPN	Hokkai Do	Muroran Shi	91276	2014	01205
6	FA001	JPN	Hokkai Do	Kushiro Shi	180160	2014	01206
7	FA001	JPN	Hokkai Do	Kushiro Shi	-89999999	2014	[illegible]

図 3-3-3　行政界ポリゴンの属性テーブル

一方、行政界データを QGIS に読み込んで属性テーブルを見てみると、都道府県名が、「nam」列にローマ字で格納され、都道府県の名前だけではなく、Aichi Ken や Hokkai Do のようにその後に都道府県の表記がローマ字で続いています（図 3-3-3)。

データの前処理

2020 年 1 月から 2021 年 8 月までの毎日のデータをアニメーションとして表示するには、日ごと都道府県ごとのデータ（新規陽性者数の推移）に、各都道府県のポリゴン（ジオメトリ）を紐づけ、1 日ごとにデータを時間軸に沿って表示させる必要があります。イメージとしては、図 3-3-4 のように、E 列にジオメトリ情報を格納するということになります。そのためには、新規陽性者数テーブルに対し、行政界テーブルを「結合」すれば良いのですが、いくつか克服しないといけない問題があります。

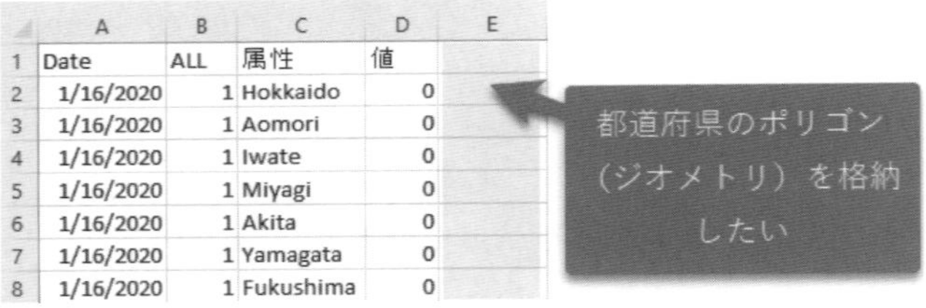

	A	B	C	D	E
1	Date	ALL	属性	値	
2	1/16/2020	1	Hokkaido	0	
3	1/16/2020	1	Aomori	0	
4	1/16/2020	1	Iwate	0	
5	1/16/2020	1	Miyagi	0	
6	1/16/2020	1	Akita	0	
7	1/16/2020	1	Yamagata	0	
8	1/16/2020	1	Fukushima	0	

都道府県のポリゴン
（ジオメトリ）を格納
したい

図 3-3-4　新型コロナウイルスの新規陽性者数の推移テーブルにジオメトリを格納するイメージ

- 行政界データが都道府県ではなく、市区町村別になっている。
- 新規陽性者数テーブルの属性列と行政界テーブルの nam 列に格納されている都道府県名表記が異なるため、そのままではテーブル結合ができない。
  例：Aomori - Aomori Ken, Hokkaido - Hokkai Do など
- QGIS のプロパティの設定から行えるテーブル間の結合では、1 対 1 の結合（各都道府県ポリゴンと陽性者数の結合が一度しか行われないので、合計 47 レコードにしかならない）しか行えない。今回の結合は、1 対多の結合（例えば愛知県の 1 月 26、27、28 日というそれぞれのレコードに対し、愛知県のポリゴンが対応付けされる）ができないといけない。

次にこれらの問題にそれぞれ対処します。

◆<u>都道府県ポリゴンの作成</u>

行政界データの県名列（nam）を使ってポリゴンを「融合」させます。「ベクタ」メニュー

から「空間演算ツール」を選び、さらに「融合(dissolve)」を選択し、表示された「融合 (dissleve)」ダイアログボックスで以下のように設定して、コマンドを実行してください(図 3-3-5)。

・入力レイヤ：polbnda_jpn
・基準となる属性：nam
・融合ポリゴンの出力：polbnda_jpn_dissolve.gpkg（Geopackage に保存を選択し、任意の保存先のディレクトリに結果を保存。レイヤ名は polbnda_jpn_dissolve と指定）

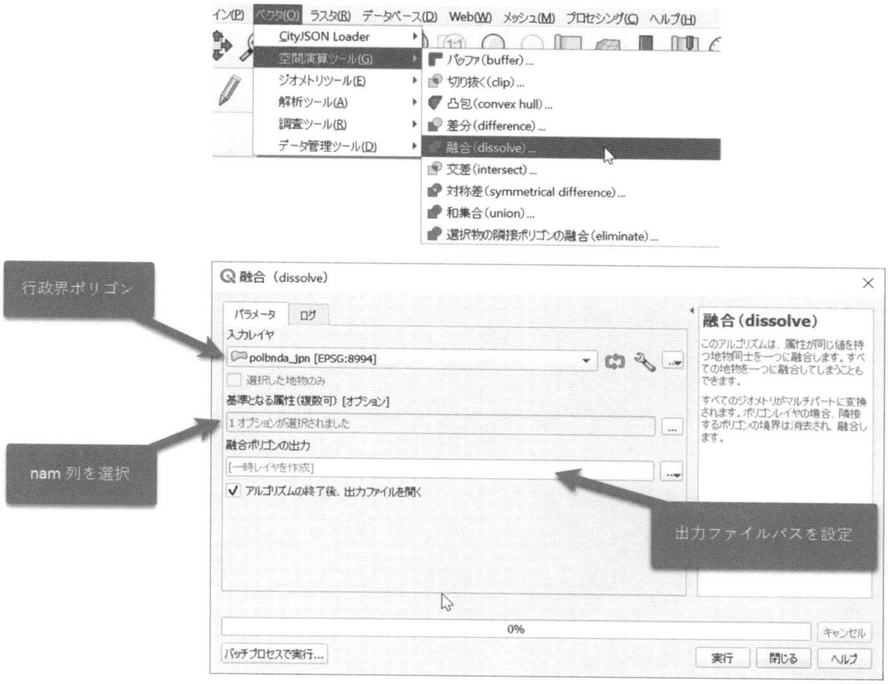

図 3-3-5　市区町村界から都道府県ポリゴンを生成するための融合

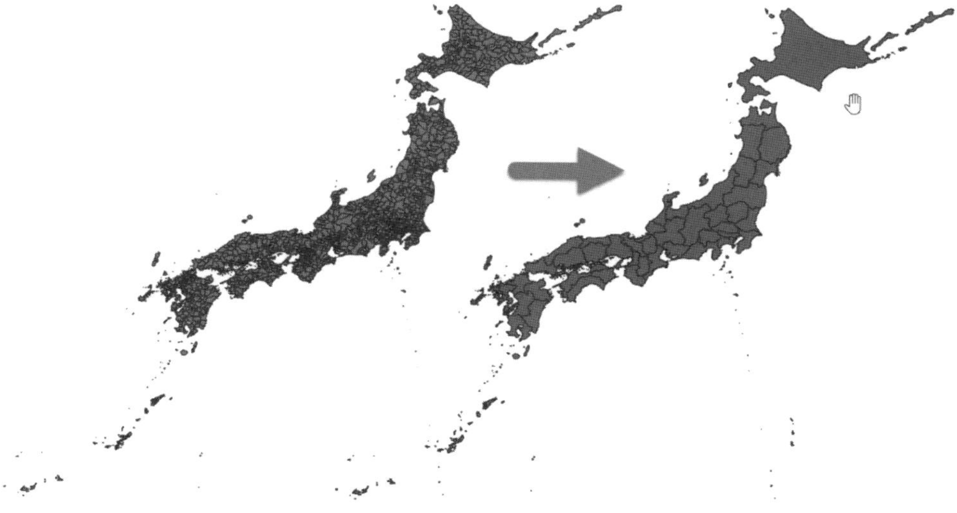

図 3-3-6　市区町村ポリゴン（左）を融合して作成した都道府県ポリゴン（右）

行政界テーブルの都道府県名フォーマットの変更

新規陽性者数と都道府県行政界の 2 つのテーブルを結合するためには、両テーブルに共通する都道府県名を同一表記にする必要があります。今回は、行政界の nam 列に格納されている都道府県名を、新規陽性者テーブルの都道府県名に合わせます。例えば、Aichi Ken を Aichi に変換します。そのためには属性テーブルのフィールド計算機を使い、文字列のスペースの部分で文字列を切り分け、最初の文字列だけを新しく作成する prefecture 列に格納するという操作を行います。行政界（polbnda_jpn）の属性テーブルを開き、次にフィールド計算機を開き、以下のように設定します（図 3-3-7）。

- 新しいフィールドを作る：✓
- 出力する属性（フィールド）の名前：prefecture
- フィールド型：テキスト（string）
- フィールド長：20
- 式：substr("nam", 0, strpos("nam", ' ')-1)

フィールド計算機を実行すると、属性テーブルに新しく prefecture 列が追加され、都道府県名が格納されています。

次に式フィールドに入力した式を説明します。この式は、substr（）という文字列から一部の文字列をスタートとエンドの位置を指定して取り出す関数と、strpos（）という指定した文字列が文字列のどの位置にあるのかを返す関数の組み合わせになっています。そのため全体としては、nam 列の文字（都道府県名）を見て、最初の文字（0）から、スペースの 1 つ手前までの文字を取り出すというコマンドになっています。結果が格納される prefecture 列を見ると、ほぼ思った通りなのですが、北海道だけは「Hokkai」と表記されてしまっています。そのため、「Hokkai」を「Hokkaido」に置き換えるため、次の操作を行います。

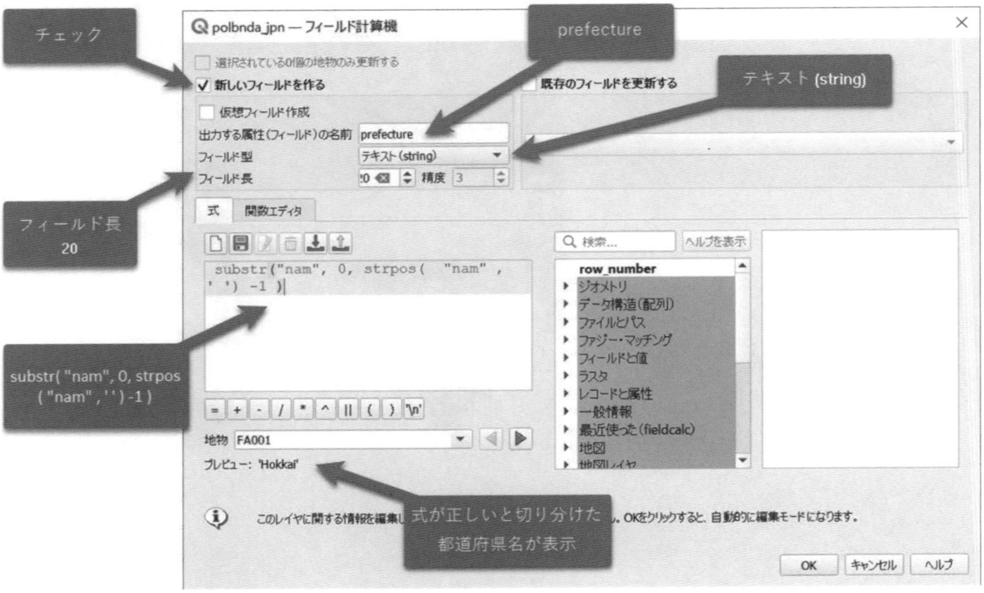

図 3-3-7 フィールド計算機を利用した都道府県名の操作と結果の格納

・属性テーブルのツールバーから鉛筆マークのアイコン（編集モード切替）をクリックし、レイヤの編集モードに入る。
・prefecture 列の「Hokkai」をダブルクリックし、「Hokkaido」と入力。
・編集モードを切り替え、変更を保存するか聞かれるので「保存」をクリックし、変更結果を保存する。

以上で行政界を新規陽性者数テーブルに紐づけする準備ができました。

新規陽性者数テーブルへの行政界の結合

テーブル間の結合は、通常レイヤの「プロパティ」設定内の「テーブル結合」を利用して行います。ただしこの結合はテーブル間の 1 対 1 結合しか行えないため、今回はプロセッシングツール内にある「属性テーブルで結合（table join)」を利用します。このツールを利用すると、結合タイプとして「マッチした地物ごとに地物を作成（1 対多結合)」を選択することができます。

また、このツールを使うもう 1 つの利点として、CSV データのようなジオメトリを持たないテーブルに対し、ジオメトリを持つテーブルを結合すると、ジオメトリも同時に紐づけできるという点が挙げられます。一方、プロパティ設定の「テーブル結合」を利用すると、ジオメトリ抜きの属性だけがテーブルに結合されてしまいます。

以下の手順で、「属性テーブルで結合（table join)」を設定してください。

1. プロセッシングツールボックスの検索で「属性テーブルで結合」のキーワードでツールを探して開く。

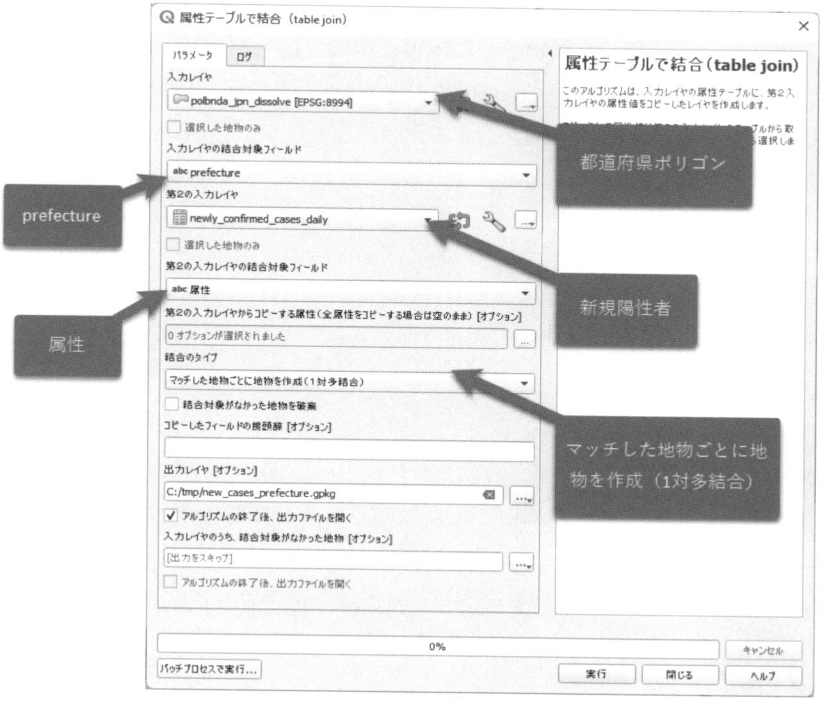

図 3-3-8 新規陽性者数と都道府県ポリゴンを結合するための「属性テーブルで結合」ツールの設定

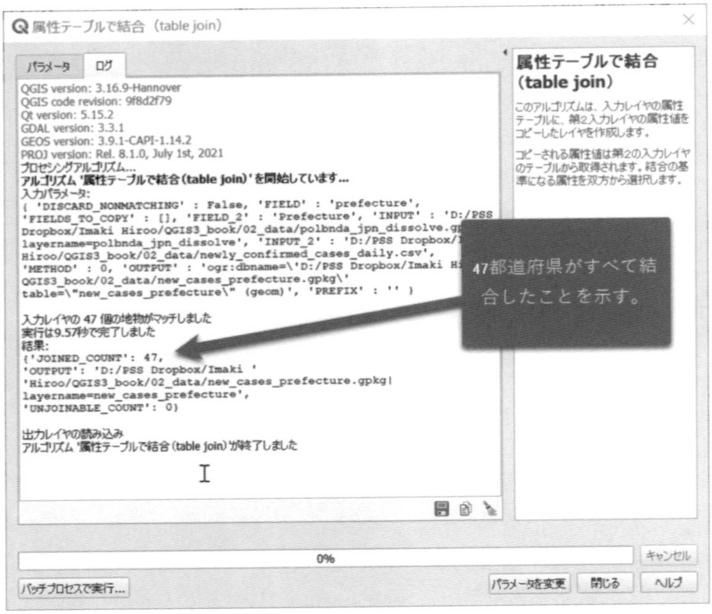
属性テーブルで結合（table join）
パラメータ
ログ
QGIS version: 3.16.9-Hannover
QGIS code revision: 9f8d2f79
Qt version: 5.15.2
GDAL version: 3.3.1
GEOS version: 3.9.1-CAPI-1.14.2
PROJ version: Rel. 8.1.0, July 1st, 2021
プロセシングアルゴリズム...
アルゴリズム '属性テーブルで結合(table join)' を開始しています...
入力パラメータ:
{ 'DISCARD_NONMATCHING' : False, 'FIELD' : 'prefecture', 'FIELDS_TO_COPY' : [], 'FIELD_2' : 'Prefecture', 'INPUT' : 'D:/PSS Dropbox/Imaki Hiroo/QGIS3_book/02_data/polbnda_jpn_dissolve.gp
layername=polbnda_jpn_dissolve', 'INPUT_2' : 'D:/PSS Dropbox/I
Hiroo/QGIS3_book/02_data/newly_confirmed_cases_daily.csv', 'METHOD' : 0, 'OUTPUT' : 'ogr:dbname=\'D:/PSS Dropbox/Imaki Hi
QGIS3_book/02_data/new_cases_prefecture.gpkg\' table=\"new_cases_prefecture\" (geom)', 'PREFIX' : '' }
入力レイヤの 47 個の地物がマッチしました
実行は9.57秒で完了しました
結果:
{'JOINED_COUNT': 47,
'OUTPUT': 'D:/PSS Dropbox/Imaki '
'Hiroo/QGIS3_book/02_data/new_cases_prefecture.gpkg|
layername=new_cases_prefecture',
'UNJOINABLE_COUNT': 0}
出力レイヤの読み込み
アルゴリズム '属性テーブルで結合(table join)' が終了しました
属性テーブルで結合（table join）
このアルゴリズムは、入力レイヤの属性テーブルに、第2入力レイヤの属性値をコピーしたレイヤを作成します。
コピーされる属性値は第2の入力レイヤのテーブルから取得されます。結合の基準になる属性を双方から選択します。
47都道府県がすべて結合したことを示す。
0%
キャンセル
バッチプロセスで実行...
パラメータを変更
閉じる
ヘルプ

図 3-3-9 テーブル結合完了後にあらわれるメッセージ

2. ダイアログで以下のように設定する（図 3-3-8）。
   - 入力レイヤ：polbnda_jpn_dissolve
   - 入力レイヤの結合対象フィールド：prefecture
   - 第 2 の入力レイヤ：newly_confirmed_cases_daily
   - 第 2 入力レイヤの結合対象フィールド：属性
   - 結合タイプ：マッチした地物ごとに地物を作成（1 対多結合）
   - 出力レイヤ：new_cases_prefecture.gpkg（GeoPackage に保存を選択し、任意の保存先のディレクトリに結果を保存。レイヤ名は new_cases_prefecture と指定）

実際に結合のプロセスが始まると、多くの行に結合が行われるため、完了まで少し時間がかかります。結合プロセスが完了すると、図 3-3-9 のように「入力レイヤ 47 個の地物がマッチしました」というメッセージが表示されます。このメッセージは、すべての 47 都道府県で結合が上手く行われたことを示します。

データ型変更

QGIS で時系列データをアニメーション表示するには、属性テーブルに日付や時間を格納する列があり、その列のデータタイプが時刻や日付など、時間をあらわすためのデータタイプになっている必要があります。現在のところ、新しく生成したレイヤの「Date」列は、日付をあらわしているように見えますが、データの型は「テキスト」型のままです。そこでフィールド計算機の機能を使って、新しい列を追加し、日付データ型で日付を格納します。

1. 先ほど作成した、new_cases_prefecture の属性テーブルを開き、フィールド計算機ダイアログを開く。
2. ダイアログを以下のように設定する（図 3-3-10）。

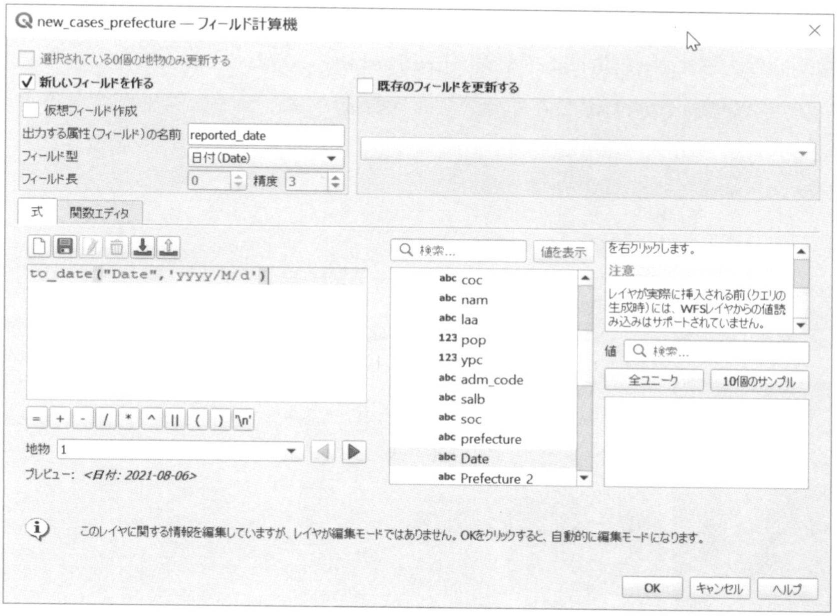

図 3-3-10 フィールド計算機による日付データのデータ型変換
式が正しいと、プレビューに結果が表示される

- 新しいフィールドを作る：✓
- 出力する属性（フィールド）の名前：reported_date
- フィールド型：日付（Date）
- 式：to_date("Date",'yyyy/M/d')

また、新規陽性者数は属性テーブル内ではテキストとして格納されているので、新しい列に数値として格納しなおしておきます。

1. new_case_prefecture の属性テーブルでフィールド計算機を開く。
2. フィールド計算機を以下のように設定して実行。
   - 新しいフィールドを作る：✓
   - 出力する属性（フィールド）の名前：reported_cases
   - フィールド型：整数値（integer）
   - 式："値"

以上でコロナウイルス新規陽性者数の日変化をアニメーション表示するための準備ができました。

アニメーション表示の準備

バージョン 3.14 以降の QGIS では、「時系列コントローラー」という機能がデフォルトで利用でき、時系列データをアニメーション表示できます。すでにデータの準備はできているので、早速アニメーション表示してみます。まずは新規陽性者数（reported_cases）で、都道府県を塗り分けます。

1. New_case_prefecture レイヤの「プロパティ」ダイアログボックスを開く。

2. 「シンボロジ」タブを開き設定（図 3-3-11）。
   - 塗り分け方法：連続値による定義（graduated）
   - カラーランプ：Spectral（カラーランプを反転させ、小さい値が青くなるようにする）
   - モード：自然分類（Jenks）
   - クラス：5

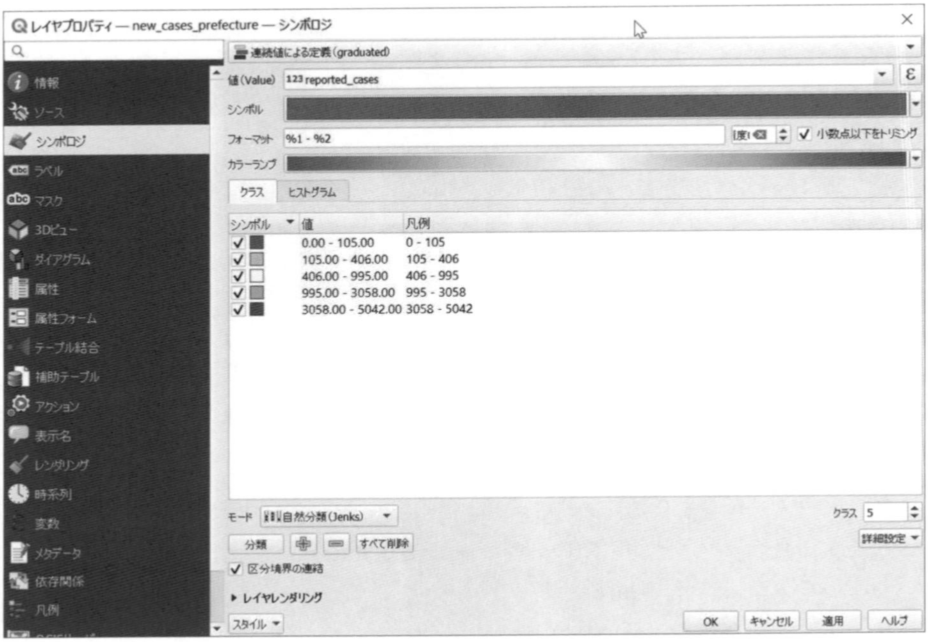

図 3-3-11 新規陽性者数レイヤの陽性者数による塗分けの設定

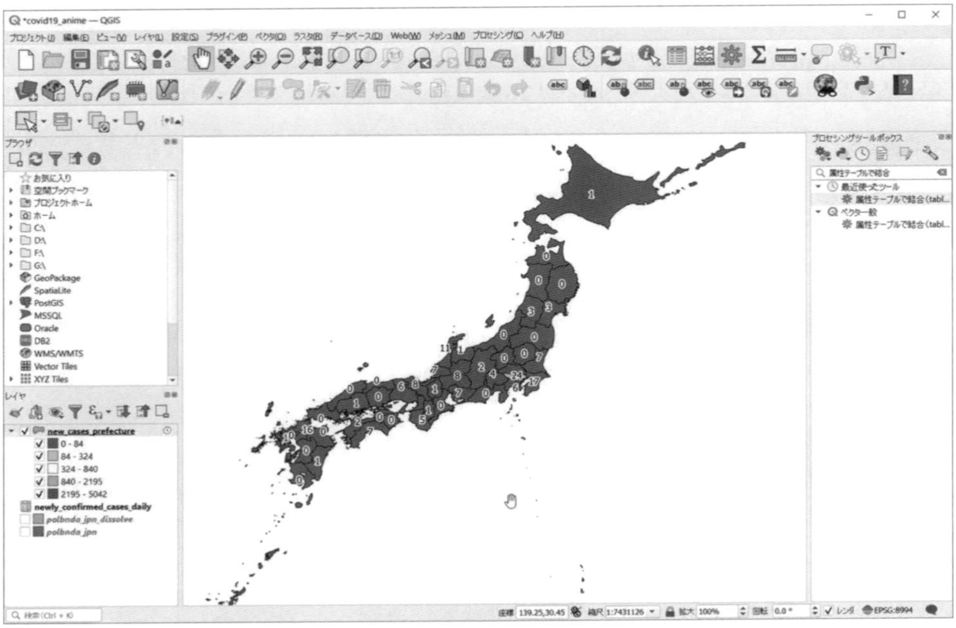

図 3-3-12 新規陽性者数で塗り分け、ラベルを表示させた状態

以上の設定が終わったら、「分類」ボタンをクリックして、塗り分けのクラスを確定させます。

5 つの塗り分けクラスが表示されたら、「OK」をクリックして、地図上で塗り分けを確認します（図 3-3-12）。正しく塗り分けされていれば、すべての都道府県がほぼ青 1 色で塗られることになります。これは、データの統計を取り始めた最初の方では、ほぼ陽性者がいなかったためです。

また、各都道府県の陽性者数を数字で表示するため（図 3-3-12）、ラベル設定で以下のように設定してください。

プロパティ設定の「ラベル」タブを開く。

- ・ラベルのタイプ：単一定義（single）
- ・値（Value）：reported_cases
- ・バッファ：テキストバッファの描画をチェック

ここまでの設定が上手くいくと、図 3-3-12 のように、塗り分けされた都道府県内に、白いバッファが付いた新規陽性者数が表示されます。

次に、時系列表示するための設定を行います。プロパティ設定ダイアログを開き、以下のように設定してください。

「時系列」タブを開き設定（図 3-3-13）。

- ・時系列：チェックマークを入れる
- ・設定：Date/Time 型の単一フィールド
- ・フィールド：reported_date
- ・継続時間：1 日（days）

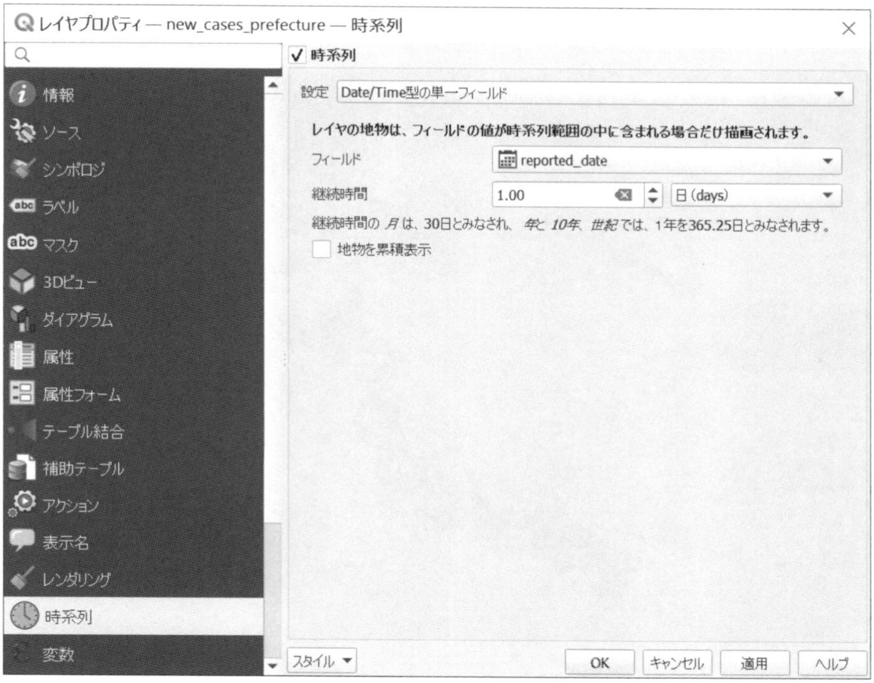

図 3-3-13 レイヤの時系列設定

レイヤの時系列設定の「継続時間」は、対象地物の表示期間の長さの設定なので、今回は 1 日ごとのデータで、次の日になったらデータを継続する必要がないので 1 日とします。

アニメーションの表示

設定が終わったら最後に「時系列コントローラーパネル」を表示させます。ツールバーの余白部分でマウスの右クリックをして、コンテクストメニューから「時系列コントローラーパネル」を選択して表示させます（図 3-3-14）。時系列コントローラーでは、アニメーション表示の期間、ステップ、再生の操作、アニメーション表示の速さなどを設定できます。ステップを 1 日に設定し、小さな下向き三角のアイコンをクリックして「単一レイヤ範囲に設定」を選び、さらに対象となる new_cases_prefecture を選択すると、データの日付の最大と最小値が「範囲」に設定されます。以上ですべての設定が終わったので、再生ボタンを押してアニメーションを再生したり、マニュアルでスライダーを動かし、特定の日付の新規陽性者数を表示させたり、特定の地域にズームしてみたりして新型コロナウイルス新規陽性者数の時系列変化を見てみてください。もしアニメーションの表示が遅い場合は、表示期間を短くしてみてください。

本章ではオープンデータとして入手できる、新型コロナウイルス新規陽性者数のデータを使い、単純な時系列アニメーションを表示させてみました。QGIS で時系列データを表示させるには、今回の実習と同様の処理を行うことで、どのようなデータでも視覚化できます。また、この実習を形にするために参照した、https://www.birdseyeviewgis.com/ の記事を読むと、地図に凡例を追加したり、タイトルを表示させたり、日付ラベルも時系列変化させたりするテクニックが詳しく紹介されています。皆さんもぜひ手元にある時系列データなどを、QGIS を使って表示させてみてください。

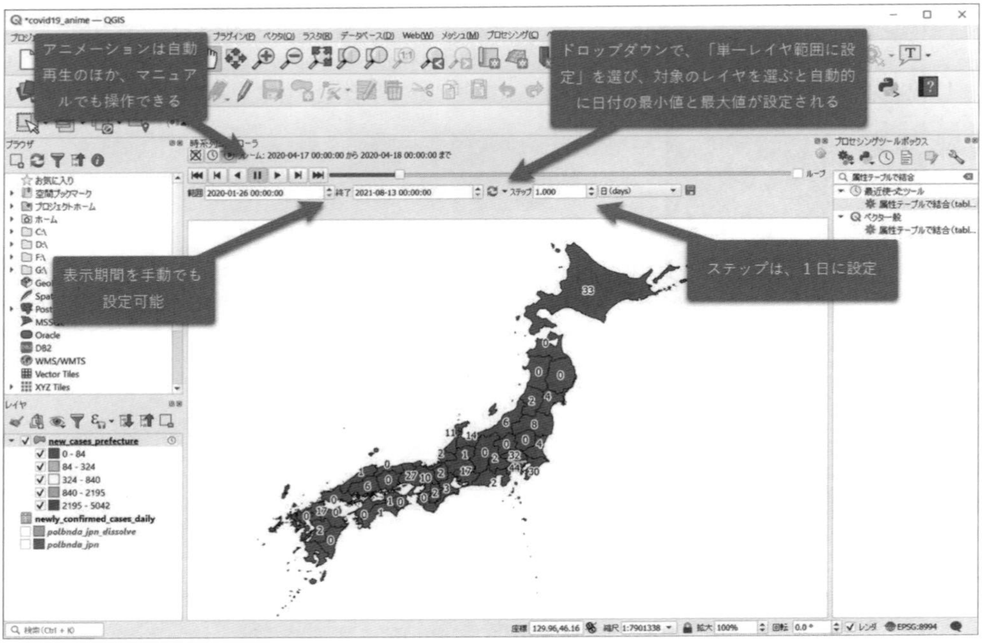
アニメーションは自動再生のほか、マニュアルでも操作できる
ドロップダウンで、「単一レイヤ範囲に設定」を選び、対象のレイヤを選ぶと自動的に日付の最小値と最大値が設定される
表示期間を手動でも設定可能
ステップは、1 日に設定

図 3-3-14　時系列コントローラパネルと設定

第 4 章　地図アプリを用いた屋外での活用とデータ収集

QGIS は屋内で空間データを解析するためのソフトウェアですが、自分で作成した地図をスマートフォンに入れて屋外に持ち出して活用できると、QGIS の活用の幅が大きく広がります。登山計画、野外調査計画、森林作業、道路維持管理、旅行計画など、屋外で地図を利用するシーンは多くあります。QGIS で作成した地図と GPS などの GNSS（Global Navigation Satellite System）の信号による位置測位を組み合わせれば、誰でも簡単に屋外情報の収集ができるようになります。屋外で収集した位置情報を QGIS にインポートして解析することができるようにもなります。

QGIS の最新版では、作成した地図を手軽に持ち歩くことが可能な、Geospatial PDF 形式を広くカバーしています。Geospatial PDF を利用すれば、地図を通常の PDF のように配布したり見たりするだけではなく、Geospatial PDF に対応した地図アプリケーションを利用すれば、地図上で自分の位置を示しながらナビゲーションや情報の収集ができるようになります。

この実習では、カナダの Avenza Systems 社が開発する Avenza Maps（https://avenzamaps.jp/）を利用します。Avenza Maps は個人的な目的に限れば、無償で活用できるスマートフォンやタブレット用の屋外地図アプリです。Geospatial PDF だけでなく、GeoTIFF 形式のラスタデータもインポートして利用することができます。iOS、Android の両方で利用できるだけでなく、アプリ内のマップストアからは日本全国の地形図が無償でダウンロードできます。Avenza Maps 上で収集したデータは、QGIS にインポートすることもできます。

◆ Geospatial PDF 形式の地図の作成と出力

この実習では、自宅周辺のマンホールの種類を調査します。そのために、まず自宅周辺の地図を作成し、Geospatial PDF 形式で出力します。自宅周辺の地図の作成には、国土地理院の地理院タイルサービス（https://maps.gsi.go.jp/development/ichiran.html）を利用します。そのために以下の手順で最新の航空写真が見られるようにしてください。

1. ブラウザの「XYZ Tiles」でマウスの右クリックをして「新規接続」を選び、「XYZ 接続」ダイアログを表示させる（図 3-4-1）。
2. 地理院タイル一覧のページへ行き、スクロールして「写真」の「全国最新写真（シームレス）」タイルの URL をコピーする。
3. XYZ 接続ダイアログに戻り、コピーした URL を「URL」欄に貼り付け、名前に「全国最新写真（シームレス）」と入力する。
4. 「OK」を押して設定を完了する。

設定が完了したら早速全国最新写真のタイルを読み込むため、ブラウザで作成した接続をダブルクリックしてください。おそらく最初は世界地図が表示されるので、自宅付近まで拡大表示してください。写真では位置の特定が難しい場合は、デフォルトで設定されている

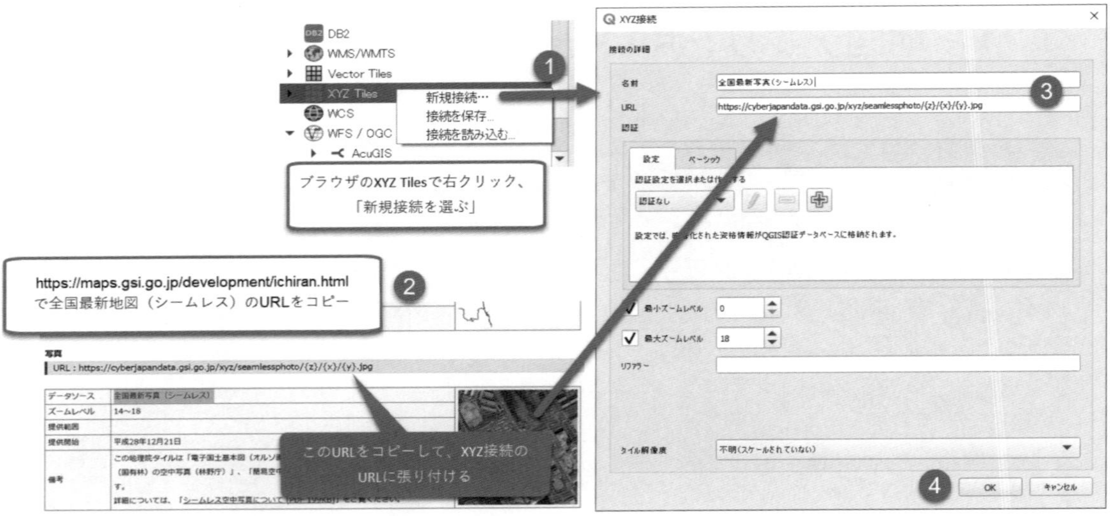

図 3-4-1　地理院タイルの読み込みの設定

「OpenStreetMap」も読み込み、地図のラベルなどを頼りに自宅付近を拡大してください。

次に調査するルートを設定するため、地図上に線を引きます。今回は「スクラッチレイヤ」という一時レイヤを作成します。スクラッチレイヤは、プロジェクトを終了すると消えてしまうレイヤですが、お絵かき感覚でレイヤを作成するのに便利です。必要があれば「保存」することもできます。

レイヤメニューの「レイヤを作成」から「新しい一時スクラッチレイヤ」を選んでダイアログを表示させ、以下のように設定してください。

- レイヤ名：調査ルート
- ジオメトリタイプ：ラインストリング
- 座標参照系：プロジェクトの CRS または EPSG:3857

必要最低限の設定が終わったら、その他の欄はそのままにして「OK」ボタンを押してください。レイヤリストに「調査ルート」というレイヤが追加されます。調査ルートレイヤはデフォルトで編集モードになっているので、次に「線の地物を追加」アイコンをクリックして、地図上に線を描けるようにします（図 3-4-3）。

地図上に実際に線を描くには、マウスの左クリックでスタート地点に始点を落とした後、交差点などルートの方向が変わる場所で左クリックし、線を終了したい地点で一旦左クリックした後右クリックして描画を終了し

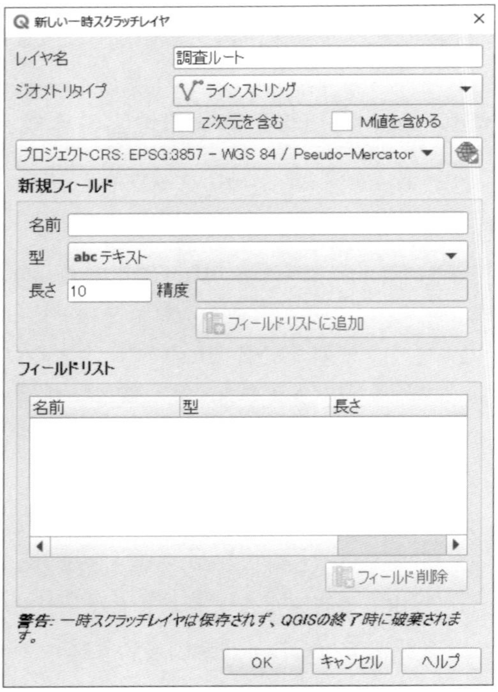

図 3-4-2　一時スクラッチレイヤの作成

ます。描画した線が思い通りに描けなかった場合は「元に戻す」ボタンをクリックするか、Windows ならば ctrl+z で直前の描画に戻すことができます。描画が終了したら、線を太くして、透過度を変更し、調査しやすい地図にします。

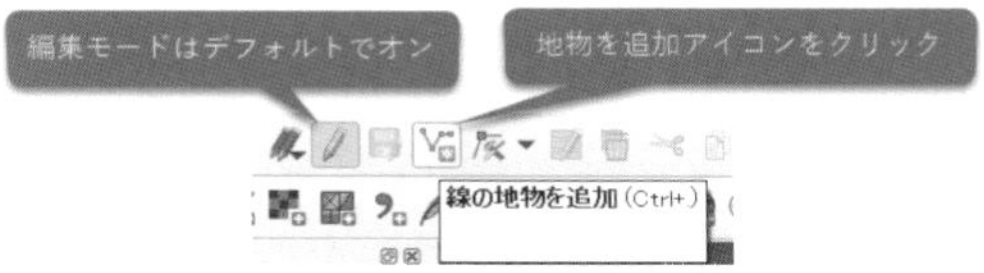

図 3-4-3　線の地物を追加ツール

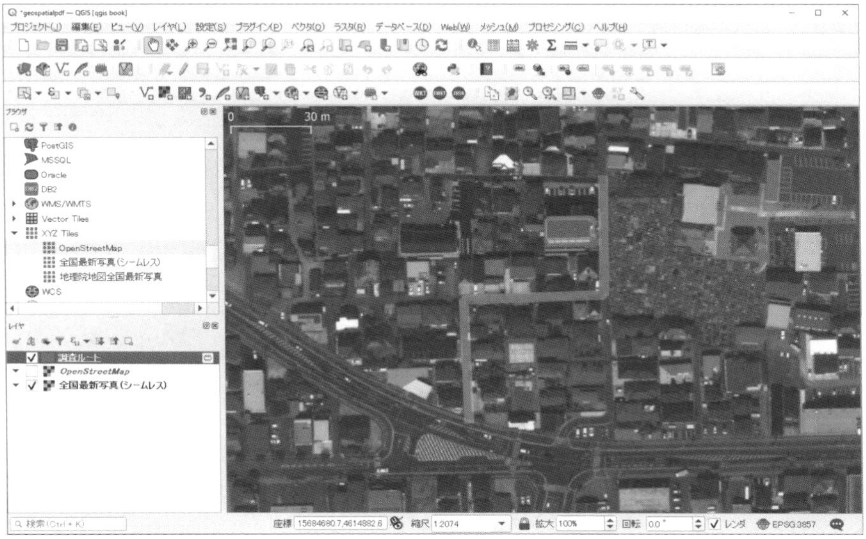

図 3-4-4　地理院地図上に調査ルートを描画

これで調査用の地図ができたので、地図を出力します。Geospatial PDF に出力する方法は 2 つあります。1 つは、プロジェクトメニューの「インポートとエクスポート」から「地図を PDF にエクスポート」を選択する方法で、もう 1 つは、レイアウトで本格的な地図を作成して PDF 形式でエクスポートする方法です。レイアウトを利用すれば、地図にタイトルを追加したり、スケールバーや注記など追加して出力できますが、今回は簡易調査地図なので、プロジェクトメニューから PDF を簡易エクスポートします。

インポートとエクスポートから行う地図の出力は、地図ビュー上に表示されている内容をそのまま画像として出力する機能です。地図ビューには地図装飾機能を使って、

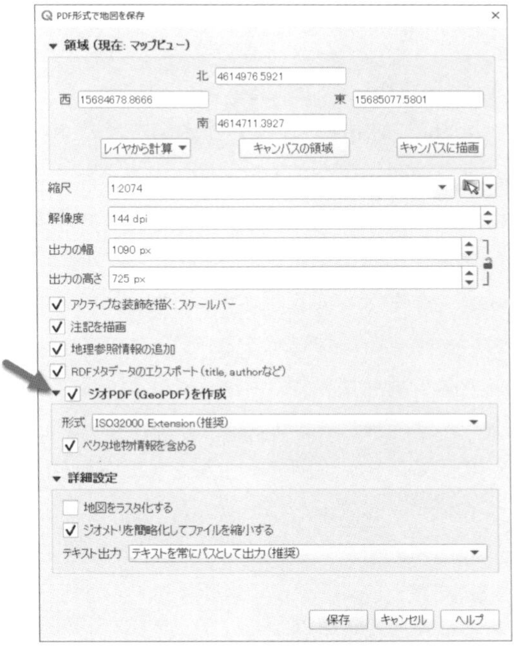

図 3-4-5　PDF 形式で地図を保存ダイアログでの設定

簡単なスケールバー、方位記号、グリッドなどを追加でき、本来ならそれらを含めた簡易出力ができるのですが、バージョン 3.16.1 では、地図装飾を含めた出力はできません。

「地図を PDF にエクスポート」を選択すると、「PDF 形式で地図保存」ダイアログが表示されるので、「ジオ PDF（GeoPDF）を作成」をチェックしてから「保存」ボタンをクリックします。次のダイアログでファイルの保存先を聞かれるので、ファイル名と保存先を指定し、Geospatial PDF を出力します。

ちなみに Geospatial PDF と GeoPDF はよく混同されますが、前者は OGC が認めたオープン規格であるのに対し、GeoPDF は TerraGo という会社が開発したファイルフォーマットです。作成した PDF ファイルは、GIS ソフトではない通常の PDF リーダーでも開けるので見てみてください。

◆ Avenza Maps のダウンロードと設定

Geospatial PDF で作成した地図を屋外で使うため、Avenza Maps をダウンロードします。Avenza Maps は個人的な利用（業務ではない旅行やハイキング、今回のような GIS の勉強目的）なら無償で利用できます。Android 端末なら Google Play、iOS 端末なら Apple Store のキーワード検索で Avenza Maps を探し、インストールしてください。

Avenza Maps のインストールが終わったら、アプリを開いてください。アプリの利用中 GPS を使用して良いか聞かれると思うので、許可してください。最初の「マイマップ」の画面では、インストール済みの地図がリストされますが、デフォルトでは「まずはここから」という世界地図だけが見られます。このデフォルトの地図を開いて見てください。おそらく世界地図の上に現在地が青い丸で表示されると思います。このデフォルトの地図の周りには Avenza Maps の使い方が記載されているのでぜひ読んでください。

Avenza Maps への地図のインポート

Avenza Maps へ作成した地図をインポートする方法はいくつかありますが、今回はメール経由で地図を送り、添付書類として送った地図を Avenza Maps にインポートします。その他、Dropbox や iCloud、FTP アプリなどを利用して地図ファイルをインポートすることもできます。

地図を作成したパソコンから、携帯端末で開けるメールアカウントに地図を添付書類としてメールを送信してください。iPhone などの iOS 端末では、受け取ったメールに添付された地図ファイルを長押しすると、デバイス内にファイルを保存することができます（図 3-4-6:①）。ファイルが保存できたら Avenza Maps に戻り、マイマップ画面で「+」アイコンをタップします(②)。遷移した「地図をインポート」画面で「ストレージロケーションから」をタップし(③)、先ほど保存した地図ファイルを探して地図をタップします（④）。これで地図は Avenza Maps にインポートされたので（⑤）、地図を開いてみてください（⑥）。

Android 端末でも同様に、受け取ったメールの添付ファイルをダウンロードしますが（図 3-4-7：①）、ダウンロードする際に「アプリで開く」というオプションが表示されます（②）。このオプションが表示されない時は、図 3-4-6：③からの流れと同様、一旦 PDF をダウンロードして「ダウンロード」フォルダにある PDF ファイルをインポートしてください。

図 3-4-6　iOS デバイスでの地図ファイルの受信と Avenza Maps へのインポート

図 3-4-7　Android デバイスでの地図ファイルの受信と Avenza Maps へのインポート

屋外での位置情報の収集

図 3-4-8　Avenza Maps による GPS などの GNSS を使った自位置の表示

Avenza Maps で地図を利用できる環境ができたので、実際に外に出てデータを収集してみます。作成した地図の範囲内で Avenza Maps を立ち上げ、作成した地図を開いた後に、画面左下にある GPS アイコン（iOS：方位記号、Android：ターゲット記号）をタップしてみてください。地図上で自分の位置が青い丸で表示され、自分の位置が地図の中心になります。ちなみに、GPS アイコンをもう一度タップすると、地図が常に北向きになるようになり、もう一度タップすると GPS 測位はされますが、自分の位置の地図中央表示が解除されます。

自分の位置が地図上で表示されることを確認したら、次は近くのマンホールまで移動して、GPS アイコンをタップして、マンホールの位置を地図上に表示させてください。そのうえで、画面下の地図マーカーアイコン（虫ピンアイコンで、横三本線がついていないもの）をタップし

図 3-4-9　地図マーカーの追加

て（図 3-4-9）、地図上にマーカーを追加します。地図マーカーアイコンをタップすると、「地図マーカーを追加」画面が表示されるので、とりあえず設定はそのままにして、画面右上の「送信」をタップして、地図上にピンが刺さっているのを確認してください。

刺さっているピンには、「地図マーカー 1」という名前とその横に「i」という情報アイコンが吹き出しとして表示されます（図 3-4-9：①）。この吹き出しが見えない時は、ピンをタップしてみてください。そのうえで、「i」アイコンをタップして、もう一度「地図マーカーを追加」画面を表示させ、タイトルに例えば「マンホール 1」と入力し（②）、「写真」のアイコンをタップして、マンホールの写真を追加します（③、④）。写真は 1 つのマーカーに対して複数追加できます。そのうえで画面右上の「閉じる」をタップすると、今度は地図マーカーに撮影した写真のサムネイルが表示されます(⑤)。この作業を繰り返し、マンホールの情報を集めます(⑥)。

収集したデータの QGIS へのインポートと解析

Avenza Maps は、集めた地図マーカーをエクスポートする機能があります。無償版では KML 形式をサポートしていますが、有償の Pro 版ですと Shapefile でもエクスポートできます。今回は、KML 形式でデータをエクスポートし、メールの添付書類として送信します。iOS デバイスでは、以下の手順でエクスポートしてください（図 3-4-10）。

1. 調査地図画面右下にあるレイヤアイコン（ピンマークに三本線）をタップ
2. 地図レイヤ画面で、一番右下のエクスポートアイコンをタップ
   a. ダウンロード対象は、レイヤに「アクティブ」というタグが付く
3. 次のダイアログで「他にエクスポート」をタップ
4. エクスポートの設定画面で、フォーマットが「KML」を選択
5. データとして「全フィーチャー」を選択
6. 画像サイズに適切なサイズ（デフォルトでは「小さい」）が選ばれていることを確認し、画面右上の「エクスポート」をタップ
7. エクスポート先にメールを選んでエクスポートを完了

Android デバイスでのエクスポートは、iOS とほぼ同じですが、一部ユーザーインターフェースが異なります（図 3-4-11）。

図 3-4-10　iOS デバイスでの収集した地図マーカーのエクスポート

図 3-4-11　Android デバイスでの取集した地図マーカーのエクスポート

1. 調査地図画面右下にあるレイヤアイコン（ピンマークに三本線）をタップ
2. 地図レイヤ画面で、右下のインポート・エクスポートアイコンをタップ
3. 展開したメニューで「フィーチャーのエクスポート」をタップ
4. エクスポートの設定画面で、フォーマットが「KML」を選択
5. データとして「全フィーチャー」を選択
6. 画像サイズに適切なサイズ（デフォルトでは「小さい」）が選ばれていることを確認し、画面右上の「エクスポート」をタップ
7. エクスポート先にメールを選んでエクスポートを完了

メール経由で受け取った KMZ ファイル（KML ファイルと関連する写真ファイルを ZIP 形式で圧縮したファイル形式）を作成しておいたプロジェクトにドラッグ＆ドロップすると Avenza Maps で取得したデータが QGIS 上に表示されます（図 3-4-12）。

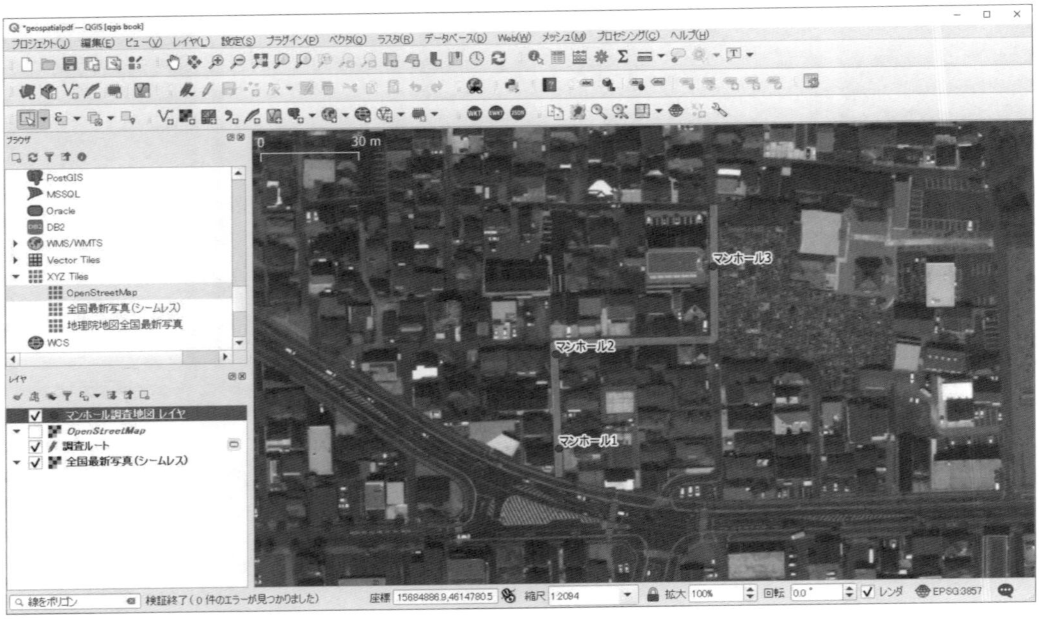

図 3-4-12　エクスポートした KMZ ファイルを QGIS にインポート

この実習では、QGIS をさらに実践的に活用するため、Avenza Maps を利用し、屋外で、自分で収集したデータを QGIS で利用するまでのステップを説明しました。今回は地理院地図を使った簡易な調査地図を作成しましたが、業務や調査で利用する地図を QGIS で作成すれば、独自の高度な調査用地図が作成できます。また、Avenza Maps を活用すれば、ポイントだけではなく、線やポリゴンでデータを作成したり、あらかじめ設定した調査フォームで屋外でのデータ入力を簡易化することができます。Avenza Maps の無償版では、独自の地図のインポートは 3 枚までですが、Pro 版を利用すればいくつでもインポートでき、さらに集めたデータをシェープファイルでエクスポートしたり、シェープファイルをインポートして利用できるようになります。その他屋外での地図利用に関する様々な機能が Avenza Maps にはありますので、興味のある方は Avenza Maps のサイト（https://avenzamaps.jp/）を見てみてください。

今回は、独自に地図を作成して屋外調査をしましたが、すでに Geospatial PDF や GeoTiff 形式の地図が配布されている場合もあります。例えば、長野県林業総合センターの戸田氏が開発した地形判読が可能な CS 立体図は G 空間情報センター（https://www.geospatial.jp）から無料で配布されています。また、Avenza Maps のマップストアからは、日本全国の地形図や株式会社武揚堂（https://www.avenzamaps.com/vendor/2028/buyodo-corp）などが作成した様々な主題図が無料でダウンロードできます。

屋外で集めたデータは、QGIS の様々な機能を使って解析や地図にしたり、さらに組織内の他の部署や知り合いと共有したりと、様々な活用ができます。皆さんもぜひご自身でデータを集めて、QGIS でデータ活用してみてください。

第4部

付録

◆ QGIS のインストール方法

Windows 編

2020 年 12 月時点で最新の QGIS 安定版のバージョンは 3.16.1 'Hannover' でした。Windows 版 QGIS のインストール方法には、スタンドアロンと高度なインストールができるオンラインインストーラー（OSGeo4W）があります。本書が想定している読者は、GIS を使い始めたばかりか、QGIS をはじめて使う方なので、ここではスタンドアロンのインストール方法を解説します。QGIS は頻繁にアップデートされますので、インストーラーのバージョンが本書の解説と異なることがありますが、インストール作業の流れは同じです。

スタンドアローン版を含むすべてのインストーラーは、QGIS のホームページ（http://qgis.org/ja/site/forusers/download.html）からダウンロードできます。まずは「QGIS スタンドアロンインストーラバージョン 3.16（64 ビット）」と書かれたリンクをクリックして、インストーラーをダウンロードしてください。

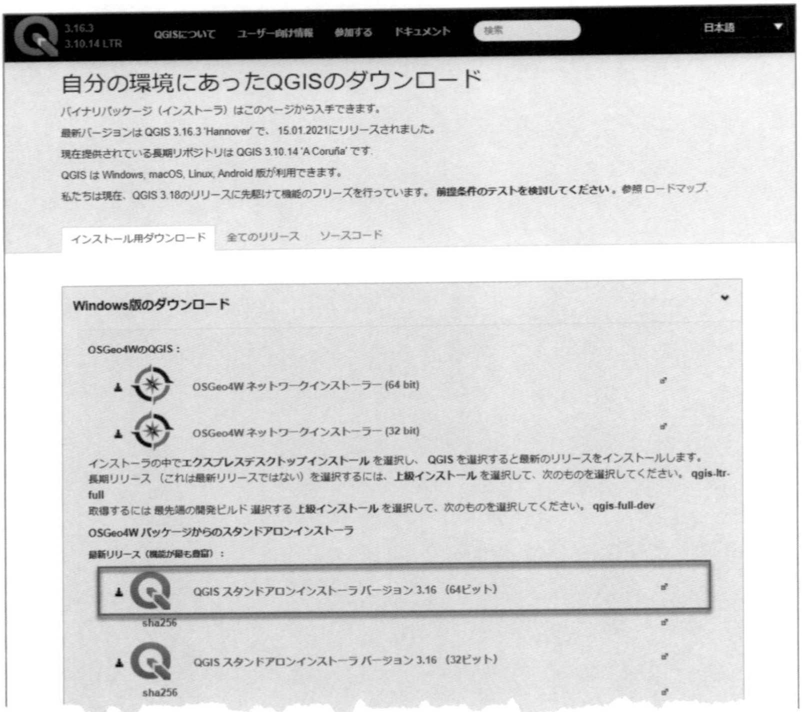
3.16.3
3.10.14 LTR
QGISについて
ユーザー向け情報
参加する
ドキュメント
検索
日本語
自分の環境にあったQGISのダウンロード
バイナリパッケージ（インストーラ）はこのページから入手できます。
最新バージョンは QGIS 3.16.3 'Hannover' で、15.01.2021にリリースされました。
現在提供されている長期リポジトリは QGIS 3.10.14 'A Coruña' です.
QGIS は Windows, macOS, Linux, Android 版が利用できます。
私たちは現在、QGIS 3.18のリリースに先駆けて機能のフリーズを行っています。前提条件のテストを検討してください。参照 ロードマップ.
インストール用ダウンロード
全てのリリース
ソースコード
Windows版のダウンロード
OSGeo4WのQGIS：
OSGeo4W ネットワークインストーラー (64 bit)
OSGeo4W ネットワークインストーラー (32 bit)
インストーラの中でエクスプレスデスクトップインストール を選択し、QGIS を選択すると最新のリリースをインストールします。
長期リリース（これは最新リリースではない）を選択するには、上級インストール を選択して、次のものを選択してください。qgis-ltr-full
取得するには 最先端の開発ビルド 選択する 上級インストール を選択して、次のものを選択してください。qgis-full-dev
OSGeo4W パッケージからのスタンドアロンインストーラ
QGIS スタンドアロンインストーラ バージョン 3.16（64ビット）
sha256
QGIS スタンドアロンインストーラ バージョン 3.16（32ビット）
sha256

インストーラーがダウンロードできたら、以下の手順で QGIS のインストールを実行してください。ちなみに現在ほとんどの方のパソコンは 64 ビットですが、32 ビットの CPU をお使いの方は、32 ビット版のインストーラーをダウンロードしてください。

1. ダウンロードしたインストーラー（QGIS-OSGeo4W-3.16.1-1-Setup-x86_64）をダブルクリックしてインストーラーを起動。
2. 「QGIS 3.16.1 'Hannover' セットアップウィザードへようこそ」というウィンドウが表示されるので、「次へ」をクリックしてインストール作業を開始。

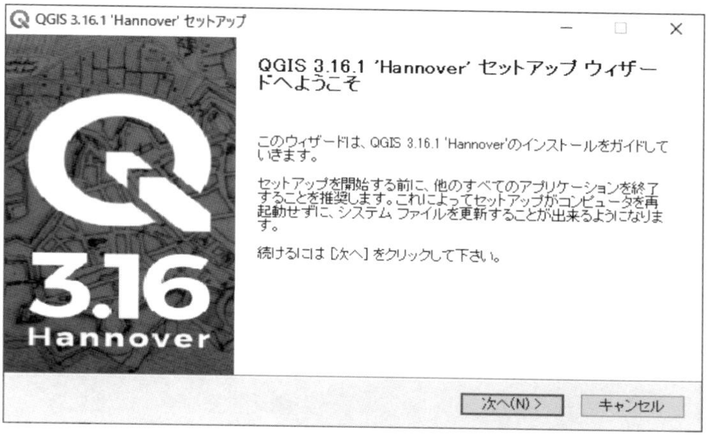
QGIS 3.16.1 'Hannover' セットアップ
QGIS 3.16.1 'Hannover' セットアップ ウィザードへようこそ
このウィザードは、QGIS 3.16.1 'Hannover'のインストールをガイドしていきます。
セットアップを開始する前に、他のすべてのアプリケーションを終了することを推奨します。これによってセットアップがコンピュータを再起動せずに、システム ファイルを更新することが出来るようになります。
続けるには [次へ] をクリックして下さい。
3.16
Hannover
次へ(N) >
キャンセル

3. ライセンス条件に同意するか聞かれるので、同意できれば次に進む。

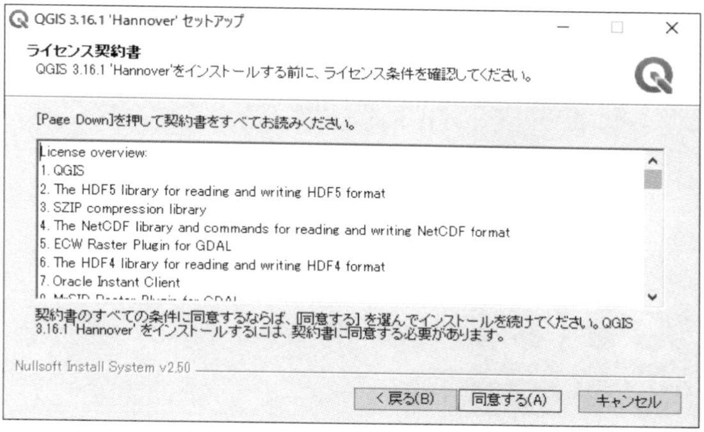
QGIS 3.16.1 'Hannover' セットアップ
ライセンス契約書
QGIS 3.16.1 'Hannover'をインストールする前に、ライセンス条件を確認してください。
[Page Down]を押して契約書をすべてお読みください。
License overview:
1. QGIS
2. The HDF5 library for reading and writing HDF5 format
3. SZIP compression library
4. The NetCDF library and commands for reading and writing NetCDF format
5. ECW Raster Plugin for GDAL
6. The HDF4 library for reading and writing HDF4 format
7. Oracle Instant Client
契約書のすべての条件に同意するならば、[同意する] を選んでインストールを続けてください。QGIS 3.16.1 'Hannover' をインストールするには、契約書に同意する必要があります。
Nullsoft Install System v2.50
< 戻る(B)
同意する(A)
キャンセル

4. インストール先はデフォルトのままにし、インストールを進める。
5. 「コンポーネントを選んで下さい」というウィンドウが出るので、QGIS 以外はチェックを外す。チェックを外したアイテムは、QGIS に付属する実習用のデータ。

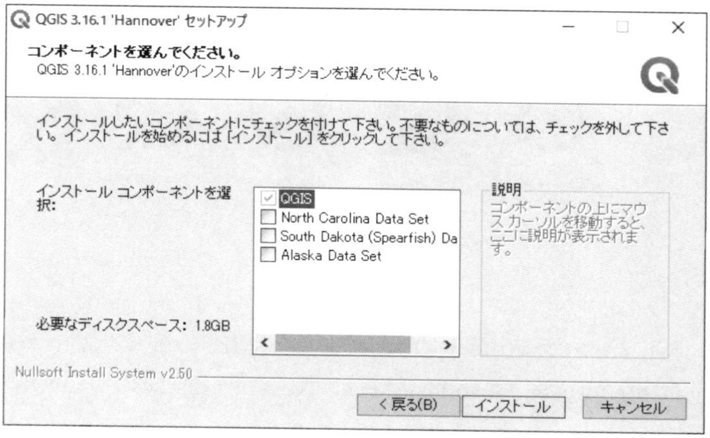
QGIS 3.16.1 'Hannover' セットアップ
コンポーネントを選んでください。
QGIS 3.16.1 'Hannover'のインストール オプションを選んでください。
インストールしたいコンポーネントにチェックを付けて下さい。不要なものについては、チェックを外して下さい。インストールを始めるには [インストール] をクリックして下さい。
インストール コンポーネントを選択:
QGIS
North Carolina Data Set
South Dakota (Spearfish) Da
Alaska Data Set
説明
コンポーネントの上にマウス カーソルを移動すると、ここに説明が表示されます。
必要なディスクスペース: 1.8GB
Nullsoft Install System v2.50
< 戻る(B)
インストール
キャンセル

6. 次に進むと実際にインストールが始まる。

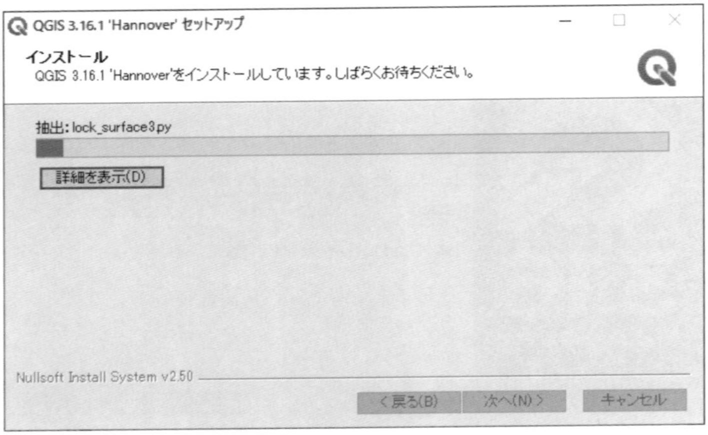

7. 「QGIS 3.16.1 'Hannover' セットアップウィザードは完了しました」というメッセージが出るので、「完了」ボタンを押し、セットアップを終了する。

インストールが完了すると、デスクトップ上には、QGIS3.16 というフォルダが作成され、その中には、QGIS Desktop 3.16.1、QGIS Desktop3.16.1 with GRASS 7.8.4、GRASS GIS 7.8.4、OSGeo4 Shell、SAGA GIS（2.3.2）などのショートカットアイコンが自動作成されます。

macOS 編

Mac 用のインストーラーも Windows 版と同様に、QGIS の公式サイトからダウンロード（https://qgis.org/ja/site/forusers/download.html）できます。「QGIS macOS インストーラ Version 3.16」と書かれたリンクをクリックして、インストーラーをダウンロードしてください。

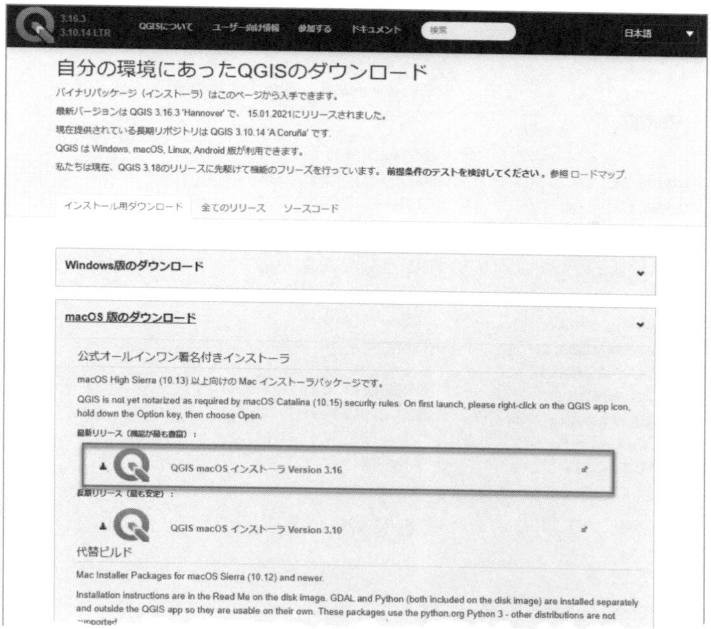
3.16.3
3.10.14 LTR
QGISについて
ユーザー向け情報
参加する
ドキュメント
日本語
自分の環境にあったQGISのダウンロード
バイナリパッケージ（インストーラ）はこのページから入手できます。
最新バージョンは QGIS 3.16.3 'Hannover' で、15.01.2021にリリースされました。
現在提供されている長期リポジトリは QGIS 3.10.14 'A Coruña' です。
QGIS は Windows, macOS, Linux, Android 版が利用できます。
私たちは現在、QGIS 3.18のリリースに先駆けて機能のフリーズを行っています。前提条件のテストを検討してください。参照 ロードマップ
インストール用ダウンロード
全てのリリース
ソースコード
Windows版のダウンロード
macOS 版のダウンロード
公式オールインワン署名付きインストーラ
macOS High Sierra (10.13) 以上向けの Mac インストーラパッケージです。
QGIS is not yet notarized as required by macOS Catalina (10.15) security rules. On first launch, please right-click on the QGIS app icon, hold down the Option key, then choose Open.
最新リリース（機能が最も豊富）：
QGIS macOS インストーラ Version 3.16
長期リリース（最も安定）：
QGIS macOS インストーラ Version 3.10
代替ビルド
Mac Installer Packages for macOS Sierra (10.12) and newer.
Installation instructions are in the Read Me on the disk image. GDAL and Python (both included on the disk image) are installed separately and outside the QGIS app so they are usable on their own. These packages use the python.org Python 3 - other distributions are not

旧バージョンのダウンロード方法

何かしらの理由で、ある特定のバージョンの QGIS をインストールする必要がある場合があります。また本書が出版される頃には QGIS のバージョンが進んでいるので、同じバージョンの QGIS をインストールして、いろいろ試したい方もいるかもしれません。その場合には、QGIS の旧バージョンのインストーラーをダウンロードすることができます。

旧バージョンのインストーラーのダウンロードは、QGIS のダウンロードサイト（https://qgis.org/ja/site/forusers/download.html）へ行き、「インストール用ダウンロード」タブの横にある「全てのリリース」タブをクリックします。

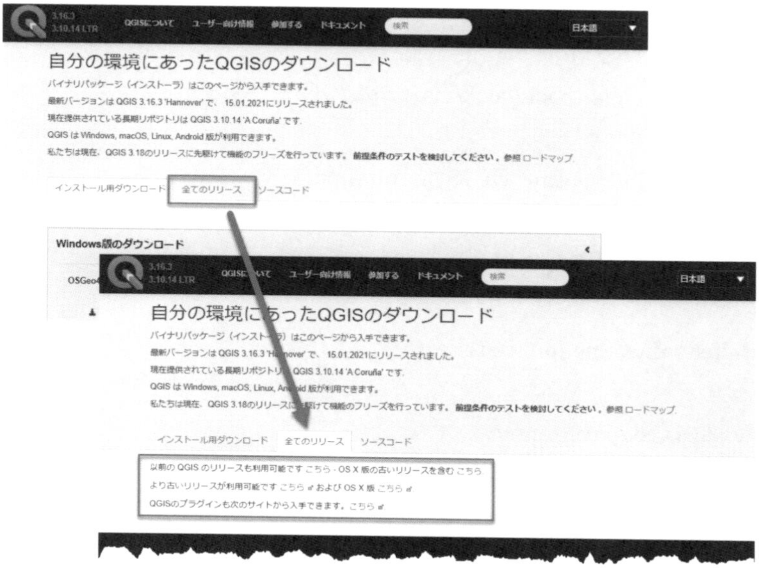
自分の環境にあったQGISのダウンロード
インストール用ダウンロード
全てのリリース
ソースコード
Windows版のダウンロード
自分の環境にあったQGISのダウンロード
以前の QGIS のリリースも利用可能です こちら - OS X 版の古いリリースを含む こちら
より古いリリースが利用可能です こちら および OS X 版 こちら
QGISのプラグインも次のサイトから入手できます。こちら

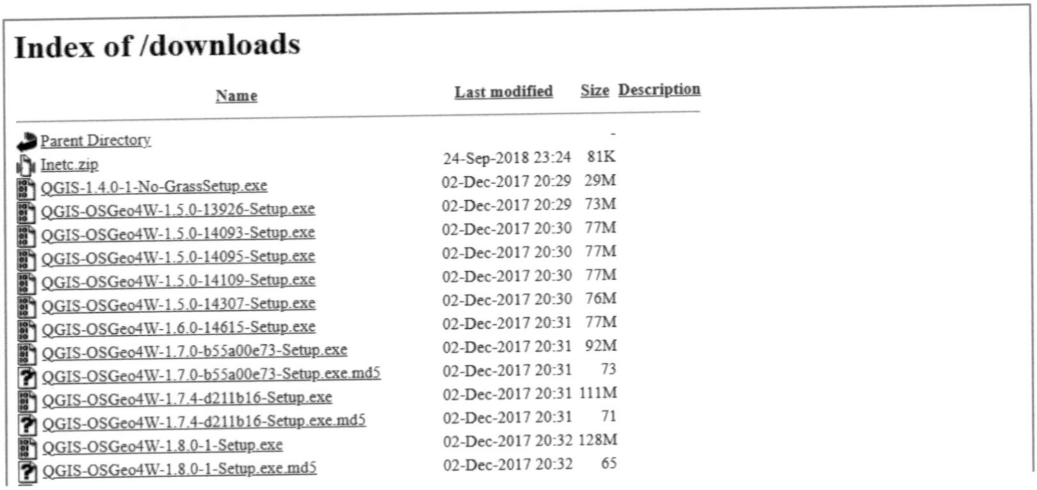

Index of /downloads

Name	Last modified	Size	Description
Parent Directory		-	
Inetc.zip	24-Sep-2018 23:24	81K	
QGIS-1.4.0-1-No-GrassSetup.exe	02-Dec-2017 20:29	29M	
QGIS-OSGeo4W-1.5.0-13926-Setup.exe	02-Dec-2017 20:29	73M	
QGIS-OSGeo4W-1.5.0-14093-Setup.exe	02-Dec-2017 20:30	77M	
QGIS-OSGeo4W-1.5.0-14095-Setup.exe	02-Dec-2017 20:30	77M	
QGIS-OSGeo4W-1.5.0-14109-Setup.exe	02-Dec-2017 20:30	77M	
QGIS-OSGeo4W-1.5.0-14307-Setup.exe	02-Dec-2017 20:30	76M	
QGIS-OSGeo4W-1.6.0-14615-Setup.exe	02-Dec-2017 20:31	77M	
QGIS-OSGeo4W-1.7.0-b55a00e73-Setup.exe	02-Dec-2017 20:31	92M	
QGIS-OSGeo4W-1.7.0-b55a00e73-Setup.exe.md5	02-Dec-2017 20:31	73	
QGIS-OSGeo4W-1.7.4-d211b16-Setup.exe	02-Dec-2017 20:31	111M	
QGIS-OSGeo4W-1.7.4-d211b16-Setup.exe.md5	02-Dec-2017 20:31	71	
QGIS-OSGeo4W-1.8.0-1-Setup.exe	02-Dec-2017 20:32	128M	
QGIS-OSGeo4W-1.8.0-1-Setup.exe.md5	02-Dec-2017 20:32	65	

「全てのリリース」タブを開くと、「以前の QGIS のリリースも利用可能です こちら」と書かれたリンクがあるのでクリックすると、旧バージョンのインストーラーが一覧表示されるので必要に応じたインストーラーをダウンロードして、インストールしてください。

◆ QGIS 関連ウェブサイトの紹介

・OSGeo.jp（メーリングリストもあります）
https://www.osgeo.jp/
・QGIS ウェブサイト
https://qgis.org/ja/site/
・QGIS ユーザーガイド
https://docs.qgis.org/3.16/ja/docs/user_manual/
・QGIS やさしい GIS 入門
https://docs.qgis.org/3.16/ja/docs/gentle_gis_introduction/
・QGIS ビギナーズマニュアル
https://gis-oer.github.io/gitbook/book/materials/QGIS/QGIS.html
・国土交通省 QGIS 操作マニュアル
https://nlftp.mlit.go.jp/ksj/other/QGIS_manual.pdf
・QGIS 初心者質問グループ
https://groups.google.com/g/qgisshitumon01
・月の杜工房
http://mf-atelier.sakura.ne.jp/mf-atelier/
・株式会社エコリス
https://www.ecoris.co.jp/contents/
・GDAL/OGR
https://gdal.org/

あとがき

気が付くと2013年に出版した『Quantum GIS 入門』の続編となる『QGIS 入門 第二版』を出版してから、もう6年もたっていました。その間、地理空間情報のコンサルティングを仕事とする私の周りも大きく変わりました。最近の私たちの仕事は、3D、AI、屋内測位、人流データ解析に関連するものが多くなっています。取り扱うデータの量は以前では想像できないぐらい膨大なものになっています。そして多くのビジネスが位置情報を業務の効率化やコストの削減に利用しようと本腰を入れ始めています。以前は、もっとデータがあったらいろいろできるのに、と思っていた状況が反転して、地理空間情報の取得よりも、膨大なデータを解析する技術、人材、インフラの方が問題となっています。

その一方で、私が住んでいるアメリカにおける地理空間情報の活用の程度からすると、日本にはまだまだ伸びしろがあります。役所やオフィスに眠る膨大な量の地理空間情報が活躍の場を待っているように見えます。地理空間情報に基づく行政上、ビジネス上の判断、業務の効率化、利益の拡大、自然環境の保護、野生動物の管理、地域活性化、など活躍の場は限りなくあります。そのためには、地理空間情報技術のリテラシーの向上が欠かせず、QGISはそのための最適のツールということが言えると思います。GISに最初に取り組み始めてからもう30年近くが過ぎようとしている私にとっては、多くの若者が日本の経済や自然環境のために地理空間情報を活用するトレーニングの場を用意することが重要だと考えています。ただ、地理空間情報の分野はあまりにも面白いので、まだまだ自分自身が楽しんでいきたいとも思っています。引き続き世界中の様々な地理空間情報技術を学び続け、日本社会に実装する仕事を通して、少しでも皆さんのお役に立てればと思っています。日本から世界の地理空間情報技術を牽引する人材がどんどん生まれることを目指して、これからも努力していきたいと思っています。

筆者代表　今木洋大

索　引

著者略歴

今木 洋大（いまき ひろお）

Pacific Spatial Solutions 株式会社代表取締役。位置情報を実社会に役立たせることが生き甲斐。1993 年にニホンザルの研究で GIS を使い始めてから地理空間情報の可能性を追い続ける。2001 年にアメリカに移り住むのをきっかけに、GIS、データサイエンス、エコロジカルモデリングなどを専門に。ワシントン州シアトルの NPO、米国海洋大気庁（NOAA）、ワシントン大学などを渡り歩き、現在東京に本社を置く Pacific Spatial Solutions 株式会社の前身となる LLC をバージニア州レストンで起業。ニホンザルの研究で東京農工大学で農学修士・博士、2007 年には空間森林管理でワシントン大学で 2 つ目の修士号取得。趣味は、キャンプと料理、三味線。

伊勢 紀（いせ はじめ）

Pacific Spatial Solutions 株式会社取締役。大学卒業後のアルバイトで行った、ため池の水草のデジタイジングで、浮葉植物を一葉一葉トレースして数千のポリゴンを作成し依頼者の失笑を買ったのが GIS との出会い。その後、京都大学大学院に進学し、モリアオガエルの生息適地の推定を全国の地形、気象データを用いて行う。前職では自然環境調査の結果の可視化と分析に携わる。現在は鳥取県智頭町の山間部に居を構え、畑をしながらリモートワークで空間情報活用のコンサルティングを行っている。

書　名	QGIS入門 第 3 版
コード	ISBN978-4-7722-3197-8　C3055
発行日	2022（令和 4）年 4 月 3 日　初版第 1 刷発行
編著者	今木洋大・伊勢　紀
	Copyright © 2022 IMAKI Hiroo, ISE Hajime
発行者	株式会社 古今書院 橋本寿資
印刷所	株式会社 太平印刷社
発行所	株式会社 古今書院
	〒 113-0021　東京都文京区本駒込 5-16-3
電　話	03-5834-2874
FAX	03-5834-2875
URL	http://www.kokon.co.jp/
	検印省略・Printed in Japan